生物质活性炭
制备及性能研究

李红艳　著

化学工业出版社

·北京·

本书共 8 章，系统介绍了活性炭的发展与吸附理论、制备与应用现状、结构与性能、再生与研究进展，制备生物质活性炭原材料的类型与主要组成、结构特征与性能测定、生物质资源化的应用现状与发展方向，生物质活性炭制备的基本原理、制备方法及评价方法，生物质活性炭的主要特征、性能、吸附理论、再生利用、检测及其在各领域中应用的范围、原理、工艺流程、技术参数等内容。

本书有较强的技术性和针对性，可供从事水处理及环境保护的工程技术人员、科研人员和管理人员参考，也可供高等学校市政工程、环境工程及相关专业师生参阅。

图书在版编目（CIP）数据

生物质活性炭制备及性能研究/李红艳著. —北京：
化学工业出版社，2019.9
ISBN 978-7-122-35254-5

Ⅰ.①生… Ⅱ.①李… Ⅲ.①活性炭-制备-研究
②活性炭-性能-研究 Ⅳ.①TQ424.1

中国版本图书馆 CIP 数据核字（2019）第 214115 号

责任编辑：刘兴春 刘 婧　　　　　　装帧设计：关 飞
责任校对：王鹏飞

出版发行：化学工业出版社（北京市东城区青年湖南街 13 号　邮政编码 100011）
印　　装：北京七彩京通数码快印有限公司
710mm×1000mm　1/16　印张 17½　彩插 2　字数 349 千字
2019 年 9 月北京第 1 版第 1 次印刷

购书咨询：010-64518888　　　　　　　　售后服务：010-64518899
网　　址：http://www.cip.com.cn
凡购买本书，如有缺损质量问题，本社销售中心负责调换。

定　　价：85.00 元

前言

近年来，电镀、冶金、制革和纺织印染等行业排出的重金属离子废水和化工行业与医疗行业排出的有机污染废水已成为生态环境的重要污染源，并直接或间接地对人类健康造成极大的危害。因此，选择治理重金属离子废水和有机污染废水的合理方法，对控制重金属污染、有机污染物污染，保证人类健康具有极大的意义。目前，含重金属离子废水和有机污染废水的处理多采用吸附法，由于该方法具有设备简单、适应范围广、处理效果好、吸附剂可再生使用等优点而被广泛采用。

吸附分离是自然界最基本的过程之一。从 20 世纪开始，人们就不断合成人工沸石、树脂等高效吸附材料，使它们在吸附分离领域得到广泛应用。2005 年松花江流域硝基苯污染事件和 2007 年太湖蓝藻暴发事件，让人们充分认识到活性炭在去除水中有机污染物中的重要性，活性炭被认为是水环境应急事件中的"万能"吸附材料。活性炭具有丰富的孔隙结构和巨大的比表面积、碳表面含有多种含氧官能团、催化活性和化学稳定性好、机械强度高、易于反复使用等一系列优异的特性，是一种备受世人关注的优质吸附剂。但由于以传统的煤和石油为原料制备的普通活性炭的成本居高不下，导致水处理成本高，且活性炭再生困难，所以不少学者把目光投向原料来源广泛、价格廉价的农业废弃生物质资源，用其制备生物质活性炭吸附剂，并用于处理重金属离子污染废水和有机污染物污染废水，从而达到"以废治废、变废为宝"的目的，实现社会效益、经济效益及环境效益的有机统一。

为保护人类共同的家园，世界各国材料科学工作者正向着"高吸附、多功能、可控化、高强度、低成本"方向努力，根据不同要求和应用，制备出可控的、具有特定孔结构和功能型表面官能团的新型碳质吸附材料及其复合功能型生物质活性炭材料，以支持人类实现绿色能源和零污染排放的理想愿望。活性炭除了广泛应用于治理重金属离子废水和有机物污染废水外，其在气相吸附、超级电容器、天然气储存和催化等领域的应用也初显端倪。

本书从生物质活性炭制备的原材料入手，进而对生物质活性炭制备的基本原理、性能研究、吸附理论及其在水处理中的应用进行介绍，具有循序渐进的特点。与同类书中传统活性炭的相关理论相比，更能体现农业废弃物资源化的理念。

　　本书由太原理工大学李红艳副教授著。本书在写作过程中，太原理工大学的崔建国教授给予了全力帮助，程济慈、刘连鑫、李琪、温凯云、赵鹏和严铁尉、李培瑞等给予了协助，笔者在此一并表示衷心感谢。

　　由于生物质资源和活性炭跨学科、专业面广，限于笔者水平和著写时间，书中难免有不妥和疏漏之处，恳请广大读者和同仁批评指正。

著者
2019 年 6 月于太原

目 录

第5章 生物质活性炭的吸附理论 **143**

第6章 生物质活性炭的再生利用   **180**

第1章 活性炭概述

1.1 活性炭理论

1.1.1 活性炭简介

自人类进化以来，就开始使用各种类型的含碳物质和碳材料。活性炭是由碳、氢、氧、氮、硫等元素组成的一种具有高比表面积、多孔隙结构和强吸附能力的石墨微晶炭质材料，随其外观形状，制备方法以及用途不同而名称不同。传统的炭材料是由煤、石油或它们的加工产物等（通常是些有机物质）为主要原料通过一系列的加工处理过程得到的一种非金属材料。孔径大小的分类是根据国际理论化学与应用化学学会（IUPAC）的标准[1]来划分的，分为微孔（孔径＜2nm）、中孔（孔径2～50nm）和大孔（孔径＞50nm）3种，活性炭表面含氧官能团主要有羧基、内酯型羧基、酚羟基和羰基等。活性炭不同的孔径分布和不同的含氧官能团种类和数量共同决定了活性炭的吸附性能。活性炭的特点是比表面积大，单位质量的吸附量也大。另外，活性炭不仅微孔发达，大孔也很发达，适合作为固体催化剂甚至是微生物的载体。

按照活性炭的表观形貌分类，一般可分为粉末状活性炭、颗粒活性炭及其他形状的活性炭。

（1）粉末状活性炭

一般将90％以上通过80目标准筛或粒度＜0.175mm的活性炭称为粉末状活性炭。粉末状活性炭的比表面积一般较大，具有吸附速度快、吸附能力强、处理效率高等优点，并且其在液相中对溶液性质的变动更容易适应。不过粉末状活性炭也有其缺点，例如在操作时会产生粉尘；并且它与液体混合至均匀需要相应的时间，而且还需要专门的分离技术。目前随着分离技术的发展和某些应用要求的出现，粉末状活性炭的应用范围越来越广，其粒度也有细化的倾向。

（2）颗粒活性炭

通常把粒度＞0.175mm 的活性炭称为颗粒活性炭。与粉末状活性炭相比，颗粒活性炭单位质量的吸附能力一般较少，但是其再生性能较好，可以多次使用降低成本，因此在使用量较大的情况下，一般首选颗粒活性炭。

（3）其他形状的活性炭

除了粉末状活性炭和颗粒活性炭外，还有其他形状的活性炭，如椰壳活性炭、煤基活性炭等因破碎而具有棱角的破碎状炭，活性炭纤维、活性炭纤维毯等纤维状活性炭及挤压成型的蜂窝状。如图 1-1 所示。

近年来，随着国民经济的快速发展和人民生活水平的提高，尤其是近年来随着环境保护要求的日益严格，国内外活性炭的需求量越来越多，呈逐年上升的趋势，应用行业对活性炭生产数量和性价比均提出了更高的要求。其中美国和日本是全球范围内每年消耗活性炭最多的国家，而非洲国家是消耗活性炭最少的国家[1]。我国是工业正在飞速发展的发展中国家，除了大量消耗活性炭外，也成了活性炭的最大生产国之一。

制造活性炭的主要原材料是木材、果壳、果核、煤、石油焦等碳基材料。活性炭在 18 世纪末就被人们应用于制糖工业，此后也一直作为典型的吸附剂被广泛使用。到了 20 世纪之后，活性炭更是得到商业化生产和广泛应用，主要用于废气处理、溶剂回收、空气净化、水处理、催化剂、载体等诸多领域。

1.1.2　活性炭的发展

早在公元前 3750 年，埃及人和苏美尔人就利用木炭进行金属冶炼。18 世纪木炭的吸附能力被发现，Scheele 利用木炭对气体进行吸附、Lowitz 利用活性炭对有机物进行吸附。19 世纪木炭的应用得到进一步发展，Schatten 发现盐酸水洗过后的木炭对矿物质的吸附能力增强，Chiu 等首先将木炭描述为"吸附炭"[2]。20 世纪初木炭的活化技术得到发展，刚开始人类研究了 CO_2 和水蒸气活化法制备活性炭，并成功应用于防毒面具中。时至今日，活性炭产品已有数百种，并且成为现代工业、生态环境和人们生活中不可或缺的炭质吸附材料[3,4]。我国活性炭工业的发展起步于 20 世纪 50 年代，高速发展则在 80 年代以后。尤其是改革开放以来，随着经济不断发展和人民生活水平逐步提高，活性炭的应用越来越受到人们重视，生产量不断增长，出口量逐年上升。我国活性炭生产企业已由 20 世纪 80 年代初的几十家增加到目前的 1000 余家，活性炭年总产量也由 1980 年的约 1 万吨增加到2018 年的 67 万吨，我国是全球仅次于美国的活性炭消费大国，由于中国经济尚处于

(a) 不规则颗粒状活性炭

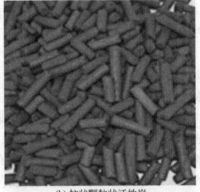

(b) 柱状颗粒状活性炭

(c) 粉末状活性炭

图 1-1　不规则颗粒状活性炭、柱状颗粒状活性炭和粉末状活性炭

快速发展阶段，活性炭在工业、食品饮料、污水处理等领域的应用将继续增长[5]。

1.1.3　活性炭的吸附理论

　　活性炭的吸附性能由活性炭的孔隙大小与比表面积决定。一般认为，活性炭孔隙的大小决定了其对吸附质的选择性，而比表面积的大小决定了其吸附容量[6]。

（1）吸附原理

当气体或者液体与活性炭的表面接触碰撞时，气体或者液体分子就会积聚在活性炭的表面上，这个过程称为活性炭的吸附。吸附的结果是吸附质分子在活性炭表面或者孔内聚积，使活性炭的表面自由能下降[7]。脱附是指吸附质分子离开活性炭的表面或者孔内，引起吸附量减少的现象。从动力学的观点来看，吸附质分子在活性炭表面不断进行吸附和脱附过程，当吸附的量和脱附的量在统计学上相等时即认为达到了吸附的动态平衡状态。

（2）吸附类型

根据活性炭表面与吸附质分子间作用力性质的不同，一般将吸附分为物理吸附和化学吸附两种类型。

1）物理吸附　物理吸附涉及的作用力主要是活性炭表面分子和吸附质分子之间存在着弱小的范德华力，这种吸附作用一般比较弱且没有选择性，吸附过程进行迅速但不发生化学反应，温度稍微提高就会发生脱附，为一种可逆过程。物理吸附的强度一般与其材料的比表面积成正比，在比表面积这方面与硅胶、沸石等材料相比，可以说活性炭占有很大的优势。通常物理吸附在低温时有利于吸附。

2）化学吸附　化学吸附是指活性炭和吸附质分子间通过化学键结合的吸附过程，相互作用强。由于这种化学键的作用，化学吸附的选择性比较强，吸附过程一般进行的比较慢，并且脱附后物质常发生化学变化[7]。高温有利于化学吸附的进行。对于化学吸附，虽然在未添加其他化学药品的活性炭中，似乎也存在化学吸附性能。但在有意识添加了化学药品的活性炭中，这种化学吸附的效果特别显著。

（3）吸附等温线

对于给定的气固、液固体系，在温度一定时，可认为吸附量只是压力或者浓度的函数，这个关系称为吸附等温线。吸附等温线是表示吸附性能最常用的方法，其形状能很好地反映吸附剂和吸附质的物理、化学相互作用。

1.1.4　影响活性炭吸附的因素

活性炭作为吸附剂处理液相中的污染物时，影响活性炭吸附的因素主有溶液pH值、溶液初始浓度、活性炭投加量、吸附时间和吸附温度等。

（1）溶液 pH 值

溶液 pH 值的高低影响着吸附质存在形式及活性炭表面电荷性质，从而影响吸附快慢及活性炭的饱和值。因此，溶液 pH 值是影响吸附效果的重要因素，确定最佳 pH 值是研究吸附性能的必要前提。

工业废水在低 pH 值条件下，活性炭被质子包围后表面带正电荷，会与碱性染料阳离子相互排斥，且阳离子必须将活性炭表面所带质子置换下来，所以低 pH 值不利于碱性染料的吸附，相反活性炭表面质子与阴离子相互吸引有助于酸性染料的吸附。同理，在高 pH 值时溶液中质子含量减少，碱性染料的吸附效果良好，酸性及活性材料的吸附会受到限制[8]。

pH 值影响重金属离子在废水溶液中的存在形式，酸性条件下重金属离子与质子争夺活性炭上的活性位点，形成竞争吸附；中性或者碱性条件下，重金属离子会变为金属氧化物或者氢氧化物沉淀，且金属离子被阴离子包围，被吸附剂吸附容量将会减低。因此，选择适宜溶液 pH 值对重金属吸附具有很大意义。

（2）溶液初始浓度

单位质量活性炭的吸附位点一定，当溶液中污染物初始浓度较小时活性炭的吸附量会随初始浓度的增加而增加，而初始浓度达一定量后，吸附位点达饱和状态，吸附量同时达到饱和值，而吸附率会随初始浓度的增大而逐渐减低[9]。所以选择吸附量和吸附率相对较高的初始浓度是活性炭吸附投入实际工业应用的必要条件。

（3）活性炭投加量

活性炭投加量是影响吸附过程是否充分的条件之一，单位质量活性炭吸附位点一定[10]，大量的活性炭投入使用会提高吸附量的值，但也会增加废水处理的成本，选择吸附量高且成本相对较低的最佳活性炭投加量是高效去除污染物和降低活性炭吸附处理成本的因素之一。

（4）吸附时间

吸附时间长短是影响去除效果是否充分的关键因素。适当增加吸附时间，活性炭吸附量会有效增加。然而吸附时间的增加提高了废水的停滞时间，降低废水总体处理效率，提高废水处理成本。因此，选取适当的吸附时间有利于提高活性炭吸附效率，减少活性炭吸附处理成本。

（5）吸附温度

吸附过程中，相同活性炭对不同污染物的吸附机理可能不同，所以温度对不同吸附过程有不同的影响。首先，活性炭多为多孔隙结构，孔隙内扩散速率是影响吸附速率的一大因素，而扩散过程为吸热过程，温度升高有利于吸附速率加快；其次，吸附过程分物理吸附和化学吸附，物理吸附过程多为放热过程，所以降低温度可提高吸附性能，而化学吸附过程中吸附速率随温度升高而增大，且温度升高部分化学键会断裂，进一步增多吸附位点，增加活性炭饱和吸附量[11]。

1.1.5　活性炭的应用现状

18 世纪以前，人们对炭材料的认识仅局限于燃料的范畴，直到 19 世纪炭材料作为还原剂，被大量用于炼铜炼铁工业，并促进和满足了钢铁相关工业的兴起和需求。第二次世界大战后，以碳纤维为代表的各种结构和功能炭材料的出现开辟了炭科学的新领域，并取得了令人瞩目的成就，诸如在航天、航空等工业、医疗、能源和日常生活中得以应用。尤其是在 20 世纪末期 Kroto 和 Smalley 等发现了富勒烯和碳纳米管等一系列的新型材料之后，将炭材料的研究与应用推上了新高潮。但当今全球范围内的能源、资源危机以及生态环境的恶化对传统炭材料的进一步发展提出了挑战：如何开发可再生的、清洁型的材料以适应经济、社会以及环境的可持续发展的战略要求。

活性炭作为一种历史悠久且"万能"的吸附剂，是一种具有丰富孔隙结构和巨大比表面积的炭质吸附材料，它具有吸附能力强、力学稳定性和化学稳定性好、力学强度高，且可方便再生等特点，是一种优良的功能材料，能去除大范围的污染物，快速的吸附动力学及可再生、循环利用等特质[12]，被广泛应用于环境保护、工业生产、农业、国防、交通、医药卫生和食品行业等领域。

根据化学特性，活性炭的化学结构中常常存在其他结合的杂原子，如氧、硫、氢、氮、卤素及其他元素[13]，一般以官能团或者原子状态存在。氧元素以官能团如羧基、羰基、酚类、内酯基和其他含氧官能团的形式存在是最为显著的[14]。然而，活性炭表面结构和化学性质同样与活化剂、加热方法、加热时间、加热温度等因素有关。

高比表面积的活性炭，还可用于双电层电容电极、催化剂载体等新领域。目前雾霾越来越严重，市面上出现了各种不同防霾活性炭口罩以及家用空气净化器，而更多的活性炭是用于水处理中，从最简易的家用净水器到水厂深度处理的滤池中都有活性炭。活性炭具有极好的耐酸耐碱的性能，不因为溶液的酸碱性失活，也不因为光照与营养物质而改变活性炭的性能，相较化学法与生物法对反应条件要求的严苛，活性炭更容易在各种条件下去除污染物。因此，活性炭作为吸附剂应用前景十分广泛。

活性炭具有许多应用，包括水处理[15]、制造电池[16]、储能[17]、化学和石油工业[18]、分离、纯化[19]、医药[20]、催化[21]，以及湿法冶金[22]、核电站[23]、双电层电容器的电极[24]等。在食品工业中，活性炭可用于脱色、去除臭味、异味等[25]，作为消毒剂而广泛应用。在医药领域，活性炭用于有害化学药品吸附。在矿产行业，活性炭被用于从浸出液中回收金[26]。在气体净化应用中，活性炭用于去除空气中的有害气体，活性炭的物理性质是决定其最佳应用的关键。例如，如果它被应用到频繁的回流应用程序中，对活性炭来说，硬度或耐磨损性能是非常重要的[27]。如果活性炭用于气体和蒸汽的吸附，半径在 $16\sim20\text{Å}$（$1\text{Å}=10^{-10}$ m，下同）之间的多孔结构是必需的。如果活性炭用于液相脱色，半径范围在 $20\sim500\text{Å}$ 的孔结构是必要的[28]。总之，从液相到气相，包括化学、制药和食品工业[29]，活性炭被认为是最有效和最广泛使用的吸附剂。经过漫长的工业发展过程，我国活性炭工业在产品的产量、品种、质量和生产技术等方面均取得了明显的进步。目前，我国活性炭年产量已高达 210 千吨，超越美国（150 千～170 千吨）成为世界第一活性炭生产大国[30]。

（1）在重金属废水处理方面的应用

重金属废水是一种具有较高毒性、难降解和易富集等特性的"三致"（致畸、致癌、致突变）废水，重金属废水处理一直是废水治理的难点之一。目前处理重金属废水的方法主要有物理法（混凝、吸附、膜分离、萃取和离子交换等）、化学法（化学沉降、电絮凝、微电解和电还原等）和生物法（生物修复、生物絮凝和生物吸附等）[31]。活性炭吸附法处理重金属废水较其他处理方法具有成本低、效果好和操作简单等优点，美国环保署（US EPA）认为活性炭吸附法是处理水中重金属污染物最有效的方法之一[32]。

大量重金属随工业废水排放到自然水体中，带来严重的水体和土壤污染。活性炭作为一种高比表面积、高吸附容量、高机械强度和低经济成本的广谱吸附剂，被广泛应用到重金属废水处理中。为减轻传统以煤、石油为原料制备活性炭成本居高不下的不足，目前人们以农林废弃生物质为原料制备生物质活性炭，应用于重金属废水处理中。如柏松等[33]以 KOH 为活化剂制备了芒果壳活性炭，并利用芒果壳活性炭对重金属 Cd^{2+} 和 Cu^{2+} 进行吸附试验，其饱和吸附量分别为 26.15mg/g 和 38.25mg/g。刘军等[34]利用板蓝根吸附铅，实验发现铅很容易被板蓝根的细胞壁吸收。张华等[35]以 $ZnCl_2$ 为活化剂制备柚皮基活性炭，并研究了柚皮基活性炭对溶液中 Cr(Ⅵ) 的吸附机理。结果表明：在 45℃时，饱和吸附量可达 145.47mg/g，吸附过程以化学吸附为主，同时受到膜扩散和颗粒内扩散两者共同控制。吴昱等[36]以废弃纤维板为原料，KOH 为活化剂制备低成本活性炭吸附铜离子，研究表明废弃纤维板活性炭最佳吸附铜离子的条件是：温度 30℃，pH 值 5，吸附时间 240min。Liu 等[37]研究了水生植物活性炭改性前后对水溶液中 Cr(Ⅵ) 的吸附机理。结果表明：Tempkin 和 Freundlich 模型能够更好地描述其吸附过程，同时吸附过程主要以化学吸附为主。因此，研究者不断利用改性生物质材料，以提高对废水中重金属的吸附效果，目前生物质活性炭吸附法在重金属废水处理方面已取得较好吸附效果。

(2) 在染料有机废水处理方面的应用

染料废水不断排放带来一系列环境问题，目前国内外研究者不断探索价格低廉、吸附效果好的吸附材料。罗儒显等[38]碱化处理蔗渣纤维素，然后与二硫化碳反应，制备蔗渣纤维素黄原酸酯，研究发现其对碱性阳离子染料的吸附效果好。董静等[39]将氧化镁负载于棕榈纤维活性炭，探讨了对活性艳红 X-3B 染料的吸附性能，结果表明改性棕榈纤维素活性炭对阴离子染料类废水处理简便有效，且原材料廉价易得。岳钦艳等[40]用污泥作为原料，采用 $ZnCl_2$ 作为活化剂制备活性炭吸附酸性大红等染料废水，研究发现活性炭对酸性大红等染料的吸附量随温度的增大而增大，处理染料废水具有较好发展前途。

总之，活性炭具有优良的液相和气相吸附性能，活性炭表面又有多种官能团，本身可作为催化剂或成为催化剂的载体，并在废水处理、废气处理、产品合成等方面获得了广泛的应用。

1.2 活性炭的制备

活性炭是将煤炭[41]、石焦油[42]、木材[43]和生物质[44]等原材料先经炭化，后进行活化而制成。

1.2.1 原材料

活性炭的制备原材料包括煤炭、石焦油、木质素[45]和废弃生物质[44]等多种多样的含碳材料。由于煤炭资源储量丰富、便宜易得，在活性炭工业初期相当长的一段时期内，煤炭是我国制备活性炭的主要原料，但煤炭是一次能源，不可再生，随着煤炭资源的匮乏和能源危机的加剧，致使人们考虑原料品位、价格以及是否能大量供应等因素来选择活性炭的原料。近年来，生物质由于其含碳率高、价格低廉、供应量大等优点，使人们认识到生物质等可再生资源的重要性，使生物质成为制备活性炭的重要原材料。如木屑[45]、竹子[46]、植物秸秆[47]、椰壳[48]、可可壳[49]、核桃壳[50]、甘蔗渣[51]、制浆黑液[52]、湿地水生植物[53]等通过炭化活化可制备出性能优越的活性炭。绝大部分含碳物质都可以制备活性炭[54]。目前国内外选用的制备活性炭的原料主要分为以下几大类。

1.2.1.1 矿物类原料

(1) 煤炭类原料

我国有丰富的煤炭资源，是煤质活性炭的生产大国，常用的制备活性炭的煤种主要是某些烟煤、优质无烟煤、褐煤、不黏煤、弱黏煤等。无烟煤内部含有分子大小的孔隙，适合于制备微孔炭，且其产品还具备分子筛特性[55]。我国生产的活性炭品质不高，品种单一，因此以煤为主要原料用常规生产方法得到高比表面积、高吸附量的活性炭成为重要研究方向[56]。

在煤炭开采和浮选过程中，常伴随大量低品质成分，如劣质煤、煤矸石等。将这些废弃物回收再利用制成活性炭有助于进一步降低成本，获得在环保和化工生产中大量需求的高性能吸附剂和催化剂。Deng 等[57]报道了利用煤矸石制备出一种复合吸附剂，它以硅胶为骨架，活性炭均匀分散在硅胶骨架中。此外，煤泥炭[58]、煤沥青[59]也可以作为制备活性炭的原料。

(2) 石油原料

石油原料是指石油炼制过程中含碳产品及废料，如石油沥青、石油焦、石油渣等。石油焦作为石油加工副产物量大、价低，含碳量高达 80% 以上，挥发分一般在 10% 左右，杂质含量低，能制得高收率、低杂质、高比表面积的活性炭。目前美国、日本拥有利用石油焦制备比表面积超过 $3000m^2/g$ 的超级活性炭的专利技术，并实现了产业化。国内学者也做了类似研究，如宋燕等[60]利用盘锦石油焦以

KOH 为活化剂，制备的活性炭比表面积为 $3730m^2/g$。但此类活性炭生产成本昂贵，仅限于医药、电子、气体吸附储存等精密领域。今后要不断开发适宜工业化应用的石油焦生产新技术，进一步提高石油焦的附加值，拓宽活性炭的原料来源。

另外，炼油行业的一大难题就是催化油浆的有效利用，目前多采用回炼的办法，利用率低且能耗高。油浆中含有大量芳烃，芳构化程度较高，可以考虑将其作为碳源来制备活性炭，不但可以拓宽活性炭的原料来源，还可以有效再利用催化油浆。

1.2.1.2　塑料类原料

塑料类的含碳原料主要有聚氯乙烯、聚丙烯、呋喃树脂、酚醛树脂、聚碳酸酯、聚四氯乙烯等工业回收废料。20 世纪 80 年代，有人研究以有机树脂（树脂前驱体如苯乙烯、二乙烯苯共聚物、聚偏二氯乙烯、聚丙烯脂等）为原料制备活性炭；这种活性炭纯度高，机械强度优于普通煤质活性炭，并具有孔径分布可控的优点，广泛用于生物医学领域。用粒状酚醛树脂生产的活性炭具有独特的微细孔，经表面处理，可用于电池电极材料以及作为炭分子筛用于净水器、氮气发生装置等[61]。

1.2.1.3　植物类原料

早期制备活性炭的原料主要是木质原料，近年为寻求廉价的活性炭制备原料，原料范围不断扩大，除传统的优质木材、锯木屑、木炭、椰壳炭、棕榈核炭外，还有农林副产物和某些食品工业废弃物，包括废木材、竹子、树皮、风倒木、核桃壳、果核、棉壳、咖啡豆梗、油棕壳、甘蔗渣、糠醛渣等。其中椰子壳和核桃壳效果最优，通常果壳经初步炭化，用水蒸气活化，所得到的活性炭具有较高的强度和极精细的微孔，这种活性炭主要用于防毒保护。树皮经炭化、气态活化可得到廉价的活性炭，这种活性炭可用作造纸废水的脱色剂。有研究[62]用椰树皮纤维为原料，通过化学法制得一种活性炭，能有效除去工业废水中的有毒废金属。甘蔗渣作为制糖厂的废弃物，回收利用可用来制造价格低廉具有特定性能的活性炭，用于污水处理和颜料吸附[63]。

1.2.1.4　其他含炭废弃物

其他含碳废弃物主要有旧轮胎、除尘灰、剩余污泥、动物骨、动物血、蔗糖、糖蜜等。P. Ariyadejwanich 等[64]将废轮胎橡胶炭化，经 HCl 浸泡水蒸气活化制得的活性炭比表面积可以达到 $1119m^2/g$。但用废轮胎生产活性炭也存在一系列问题：轮胎在炭化过程中，炭黑成分几乎全部保留在炭化产物中，构成活性炭的主要炭质部分，但炭黑的结晶度比较高，很难被水蒸气等活化剂刻蚀造孔，因此为提高孔隙率，就必须提高活化温度和延长活化时间，但同时会增加所制备活性炭的灰分，而且轮胎制备的活性炭含有重金属锌，使其应用受到一定的限制。

除尘灰是钢铁行业中产生的粉尘和副产品，主要成分是炭和铁，还含有少量钙、镁、硅、铝氧化物。对这部分灰分的处理主要是作为炼钢原料回炉，或作为水泥等填料，利用价值较低。国内外对除尘灰的利用非常重视，将其中的炭分离出来作为橡胶补强填料、墨水、涂料和炭黑，或制成活性炭用于水、空气净化处理[65]。值得说明的是，由于此类原料中存在无机杂质，用酸碱改性处理比物理方法更易于降低其中的灰分。

利用剩余污泥制造活性炭方面也进行过不少研究，所研究的泥种有处理食品工业中排水的剩余污泥、纸浆工厂排水的凝聚沉淀污泥、处理综合废水过程中产生的污泥等。所制得的活性炭灰分含量较大，吸附能力只有市售活性炭的1/6。因此，在这方面还有待于进一步开发高收率低成本的活性炭制备工艺。

1.2.2 炭化方法

(1) 直接炭化方法

直接炭化是指隔绝空气、将预处理后的原材料在惰性气体氛围下高温分解生成炭材料和其他有机物的过程。将固体产物进行收集，即是炭材料，以做后续的处理；对生成的其他有机物进行无害化处理后，排放到空气中。炭化过程实际上是一连串物质分解和聚合反应的总过程，其反应机制极其复杂。根据生成产物的不同，原材料的炭化（或称热解）过程可以分为干燥、预炭化、固体分解和焦炭分解4个阶段：a. 干燥阶段（室温<150℃）结合水和自由水蒸发，化学组成保持不变；b. 预炭化阶段（220～315℃）原材料发生明显的热分解反应，其化学组成开始发生变化，内部结构发生重组，不稳定组分分解生成小分子化合物，如二氧化碳、一氧化碳和水等气体；c. 固体分解阶段（150～400℃）是炭化过程的主要阶段，原材料有机物中氢键断链，氢原子与氧原子结合，分解、挥发出水，各组分发生剧烈的解聚反应，分解成单体或单体衍生物并生成大量的分解产物；d. 焦炭分解阶段（450～475℃）得到的产物依靠外部供给的热量继续进行燃烧，C—O和C—H键进一步断裂，形成C—C键，释放出挥发分，结构芳香化，使其挥发性物质继续减少，固定碳含量增加。

炭化过程中温度不宜太高也不宜过低，主要是当温度高于650℃时会造成原材料中有机物质的大量分解，产物中碳含量降低，吸附性能降低；温度过低，生物质热解不完全，孔结构不够发达，其表面结构和比表面积都较小，不利于吸附。这个分析结果对于直接炭化过程中温度条件的选择具有重要的指导意义。

(2) 水热炭化方法

水热炭化理论的提出，使原材料反应过程可以在温和的条件下发生，所产生的产物中碳元素的固定率较高，以水作为介质，脱水脱羧过程产生的热量提供了一部分能量输出，降低能耗，并且大量的氧、氮元素被截留在生成物表面上，对于有机物、金属离子等有着较强的吸附作用，也为制备新型炭功能材料提供原料。

水热炭化技术最早是被用来模拟煤的形成。常温常压下，水作为溶剂难以使生物质等碳水化合物相互溶解，当温度高于100℃时密闭体系中水介质的物理化学性不断趋向于超临界水的性质[66]。因此，水热炭化过程中，水介质的作用主要有：作为很好的有机无机溶剂，随着温度压强的增加，为化学反应提供场所；作为能量传递介质，密闭空间使得水处于超临界状态；水分子参与各种热化学反应。因此，水热炭化技术在生产功能性炭材料领域得到较多关注。

由于水热炭化不需要脱水干燥的前处理，因此对原料的水分要求低，水热炭化的原料有简单的糖类及碳水化合物及各种含水率高的有机废物，如粪便、藻类、污泥和城市生活垃圾等。

1.2.3 活化方法

目前制备活性炭的活化方法主要有气体物理活化法、药剂化学活化法和物理化学活化法。其中，气体物理活化法是一种先热解炭化，然后在氧化性气体（水蒸气、O_2、CO_2 等）中高温活化的方法[67]；药剂化学活化法是一种将制炭原料和活化剂（主要为 $ZnCl_2$、H_3PO_4、KOH 等）混合后直接进行活化的方法[68]；物理化学活化法是一种将气体物理活化法和药剂化学活化法交叉联用的方法。

气体物理活化法制备的活性炭孔径较大、比表面积较小；药剂化学活化法虽然能实现孔结构、比表面和堆积密度的匹配，但存在活化剂用量较高、环境污染等问题；物理化学活化法能够克服气体物理活化法和药剂化学活化法的缺点并制备出高性能活性炭。如 Arami-Niya 等[69]、Prauchner 等[70]、Hu 等[71]分别以不同的制炭原材料，采用物理化学活化法制备出微孔宽化、孔径集中、孔结构发达的高比表面积活性炭。

1.2.4 改性方法

活性炭作为吸附材料具有独特的表面特性，即表面的非极性。活性炭表面化学特性在很大程度上是由其表面的化学不均匀性决定的。碳结构中有许多非碳的杂质原子，如氧、氮、氢、硫和磷原子等，或者其他无机杂质，它们来自原材料本身或者在活化过程中被引入。活性炭是由不规则的六边形碳层形成的网状结构，这些杂质原子能进入网格或附着于碳层边缘，和碳结合而形成各种表面官能团，主要分为含氧官能团和含氮官能团。含氧官能团主要指羧基、羟基、羰基、醛基、酯和醚等；含氮官能团主要有胺基、亚胺基、硝基、亚硝基、吡咯和吡啶等。

这些含氧和含氮表面官能团的存在使得活性炭表面呈现酸性或者碱性的化学特性。由于这些官能团的极性在很大程度上受邻近化学结构的影响，因此存在于活性炭表面的官能团和存在于有机分子上的官能团有很大的不同。活性炭表面的化学特性和特殊的表面官能团对其吸附能力和吸附选择性都有很重要的影响，因此许多学者都在探索寻找不同的方法来改变其表面化学特性或者引入特定的表面官能团来增强活性炭的吸附性能。

活性炭改性主要是指对其表面化学性质和表面物理结构改变，以适合吸附不同污染物及提高其吸附性能。对活性炭进行改性，需注意保持其孔道畅通，防止堵塞而影响吸附效果。目前活性炭改性方法主要有表面性质改性法、表面氧化改性法、表面还原改性法、负载物质改性法和其他改性方法。

1.2.4.1 表面性质改性法

活性炭表面性质改性法主要包括表面化学性质改性和表面物理性质改性两种类型。

(1) 表面化学性质改性

表面化学性质改性主要是通过氧化还原反应提高活性炭表面含氧酸性、碱性基团的相对含量以及负载金属改性，提供特定吸附活性位点，调节其极性、亲水性以及与金属或金属氧化物的结合性，从而改变对极性、弱极性或非极性物质的吸附能力。表面化学性质改性是利用化学反应通过改变活性炭表面原有的官能团，从而改变其表面特性的方法。常用的化学改性方法有酸碱改性、负载改性及等离子体改性等。

(2) 表面物理性质改性

表面物理性质改性主要是指表面物理结构改性。表面物理结构改性是指通过物理或化学方法增大活性炭比表面积，控制孔径大小及其分布，从而提高其物理吸附性能。物理法是把含有官能团的化合物负载到活性炭材料中，或通过加热改变活性炭的物理特性（比表面积、孔容等），制备出具有优良吸附性能的活性炭吸附材料，提高其对污染物的去除效率；化学法是利用活性炭表面的极性基团，通过简单的化学反应将吸附官能团嫁接到其表面，从而提高吸附性能。

1.2.4.2 表面氧化改性法

表面氧化改性法是利用氧化剂来氧化活性炭表面官能团，提高表面含氧酸性官能团的数量，增强极性和亲水性，可提高对极性有机污染物的吸附。常用的氧化剂有 HNO_3、H_2O_2、H_2SO_4、O_3、$(NH_4)_2S_2O_8$。由于所用氧化剂不同，含氧官能团的数量和种类也不同；另外，改性后活性炭的孔隙结构、比表面积、容积和孔径也会发生改变。

1.2.4.3 表面还原改性法

表面还原改性法主要是指在适当温度下利用合适的还原剂对活性炭表面官能团进行还原，达到增加活性炭表面碱性官能团含量的目的，增强表面非极性，从而提高其对非极性物质的吸附能力。表面还原改性的还原剂主要有 H_2、N_2、氨水、苯胺等，对活性炭表面官能团进行还原处理，提高碱性官能团的数量，表面含有含氮官能团的活性炭对重金属和阴离子污染物有较好的吸附性能。

1.2.4.4　负载物质改性法

活性炭负载物质改性是指利用活性炭巨大的比表面积和孔容,将金属离子或者其他杂原子吸附到活性炭孔道内,然后利用活性炭的还原性将其还原成单质或低价态离子,利用金属离子或杂原子对吸附质的较强结合力,增加活性炭对吸附质的吸附效果,再通过金属离子或金属对污染物进行更强的吸附。常用于负载的金属离子有铜、铁、铝和银等离子,负载后的活性炭在吸附氟离子、氰化物和重金属如砷酸根等污染物方面表现出很好的潜力。

上述改性方法各有特点,活性炭改性后不但要有良好的处理效果,还要保证改性过程操作简单、成本低廉、环境友好、可连续长时间处理等特点。值得一提的是,改性结果应只局限于表面而不影响材料本身性能。因此,在对活性炭改性时,要结合被吸附目标物质的性质,对活性炭改性进行综合考虑,选择最佳的改性方法。

为改变活性炭表面的化学特性或者引入特定的官能团,采取有针对性的表面改性方法来增强活性炭的吸附性能。

1.2.5　模板合成方法

模板合成法是将具有特定空间结构和基团的模板剂与制备活性炭的原材料混合共热,再以一定方法除去模板剂来制得活性炭。根据所使用模板性质的不同,模板合成法可分为传统模板合成法和自模板合成法两类。传统模板合成法又可分为硬模板合成法和软模板合成法两种;自模板合成法有奥斯特瓦尔德熟化法、柯肯达尔效应法、电化学置换法和化学刻蚀法等几种。模板合成法通过模板的选择及制作来有效地控制活性炭产品的孔径大小,可用于制备纳米级超细微孔至微米级细孔范围的活性炭。常用的模板为硅溶胶、沸石等,制备活性炭的原材料可以是酚醛树脂等有机物。

模板合成法相对于其他活性炭制备方法最具优势的地方在于其无需物理活化剂或化学活化剂即可制备得到高比表面积的活性炭产品,是制作超级电容器电极的优良材料。但模板合成法工艺比较复杂,成本也较高,因此,需要综合考虑其经济性与实际需求是否相符。模板合成法制备活性炭一般包括3个步骤,即有机物填充到模板材料的孔道内,有机物在模板材料的纳米空间内的聚合、炭化,以及去除模板得到目标活性炭[72]。总之,该方法是利用模板材料的限域作用,达到对制备过程中的物理和化学反应进行调控,最终得到所需活性炭材料。

Yan等[73]分别将酸处理及碱处理过的沸石作为模板来制备活性炭,得到产品的亚甲基蓝吸附值分别为223mg/g和380mg/g。王仁清等[74]以硅溶胶为模板剂,酚醛树脂为碳源,制得了比表面积为1840m²/g的活性炭,孔径分布集中在2.4nm和1.4nm,适合作为超级电容器电极材料。

模板合成法制备的活性炭孔径可大可小，可控性较强，因此受到广大研究者的青睐。近些年来关于模板合成法的研究成果也越来越多，发展迅猛而值得关注。

1.3 活性炭的特点

1.3.1 活性炭的结构

活性炭的组成元素以碳元素为主，含少量的氧元素和氢元素，几乎不含硫元素和氮元素。活性炭是一种以石墨微晶为基础的无定型结构，石墨微晶单位很小，在结构上是不规则排列，是一种多孔碳，堆积密度低，有较大的比表面积。由于活性炭结构的不完整，加上灰分和其他杂原子的存在，导致活性炭的基本结构中会产生缺陷和不饱和价，因而活性炭具有优良的吸附性能[75]。活性炭吸附的主要作用力是非特异性作用力和范德华力，因此其吸附热或键的强度比其他吸附材料要低，所以被吸附分子的脱除相对比较容易，吸附材料再生的能耗也相对较低。

活性炭的孔结构是不规则的，大孔的孔壁上分布有许多中孔，中孔的孔壁上又分布有很多微孔，许多微孔从大孔中分叉产生。吸附质分子首先是在大孔中和中孔中扩散，然后被吸附在微孔中。大孔通常是吸附质分子进入活性炭内部较大的通道，起到补给和传输作用，贯穿了整个颗粒。中孔起到联通大孔和微孔之间的桥梁作用，既是吸附质分子的通道也能够吸附较大的吸附质分子。微孔处于结构的末端，具有很大的比表面积，对活性炭的吸附起到重要作用。

对活性炭孔结构的表征方法最常用的是 N_2 低温物理吸附法和压汞法。另外，还有显微镜法（SEM/TEM）、X 射线小角散射法、中子小角散射法、初湿含浸法、渗透测粒法和反扩散法等[76]。

1.3.2 活性炭的性能

1.3.2.1 活性炭的物理化学性能

活性炭主要是由碳质材料通过高温活化而成，在高温活化过程中炭微晶与非晶碳质相互连接构成了大小不一的孔隙结构，同时氧化剂氧化或还原剂还原，使活性炭的表面存在大量的官能团。活性炭作为多孔吸附材料，比表面积、孔容积、孔径尺寸和表面官能团是影响吸附性能的重要因素。

(1) 比表面积和孔结构

活性炭的孔径主要分为微孔（孔径＜2nm）、中孔（孔径 2～50nm）和大孔（孔径＞50nm）3 种。高比表面积活性炭的孔径大都集中在微孔范围内，对气相和液相中小分子吸附十分有利。但当吸附质是聚合物、染料、单宁酸和维生素等大分子量有机物质时，只有中孔和大孔允许这些大分子进入[77]，从而将其吸附及去除。

(2) 表面官能团

除比表面积和孔隙结构外，活性炭表面还有含氧官能团和含氮官能团等一些化学基团。含氧官能团（酸性、碱性和中性）是最主要的表面基团，主要包括羧基、内酯型羧基、酚羟基和羰基等。研究表明，表面官能团种类和数量对活性炭的吸附特性也有较大影响，如邱介山等[78]研究表明活性炭对苯酚的吸附随单位表面积上的酚羟基和羰基数量的增加而减少，苯甲酸的吸附量则与活性炭表面上的酸性基团总量有关；Ewecharoen 等[79]研究表明增加活性炭表面酸性官能团数量能够提高对水中 Ni(Ⅱ) 的吸附能力。因此，根据专业实际应用需求，准确调控活性炭材料的孔隙结构，增加活性炭表面官能团的种类和数量，制备出具有特定用途的活性炭，是现代科学、工业和技术发展的需要，具有重要研发意义和应用价值。

1.3.2.2 活发炭的吸附性能

吸附是指当两相存在时，相中的物质或者在该相中所溶解的物质，在相与相的界面附近的浓度与相内浓度不相同的现象。根据吸附剂和吸附质相互作用方式，吸附现象可分为物理吸附和化学吸附两种。

① 物理吸附是由分子间的范德华力引起的，不发生化学反应，吸附速度快，吸附热小，并且在低温下吸附量较大。

② 化学吸附是伴随电荷移动相互作用或者生成特异化学键，是一种不可逆的化学反应，一般吸附速度慢，吸附热大，在较高温度下进行吸附。

物理吸附与化学吸附往往相伴发生，在水处理应用时，大多数的吸附反应都是这两种吸附综合作用的结果。

1.4 活性炭的表征方法

1.4.1 物理性质的表征方法

活性炭的物理性质主要包括活性炭的形貌特征、粒度分布、孔隙结构（包括总孔隙度和孔隙容积）、比表面积和晶体结构等。

活性炭的形貌特征可通过扫描电子显微镜（SEM）、透射电子显微镜（TEM）和原子力显微镜（AFM）来直接观测。SEM 能够显示活性炭的二维表面形貌；AFM 能够观测到活性炭的三维立体表面结构；而 TEM 可以观测到活性炭的内部或表面的结构。

SEM 是用聚焦电子束在活性炭表面逐点扫描成像，其工作原理是利用二次电子信号成像，当用极其狭窄的电子光束去照射样品表面时，电子光束与活性炭表面发生相互作用激发出二次信号，其中最主要的是二次电子发射成像。二次电子成像可以呈现出样品表面放大后的形貌，从而得到样品的微观形貌，最终观察者可以看到待测样品表面的形貌，尺寸大小可以精确到纳米级。SEM 具有较高的分辨率；较高的放大倍数，几十到几十万倍之间连续可调；成像富有立体感，可直接观察各种活性炭凹凸不平表面的细微结构。

活性炭的比表面积和孔结构常使用物理吸附法来测定，测定方法主要有 BET（Brunauer-Emmett-Teller）法、BJH（Barrett-Joyner-Halenda）法和 Langmuir 法等，这些方法可以用来分析、计算活性炭的比表面积和孔径分布。比表面积是活性炭吸附特性的重要指标，其决定着活性炭吸附量。称取一定量的活性炭于样品管中，接着放入液氮氛围中，设定相关的实验参数，测定吸附/脱附等温曲线等数据。吸附等温曲线是表征活性炭结构的一个重要测量手段，常用于计算活性炭比表面积的模型有 BET 模型和 Langmuir 模型两种；其中 BET 模型将单分子层吸附理论推广到多层吸附，它假设材料表面是均匀的，同层分子之间不存在作用力，从第二层开始的吸附与液化过程类似。根据 BET 测量结果可以得到活性炭吸附材料的比表面积、孔容、孔径分布和孔道类型等信息，从而为进一步分析结构与性能的关系提供更加翔实的依据。而 Langmuir 模型是单分子层吸附等温式，仅适用于微孔材料的吸附；对于多孔材料，其结构中不仅含有微孔，还含有中孔和大孔。

活性炭的孔大小和体积分布也非常重要，其决定吸附质是否能够进入活性炭内部以及影响活性炭的吸附速率。在吸附大分子有机污染物时，要综合考虑多孔活性炭的比表面积和孔径大小分布的关系，保证有机污染物能在活性炭材料内部扩散。测定活性炭比表面积和孔分布的仪器主要是由美国麦克（Micromeritics）和康塔（Juantachrome）公司生产，孔径分析仪可以进行活性炭的比表面积、孔径分布及孔容等孔隙参数的测定。在测定前，样品要先进行干燥，然后再真空脱气处理，除去活性炭孔隙中的杂质，完毕后再进行冷却。

活性炭晶体结构定性分析是通过 X 射线衍射分析（X-ray diffraction，XRD）来表征。X 射线在结晶内遇到规则排列的原子或离子而发生散射，散射的 X 射线在某些方向上相位得到加强，从而显示出与结晶结构相对应的特有的衍射现象。活性炭是由石墨微晶构成的非晶态炭材料，不同活性炭的石墨化程度各不相同。以 X 射线衍射技术对活性炭吸附材料中的石墨微晶的大小和结构进行研究，有助于更加深入了解活性炭吸附材料的结构特征。

XRD 可以研究活性炭材料中的金属或者合金的结晶微观结构，可以知道活性炭材料的成分、内部原子形态或结构。因此，活性炭是否含有晶体结构经常会影响吸附性能。通过 XRD 分析比较晶体标准图谱，可以判定活性炭所含晶体的种类。

1.4.2　化学性质的表征方法

活性炭的化学性质主要包括活性炭的元素组成、表面官能团和表面酸碱性等。

(1) 活性炭的元素组成

活性炭的元素组成通常用 X 射线能量色散谱分析仪（EDS）和 X 射线光电子能（XPS）进行表征；其中，EDS 是 SEM 的重要配套仪器，结合扫描电子显微镜 SEM，能够迅速对活性炭表面的元素分布进行定性和定量分析。XPS 是一种有效的监测表面化学结构的分析手段，采用 Gaussion/Lorentizian 函数所得谱图进行曲线拟合，该方法依据爱因斯坦的光电效应来测定表面元素的原子的价电子或内层电子的结合能。原子被高能 Y 射线轰击，能发射出的光电子平均逃逸深度为 0.5～2nm，故只能探测位于表面的物种。其主要用于测定由表面元素引起发射光电子的结合能发生位移的化学环境的变化。通过对特定原子（如 C、N、O）的键能进行扫描不仅可以定量测定活性炭表面的元素组成，而且可以分析这些元素的结合形式。

(2) 活性炭的表面官能团

活性炭的表面官能团通常用傅里叶转换红外光谱分析仪（Fourier transform infrared spectroscopy，FTIR）来进行表征。FTIR 是定性分析活性炭表面各种官能团的有力工具，特别是对于结构和组成相对较单一的活性炭分析。FTIR 的工作原理是将一束波长不同的红外射线照在物质分子上面，特定波长的红外射线被吸收，导致了透光率减小，最后再在 $400 \sim 4000 cm^{-1}$ 范围内绘制出波束和吸光度之间的关系曲线，即分子的红外吸收光谱。这种分析方法是通过比转动能量大且伴随有转动能级的跃迁的分子的振动能量得到的分子振动-转动光谱分析知道活性炭中有哪些基团，通过不同阶段 FTIR 光谱的对照，可以通过分析活性炭材料表面有效官能团的特征峰的变化进而来判断参与吸附的基团。FTIR 可以测知分子的转动态和振动态，由于活性炭为黑色，对红外辐射吸收强，同时表面不均匀的物理结构又加大了红外光的散射，而且极易被（背景）吸收。因此，一般认为只要碳含量大于 94％就不适合采取红外光谱来进行分析。而由于采取了干涉光装置，来自全光谱的辐射在整个扫描期间始终照射在检测器上，使光通量增大，分辨率提高。FTIR 偏振性较小，可以累加多次，快速扫描后进行记录，已成为活性炭表面各类官能团定性分析的有力工具。

(3) 活性炭的表面酸碱性

活性炭的表面酸碱性通常用活性炭的零电点来表征，活性炭的零电点是指固体活性炭在水溶液中表面净电荷为零时的 pH 值。它与活性炭表面的羧基官能团含量有很大关系，常常与 Boehm 滴定法存在相关性。活性炭表面有酸性官能团，如羧基、内脂、酚羟基和羧酸酐等，其中酚羟基酸性最弱，羧酸酐酸性最强；中性官能团，如醚基和苯醌基；碱性官能团，如吡喃酮基、醌式羰基和苯并吡喃基。其中对活性炭表面酸碱性起决定作用的主要有羧基、羰基、酚羟基和内酯基。Boehm 滴定法是根据不同碱性强弱的碱与不同含氧官能团产生化学反应，从而进行定量和定性分析。一般认为 $NaHCO_3$（pK ＝ 6.37）仅中和活性炭表面的羧基，Na_2CO_3

（pK=10.25）可中和活性炭表面的羧基和内酯基，而 NaOH（pK=15.74）可中和活性炭表面的羧基、内酯基和酚羟基。根据滴定实验碱消耗量的不同，可计算出相应官能团的量，从而获知活性炭的表面酸碱性。

水溶液中活性炭表面净电荷为零时的溶液 pH 值，称为零电荷点 PZC（point of zero charge）。PZC 也是表征活性炭表面酸碱性最为关键的重要参数。PZC 与活性炭酸性表面氧化物特别是羧基有着密切的关系，它与 Boehm 滴定存在很好的相关关系。因此，通过滴定法测定出的 PZC，对应的是活性炭的全部表面或绝大部分表面特征。

1.5 活性炭的再生

活性炭的再生方法主要有物理再生法、化学再生法、生物再生法和其他再生法。

1.5.1 物理再生法

(1) 加热再生法

加热再生法是目前工业上应用最广泛也是最为成熟的一种活性炭再生法，适用于吸附有机污染物的活性炭再生，利用高温下有机物的炭化分解，最终化为气体逸出的再生法。热再生是在一定设备中加热至 750～950℃，使活性炭中吸附的物质发生解吸或热分解从而达到再生的目的。

加热再生法大多是把吸附饱和的活性炭放入再生炉中加热，通入蒸汽活化再生。热再生过程分为干燥、炭化和活化三个阶段。干燥阶段主要用于去除活性炭上的可挥发成分；高温炭化阶段是在惰性气氛下加热到 800～900℃，使吸附的一部分有机物沸腾、汽化脱附，一部分有机物发生分解反应，生成小分子烃而脱附，残余成分在生物质活性炭孔隙内成为"固定炭"；活化阶段需要通入 CO_2 和水蒸气等气体，以清理活性炭微孔，使其恢复吸附性能。

加热再生法是目前工艺最成熟、工业应用最多的活性炭再生方法。加热再生法再生效率高，再生时间短，应用范围广，但过热有可能引起活性炭发生自燃，孔隙构造遭到明显的破坏，使得再生过程中炭损失较大（一般为 5%～10%）、再生炭的机械强度下降、再生耗时耗能、经济不可行等现象[80]。

近年来，在对加热再生充分认识的基础之上，人们又发展了一些新的加热再生技术。这些再生技术与传统再生技术的区别主要在于热源不同，其中包括高频脉冲再生技术、红外加热再生技术、直流电加热再生技术、弧放电加热再生技术和微波加热再生技术等。

（2）超声波再生法

超声波再生法是 20 世纪 90 年代发展起来的一项新技术。超声波是指频率在 16kHz 以上的声波，在溶液中以一种球面波的形式传递。在水溶液中，由于超声波的作用产生了高能的"空化泡"，"空化泡"在溶液中不断长大，爆裂成小气泡，并在这些小气泡内部和界面产生局部高温高压，导致 H_2O 分裂成—OH 形式存在，同时产生的高压冲击波作用于活性炭表面，使有机污染物质通过热分解和氧化作用得到有效的分离。超声波再生法是利用超声波在活性炭的吸附表面上产生能使被吸附物得到足以脱离吸附表面，重新回到溶液中去的能量的活性炭再生法。

超声波再生法的再生效率受作用时间、炭粒粒径、吸附类型等因素的影响。超声波再生的最大特点是只在局部施加能量即可达到再生目的。超声波再生具有能耗小、工艺设备简单、损耗小、自耗水量少、活性炭损失小，且可回收有用物质等优点。但是对于不同被吸附物，超声波对其解析率不同，如果用于吸附多种物质的活性炭再生，则会造成某些物质的累积，所以超声波再生法适用于吸附质是单一物质的活性炭的再生，且生物质活性炭孔径大小也会很大程度上影响再生效率。此外，超声再生不会改变被吸附物质的结构与形态，因而用于活性炭浓缩、富集、回收有用物质的再生是十分有利的。

（3）微波辐射再生法

微波是指电磁波谱中位于远红外和无线电波之间的电磁辐射，其波长在 1mm～1m 范围内，频率 300MHz～300GHz。微波辐射再生法是指活性炭在高温条件下，将微波频率固定在 2450MHz 或 900MHz，使有机物脱附、炭化、活化，进而恢复其吸附性能。微波对被照物有很强的穿透力，对反应物起深层加热作用。活性炭的微波辐射再生法是用微波产生高温，使活性炭上的有机污染物炭化、活化，恢复其吸附能力。微波的作用使得有机污染物克服范德华力吸引而开始脱附，随着能量的聚集，在致热和非致热效应的共同作用下，有机污染物一部分燃烧分解放出二氧化碳，另一部分进行炭化。

微波辐射对活性炭进行再生具有高效、对活性炭本身的孔隙结构没有太大破坏、时间短、能耗低等优点成为一种经济且环保的再生法。微波辐射再生活性炭材料的再生效率主要取决于微波功率、微波辐照时间、活性炭吸附量等因素。微波辐照过程使在活性炭孔隙中吸附的有机污染物急剧分解、挥发，产生较大的蒸气压，爆炸压出，造成多孔结构，使再生的活性炭具有极好的吸附能力。微波辐射再生设备简单，但工艺条件控制不当，活性炭烧损比较严重。

1.5.2 化学再生法

（1）化学药剂再生法

化学药剂再生方法主要有使用无机物调节溶液平衡进行污染物脱附的无机药剂再生和使用溶解性更强的溶剂萃取出污染物的有机溶剂萃取再生。化学再生涉及用萃取剂解吸或化学氧化剂在亚临界/超临界条件下分解被吸附的污染物。化学药剂再生工艺相对都比较简单，且投资小，该再生法的缺点是再生效率主要取决于被吸附物质的溶解度，且不能完全恢复活性炭的吸附性能。

(2) 湿式氧化再生法

湿式氧化再生法包括湿式空气氧化再生法和催化湿式氧化再生法两种。

湿式氧化再生法是指在高温高压下，用氧化剂（一般为氧气或空气）将活性炭上吸附的液相有机物氧化分解成小分子而除去的一种再生方法。该再生法是20世纪70年代发展起来的一种新工艺，主要在美国和日本研究较多。湿式氧化再生法具有投资较少、能耗较低、工艺简单、再生效率高、活性炭损失率低、无二次污染、对吸附性能影响小等特点，通常适用于粉末状活性炭的再生，对毒性高、生物难降解的吸附质处理效果较好。

湿式氧化再生法就是利用氧化剂氧化污染物，处理毒性高、生物难降解的吸附质。后来又引入了催化剂，也即湿式催化氧化法，以提高氧化反应的效率。湿式氧化再生法处理对象广泛，反应时间短，再生效率稳定，再生开始后无需另外加热。另外，光催化氧化和试剂氧化也被用来降解吸附剂上的有机物，但再生效果普遍不高。催化湿式氧化再生法具有催化快速、应用范围广、能耗相对较低、二次污染小、适应性强等优点，尤其是再生处理过含有难降解有机物废水如焦化废水的活性炭。但是，该法用于粉末生物质活性炭的再生时间延长加强了活性炭表面的氧化程度，使其孔隙被氧化物堵塞而出现再生效率下降现象。

(3) 电化学再生法

电化学再生法是目前正在研究的一种方法，其工作原理如同电解池的电解，在电解质存在的条件下将吸附质脱附并氧化，使活性炭得以再生。电化学再生法是在外加电场作用下，填充活性炭在两个电极之间，活性炭在电流作用下发生极化，形成一端阳极，另一端阴极，可以发生还原反应和氧化反应阴极的微电解槽，在活性炭阴极和阳极可分别发生还原反应和氧化反应，吸附质通过扩散、电迁移、对流及电化学氧化还原而被去除，具有条件更温和、再生效率较高、可在线操作等优点，但实际运行中存在金属电极腐蚀、钝化、絮凝物堵塞等问题。电化学再生法效率较高，又能避免二次污染。与传统再生法相比，其再生均匀，耗能少，炭损失少，所需电解质价格较低，操作简单。

1.5.3 生物再生法

生物再生法一般是用经过驯化培养的菌种处理吸附饱和的活性炭，使吸附在活性炭上的有机吸附污染物最终分解成为 CO_2 和 H_2O 的过程，从而达到活性炭再生的目的。利用在活性炭上繁殖的微生物或其新陈代谢将吸附在活性炭上的污染物质氧化降解从而实现活性炭再生的方法。该方法综合了物理吸附的高效性和生物处理的经济性，充分利用了活性炭的物理吸附作用和生长在活性炭表面微生物的生物降解作用。

　　生物再生方法具有操作简单、投资和运行费用相对较低、能耗少等特点，但有机物氧化速度缓慢、再生时间较长，而且只能适用于可被生物降解的物质，吸附容量的恢复程度有限，受水质和温度的影响较大。活性炭的生物再生法适用于吸附的污染物质是菌种易生物降解的有机物，但存在条件苛刻、周期长等问题；并且要求分解尽量彻底，如果不彻底会造成活性炭的再吸附，从而影响再生效果。

1.5.4 其他再生法

(1) 臭氧氧化再生法

　　臭氧氧化再生法是利用臭氧氧化剂将吸附在活性炭上的有机物进行氧化分解，从而实现活性炭再生的方法。臭氧氧化再生是将放电反应器中间做成活性炭的吸附床，废水通过活性炭吸附床，有机物被吸附到活性炭上，当活性炭吸附饱和后需要再生时，炭床外面的放电反应器就以空气流制造臭氧，随冲洗水将臭氧带入活性炭床内从而实现活性炭的再生。

(2) 光催化再生法

　　光催化再生法的原理是利用一定波长范围的光，在某种催化剂存在的条件下，通过光化学反应使饱和活性炭的吸附性能得到恢复。借助光催化剂表面受光子激发产生的高活性强氧化剂·OH，将某些有机物及部分无机污染物氧化降解，最终生成 CO_2、H_2O 等无害或低毒物质。目前用于研究的催化剂主要是 TiO_2，使用太阳光即可实现再生。该再生法主要是在颗粒活性炭上负载 TiO_2 光催化剂，使 TiO_2 的光催化性能和活性炭的吸附性能有机结合起来。

　　由于存在杂原子、高温以及某些基团的积累，会造成光催化剂的失活，所以研究人员开展了很多关于光催化失活的研究。目前，再生方法主要有水洗、酸洗、高温氧化处理、氢气还原处理等。光催化再生型活性炭在其吸附达到饱和后，不需要其他步骤，直接在紫外光照射下即可实现原位再生，再生工艺简单，设备操作容易，生产规模可以随意控制，且可以使用日光辐射，能耗低。因此，光催化再生的研究具有重要意义，其不足之处是耗时长，处理效果尚不十分令人满意。

(3) 超临界流体再生法

　　超临界流体（SF）是指温度和压力都处于临界点以上的流体，超临界流体再生法（SFR）再生活性炭是 20 世纪 70 年代末开始发展的一项新技术。利用超临界流体作为溶剂将吸附在活性炭上的有机污染物溶解于超临界流体之中，根据流体性质对于温度和压力的依赖，将有机物与超临界流体有效分离，从而达到再生目的。许多在常温常压下溶解力极小的物质，在亚临界或是超临界状态下具有极强的溶解力，并且在超临界状态下，压力的微小改变会造成溶解度数量级的改变。利用这种性质，可以把超临界流体作为萃取剂，通过调节操作压力来实现溶质的分离，即为超临界流体再生法。

1.6 活性炭的研究进展

1.6.1 活性炭研究的发展趋势

活性炭产品种类很多，按照生产原料不同可分为：矿物质原料活性炭，如煤基活性炭、石油焦活性炭等各种矿物质及其加工产物为原料制成的活性炭；木质活性炭，如稻壳基活性炭、竹质活性炭、椰壳活性炭等；合成活性炭，如聚氯乙烯、聚丙烯、呋喃树脂等作为制备活性炭的原料以及其他废弃物为原料制得的活性炭，如废橡胶、剩余污泥等制成的活性炭。为了保护日益减少的森林资源，保护人类的生存环境，木质活性炭生产受到越来越多的限制；随着石化燃料资源的枯竭和生态环境的恶化，矿物质原料活性炭水处理成本居高不下。因此，随着20世纪初大量活性炭进入人们的视野，改良生产工艺，降低生产成本，实现清洁生产的理念，使活性炭成为环境友好型材料将是我国未来研究的方向，致力于高性价比活性炭的制备研究具有重要的现实意义，研究者们不断研发各种生物质活性炭。

随着社会经济的发展及对环境保护意识的增强，原材料的选择越来越被重视。制备活性炭的原料广泛，我国是农业大国，生物质废弃物资源非常丰富，据报道，我国各类农作物秸秆年产量达7亿多吨[81]。除农作物秸秆外，我国农业生产每年还产生大量其他生物质废弃物如稻壳、花生壳、废菌棒和玉米芯等，它们含有丰富的碳源，且价格低廉、可再生，是制备活性炭的理想原料。利用生物质废弃物资源对于缓解化石能源危机、减缓温室效应和空气污染具有重要作用。

循环利用生物质废弃物，制备高性能活性炭，具有很高的环保价值，多种与传统制备水处理用活性炭的原料煤炭等化学成分基本相似、含碳量高的农业废弃物被用于制备生物质活性炭，正好可以弥补传统制备方法成本较高的不足，解决农业废弃物随意丢弃或焚烧后污染环境的突出问题，在降低生产成本的同时又能实现废物再利用，变废为宝，实现了农业废弃物可再生的资源化高价值利用，极大地降低活性炭生产成本，顺应目前越来越重视环保的大趋势，符合国家循环经济及可持续发展战略。

活性炭吸附剂是指利用活性炭本身所具有的某些化学结构及成分特性吸附去除环境中的化学污染物的一种方法。由于活性炭吸附法操作简单、设备要求较低、原材料种类多且资源丰富、成本低，在废水处理方面有广阔的发展前景。目前国内外研究者利用松果壳[82]、稻米壳[83]、废弃纤维板[84]、花生壳[85]、油茶果[86]等作为原料制备生物质活性炭吸附剂。

1.6.2 生物质活性炭的研发现状

生物质活性炭是在无氧或者限氧的条件下热解得到的一种高度芳香化的固态富

碳吸附材料，具有孔道结构丰富、化学性质稳定、孔容量大、离子交换能力强、热稳定性高和比表面积大等特点。生物质活性炭与活性炭的主要差别在于，活性炭的原材料限制较少，可以是所有富含碳元素的有机材料，多为煤、沥青、石油焦等矿物燃料，最初即作为吸附剂的人造材料，经过特殊的活化过程制备成比表面积大、有很强吸附能力的多孔结构材料，巨大的比表面积，并且表面负载大量的官能团，增加了活性炭吸附去除污染物的选择性。活性炭可被制备成各种不同尺寸，适用于不同工艺。由于原材料、形状大小和制备工艺的不同，活性炭种类繁多，按形状可分为颗粒活性炭（多为不规则颗粒状和柱状）和粉末状活性炭；其中，粉末状活性炭具有吸附速度快、吸附能力强等优点，但需要专门的分离技术。目前随着分离技术的发展和某些应用要求的出现，粉末状活性炭的应用范围越来越广，其粒度也有细化的倾向。而制备生物质活性炭的原材料较多，广泛存在于我们生活的每个角落，大部分为生物质农业废弃物，如稻壳、果壳、玉米芯、废菌棒等，在无氧或缺氧状态下高温裂解炭化获得的含碳量极高的一种活性炭材料，除了可以作为水处理吸附剂外也可为固碳减排、固废处理、土壤改良等提供解决方案，从原料选取和环境影响来说生物质活性炭是活性炭很好的替代品。其中陈虹霖等[87]利用开心果果壳制造生物质活性炭；于晶等[88]研究了葱叶制造多孔炭的方法；Hongyan Li等[89,90]分别利用玉米芯和废菌渣制造生物质活性炭；糠醛渣、豆渣、污泥等都可作为生物质活性炭制备的原材料。因此，从选材上可以看出，生物质活性炭取材广泛多为农业废弃物，并且所得碳基材料广泛应用于环保业、制造业、军事和突发事故急救等领域。生物质活性炭作为一种优质的环境友好型材料，对其研究不仅能够有效缓解农业废弃物对环境的影响，还能将其用于功能性修复环境，具有双重减碳效果，生物质活性炭的广泛应用具有较好的经济效益、环境效益和社会效益。

为高效去除水中的有机污染物，后来出现了多种生物质活性炭的改性方法，如氯化铁改性、酸碱改性等，用于改变生物质活性炭孔隙结构与表面官能团，改性后的生物质活性炭具有较好的选择性，可高效去除水中如重金属离子和有机污染物等各种污染物。可改变的孔隙率和孔径分布使得生物质活性炭的应用除了作为吸附剂外拓展到一些更需要的领域，例如催化/电催化、多尺寸分子的分离、电容器能量储存、电极及锂电池、CO_2 捕集和 H_2 储存等。

生物质活性炭的制备过程同时也是工农业废弃物的资源化过程，解决了大量工农业废弃物的处理问题，使之转变为拥有高附加值的应用材料。由于生物质炭化过程是缺氧或无氧氛围，避免了二次污染问题，且炭化过程会产生生物油、合成气及生物炭。从某种程度上来说，这对于解决过去活性炭制备的高成本有很大帮助。基本所有农业废弃物都可用于制备生物质活性炭，只是不同原材料决定了后续炭化活化工艺和产品的应用范围不同，目前国内外学者在利用农业废弃物各种原材料制备生物质活性炭工艺优化方面做了大量的研究工作（表 1-1）。

表 1-1 不同原材料的生物质活性炭制备工艺

原材料	炭化条件	活化条件	活化剂	参考文献
棕榈仁坚果外壳	N_2,250~750℃/1h	500~900℃/15min	K_2CO_3	[91]
椰子壳	N_2,250~750℃/1h	500~900℃/15min	K_2CO_3	[91]
接地螺母壳	N_2,250~750℃/1h	500~900℃/15min	K_2CO_3	[91]
奥贝奇木	N_2,250~750℃/1h	500~900℃/15min	K_2CO_3	[91]
尼姆壳	N_2,200~500℃/10min	800℃/2h	KOH	[92]
红麻	N_2,400℃/2h	700℃/1h	CO_2/KOH	[92]
臭豆	N_2,450~650℃/1h	—	H_3PO_4	[93]
接地螺母壳	N_2,800℃/5min	—	KOH	[94]
	N_2,800℃/5min	—	$ZnCl_2$	[94]
	N_2,800℃/5min	—	H_3PO_4	[94]
咖啡渣	N_2,700℃/2h	700℃/2~3h	CO_2/$ZnCl_2$	[95]
竹子	N_2,700℃/1h	800℃/2h	CO_2/KOH	[96]
辣椒秸秆	N_2,400℃/1h	800℃/100min	KOH	[97]
城市污泥	N_2,550℃/2h	650℃/2h	$CO(NH_2)_2$	[98]
农业秸秆	400℃/45min	400℃/3h	$Mg_2(SO_4)_3$	[99]
	—	400℃/3h	$ZnCl_2$	[99]
山竹壳	—	750℃/1h	尿素酸	[100]
柳絮	60℃/4h	800℃/1h	NH_3 和 N_2	[101]
杨木锯末	—	500℃/40min	$ZnCl_2$	[102]
锯末	—	950℃/1h	$ZnCl_2$	[103]
玉米秸秆	N_2,600℃/2h	N_2,600℃/30min	$KMnO_4$ 和 $Fe(NO_3)_3$	[104]
小麦秸秆	300~600℃/2h	300~600℃/1h	$FeCl_3$ 和 $FeCl_2$	[105]

参 考 文 献

[1] 吴治坚,叶枝全,沈辉. 新能源和可再生能源的利用 [M]. 北京:机械工业出版社,2006.

[2] Chiu K L, Dickon H L. Synthesis and characterization of cotton-made activatedcarbon fiber and its adsorption of methylene blue in water treatment [J]. Biomass and Bioenergy, 2012, 46: 102-110.

[3] Peng F, Sun R C. Modification of Cereal Straws as Natural Sorbents for Removing Metal Ions from Industrial Waste Water [M]. Cereal straw as a resource for sustainable biomaterials and biofuels, 2010: 219-237.

[4] 蒋剑春. 活性炭应用技术与理论 [M]. 北京:化学工业出版社,2010:23-24.

[5] 立木信息咨询. 中国活性炭行业市场调研与投资决策报告(2018 版)[R], 2018.

[6] [日] 立本英机,安倍郁夫. 活性炭的应用技术:其维持管理及存在问题 [M]. 高尚愚,译. 南京:东

南大学出版社, 2002.

[7] Plaza M G, Pevida C, Martin C F, et al. Developing almond shell-derived activated carbons as CO_2 adsorbents [J]. Separation and Purification Technology, 2010, 71 (1): 102-106.

[8] Zabaniotou A A, Stavropoulos G. Pyrolysis of used automobile tires and residual char utilization [J]. Anal. Appl. Pyrol. 2003, 70: 711-722.

[9] 邱廷省, 唐海峰. 生物吸附法处理重金属废水的研究现状及发展 [J]. 南方冶金学院学报, 2003, 24 (4): 64-68.

[10] Sen T K, Afroze S, Ang H M. Equilibrium, Kinetics and Mechanism of Removal of Methylene Blue from Aqueous Solution by Adsorption onto Pine Cone Biomass of Pinus radiata [J]. Water, Air, & Soil Pollution, 2010 (1-4): 499-511.

[11] 樊二齐. 改性竹粉对水中染料的吸附特性 [D]. 浙江: 浙江农林大学, 2012: 1-4.

[12] Liu S L, Wang Y N, Lu K T. Preparation and pore characterization of activated carbon from Ma bamboo (Dendrocalamus latiflorus) by H_3PO_4 chemical activation [J]. Porous Mater. 2014, 21: 459-466.

[13] Onyeji L I, Aboje A A. Removal of heavy metals from dye effluent using activated carbon produced from coconut shell [J]. Int J Eng Sci Technol. 2011, 82 (3): 38-46.

[14] Puziy A M, Poddubnaya O I, Socha R P, Gurgul J, Wisniewski M. XPS and NMR studies of phosphoric acid activated carbons [J]. Carbon. 2008, 46: 2113-2123.

[15] Oh W C, Lim C S. Metal elimination effect by sulfuric acid for Ag and Cu pretreated activated carbon [J]. J Ceram Process Res. 2006, 7 (2): 95-105.

[16] Kawano T, Kubota M, Onyango M S, et al. Preparation of activated carbon from petroleum coke by KOH chemical activation for adsorption heat pump [J]. Appl Therm Eng. 2008, 28: 865-871.

[17] Azargohar R, Dalai K. Biochar as a precursor of activated carbon [J]. Appl Biochem Biotechnol. 2006: 129-132.

[18] Sirichote O, Innajitara W, Chuenchom L, et al. Adsorption of iron (Ⅲ) ion on activated carbons obtained from bagasse, pericarp of rubber fruit and coconut shell [J]. Sci Technol, 2002, 24 (2): 235-242.

[19] Tawalbeh M, Allawzi M A, Kandah M I. Production of activated carbon from Jojoba seed residue by chemical activation using a static bed reactor [J]. J Appl Sci. 2005, 5 (3): 482-487.

[20] Kubota M, Hata A, Matsuda H. Preparation of activated carbon from phenolic resin by KOH chemical activation under microwave heating [J]. Carbon. 2009, 47: 2805-2811.

[21] Manoochehri M, Khorsand A, Hashemi E. Role of modified activated carbon by H_3PO_4 or K_2CO_3 from natural adsorbent for removal of Pb(Ⅱ) from aqueous solutions. Carbon Lett. 2012, 13 (2): 115-120.

[22] Subha R, Namasivayam C. Zinc chloride activated coir pith carbon as low cost adsorbent for removal of 2, 4-dichlorophenol: equilibrium and kinetic studies [J]. Indian J Chem Technol., 2009, 14: 471-479.

[23] Shah J, Jan M R, Mabood F, et al. Conversion of waste tyres into carbon black and their utilization as adsorbent [J]. Chin Chem Soc, 2006, 53: 1085-1089.

[24] Zabaniotou A A, Stavropoulos G. Pyrolysis of used automobile tires and residual char utilization [J]. Anal Appl Pyrol, 2003, 70: 711-722.

[25] Sun K, Jiang J C, Xu J M. Chemical regeneration of exhausted granular activated carbon used in citric acid fermentation solution decoloration [J]. Iran J Chem Biochem Eng., 2009, 28 (4): 79-83.

[26] Yusufu M I, Ariahu C C, Igbabul B D. Production and characterization of activated carbon from selected

local raw materials [J] . Pure Appl Chem, 2012, 6 (9): 123-131.

[27] Sahu J N, Acharya J, Meikap B C. Optimization of production conditions for activated carbons from tamarind wood by zinc chloride using response surface methodology [J] . Bioresour Technol, 2010, 101: 1974-1982.

[28] Qureshi K, Bhatti I, Kazi R, Ansari A K. Physical and chemical analysis of activated carbon prepared from sugarcane bagasse and use for sugar decolonization [J] . World Acad Sci Eng Technol. , 2007, 34: 194-198.

[29] Khalili N R, Campbell M, Sandi G, et al. Production of micro- and mesoporous activated carbon from paper mill sludge I: Effect of zinc chloride activation [J] . Carbon, 2000, 38: 1905-1915.

[30] 杜春凤. 微波辅助制备木质活性炭及对活性蓝吸附性能研究 [D], 新疆: 石河子大学, 2015.

[31] 万柳, 徐海林. 活性炭吸附法处理重金属废水研究进展 [J] . 能源环境保护, 2011, 25 (5): 20-22.

[32] Skouteris G, Saroj D, Melidis P, et al. The effect of activated carbon addition on membrane bioreactor processes for wastewater treatment and reclamation—A critical review [J] . Bioresour Technol, 2015, 185: 399-410.

[33] 柏松, 梁健, 蔡勤, 等. KOH 活化芒果壳制备活性炭及其吸附性能研究 [J] . 化学试剂, 2016, 38 (1): 18-21.

[34] 刘军, 李先恩, 王涛, 等. 板蓝根细胞壁吸附铅的特性研究 [J] . 农业环境保护, 2001, 20 (6): 438-440.

[35] 张华, 张学洪, 朱义年, 等. 柚皮基活性炭对 Cr(Ⅵ) 的吸附作用及影响因素 [J] . 环境科学与技术, 2016, 39 (3): 74-79.

[36] 吴昱, 张骥, 张立波, 等. 废弃纤维板制备的活性炭对含铜离子废水的吸附 [J] . 东北林业大学学报, 2012, 40 (10): 120-123.

[37] Liu W F, Jian Z, Zhang C L, et al. Adsorptive removal of Cr(Ⅵ) by Fe-modified activated carbon prepared from Trapa natans husk [J] . Chemical Engineering Journal, 2010, 162 (2): 677-684.

[38] 罗儒显, 朱锦瞻, 朱江龙. 蔗渣纤维素黄原酸酯的合成及其交换吸附性能研究 [J] . 环境污染与防治, 2001, 23 (4): 160-162.

[39] 董静, 黄建骅, 程岚, 等. 改性棕榈纤维活性炭对活性染料的吸附性能 [J] . 纺织学报, 2014, 35 (5): 72-77.

[40] 岳钦艳, 解建坤, 高宝玉, 等. 污泥活性炭对染料的吸附动力学研究 [J] . 环境科学学报, 2007, 27 (9): 1431-1438.

[41] Wu F C, Wu P H, Tseng R L, et al. Preparation of activated carbons from unburnt coal in bottom ash with KOH activation for liquid-phase adsorption [J] . Journal of Environmental Management, 2010, 91 (5): 1097-1102.

[42] Deng M G, Wang R Q. The effect of the HClO4 oxidization of petroleum coke on the properties of the resulting activated carbon for use in super capacitors [J] . New Carbon Materials, 2013, 28 (4): 262-265.

[43] Kazmierczak-Razna J, Gralak-Podemska B, Pietrzak R, et al. The use of microwave radiation for obtaining activated carbons from sawdust and their potential application in removal of NO2 and H2S [J] . Chemical Engineering Journal, 2015, 269: 352-358.

[44] Han M, Qu J L, Guo Q J. Corn Stalk Activated Carbon Based Co Catalyst Prepared by One-step Method for Hydrogen Generation [J] . Procedia Engineering, 2015, 102: 450-457.

[45] Cotoruelo L M, María D. Marqués, Francisco J. Díaz, et al. Adsorbent ability of lignin-based activated carbons for the removal of p-nitrophenol from aqueous solutions [J] . Chemical Engineering Journal,

2012, 184: 176-183.

[46] Chan L S, Cheung W H, Allen S J, et al. Separation of acid-dyes mixture by bamboo derived active carbon [J]. Separation and Purification Technology, 2009, 67 (2): 166-172.

[47] 董宇, 申哲民, 等. 亚临界水解预处理稻草秸秆制备活性炭及表征[J]. 环境科学, 2012, 33 (5): 1753-1759.

[48] Mohammed J, Nasri N S, Zaini M A A, et al. Adsorption of benzene and toluene onto KOH activated coconut shell based carbon treated with NH_3 [J]. International Biodeterioration & Biodegradation, 2015, 102: 245-255.

[49] Saucier C, Adebayo M A, Lima E C, et al. Microwave-assisted activated carbon from cocoa shell as adsorbent for removal of sodium diclofenac and nimesulide from aqueous effluents [J]. Journal of Hazardous Materials, 2015, 289: 18-27.

[50] Heibati B, Rodriguez-Couto S, Al-Ghouti M A, et al. Kinetics and thermodynamics of enhanced adsorption of the dye AR 18 using activated carbons prepared from walnut and poplar woods [J]. Journal of Molecular Liquids, 2015, 208: 99-105.

[51] Valix M, Cheung W H, Mc Kay G. Preparation of activated carbon using low temperature carbonization and physical activation of high ash raw bagasse for acid dye adsorption [J]. Chemosphere, 2004, 56: 493-501.

[52] 刘江燕, 武书彬, 郭伊丽. 制浆黑液固形物与工业木质素热解液化产物分析 [J]. 林产化学与工业, 2008, 28 (4): 65-70.

[53] Wang L, Zhang J, Zhao R, et al. Adsorption of Pb(II) on activated carbon prepared from Polygonum orientate Linn: Kinetics, isotherms, pH, and ionic strength studies [J]. Bioresource Technology, 2010, 101 (15): 5808-5814.

[54] Podkoscielny P, Dabrowski A, Marijuk O V. Heterogeneity of active carbons in adsorption of phenol aqueous solutions [J]. Applied Surface Science, 2003, 205 (1-4): 297-303.

[55] 邱介山, 周颖, 王琳娜, 等. 煤基富勒烯的制备研究 [J]. 大连理工大学学报, 2000, 40 (S1): 41-45.

[56] 任楠, 夏建超, 董安钢, 等. 煤基活性炭制备工艺及表面性质的研究进展 [J]. 洁净煤技术, 2001, 7 (2): 46-50.

[57] Deng X H, Yue Y H, Gao Z. New carbon-silica composite adsorbents from elutrilithe [J]. Colloid and Interface Science, 1998, 206 (1): 52-57.

[58] 李国斌. 利用选煤厂煤泥制备颗粒活性炭的研究 [J]. 煤炭加工与综合利用, 2000, 4: 24-27.

[59] 梅建庭, 白雪莲, 齐磊. 煤沥青制备高性能活性炭 [J]. 炭素, 2000, 1: 12-14.

[60] 宋燕, 李开喜, 杨常玲, 等. 石油焦制备高比表面积活性炭的研究 [J]. 石油化工, 2002, 31 (6): 431-435.

[61] 钱慧娟. 日本活性炭生产信息 [J]. 林产化工通讯, 2001, 35 (5): 34.

[62] 钱慧娟. 国外活性炭生产信息 [J]. 国外林产工业文摘, 2000, 4: 43.

[63] Valix M, Cheung E H, Mckay G. Preparation of activated carbon using low temperature carbonization and physical activation of high ash raw bagasse for acid dye adsorptions [J]. Chemosphere, 2004, 56 (5): 493-501.

[64] P Ariyadejwanich, W Tanthapanichakoon, K Nakagawa, et al. Preparation and characterization of mesoporous activated carbon from waste tires [J]. Carbon, 2003, 41 (1): 157-164.

[65] 魏娜. 利用除尘灰分离炭粉制备活性炭的工艺及性能研究 [D]. 天津: 天津大学, 2004.

[66] 曲先锋, 彭辉, 毕继诚, 等. 生物质在超临界水中热解行为的初步研究 [J]. 燃料化学学报, 2003

(3)：230-233.

[67] Clement B, Jun L, Rui X. Self-activation of cellulose: A new preparation methodology for activated carbon electrodes in electrochemical capacitors [J]. Nano Energy, 2015, 13: 709-717.

[68] Reffas A, Bernardet V, David B, et al. Carbons prepared from coffee grounds by H_3PO_4 activation: Characterization and adsorption of methylene blue and Nylosan Red N-2RBL [J]. Journal of Hazardous Materials, 2010, 175: 779-788.

[69] Arami-Niya A, Wan Mohd Ashri Wan Daud, Mjalli F S. Using granular activated carbon prepared from oil palm shell by $ZnCl_2$ and physical activation for methane adsorption [J]. Journal of Analytical and Applied Pyrolysis, 2010, 89: 197-203.

[70] Prauchner M J, Rodriguez-Reinoso F. Preparation of granular activated carbons for adsorption of natural gas [J]. Microporous and Mesoporous Materials, 2008, 109: 581-584.

[71] Hu Z H, Guo H M, Srinivasan M P, et al. A simple method for developing mesoporosity in activated carbon [J]. Separation and Purification Technology, 2003, 31: 47-52.

[72] 姚七妹，谭镇，周颖. 模板法制备多孔炭材料的研究进展 [J]. 炭素技术，2005, 24 (4): 15-21.

[73] Yan C, Wang C, Yao J, et al. Adsorption of methylene blue on mesoporous carbons prepared using acid- and alkaline-treated zeolite X as the template [J]. Colloids and Surfaces A: Physicochemical and Engineering Aspects, 2009, 333 (1/2/3): 115-119.

[74] 王仁清，方勤，邓梅根. 模板法制备超级电容器活性炭电极材料 [J]. 电子元件与材料，2009, 28 (1): 14-16.

[75] Plaza M G, Pevida C, Martin C F, et al. Developing almond shell-derived activated carbons as CO_2 adsorbents [J]. Separation and Purification Technology, 2010, 71 (1): 102-106.

[76] Minkova V, Marinov S P, Zanzi R, et al. Thermochemical treatment of biomass in a flow of steam or in a mixture of steam and carbon dioxide [J]. Fuel Processing Technology, 2000, 62 (1): 45-52.

[77] Stavroppulos G G, Zabaniotou A A. Production and characterization of activated carbons from olive-seed waste residue [J]. Microporous Mesoporous Material, 2005, 82 (2): 79-85.

[78] 邱介山，王艳斌，邓贻钊. 几种活性炭表面酸性基团的测定及其对吸附性能的影响 [J]. 炭素技术，1996, 11-17.

[79] Ewecharoen A, Thiravetyan P, Wendel E, et al. Nickel adsorption by sodium polyacrylate-grafted activated carbon [J]. Journal of Hazardous Materials, 2009, 171 (1-3): 335-339.

[80] Jeon J K, Kim H, Park Y K, Peden C H F, Kim D H. Regeneration of field-spent activated carbon catalysts for low-temperature selective catalytic reduction of NO_x with NH_3 [J]. Chem Eng J., 2011, 174, 242-248.

[81] 刘娟，生物质废弃物的水热碳化试验研究 [D]. 杭州：浙江大学，2016.

[82] Sen T K, AFROZE S, ANG H M. Equilibrium, Kinetics and mechanism of removal of methylene blue from aqueous solution by adsorption onto pine cone biomass of pinus radiata [J]. Water, Air, & Soil Pollution, 2010 (1-4): 499-515.

[83] 王清萍，蔡晓奕，金晓英，等. 用稻米壳吸附去除废水中的铜离子和铅离子 [J]. 环境保护与循环经济，2009, 29 (10): 39-43.

[84] 吴昱，张骥，张立波，等. 废弃纤维板制备的活性炭对含铜离子废水的吸附 [J]. 东北林业大学学报，2012, 40 (10): 120-123.

[85] 杨莉，刘毅. 花生壳活性炭处理含铜离子废水 [J]. 花生学报，2011, 40 (4): 22-26.

[86] 余少英. 油茶果壳活性炭对铜离子的吸附性能 [J]. 应用化学，2011, 40 (9): 1565-1568.

[87] 陈虹霖，宋磊. 不同活化方法对开心果壳活性炭的孔结构影响 [J]. 华侨大学学报（自然版），35

(5)：558-563.

[88] 于晶，高利珍，李雪莲，等．葱叶一步法裂解制备多孔炭及其电容性能研究 [J]．新型炭材料，
2016，31 (5)：475-484.

[89] Hongyan Li，Pei Gao，Jiangguo Cui.，et al. Preparation and Cr(Ⅵ) removal performance of corncob
activated carbon [J]．Environment Science and Pollution Research，2018，25：20743-20755.

[90] 李红艳，程济慈，田晋梅，等．废菌渣活性炭对水中 Cr(Ⅵ) 的吸附特性研究 [J]．水处理技术，
2019，45 (7)：24-30.

[91] Nowicki P，Pietrzak R，Kazmierczak J. Comparison of physicochemical and sorption properties of activa-
ted carbons prepared by physical and chemical activation of cherry stones [J]．Powder Technology，
2015，269：312-319.

[92] 陈虹霖，宋磊．不同活化方法对开心果壳活性炭的孔结构影响 [J]．华侨大学学报（自然版），2014，
35 (5)：558-563.

[93] Asai H，Samson B K，Stephan H M，et al. Biochar amendment techniques for upland rice production in
Northern Laos：1. Soil physical properties. leaf SPAD and grain yield. [J]．Field Crops Research，
2009，111 (1-2)：81-84.

[94] 陈温福，张伟明，孟军．农用生物炭研究进展与前景 [J]．中国农业科学，2013，46 (16)：
3324-3333.

[95] Giraldo L，Moreno-Pirajan J C. Synthesis of activated carbon meso porous from coffee waste and its ap-
plication in adsorption Zinc and mercury ions from aqueous solution [J]．E-Journal of Chemistry，2012，
9 (2)：938-948.

[96] Lua A C，Yang T，Guo J. Effect of pyrolysis conditions on activated carbon prepared from pi stachio-nut
shells [J]．Journal applied pyrolysis，2004，72：279-287.

[97] 杨可，李海红，夏禹周，等．辣椒秸秆生物质活性炭的制备及其性能表征 [J]．材料科学与工程学报．
2019，37 (1)：137-142.

[98] 谷麟，杨文昊，崔建军，等．尿素活化污泥制备生物质活性炭的研究 [J]．现代化工，2018，38
(9)：118-21，23.

[99] 姜威，王丹丹，胡官营，等．生物质活性炭的制备及其性能的研究 [J]．农村经济与科技．2018，29
(5)：41-42.

[100] 李婷，李欣桐，李敏，等．山竹壳基生物质活性炭的制备及其吸附性能研究 [J]．化工新型材料，
2018，46 (2)：213-216.

[101] 林烨，姚路，吴登鹏，等．基于柳絮的生物质活性炭制备及电容性能的研究 [J]．电子元件与材料，
2018，37 (10)：13-21.

[102] 吕东灿，王志敏，李瑞歌，等．杨木活性炭的一步法制备工艺研究 [J]．河南农业大学学报．2018，
52 (6)：925-929.

[103] 邢献军，孙宗康，范方宇，等．干法制备高中孔率生物质成型活性炭 [J]．化工学报，2016，67
(6)：2638-2644.

[104] 林丽娜，黄青，刘仲齐，等．生物炭-铁锰氧化物复合材料制备及去除水体砷 (Ⅲ) 的性能研究 [J]．
农业资源与环境学报，2017，34 (2)：182-188.

[105] 郭晓慧，康康，王雅君，等．麦秸与木屑热解制备磁性生物炭基材料理化性质研究 [J]．农业机械
学报，2018，49 (8)：293-300.

第 **2** 章
制备生物质活性炭的原材料

随着全球范围内能源、资源危机以及生态环境的恶化，目前对传统活性炭制备材料的进一步发展提出了挑战——开发可再生的、清洁型的材料来适应经济、社会及环境的可持续发展战略要求。后来人们将目光聚焦于生物质原材料，例如由木材炭化得到的木炭由于其优异的化学及物理性能，一直以来是一种易燃、耐燃、灰分少、不含硫的优质燃料，同时由于其独特的微孔结构和较强的吸附能力，被广泛用作食品、制药、化工、农业、环保等诸多方面的脱色剂、吸附剂及催化剂载体等。目前我国土地以空前的速度退化，2003 年亚洲原木比 1995 年减产 14％，而全球约有 20 亿公顷的土地已经退化，其面积相当于所有耕地和林地的 1/3 以上，其中约有 3 亿公顷土地受到极其严重的破坏而被认为是不可逆转的。这主要是由对森林的乱砍滥伐及草场的过度放牧造成的。所以随着禁止砍伐政策的实施，来源于原木的相关产品及材料受到了极大的限制，这就要求我们寻求新的原材料生产某种新材料来替代木炭和煤。与此同时，果核、果壳、食品废渣、农副产品废料这些成本低廉的生物质原材料受到人们的青睐。

2.1　生物质原材料

随着社会经济的不断发展和人们生活水平的逐渐提高，整个社会对能源的需求量不断增大，地球上蕴藏的化石能源几近枯竭，环境污染日益严重。随着人们对能源和环境危机意识的增强，可再生的环境友好型能源受到了越来越多的重视。社会经济的不断发展使得环境、经济和能源三方面的矛盾冲突日渐明显。因此，加快可再生能源发展势在必行。但在各种可再生能源中,生物质能源十分特别,其既可以储存太阳能,又是一种可再生的碳源。因此,如果将生物质能源加以利用,化石能源的消耗也就随之减少,不仅节能而且减排,对减缓全球变暖起到积极作用。生物质能源还有很多其他的优势:首先其分布广泛,原料来源广且可再生;其次它可以通过生物化学平台和热化学平台转化成液体燃料,例如酒精、生物油等。生物质在中国的蕴藏量较为丰富,但是其在中国农村的利用方式还是以直接燃烧为主,这约占生物质总利用率的40%。目前,农村经济的发展使得通过燃烧生物质来烹饪和取暖的现象逐渐减少,导致大量农作物被堆放在野外焚烧,这直接造成了严重的环境污染问题,浪费资源。

一般地,活性炭的制备原料有煤炭和农业产品或木质纤维素材料等几个来源。在很长一段时期内,基本上使用昂贵并且不可再生的原料如石油残渣、木材、煤炭、泥炭及褐煤制备活性炭[1]。煤炭资源丰富,易收集,我国制备活性炭主要以煤炭作为原料,但煤炭不可再生,成本高,随着能源危机的加剧,人们认识到煤炭资源的重要性,因此煤基活性炭的应用受到限制。但随着人类文明和技术的进步,人们逐渐意识到化石能源的资源有限性和环境污染问题。"酸雨""温室效应"等一系列环境问题,给人类的生活带来严重危害。制备活性炭的原材料基本上取决于它的价格,纯度和供应的稳定性[2]。因此,人们开始寻找清洁、低成本的可再生能源作为活性炭的替代品。生物质是地球上唯一的、可再生的有机石油替代品。

生物质是指利用太阳能将 H_2O 和 CO_2 经光合作用转变成的有机物的统称。生物质资源种类繁多,主要包括农业废弃物、林业废弃物、畜牧业废弃物、城市生活垃圾等。农作物秸秆是主要的农业废弃物,是指成熟农作物茎叶(穗)部分的总称,通常指小麦、水稻、玉米、棉花、甘蔗和其他农作物(通常为粗粮)在收获籽实后的剩余部分。农作物秸秆资源较为丰富,大量焚烧会导致空气质量严重恶化,经过厌氧热解制备的生物质活性炭具有较高 pH 值、巨大比表面积和丰富含氧官能团,对许多有机污染物和重金属有较强的吸附能力和很高的吸附容量。

生物质资源作为一种非常有吸引力的生物燃料和活性炭制备原料,主要原因如下:

① 生物质是一种可再生资源,因此用生物质资源生产生物质材料具有可持续发展的战略意义;

② 生物质是环保型物质,用生物质资源替代日趋贫瘠的石化燃料,具有低污染、二氧化碳零排放等优点既不增加温室气体的排放,而且可减少 NO_x 和 SO_x 排放。但在传统锅炉中燃烧,排放的呋喃、二噁英、多环芳烃存在污染问题;

③ 目前石化燃料的价格波动较大,生物质资源价格较低、灰分少,且与煤炭资源相比,生物质资源形成时间短,结构疏松,具备天然优势,易于形成发达的微孔,在制备生物质活性炭这种优良吸附材料方面具有巨大的经济潜力,是今后环境友好材料新技术应用的发展方向。另外,生物质资源分布在世界各地,生物经济的

发展为农村能源安全带来良机。

使用农业废料作为活性炭的前驱物也被发现是可再生的并且相对廉价，这些废弃物可在一定条件下热解转化成活性炭[3]，最终达到变废为宝的目的。任何具有高碳和低无机含量的廉价生物质材料都可以作为制备生物质活性炭产品的前驱物。随后，任何木质纤维素材料均可用于制备生物质活性炭[4]。

2.1.1 生物质原材料的来源

生物质资源是一种制备活性炭的理想原料，与无烟煤，煤和泥炭相比，这些副产物的碳含量较低，因此由这些副产物制备的活性炭产量较低[5]。然而，与低产量相比，原材料的低成本有着更重要的意义[6]。生物质中存在高含量的挥发性物质使其成为制备高度多孔结构活性炭的理想原材料[7]。它具有可再生、低污染等优点，同时价格较低、灰分少，且与煤炭资源相比，生物质资源形成时间短，结构疏松，具备天然的优势[8]，是今后环境友好材料新技术应用的发展方向，值得进行深入研究。

近年来，已经有许多研究报道了利用农业废弃物制备生物质活性炭，并取得了一定的成效。例如，Deng 等利用棉花秆为原料，通过化学活化微波法制备生物质活性炭[9]；Chan 等利用竹子为原料，H_3PO_4 活化微波辅助制备竹基生物质活性炭[10]；另外还有许多研究者充分利用农业废弃物制备生物质活性炭[11]。Liu 等研究了以麻竹为原料，使用 H_3PO_4 活化制备生物质活性炭[12]；Onyeji 等以椰壳为原料制备生物质活性炭用于去除水体中的重金属污染物[13]；Qureshi 等以甘蔗渣为原料制备生物质活性炭[14]；Lee 等以椰壳为原料，K_2CO_3 活化制备生物质活性炭并用于去除 SO_2[15]；Girods 等以木屑为原料制备生物质活性炭，对其进行表征并研究了对苯酚的吸附行为[16]。

生物质活性炭的原材料主要主要有农作物秸秆、玉米芯、废菌棒和稻壳等。

（1）农作物秸秆

据统计，全世界种植的各种农作物每年可产生近 20 亿吨的秸秆，中国作为一个农业大国，其农作物的耕种面积居世界第一。中国的秸秆资源分布中以稻秸、玉米秸和小麦秸为主，这些秸秆资源量约占秸秆总资源量的 75.6%，且随着农村经济的不断发展和科技的不断进步，农作物秸秆的产量也随着粮食产量的增加而呈逐年递增的趋势。2010 年我国秸秆理论资源量为 8.4 亿吨，按照近年我国农作物种植面积测算，2017 年我国秸秆理论资源量为 8.84 亿吨，并且秸秆品种以水稻、小麦、玉米等为主。其中，稻秸秆占比为 25.1%、麦秸秆占比为 18.3%、玉米秸秆占比约为 32.5%、棉秆占比为 3.1%、油料作物秸秆（主要为油菜和花生）占比为 4.4%。数量庞大的各类秸秆就地焚烧不仅浪费资源，还导致严重的环境污染。

秸秆作为农作物生产系统中的一项重要的生物质资源，同时也是工业、农业生产中重要的生产来源。

(2）玉米芯

玉米在我国的种植面积大、分布广，年产量高达千亿公斤，位居世界第 2 位。玉米芯是玉米果穗去籽脱粒后的穗轴，是玉米生产和加工过程中产生的废弃物，一般占玉米穗重量的 20.0%～30.0%，其产量达千万吨以上[17]。

(3）废菌棒

食用菌是人们日常生活的重要植物性蛋白和营养要素来源之一，食用菌具有高蛋白、低脂肪、无污染、无公害的优势，其保健药用价值备受重视，是 21 世纪的一项新兴朝阳产业，被联合国粮农组织推荐为绿色健康食品，已受到世界各国广大消费者普遍青睐。食用菌目前在我国有广阔的应用和市场前景，总产量占世界总产量的 90% 以上，成为全国各地农村经济发展的支柱产业。

中国是世界上最大的食用菌生产国，食用菌栽培作为全国各地农村的主导产业之一，自 2013 年起食用菌总产量已超过 3000 万吨（占世界总产量的 70% 以上）；废菌棒是食用菌栽培过程中收获产品后剩下的培养基废料。随着各地食用菌产业的迅速发展，食用菌栽培过程中产生的废菌棒日益增多，废菌棒常常被丢弃或燃烧，严重危害到人类乃至整个生态环境的健康。据估计，近年来我国每年的废菌棒年产量至少有 400 万吨，年产量巨大且来源广泛。李红艳等[18]以废菌渣为原材料采用 $ZnCl_2$ 活化法制备生物质活性炭，对废水中 Cr（Ⅵ）有较好的去除效果，既解决了废菌棒随意丢弃或焚烧后污染环境的突出问题，同时又能实现废菌棒可再生的资源化高价值利用，较好地降低了活性炭的生产成本，符合国家循环经济及可持续发展战略。

(4）稻壳

稻壳中含有大部分灰分，其营养物质含量较少，且硬度较大，它的化学基本组成为：水分占 7.5%～15%，纤维占 35.5%～45%，木质素占 21%～26%，粗蛋白占 2.5%～3.0%，脂类物占 0.7%～1.3%，多缩戊糖占 16%～22%，灰分占 13%～22%[19]。稻壳中炭和二氧化硅的含量相对较高，二氧化硅的网状结构起到了骨架作用，非常适合用作于生物质活性炭制备的原材料。

2.1.2 生物质原材料的类型

近年来谋求廉价原材料以降低制备活性炭成本的探索受到重视，使得制备生物质活性炭原料的选择范围扩大。其中富含纤维素的植物躯干、枝叶和果壳等是最早被用来制备生物质活性炭的原材料，也是目前生物质资源利用的研究热点之一。按来源不同，生物质原料可大致分为农业废弃物、木质纤维生物质两大类。

(1）农业废弃物

农业废弃物中占比较大的是农作物秸秆。农作物秸秆通常分粮食作物秸秆（如水稻秸秆、小麦秸秆、玉米秸秆等）和经济作物秸秆（如棉花秸秆、芦苇秸秆、蓖麻秸秆等）两大类。另外，如椰壳[20]、稻壳[21]、玉米芯[22]、废菌渣[18]、咖啡渣[23]等经济价值极低甚至没有经济价值的农业废弃物，目前常用的处理方法（焚烧、填埋）会引起严重的环境问题。由于其灰分含量少、硬度适中是优良的生物质活性炭制备原材料。

从 2010 年开始，全世界咖啡年产量以 6％的速率进行增长，每生产 1kg 咖啡将产生 0.9kg 咖啡渣[24]，咖啡渣中含有脂肪酸、木质素、纤维素和半纤维素等有机物[25]，被视为目前极具潜力的可持续发展生物质资源[26]。

(2) 木质纤维生物质

木质纤维生物质是光合作用产生的有机物。绿色植物利用叶绿素通过光合作用将太阳能转化为化学能储存在木质纤维生物质中，通过一定的方法即可生成环境友好、可再生的低碳能源[27]。

木质纤维生物质主要源于工业纸浆的副废物。由于其含碳量高、分子结构和烟煤相似是制备活性炭的理想原料，目前许多学者在进行相关研究。以木质纤维生物质为原料生产生物质活性炭，不仅扩大了木质素的利用途径，而且对开辟活性炭制备的原料来源及活性炭的广泛应用具有积极作用。如边材、锯末、松针、油橄榄枝等林业残余物，此类原料具有特殊的多孔特性且硬度较大是制备生物质活性炭最具前景的原料之一。生长快、培育周期短，一次栽培管理得当便可永久经营下去。作为制备生物质活性炭的原料，其品质可与木材相媲美。

制备生物质活性炭的原料对疏水性有机污染物矿化率有影响。Mukherjee 研究中采用稻草、农场粪便、灰尘和木炭对阿特拉津污染的土壤进行修复，相比对照组，生物质活性炭添加组中污染物的降解效果都得以提高，分别从 63.3％增加到87.2％、89.5％、83.8％和 67.7％。可见不同的生物质活性炭制备原材料，修复效果会有所差异[28]。Wang 等采用澳洲坚果壳、混合叶子、松树皮木屑、小麦秸秆等制备的生物质活性炭在 1％的添加量下修复 1,3-二氯丙烯污染的土壤，结果表明污染物半衰期分别增加了 2.5～35 倍[29]。

2.1.3 生物质原材料的主要组成

目前应用广泛且价格低廉的生物质原材料主要为农业废弃物。农作物光合作用的产物有 1/2 以上存在于废弃生物质中，生物质富含氮、磷、钾、钙、镁等营养元素，以及纤维素、半纤维素、木质素和少量的其他萃取物与灰分。纤维素、半纤维素、木质素是生物质中主要的 3 种存在形式，它们是构成植物细胞壁的重要组分，约占生物质总干重的 90％，对细胞起保护作用。农作物秸秆是一种具有多用途的可再生的生物资源，特点是粗纤维含量高（30％～40％），并含有木质素等。不同类型的农作物秸秆其含有的 3 种主要成分的含量不同。表 2-1 给出了我国 3 种主要的农作物秸秆中纤维素、半纤维素、木质素的含量[30]。近年来，随着生物炼制产业的快速发展，农作物秸秆成为主要原料之一。因此，充分了解农作物秸秆的主要组成，有利于对农作物秸秆功能的开发利用提供理论基础。

表 2-1 我国 3 种主要农作物秸秆的组分含量

秸秆类型	纤维素/%	半纤维素/%	木质素/%
玉米秸秆	41	24	17
稻秆	35	25	12
甘蔗渣	40	24	25

选择我国典型农作物种植区（河北省和吉林省）三种典型农作物秸秆（小麦秸秆、水稻秸秆和玉米秸秆），国内研究者对其进行组分分析（工业分析、元素分析、纤维组成）。元素分析结果表明：3 种秸秆中水稻秸秆灰分和纤维素含量最高，小麦秸秆中 S、Hg 含量最高，其他工业分析（水分、挥发分、固定碳含量）和元素（C、H、O、N）组成均无明显差异，而 S 元素含量大小排序为小麦秸秆＞玉米秸秆＞水稻秸秆。与神木煤相比，3 种农作物秸秆中 C 元素含量较低，而 O 元素含量较高，H、N 元素含量与神木煤相近，S 元素低于后者，其中小麦中 S 含量与后者相近，说明农作物秸秆具有低硫的特点，3 种秸秆均具有高挥发分、低灰分（水稻秸秆除外，水稻秸秆中的灰分含量明显高于小麦和玉米秸秆）、低硫的特点。

玉米芯的成分以纤维素、半纤维素、木质素和木聚糖为主，还有其他成分如粗蛋白、粗脂肪、糖类、矿物质等。食用菌废菌棒的主要基质有棉籽壳、玉米芯、锯木屑、稻草及多种农作物秸秆和工业废料，废菌棒的原材料主要为木质材料，经过菌类的分解作用，结构更为疏松，对水中重金属 Cr(Ⅵ) 和有机污染物有较强的吸附作用，可以作为制备生物质活性炭经济、高效且环保的原材料。

炭化产品和活性炭的得率与木材的组成和结构密切相关。杉木因含有较多的木质素，而含较少的纤维素和半纤维素，故其炭化产品得率较高；马尾松和杂木则相反，虽然含有较多的纤维素和半纤维素，但因木质素含量较低，故其炭化产品的得率也较低。

综上，大部分生物质农业废弃物是由碳、氢、氧元素组成的各种大分子聚合物，主要由纤维素、半纤维素和木质素组成，此外还有氮元素、硫元素及少量无机盐。植物细胞壁中的纤维素、半纤维和木质素紧密相互贯穿在一起构成了植物体的支撑骨架。不同植物中半纤维，纤维素和木质素含量不同，结构有所差异。

(1) 纤维素

纤维素（cellulose）在木料中占 38%～55%，是地球上最常见的有机化合物，年产量超过 500 亿吨。纤维素是由脱水葡萄糖单位加入葡聚糖链而形成的线性高分子链，这些脱水葡萄糖单元是由多个葡萄糖分子单体经 β-1,4-糖苷键链接聚合而形成的一种天然高分子直链多糖聚合体，从而形成了以纤维二糖为重复单元的纤维素链。纤维素为线性分子，一般不溶于水和碱溶液，在 100℃时也不溶于稀酸，只有加热到 160～180℃时在稀酸催化的条件下才开始水解成葡萄糖。纤维素链之间通过—OH 形成分子内和分子间氢键，使得链并行排列，从而形成稳定的结晶区。纤维素的化学分子式为 $(C_6H_{10}O_5)_n$（n 为分子聚合度），原生纤维素的分子聚合度在 10000～15000 内，其平均分子量约为 100000，其结构中 C—O—C 键比 C—C 键弱，易断开而使纤维素易于发生降解。

纤维素通常与半纤维素和木质素相互作用交联在一起，是植物细胞壁的主要构成成分，其中棉花中天然纤维素含量最纯，纤维素含量接近 100%[31]。一般木材、秸秆及竹子等含有丰富的纤维素，通过物理化学等方法处理后可得到较纯的纤维素原料。

一般天然高分子化合物的分子量都比较大，而且其分子结构都是由固定的结构单体连接而成[32]。纤维素作为常见的天然高分子化合物，其基本结构单元为 D-吡喃式葡萄糖基，化学分子式为 $(C_6H_{10}O_5)_n$。天然纤维素的聚合度 n 的数值通常在 500～15000 之间。而纤维素大分子链是通过 β-苷键把葡萄糖基连接在一起[33]。

由于纤维素葡萄糖基上含有大量的羟基基团，分子间能够形成大量氢键，进而形成相对稳定的结构，一般常温条件下，纤维素性质比较稳定，纤维素既不溶于水，不溶于稀碱溶液如氢氧化钠溶液，也不溶于一般的有机溶剂如酒精、丙酮等。在特定条件下，纤维素能够与水发生反应。反应时纤维素分子间的氢键与氧桥断裂，随水分子的加入，纤维素由长链分子变成短链分子，直至氧桥全部断裂，最后分解成葡萄糖。纤维素分子中存在大量的苷键，葡萄糖基上含有大量的羟基，其化学组成特点决定了其具有如下的化学性质。

① 水解作用：在稀盐酸等无机酸的作用下纤维素能够发生水解反应，首先获得水解纤维素，最后彻底水解得到葡萄糖。

② 酯化作用：当纤维素分子上羟基与各种有机酸或无机含氧酸经脱水反应生成各种酯衍生物。

③ 乙酰化作用。

④ 热解作用等。

纤维素原料进行水解、氧化、还原等反应后，可用于制造可降解纤维素塑料、工业用葡萄糖、无烟火药等。改性后的纤维化学品也可被广泛用于服装、家居、包装、餐饮服务等。

(2) 半纤维素

半纤维素（hemicellulose）是生物质的另外一个主要成分，来源于植物的多聚糖，半纤维素约占生物质化学组成的 20%～40%。与纤维素相比，半纤维素中除了含有葡萄糖分子之外，还含有多种其他糖类，半纤维素是通过 β-1,4 氧桥键连接而成的几种不同类型的单糖构成的异质多聚体。构成半纤维素的单体有 β-D-葡萄糖（β-D-glucose）、β-D-半乳糖（β-D-galactose）、β-D-甘露糖（β-D-mannose）、β-D-葡萄糖醛酸（β-D-glucuronicacid）、β-D-半乳糖醛酸（β-D-galacturonicacid）、β-L-鼠李糖（β-L-rhamnose）、β-D-木糖（β-D-xylose）、β-L-岩藻糖（β-L-fucose）和 β-L-阿拉伯糖（β-L-arabinose），其中最重要的单糖是木糖。半纤维素的主链可

以是均聚物（由一种的糖单元重复组成），也可以是杂聚合物（由两种或两种以上的糖单元构成）。半纤维素的分子链有短支链，而且是非晶态，因而半纤维素能溶于稀酸液，可部分溶于水。在稀酸中加热至100℃就能水解成单糖，因此又被称为易水解多糖。半纤维素与纤维素之间不通过化学键结合，只存在氢键和范德华引力。半纤维素与木质素之间除有氢键外，还可能以苯甲基醚的形式相连，形成碳水化合物-木质素的复合体。一般一种植物中含有两种或三种糖基。

半纤维素具有亲水特性，与纤维素相比，半纤维素更易吸水润胀，使得纤维素具有一定的弹性，这有利于在造纸工业降低打浆能耗，增强纸浆的强度。半纤维素可溶于碱性溶液，在酸性溶液中与纤维素相比更易水解。因此从植物纤维中提取半纤维素的方法是将植物纤维置于一定浓度的碱性溶液中，一定温度下搅拌反应一定时间后过滤，得到的上清液即为半纤维素提取液；然后加入乙醇使半纤维素沉淀，过滤干燥即得到半纤维素。

半纤维素在工业方面的应用正处于研究阶段，因其具有可溶性、乳化性、黏结性等特点，有待在轻工和纺织等产业应用。半纤维素经羧甲基化反应后能够增强人体免疫细胞的活性，具有抗肿瘤作用，是药物的重要组分。半纤维素经稀酸水解后转化成的戊糖经进一步发酵还可以制得酒精。

玉米芯半纤维素中含量较高的是木糖、阿拉伯糖组成的多缩戊糖；其次是葡萄糖、甘露糖、半乳糖等组成的多缩己糖；另外还有糖醛酸。分析表明：玉米芯半纤维素中木糖和葡萄糖糖醛酸的比例约为 95：5[34]。因此，玉米芯半纤维素的水解物组分非常复杂。

(3) 木质素

木质素（lignin）是生物质的第三大组分，是由聚合的芳香醇构成的一类物质，是自然界中除纤维素外的第二丰富的天然高分子化合物。木质素在占木质纤维生物质中干燥基的20％～40％，而在各种草本生物质中占10％～40％[35]。木质素是一种复杂的交联聚合物，形成了一个庞大的分子结构，其基本结构单元是苯基丙烷；此外其结构中还有酚羟基、烷氧基，其侧链甚至还可以被其他官能团取代，所以天然木质素的结构相当复杂，木质素分子中各官能团既可以分子内成键，也可以分子间成键，构成错综复杂的三维网络结构，木质素通过黏合细胞壁之间的纤维（增强剂）增大了木材的机械强度，用于支撑植物细胞壁。木质素合成研究表明，构成木质素的三种前体物分别是松柏醇、芥子醇和对香豆醇。软木木质素由松柏醇构成，硬木木质素以松柏醇和芥子醇为单体单元，草本木质素含有松柏基和芥子基。木质素也是一种代谢废物的处理机制。在软木中，愈创木基单元占主导地位，而在硬木中紫丁香基单元占主导地位。

木质素分子结构中含有多种基团共同来决定其化学性质，结构中主要有芳香基、醇羟基、酚羟基、羰基及共轭双键等活性官能团。木质素中主要存在两种氢键作用，即分子内氢键作用和分子间氢键作用，这两种氢键作用使得木质素结构非常复杂。其中分子内羟基的数量是决定氢键作用强弱的关键因素，也是影响木质素结构和性质的本质所在[36]。而木质素分子上大量的活性官能团，尤其是羟基、羧基等，被广泛应用于木质素改性制备高附加值木素下游产品，如碱性木质素磺化后其亲水性增强，可用于染料分散、混凝土减水等方面[37]。在适当引发剂存在下，木质素可与乙烯分子发生自由基聚合反应，生成的接枝高聚物已广泛应用于絮凝剂、土壤改良等领域[38]。氨氧化后的木质素上含有两种氮的存在形式，即有机氮和无机氮，且其含量可高达13.7%，这意味着其可作为功能性肥料应用于农业生产中，这种独特的结构能够显著改善土壤结构，减少了污水的排放[39]。在一定条件下，木质素分子结构可与甲醛等发生缩合反应，生成的缩合产物对无机盐的分散性有很好的促进作用[40]。此外，木质素还可进行水解、醇解、氧化、还原等反应，改性后的木质化学品被广泛用在橡胶、食品、医药、印染、石油、建筑和其他行业。因此，我们还可以说木质素是一种极为重要的化工原材料。

刘娟对半纤维素、纤维素和木质素原料经水热炭化产生的炭化物进行分析，表征结果表明同种原料所得炭化物的红外谱图相似，只是在某些峰的峰强度上有所不同；并且半纤维素水热碳化反应后会形成大量直径为 $1 \sim 10 \mu m$ 的微球结构，纤维素碳化物表面也有微球结构，而木屑只有在适宜的反应工况下才会形成少量微球结构，木质素碳化物的表面则既没有裂纹，也没有小孔[41]。刘娟研究还表明半纤维素、纤维素和木质素经水热炭化后所得炭化物中 C 元素质量百分数增大幅度从大到小排序为半纤维素＞木质素＞纤维素，三种反应原料的 H、O 元素质量百分数和 H/C、O/C 原子比减小幅度从大到小排序为半纤维素＞纤维素＞木质素[41]。

2.1.4 生物质原材料的结构分析

生物质和煤一样也是由碳、氢、氧和少量的氮、硫及矿物质组成。生物质的净热值从 8MJ/kg（薪材）到 20MJ/kg（干材）[42]，相对于煤（27MJ/kg）和甲烷（55MJ/kg）而言比较低[43]。农业废弃生物质中占比较大的玉米秸秆结构较为复杂，可形象地将木质素与半纤维素比作是纤维素中的黏合剂，三者紧密相连，能够使植物具有一定的韧性及特定的生理功能。近年来，随生物炼制产业的快速发展，生物质玉米秸秆成为主要的原料之一。因此，充分了解生物质的结构特征，对秸秆功能的开发利用提供理论基础。

玉米芯和咖啡渣原料中含碳量最高，资源丰富。元素分析使用美国 Perkin Elmer Series Ⅱ 2400 型元素分析仪测定 C、H、N 和 S 含量；O 含量通过式(2-1)计算。

$$O = 100\% - C - H - N - S - A - M \tag{2-1}$$

式中 O、C、H、N、S、A 和 M——O、C、H、N、S、灰分和水分含量，其中灰分和水分含量由工业分析测得。

工业分析采用《固体生物质燃料工业分析方法》（GB/T 28731—2012）。玉米芯、咖啡渣、玉米秸秆、麦壳和稻壳的元素分析和工业分析如表 2-2 所列。

表 2-2　不同生物质原材料的元素分析和工业分析[44-46]

样品	元素分析/%				
	C_{ad}	H_{ad}	N_{ad}	O_{ad}	S_{ad}
玉米芯	46.63	5.91	0.94	36.72	0.14
咖啡渣	56.94	15.23	2.76	20.88	0.98
玉米秸秆	39.24	4.92	42.52	0.83	—
麦壳	37.30	4.88	37.64	0.13	—
稻壳	34.21	4.55	32.12	0.91	—

样品	工业分析/%			
	V_{ad}	FC_{ad}	A_{ad}	M_{ad}
玉米芯	75.22	18.95	5.83	4.93
咖啡渣	74.82	21.93	0.56	2.69
玉米秸秆	70.74	16.75	3.15	9.36
麦壳	60.30	12.65	9.50	10.55
稻壳	58.33	13.46	18.47	9.74

注：一表示未监测到对应元素。下角 ad 指空气干燥基。V 表示挥发分质量分数，FC 表示固定碳的质量分数。

研究表明咖啡渣中碳含量大于 58%，氮含量小于 2%，极性指数 (O+N)/C 小于 0.5，灰分小于 1%，木质素含量为 20%，糖类含量为 26%，游离脂肪酸大于 60%，总多酚和丹宁酸分别小于 6% 和 4%。玉米芯表面有很多活性官能团，如羟基、羧基、氨基等，这些官能团可以与重金属离子发生离子交换吸附或化学吸附，此外玉米芯的多孔结构使溶液很容易渗透进入玉米芯内部，因此吸附速度较快。并且玉米芯可用盐酸解吸再生，因此可以重复使用。通常认为玉米芯如果不经过改性处理，其对重金属的吸附容量不高，为了提高玉米芯的吸附容量，有必要对其进行一定的改性。

炭质材料主要由飞灰、易分解态炭和稳定态炭组成。其中，飞灰主要是指炭质材料的矿物质成分；易分解态炭是指炭质材料中能够被微生物利用的组分，这部分炭易于矿化和淋溶；稳定态炭则主要指炭质材料中的稠环芳香炭，决定了炭质材料在环境中的稳定性和持久性[47]。由于原材料、制备过程（热解温度、停留时间和升温速率等）的不同，炭质材料的性质之间（元素含量、比表面积以及孔容等）会存在很大差异，但是多数炭质材料都具有巨大的比表面积、丰富的孔隙结构以及大量的表面官能团等，是一种良好的吸附剂材料。

2.1.5 生物质原材料的特点

生物质主要来源于农村，以农业废弃物为主，具有可再生性、低污染性和分布广泛等特点。生物质资源中的主要成分是纤维素和木质素，若对这一资源进行有效利用，生物质将是取之不尽的宝库资源。然而由于各种原因，农村生产生活中出现了大量的秸秆焚烧现象，致使空气中的总悬浮性颗粒物的含量增多，大气的能见度降低，严重影响了人们的日常生活和生命安全，因此我国陆续颁布相关的法律法规。

2.1.5.1 生物质的特点

农作物秸秆作为农作物的主要副产品，秸秆是农作物生产系统中一项重要组成部分。食用菌废菌棒是收获食用菌后产生的废弃培养基，由于这些废弃培养基中含有丰富的真菌菌丝死体，这些菌丝体表面有吸附作用，使其作为生物吸附剂成为可能。生物质是这些农业废弃物的主要组成部分，主要由纤维素、半纤维素和木质素组成，并具有以下特点[48]。

(1) 储量丰富

木质纤维生物质能源是世界第四大能源，仅次于煤、石油、天然气三大化石能源，能源储量丰富，地球每年通过光合作用可产生约 1700 亿吨木质纤维生物质，其能量远远高于地球能量年消耗。

(2) 低污染性

木质纤维生物质中的碳来源于空气中的二氧化碳，其对二氧化碳的吸收量与排放量相当，所以木质纤维生物质是一种低碳能源。并且木质纤维生物质中硫、氮含量较低，与煤炭等相比仅产生少量的 NO_x、SO_x，是一种"绿色煤炭"。

(3) 分布广泛

木质纤维生物质种类繁多、分布广泛，无论是海洋陆地或是平原高山处均分布着木质纤维生物质。

(4) 可再生性

与风能、太阳能相同，木质纤维生物质能源也属于可再生资源，只要太阳能辐射与植物的光合作用存在，木质纤维生物质资源就永远不会枯竭。

2.1.5.2 生物质主要组分的特点

前述可知，生物质主要由半纤维素、纤维素和木质素组成，这三种主要组分的特点如下。

(1) 半纤维素的特点

半纤维素为一类多糖化合物，由甘露糖、半乳糖、木聚糖、葡萄糖等构成。半纤维素在木质纤维生物质结构中的一个重要作用是将纤维素和木质素交联在一起。由于半纤维素由不同的糖单元构成，分子链较短并且含有支链，因此半纤维素的热稳定性较纤维素更低。半纤维素在 150℃附近就开始热解，在 200～300℃范围内热解进行得非常迅速[49]。相比于纤维素，半纤维素裂解生成较多的气体产物，少量的液体产物和无定形碳。主要的气体产物和液体产物分别为 CO_2、CO、H_2、CH_4 及 C_nH_m，酸类和醛类液体产物以及少量无定形碳。

(2) 纤维素的特点

纤维素为一种高分子多聚糖，主要由 C、H、O 三种元素组成，可用 $(C_6H_{10}O_5)_n$ 表示其分子式（n 为聚合度），不同木质纤维生物质中纤维素的聚合度不同。纤维素中的聚合单体为纤维二糖，在酸作为催化剂进行水解时，纤维素中的糖苷键断裂，可将纤维素大部分水解为葡萄糖。纤维素的链状分子聚集成束成为细胞壁的骨架物质。纤维素的热稳定性较低，在较低温度下就开始裂解，分子链断裂，聚合度下降。通常，纤维素在 200～250℃ 开始热解，300～375℃ 范围为纤维素热解的主要阶段[50]。纤维素的裂解产物主要为 H_2O、CH_4、CO、H_2、CO_2 和一些酸类和酮类液体产物以及无定形碳。

(3) 木质素的特点

木质素主要由苯丙烷为单元组成的高分子化合物，即由对羟基苯丙烷结构单体构成的对羟基苯基（H-木质素），由愈创木基丙烷结构单体构成的愈创木基木质素（G-木质素）和由紫丁香基丙烷结构单体构成的紫丁香基木质素（S-木质素）。

木质素作为一种填充和黏结物质在植物细胞壁中以物理或者化学的方式使纤维素之间加固，增加了植物体的机械强度[51]。木质素由于含有芳环等结构，其热稳定性在木质纤维生物质的三种组分中稳定性最好。木质素的热解温度范围为 200～900℃[52]，在低温时为木质素软化，高温时主要为化学键的断链。木质素热解产物主要为酚类物质和焦炭[53]。木质纤维生物质热解中大部分的碳来自木质素热解所产生的碳。

2.1.6　生物质原材料的利用途径

生物质是一种重要的可持续资源，如果处理不当，不仅造成资源的浪费，而且会造成环境污染，严重损害环境。根据生物质原料湿度的不同，将生物质分为干生物质和湿生物质两大类。生物质热解根据热解速率的不同可分为慢速热解、常速热解和快速热解[54]三种方式。目前生物质主要用于制备生物质气、生物质油和生物质活性炭。

(1) 制备生物质气

湿生物质经过生物技术进行发酵将其转化为乙醇和沼气[55]。干生物质可以通过直接燃烧进行发电和热化学法将其转化为热解气。生物质常速热解是一种制备燃气的技术，升温速率控制在 1～10℃/s 范围内，通过控制热解温度和物料在反应器中的停留时间来制备高品质的燃气。

(2) 制备生物质油

将生物质固体制成液体清洁燃料，不仅能解决污染问题，还能大大地提高其能量密度。湿生物质通过化学技术制备生物柴油[55]。干生物质可以通过直接燃烧进行发电和热化学法将其转化为生物油[56]等。目前，将生物质加工成液体燃料主要有生物化学平台和热化学平台两种方法。生物质热解是热化学平台中的一种方法，它将收集到的生物质粉碎干燥后在高温无氧条件下直接热解获得生物质油，相对来说原材料处理成本较低。生物质热解过程的主要产品为生物质油，同时副产热解炭和不凝性气体。不凝性气体的成分主要是 CO 和 CO_2，而 H_2 和 CH_4 的量很少。生物质快速热解是一种制备生物质油的技术[57]。通常在隔绝空气的条件下升温速率在 100~200℃/s，温度为 500℃左右对生物质进行快速热解，为反应速率非常高的热解技术。快速热解使大分子物质迅速断裂为短分子，产生可凝性挥发分，可凝性挥发分被冷却生成流动的液体被称为生物质油。

在元素组成上，生物质油与生物质原料相似，主要包括 C、H、O 以及少量的 N、S。生物质油是由酸、醛、醇、酯、酮、糖、苯酚、丁香醇、呋喃、木质素衍生取代酚和水等组成，一般在生物质油中酚类占有很大的比例。生物质油的高含水量和高含氧量的特点导致其热值很低，同时其 pH 值也相对较低，对设备的腐蚀能力较强；此外，生物质油的黏度较大，在生产时易造成管道堵塞。快速热解得到的生物油的这些特点使生物质油不能作为燃料油直接使用，这就要求对生物质油进行精制或者将生物质油的制备工艺加以改进，包括催化裂解、催化加氢等。生物质油的精制包括化学品的分离提纯，因生物质油中含有的葡萄糖、甘油醛、二羟基丙酮等可以作为生产食品调味品和香精的原料，也可以利用生物质油含多酚的性质来生产食品添加剂。挥发性的物质包括有机酸、左旋葡萄糖、羟基乙醛等，可用于制药和合成纤维等。不过由于生物质油组成的复杂性，开发高效低成本的分离精制技术是当前对其利用的关键问题之一。

（3）制备生物质活性炭

干生物质可通过直接燃烧进行发电和热化学法将其转化为生物质活性炭等[58]。生物质热解根据热解速率的不同可分为慢速热解、常速热解和快速热解[54]。生物质慢速热解是一种制备木炭技术，也叫作炭化或干馏工艺。根据干馏温度的不同可分为低温干馏（500~580℃）、中温干馏（660~750℃）和高温干馏（900~1100℃）。通常将生物质在隔绝空气的情况下对其进行加热，热解速率为 1℃/s 以下[59]。通过慢速热解可以得到得率为 30%~35% 的木炭，同时会产生焦油、热解气和一定量的木醋液。

由于热解炭中的固定碳及碳元素含量一般都较高，因而是制备活性炭潜在而良好的原材料。活性炭因其具有较大的比表面积，良好的化学性质在吸附、储能、催化剂载体等诸多领域有着广泛的用途。生物质原料具有含碳量高、灰分低、来源丰富、可再生、来源广泛、廉价易得等特点，能够作为制备活性炭的原材料[60]。如锯末、杏核、油茶壳、花生壳、椰子壳、玉米芯等可作为制备活性炭的原材料[61]。

一般常速热解需要隔绝空气，热解得到气体、液体和固体三种产物，并随热解温度升高，气体产物的含量增加，液体和固体产物的量减少。以生物质为原料制备活性炭可以有效实现其资源化、高值化和商品化，不仅能节约资源也可以有效地降低生产成本，同时还可以减少对环境的污染。

2.2 生物质原材料的性能测定

在制备生物质活性炭之前，需要先对农业废弃物生物质原材料的基本性质进行测定，主要包括以下几个方面。

2.2.1 灰分的测定

准确称取一定量的生物质原材料，放入坩埚中，转移至马弗炉后，加热至815℃，保持2h使生物质原材料完全灰化后，放入干燥器中冷却。以剩余的质量占生物质原材料量的百分数作为生物质原材料样品的灰分含量。计算公式如下：

$$A(\%)=\frac{m_2-m}{m_1-m}\times100 \qquad (2-2)$$

式中　A——灰分的质量分数，%；

　　　m_2——生物质原材料灼烧后加坩埚的质量，g；

　　　m_1——干燥生物质原材料加坩埚的质量，g；

　　　m——坩埚的质量，g。

2.2.2 挥发分的测定

准确称量干燥的生物质原材料放入带盖的瓷坩埚中，将马弗炉预先加热到920℃后，打开炉门，立即将放上生物质原材料的架子放入马弗炉的中心，迅速关上炉门并计时，隔绝空气准确加热7min。坩埚及架子放入后，要求炉温在3min内恢复至900℃±10℃，此后保持在900℃±10℃不变，否则试验失败。加热时间包括温度恢复时间在内。生物质原材料的挥发分计算需扣除生物质原材料中水分的含量。计算公式如下：

$$V(\%)=\frac{m_2-m}{m_1-m}\times100 \qquad (2-3)$$

式中　V——挥发分的质量分数，%；

　　　m_2——生物质原材料灼烧后加坩埚的质量，g；

　　　m_1——生物质原材料经干燥后加坩埚的质量，g；

　　　m——坩埚的质量，g。

2.2.3 含水率的测定

准确称取粉碎至40目以下的生物质原材料10g，放置预先烘干至恒重的称量瓶中，在 105℃ 的电热恒温鼓风干燥箱中烘干，取出放入干燥器中，冷却至室温称重后，继续放入温鼓风干燥箱中烘干，称量数次，直至重量不再变化。

$$M(\%)=\frac{m_1-m_2}{m_1-m}\times100 \tag{2-4}$$

式中　M——生物质原材料的含水率，%；

　　　m_1——原生物质原材料加称量瓶的质量，g；

　　　m_2——干燥生物质原材料加称量瓶的质量，g；

　　　m——称量瓶的质量，g。

2.2.4　固定碳含量的测定

生物质原材料固定碳含量的计算公式为：

$$F(\%)=100-M-A-V \tag{2-5}$$

式中　F——生物质原材料的固定碳含量，%；

　　　M——生物质原料的含水率，%；

　　　A——生物质原料的灰分，%；

　　　V——生物质原料的挥发分，%。

2.2.5　热重分析计算

热重分析（thermo gravimetric analysis，TGA）是指在程序控制温度下测量样品的质量与温度变化关系的一种分析技术，是研究材料的热稳定性和组分常用的方法。一般进行热重分析测试的条件为：通入的惰性气体为 N_2，以固定的升温速度升温。热重分析的主要工作原理是把天平和电路联合起来。在电炉程序升温时，加热电炉以一定的速度均匀升温，当被检测样品质量发生变化时光电传感器能将质量变化转换成直流电信号，这个信号传输到电子放大器并反馈到天平动圈，天平将产生反向电磁力矩，促使天平复位，利用反馈电位差与质量变化成正比，最终将信号通过信号记录仪绘制成热重曲线。热重分析是根据不同官能团的热稳定性不同，在惰性气体中热分解，得到样品失重的微分曲线和积分曲线。失重曲线可间接反映出生物质原材料的表面结构尤其是表面官能团种类。陈晓晓对改性玉米秸秆的热重分析表明：改性玉米秸秆中的部分官能团形成了交联结构，具有较高的热稳定性[62]。

2.3　生物质资源化

2.3.1　生物质资源化的意义

固体废弃物种类多，产量大，如何将固体废弃物进行减量化、无害化、资源化，是全球亟须解决的环境与资源问题。一些常见的固体废弃物，如农业固体废弃物、林业废弃物和城市废弃物大多数是生物质废弃物，富含有机碳，将这些生物质废弃物制备成生物质活性炭用于污染修复是一种很好的"以废治废"的方法。

生物质是通过光合作用利用无机物合成一种可再生、对环境友好、种类丰富的优良炭原材料，其主要包括农林废弃物、工业废弃物以及城市废弃物等。我国每年可产生大量的生物质废弃物，大多数情况是直接被排放到环境中或是焚烧，其转换率为 15％左右，造成严重的资源浪费并且污染环境[63]。因此，针对生物质优良的特性，废弃的生物质经适当处理后可广泛应用于环保、医药和建筑等多个领域。世界各国都非常重视生物质能的利用，都在积极探索生物质能源的转化技术和产品形式、方法的开发，并通过法律手段、政府政策、科技创新、国际合作等措施来不断发展和建设可再生能源。生物质能成为一种高效的、有潜力的可再生能源被广泛关注。自 20 世纪 80 年代以来，国内外出现了用生物质为原料制备生物质能源的研究，直到 21 世纪初才发展起生物质活性炭材料的研究。生物质活性炭材料的研究重点是用于土壤环境修复和重金属废水处理，主要是因为生物质活性炭材料具有疏松结构，能够涵养水分、增加土壤肥力；另一个主要原因在于生物质活性炭材料的独特结构能够吸附土壤和水环境中的重金属以及有机污染物，净化环境。

美国是能源消耗较大的国家，且有非常丰富的生物质能源，在 2012 年 11 月，美国农业部计划在 2022 年力争对生物质能源作为交通工具燃料的利用上实现每年360 亿加仑（1 加仑＝3.785 升）[64]。有科学家预言，在未来 50 年期间，世界未来的可持续发展新能源体系中主要的能源将是生物质能，生物质能源的不断开发和利用使得全球 CO_2 的排放量大幅度减少，并将提供世界 50％的电力和液体燃料。因此，重视生物质能源的利用与技术开发，从能源再利用角度出发，可减少对传统型能源的依赖，提高能源利用率。

随着人类大量使用石油、天然气、煤等传统非再生能源，导致活性炭原料储量锐减，同时产生严重的环境污染问题。因此，必须寻求一种绿色环保、经济高效和可持续发展的新能源来满足对活性炭材料日益增长的需求。生物质均含有大量的碳元素，是制备各种碳功能材料的首选原料。生物质作为一种可再生能源，不仅可以减少对传统型能源的消耗和依赖，而且从环境友好方面考虑能够有效降低环境的污染，可降低温室气体（如 CO_2、SO_2 等）的排放。充分利用现有生物质转化技术，不断扩大生物质资源回收渠道和应用领域，使其能够高效地转换为固、液、气燃料，有助于改进能源的多样化利用，成为预防能源危机的有效手段，从而对保障充沛的能源利用和维护环境可持续发展战略具有重要的意义。

（1）农作物秸秆资源化的意义

玉米是全世界总产量最高的粮食作物之一，因此玉米秸秆的产量巨大，但是其经济系数低，资源化利用率低。我国农作物秸秆资源量占世界总量的比例已达到20％～30％。近年来，农作物秸秆成为农村面源污染的新源头。每年夏收和秋冬之际，总有大量小麦、玉米等秸秆在田间焚烧，产生了大量浓重的烟雾，不仅成为农村环境保护的瓶颈问题，甚至成为殃及城市环境的罪魁祸首。据有关统计，我国作为农业大国，每年可生成 7 亿多吨秸秆，成为"用处不大"但必须处理掉的"废弃物"。在此情况下，农作物秸秆完全由农民来处理，就出现了大量焚烧的现象。

在传统农业阶段，秸秆主要用于肥料、燃料、饲料和建筑材料，曾在我国农业生产和农村生活中发挥着巨大作用。但随着我国农村产业结构的调整、农村生活条件的改善，秸秆逐渐出现了区域性、季节性和结构性过剩，其被随意丢弃和露天直接焚烧现象严重。前人研究指出，农作物秸秆燃烧时会产生大量的 CO、NO_x、苯以及多环芳烃等有害气体，不仅危害人体健康，造成环境污染，其中排放的大量 CO，更会加剧地球变暖的趋势，导致灾害发生。

很多大城市明令禁止燃烧秸秆，原因是因燃烧秸秆所生成的气体对大气有极大的危害，主要有：

① 增加空气中 CO_2 的含量，其提高比例远远大于燃烧普通树木的比例；

② 增加空气中的可吸入颗粒物，此颗粒物为白色粉末状固体；

③ 降低空气的能见度，燃烧时秸秆生成大量的白色固体烟雾。由于固体极小，所以呈粉末状飘散，极其影响城市、高速公路、机场等地的能见度。1998 年四川双流区的农民燃烧秸秆，导致成都双流机场数十个航班不能正常起降，造成较大的经济损失。

伴随我国城市经济的不断发展，农村农业生产方式发生巨大变化，农村生产生活中产生的农作物秸秆资源的规模也在不断扩大。根据中国统计年鉴的资料得知，每年产生的农作物秸秆总量为 6.8 亿吨[65]，然而农村劳动力缺乏，广大农民为了抢农时、图省事等原因，越来越多的地区采用就地焚烧的方式处置生物质资源，排放了 TSP、PM_{10}、SO_2、NO_x、NH_3、CH_4、EC、OC、$VOCs$、CO 等大气污染物[66]。这种处理方式不仅浪费生物质资源，而且会排放大量大气污染物，严重损害了人民的生命财产安全。因此，如何有效处理农作物秸秆，实现生物质资源的高值化利用，是我国乃至全世界面临的重要课题。

我国是农业大国，农业生产面积非常广阔，而且农业种类繁多。因此，农作物秸秆数量庞大，在农业生产期间，如果能够有效利用农作物秸秆，就会在很大程度上提高经济收益。但是，从实际情况来看，我国很多地区在处理秸秆时仍然采用的是焚烧方式，严重污染了环境，浪费了资源。因此，今后需要加大农作物秸秆资源化的推广与应用力度。

(2) 玉米芯资源化的意义

目前对玉米芯的利用率极低，而且焚烧对环境的污染严重，会生成 SO_2、CO_2 等气体，尤其当前空气中雾霾严重，不利于环境保护。玉米芯经过处理后可生产出重要的化工原料，如还原糖、木糖、木聚糖、多酚、多糖、糠醛、黄原胶、生物质活性炭、木质素、丁醇、2,3-丁二醇、改性玉米芯等高附加值产品。利用玉米芯改性处理后制备成玉米芯生物质活性炭对含 Cr(Ⅵ) 与苯胺废水吸附去除,既解决了玉米芯剩余过多的问题,也减少了含 Cr(Ⅵ) 与苯胺废水对环境的污染[67]。

(3) 废菌棒资源化的意义

随着食用菌产业的迅速发展,在食用菌栽培过程中产生的废弃菌棒数量日趋庞大,近年来我国年产量高达 4000 万～5000 万吨,而且菌棒内残留大量霉菌。大多废菌棒尚未得到科学有效利用,往往被丢弃或燃烧,随意丢弃会污染土壤、水体等环境造成污染,简单焚烧会污染大气,不但造成资源浪费,同时还导致霉菌和害虫的滋生,对环境造成极大污染,严重危害到人类健康及安全,继而对人类生活乃至社会发展产生威胁。废菌棒的不合理处置阻碍食用菌栽培。如果不能及时解决这些问题,很容易导致食用菌栽培产业的恶性循环。年产量数量庞大的废菌棒是一笔丰富的可再利用资源,若这些废菌棒采用适当的处理方式,资源化利用,从而提高食用菌栽培的效率,增加食用菌栽培户的经济收入。目前废菌棒的合理化处理和规范化利用已成为政府关心、社会关注及舆论关切的热点和难点问题。

废菌棒科学有效的利用,能充分体现资源有效利用和农业循环生产的理念,更对生态的可持续发展起到指导作用。废菌棒的科学处理及利用,不仅减少环境污染,也节约生物资源,对生态环境也有一定的保护作用。因此,科学有效地处理废菌棒已成为目前环境保护和食用菌产业发展急需解决的重大问题之一。

2.3.2 生物质资源化的利用现状

2.3.2.1 农作物秸秆资源化的利用现状

目前大部分农作物秸秆在以下几方面进行综合利用。

(1) 农作物秸秆在农业方面应用

农作物秸秆作为肥料直接还田。全球农作物秸秆资源丰富,约占作物生物总量的 50%[68],其中作物秸秆中富含大量的有机质及氮、磷、钾等微量元素,是一类可直接供作物生长需要的可再生有机肥料[69]。秸秆还田分为直接还田和间接还田两种,前者是指农作物收割后,秸秆经粉碎后可直接还原到土壤中作为天然肥料;后者是将秸秆堆积腐熟后作为肥料。一般来说,在对秸秆的粉碎还田时需要配合施加一定量的氮肥。徐国伟等研究表明,与单施氮肥相比,秸秆还田可提高作物吸收氮[70]。土壤微生物活性随土壤 C/N 增加而增强,微生物含氮量和土壤含氮量增加[71]。秸秆还田与氮肥配合使用减少了 N 渗漏和挥发,降低了土壤反硝化作用和 N_2O 的排放[72]。农民将农作物秸秆还田实现“变废为宝”,改变了以往秸秆要么露天焚烧、到处堆放及影响群众生产生活的现象,有利于农业的可持续发展。

农作物秸秆作为饲料被一些牲畜所食用,秸秆饲料喂牲畜是实现秸秆过腹还田的自然途径,民间历来就有“寸草铡三刀,无料也一膘”的说法,营养较好的如大豆秸秆、玉米秸秆、甘蔗渣等,经过精细加工处理,制作成高营养性牲畜饲料,发展畜牧业。鼓正荣等[72]报道，利用玉米秸秆饲料发展畜牧业不仅节约粮食而且能够提高奶牛的生产力。秸秆经氨化处理后纤维结构被破坏，消化率随之提高，质地变得柔软且带有糊香味，饲料的适口性得到提高，同时秸秆中粗蛋白含量增加，经氨化处理后，玉米秸秆中的一些细菌被杀害，从而可减少家畜疾病的发生，经氨化的秸秆能长期保存可帮助家畜过冬。

由于秸秆中含有丰富的碳、氮、磷、钾等营养成分，且资源丰富，成本低廉，我国一些地区已用作多种食用菌（如杏鲍菇、香菇等）的培养肥料。秸秆资源不仅可以得到利用，培养食用菌后的渣料还可以作为有机肥再次利用[73]。

应用秸秆中的燃料成分，实现秸秆气化。将生物质气化技术用于工农业生产及居民生活对改变农村燃料能源结构，解决了向农村送气困难和农民进城灌气问题具有一定的现实意义。除此之外，随科学技术在农业方面的深入发展，农产品及其副产物得到了高价值应用。科研人员利用玉米等农作物秸秆通过生物技术，为农作物生长提供所需的二氧化碳、热量等，此技术称为生物反应堆技术[74]。

（2）秸秆的工副业利用

农作物秸秆在工副业利用方面有多种途径：利用热力、机械以及催化剂的作用，将秸秆中的纤维用于造纸板。以秸秆中的纤维作为原料，加工纤维密度板、植物地膜、建材材料和编织秸秆工艺品等。

（3）农作物秸秆在工业方面应用

农作物秸秆可作为工业造纸的原料。传统造纸行业主要原材料来源于木材，树木的砍伐不仅导致我国森林覆盖面积大大减少，我国生态系统也会遭到一定程度的破坏。利用农作物秸秆作为造纸原材料，其成本比传统造纸成本低约 1/3，此外农作物秸秆中含有的蛋白质等物质还可以提升纸张强度[75]。

农作物秸秆是制造密度板、刨花板等人工板材的材料，农作物秸秆本身具有纤维结构特点，通过农作物秸秆生产加工的人工板材不仅表面光滑，因纤维结构特点在强度等方面具有一定优势，并且抗伸张性能也较好。我国农作物秸秆资源丰富，且大部分未被有效利用，所以利用农作物秸秆作为原材料制造板材具有较好的经济效益[76]。

农作物秸秆可用于降解塑料袋、降解餐具的生产加工中，对取代难以降解的塑料制品具有重要意义。虽一次性筷子和方便袋给人们带来了诸多方便，但是一次性筷子主要是以优良竹子、木材为原料，方便袋主要是以难以降解的塑料为原料，长期使用会造成木材资源的浪费与环境的破坏。玉米秸秆作为原料，不仅能够解决资源浪费问题，同时还具有很强的环保性能[77]。

利用秸秆进行发电在一些国家已得到广泛应用。最早利用秸秆发电的是来自德国的 Thuringian 发电厂，每年秸秆处理量达 3000t，与当地电费 16 美分/(kW·h) 相比，利用秸秆发电电费成本每千瓦时减少 11 美分，仅需 5 美分。目前，对于快速热解生物质生产原油，世界各国均处于试验阶段，其前景广阔。对于秸秆气化技术，美国等国家学者开发的循环流化床等已实现了工业化应用[78]。

玉米秸秆在化工领域应用目前大多处在研究试验阶段，赵华等研究了利用丙酸处理玉米秸秆生产燃料酒精[79]。谭凤芝等将玉米秸秆预处理后与丙烯酸发生接枝共聚反应制备得到具有高吸水性的树脂，制备方法简单，同时玉米秸秆来源广泛，且价格低廉，适于在各种领域大面积推广[80]。此外，司阳等报道了利用玉米秸秆水解液在厌氧发酵条件下生产丁二酸和丁二醇的研究[81]。此外，还可以利用秸秆生产生物柴油等，这些都还处于实验室研究阶段，没有大规模应用。

2.3.2.2　废菌棒资源化的利用现状

近年来，国内外学者一直在探索合理利用废弃菌棒的有效途径，研究主要集中于以下几个方面。

① 利用不同菌类栽培所用培养料营养成分含量的区别，将栽培某种食用菌的菌棒再次利用栽培另一种食用菌。例如，平菇废弃菌棒可用于栽培草菇，金针菇、草菇等废弃菌棒可用于栽培鸡腿菇，使培养基能够得到循环利用。

② 可用作无土栽培的基质种植蔬菜或花卉。

③ 加工成饲料喂养牛、羊、猪等家畜，也可以养鸡、鸭、鹅等家禽。

④ 加工成生物有机肥用于培肥和改良土壤。

⑤ 生产燃气。菌棒生产燃气，属于生物质化技术，利用菌棒生产燃气比直接利用秸秆、木屑产气速度快、热值高。据测定，$3 \sim 5 kg$ 菌棒可产 $6 \sim 10 m^3$ 燃气，可以满足 $3 \sim 5$ 人一家每天做饭、烧水、炒菜等需要，同时还可供淋浴、冬天取暖，产气后的沼气渣还可用作肥料回田。

⑥ 可直接投入专用锅炉内燃烧，用于食用菌生产中的灭菌、菇房加温以及生活取暖等。

⑦ 蔬菜育苗时代替覆土。在蔬菜育苗时，用热蒸汽等物理方法处理菌棒后作覆土材料覆盖在种子上，可有效降低或消除根腐、猝倒等病害。

⑧ 食用菌菌糠对 $Cr(\text{VI})$ 有较强的吸附作用，作为一种新型的生物吸附剂，实现了"以废治废"的目的，具有较高的开发应用价值。

食用菌栽培过程中产生数量庞大的废菌棒，除可以制作栽培基质和有机肥外，还可以制备水处理活性炭。针对目前水资源紧缺及地表水和地下水污染严重的现状，建议将废菌棒制备成水处理活性炭，并用于重金属废水处理，实现"以废治废、变废为宝"的目的。废菌棒的合理处理和循环利用，既有利于减少面源污染，也节约了生物能源，改善了生态环境，符合目前人们提出的"推动绿色发展、建设生态文明"的总体要求。

2.3.3　生物质资源化技术

为实现"减量化、无害化、资源化"的"三化"处理处置原则，目前生物质处理方法主要有堆肥处理、焚烧发电和热解等技术。生物质能转化利用技术从转化方式角度可分为直接燃烧技术、物化转化技术、生化转化技术、液化转化技术、固体废弃物转化技术五大类。但从技术角度可分为三类：第一类是通过燃烧技术直接从生物质中获取热量的直接燃烧法；第二类是通过对生物质进行生物发酵来制取气、液燃料的生物转化技术；第三类是利用热化学技术，将生物质转换为新型功能材料或者燃料的过程，其中包括气化、热解液化和水热等技术。

2.3.3.1 生物质堆肥处理

堆肥处理产生大量渗滤液，对地下水及土壤环境造成严重污染，同时堆肥处理过程中会有恶臭气味，招来大量苍蝇，不利于新农村建设。

2.3.3.2 生物质燃烧发电

燃烧是目前把生物质转换成能量所通用的基本过程，是生物质最简单的应用途径。推动生物质燃烧发电有两个因素：一是追求生物质能的碳中和，使其可持续发展；二是对生物质废弃物的利用。生物质燃烧发电主要是基于蒸汽循环，生物质在锅炉中燃烧产生热量，加热水冷壁产生水蒸气，水蒸气做功从而带动发电机产生电力。生物质燃烧系统已广泛应用于从几千瓦到 100kW 以上的各种规模，生物质燃烧热效率较高，用生物质发电在经济上是可行的。

目前，大多数生物质都用作燃料，用于加热蒸汽发电。理论上任何类型的生物质都可以燃烧，但实际上用于燃烧的生物质原材料含水量最大为 60%，过高则不能燃烧。除了 C、H、O 外，其他成分越少越好，因为它们与污染物的形成、结渣和腐蚀有关。生物质原材料中与这些问题最相关的成分是 N 和灰分，N 是 NO_x 的来源，而灰分会造成颗粒排放。木材的灰分和氮含量低，是燃烧技术中最佳的生物质来源。草本生物质，如稻草、芒草、柳枝等，N、S、K、Cl 等含量很高，其燃烧会产生大量的 NO_x 和颗粒物的排放，增加设备腐蚀和结渣情况。木材不仅适用于大型电厂，还适用于家庭采暖，而草本生物质只适用于大型电厂燃烧发电。发电处理即就地焚烧的集中结果，同样会有大量气体污染物，而且还会有二噁英等致癌、致畸变等有机污染物的产生。

生物质与其他燃料的混合燃烧与生物质直接燃烧相比是很有优势的，混合燃烧可以降低大型发电厂的运行成本，提高燃烧效率，减少 SO_x 和 NO_x 的排放。但需注意的是，生物质中某些组分，特别是碱金属，会增加锅炉结渣问题、限制飞灰的利用，特别是其在建筑材料中的再利用。考虑这些问题，通常将混合燃烧中生物质的比例限制在 10% 左右。

2.3.3.3 生物质资源热解

生物质热解是指将生物质在没有氧化剂（空气、氧气、水蒸气等）存在的情况下，加热到约 500℃ 以上，裂解成富含气体（生物质气）、液体（生物质油）或固体（生物质活性炭）物质的复杂化学过程[82]。在某些情况下，可以加入少量的空气来促进这个吸热过程。热解过程通常使用干燥、研磨好的生物质。生物质热解有比较高的燃料能源转化率，并可以通过调节热解条件而取得最大的生物质气、生物质油和生物质活性炭的产量，能量转化率可达95.5%[83]。不同反应条件对热解产物分布的影响规律不同，其中温度和挥发性产物的停留时间对于以获得燃气为目的热解工艺影响最为显著，根据不同的热解条件和其对反应的影响可把热解过程分为高温快速裂解、中温快速（闪速）热解（液化）和低温固化三类，见表2-3[84]。

表 2-3　生物质热解类型

转化方式	停留时间/s	热解温度/℃	主要产物	占原料比例/%
高温快速裂解	1~5	约900	生物质气	80
中温快速热解	<1	450~600	生物质油	80
低温固化	较长	<400	生物质炭	35

(1) 生物质气化技术

生物质热解产生的可燃性气态产物包括氢气、一氧化碳、甲烷等低分子烃类化合物，用作生物质气。气化技术要求原料水分小于10%[85]。生物质气是新型清洁燃料，可减少传统煤炭能源在我国能源利用中的高比例，缓解火电厂尾气排放的污染问题。生物质热解制备生物质气是利用氧气等气化剂与生物质原料在高温条件下发生反应，通过气化作用将原来复杂的可燃成分裂解为小分子可燃气体的过程，也即将热值低的生物质通过特定的反应器转化成高热值、无污染的清洁燃气的过程。其工作原理主要是在一定的温度、压强条件下，生物质中的主要成分纤维素和木质素经过热解、裂解、分解、重组等一系列复杂的物理化学过程生成氢气、一氧化碳、甲烷以及其他的低分子烃类化合物。

气化被认为是热解和燃烧的组合。气化相比于燃烧具有以下优势：在能源应用方面更灵活；小规模时经济性和热效率更好；当与气体净化和精炼技术相结合时可以降低对环境的影响。这使得气化技术在短期商业应用方面具有良好的应用前景。焦油裂解过程是指在高效气化炉中将热解产生的高分子量有机化合物分解成低分子量、不凝结的化合物。气化过程产生的副产物焦炭在温度高于800℃时会发生吸热反应，从而转化为气体燃料，通常包括 CO、H_2 和 CH_4。根据气化反应器的不同，可以将生物质气化技术分为流化床技术、固定床技术以及直接干馏热解技术。

早在20世纪70年代生物质气化技术在我国被应用在沼气产能技术上，沼气技术的开发为我国解决了农村能源短缺问题，也为后来在其他领域的应用奠定了基础。气化产生的燃料可用于多个领域，例如沼气产电、能源运输、城市供暖以及制备化学产品等。气化条件设计及气化炉的设计对于气化过程能够顺利进行起到关键的作用，典型气化工艺是干馏、快速热解和气化工艺。在气化工艺方面我国研究较早的是固定床工艺，其技术最为简单，易于操作，但焦油含量高容易堵塞管道，流化床式工艺虽然在燃气产率和气化效率上有所改善，由于工艺设备复杂，操作技术难以掌握使得直接热解技术成为了今后研究的方向。

生物质气化联合循环系统发电效率可达 40%，将成为今后生物质能源转换的主要方式之一，我国也开展了秸秆生物质气化和集中供气的生物质气化技术的研究，并取得了惊人的成果，尤其是山东省科学院能源研究所将此工艺应用在农村集中供气体系中，使得集中供气系统燃气成本低于 0.15 元/m³，目前全国已广泛推广。

(2) 生物质液化技术

生物质液化技术是将生物质原料在一定压力和温度的条件下经过复杂的物理化学反应，将热解的气体迅速冷凝，从而获得液体、气体和固体三态产物的热化学过程。生物质液化很容易与热解过程产生混淆。两者都是将原材料有机化合物转化为液体产品的热化学过程。三种产物中液体的产率（质量比）根据不同工艺条件发生变化，最高可达 70%～80%[86]。生物质热解产生的可冷凝液态产物主要包括烃类、芳香烃类、酮类、酸类等燃烧油类，可用作生物质油。生物质油也是新型清洁燃料，也可减少传统煤炭能源在我国能源利用中的高比例，缓解火电厂尾气排放的污染问题。

生物质热解制备生物质油是将固体状态的生物质材料经过一系列的物理化学过程转化成高品质的清洁液体燃料的过程，这个原理与我国古代用高粱、小麦等谷物酿酒的原理类似。在液化过程中，在合适的催化剂作用下原材料大分子会分解成轻分子的碎片；同时，这些不稳定的碎片会重新聚合形成有适当分子量的油化合物。

热解液化原材料非常广泛，主要包括农田废弃物、藻类、餐厨垃圾、城市有机废弃物等。相对而言，热解通常并不需要的催化剂，而且分解形成的轻分子碎片通过气相均质反应转换为油性化合物。生物质液化对反应器要求高、供料系统复杂，使其投入成本高，目前还没有得到应用。生物质液化过程主要有三阶段构成：首先是破坏生物质的整体宏观结构，形成大分子聚集的阶段性产物；其次将大分子链状有机物进一步分解成可以被反应节制溶解的物质；最后在一定温度压力下，经裂解中发生的复杂反应以获得液态的小分子有机物。生物质液化技术主要有以下几种工艺。

1) 高温热解 高温热解是指热解温度一般在 1000℃ 以上，先是将干燥的和切碎的生物质原材料在空气密封的条件下极短的时间内迅速加热，因此原料在该反应中迅速转换为液态和固态混合物，即焦油和焦炭的混合物，称之为"油浆"。温度高可尽量使原材料产生大量液态焦油，以液态渣排除反应器，方便反应器后续清洗，而且油浆的能量密度与原油的水平相当，使得废弃物能更好地获得再次利用的价值[87]。

2) 微波生物质热解 生物质在无氧或缺氧条件下通过微波作用将生物中的大分子结构破坏，经过复杂的断键、聚合等热化学过程，最终生成易于利用的小分子有机结构。特别是加热方式均匀且快速，优于传统加热效率。Miura 等[88]对纤维素材料进行微波热解实验研究，结果发现与传统加热热解法相比较，微波热解产生的二次产物少且产油量显著增加。

3）等离子体热解 等离子体的加热和射流速率可控且温度可调，其优点在研究快速的加热热解液化生物制技术的参数中尤为显著。修双宁等[89]利用等离子体的优势研究了玉米秸秆在快速热解过程中的动力学模型与实际中的吻合度，从而保障实验数据及较好的吻合度，具有广泛的适用性。

4）催化热解 催化热解技术是指在加入相应催化剂的条件下，能够通过催化作用有效改变生物质热解中各成分的含量，间接地控制生成高产率和高品质的生物质油的热解反应过程。对于反应过程的控制一直是研究重点，能够通过不同的手段和方法有效实现产物的定向生成值得不断探索和研究。催化剂是一种重要的过程控制方法，其能够降低生物质热解活化能，更加容易使反应中生物质难断裂部位得到进一步裂解，使反应过程快速有效。催化剂的合理选择可以在生物质热解过程中促进焦油的生成，并阻碍焦炭的形成，是废弃生物质达到高效利用的一种有效途径。

5）混合热解 生物质与其他物料的共同热解液化过程简称为生物质混合热解。目前国内外学者较多研究煤与生物质的共热解液化技术并取得了一定的进展。因为单独使用煤进行热解液化反应，不仅要消耗大量的氢和热量，而且需要催化剂作为活化介质共同参与反应，这样明显增加了反应成本。此外，生物质的产油品质得不到保障，这些因素阻碍它们的发展。将两种原材料混合在一起作为热解对象，在可能存在相互协同作用下，降低了反应需要的能量，并显著地提高了产油质量和效率。

生物质热解产生的固态可用作活性炭材料的原料，作为活性炭材料家族的新成员，具有活性炭材料的特征，即较高的比表面积和丰富的表面官能团以及发达的空隙结构等优点，能够成为制作商用活性炭的原材料。由于是在缺氧或者无氧环境下进行，因此基本上不会有氮氧化物、硫氧化物以及高氯聚合物，能够有效控制二噁英的产生。生物质活性炭将在化工和环境治理领域中具有广泛应用。生物质热解制备生物质活性炭材料是将生物质资源在一定的热力学温度和隔绝氧气或者在惰性气体氛围的环境下，将生物质中的有机质热裂解形成的固态产物。生物质炭的制备主要有两步，即炭化和活化两个步骤。根据活化过程中活化剂的选择，又可以分为物理活化方法、化学活化方法和物理-化学活化方法。

(3) 生物质水热技术

生物质水热技术是指以水作为反应介质，在一定的温度和压力下，在密闭的空间中使得生物质发生一系列反应，并生成三态产物的热化学反应过程。由于密闭空间使得内部产生高压，大部分反应物可以溶解到水溶剂中，从而起到加速反应的作用。同时，水在超临界状态下性质发生了极大的变化，同时具备扩散性和流动性，还可以提高反应因子的活性。因此，水热技术能使高分子有机物在水热系中发生水解、氧化和溶解等一系列复杂的反应，生成小分子化合物以及气体分子等。水热气化、水热液化、水热炭化分类是根据研究目标产物的不同而将水热技术分为三大类。无论研究哪一种水热法，其明显的优点在于原材料选择无局限性（即不用做预处理）、成本低、高转换率和水作为介质等，具有很好的应用前景。

1) 水热气化技术 生物质水热气化技术是近几年发展起来的一项高效制氢技术，反应温度控制在 400～700℃，压力在 16～35MPa。与热解反应相比较，水作为反应介质减少了反应流程和成本消耗。反应中气体产物主要是 H_2、CH_4、CO_2，不会产生如焦油、焦炭等二次污染物，其中气体产物可用于制备天然气等，产生的少量液态产物可通过脱盐净化处理后将轻质油和无机矿物质分离，作为加工肥料的原料。另外，含有大量水分的原料可直接进行反应，通过蒸汽反应、水汽变换、甲烷化等复杂反应，省去了单独干燥过程。生物质水热气化工艺主要分为连续式、间歇式和流化床 3 种，其中连续式工艺适合产业化发展，间歇式易于操作，流化床工艺得到的气化转换率相对较高，但每种工艺都有自身的缺点。因此，合理利用水热气化技术结合实际情况选择不同的工艺来解决不同的实际问题才是研究关键。

2) 水热液化技术 生物质水热液化技术是指在一定压力和温度下，反应温度为 280～380℃，压力在 10～25MPa 之间，将一定比例的溶剂、催化剂和生物质原材料放在密闭的反应器中，对生物质制取液体的热转换过程[90]。生物质水热液化主要包括直接液化、热裂解和超临界萃取等技术。此外，在其他转换过程中都交叉伴随着类似反应发生。液化裂解法是利用热能使生物质中的大分子化学键断裂，转换为分子量较小物质的过程。因其产物中 O 含量较高导致 H/C 降低，只有通过催化加氢才能够作为燃料使用。直接液化法需要在高压下加氢液化，虽然较长停留时间使得液体产物比裂解油品好，但也需要进一步的催化精制过程才能作为发动机燃料使用。生物质水热液化过程属于热分解反应，低分子和高分子聚合产物的形成交错发生，其中间产物发生的水解、分解反应反复地进行，也形成了液态油，并进一步合成生物质活性炭材料。与热解反应相比，液化工艺可以避免加热速率和停留时间短的苛刻要求，并且生成的水热油质量较高。目前，水热液化技术的研究方向主要集中在如何提高生物质能源的转换率以及水热液化发生的反应温度、时间、压力等能够影响生物质油物化特性的条件。

20 世纪末期，国外学者研究生物质液化的技术相对成熟。随着诸多学者对生物质高压液化进行深入研究，在高压液化中使用惰性气体作为催化剂代替还原性气体，对反应条件影响转换率进行了考察，通过共液化不同生物质原材料，优化反应条件，取得显著成果[91]。国内现代生物质能研究比较晚，1986 年成立了我国生物质能技术开发中心，为生物质能源利用进行高水平研究提供了平台。

3) 水热炭化技术 生物质水热炭化技术是一种新兴的废弃生物质处理方式，相比热解，原材料不受含水率的限制，制备过程易于掌握，使得产品成本大大降低。生物质水热炭化是指在密闭的反应器里，温度控制在 300℃ 以下，压力在 1.4～2.7MPa 下，反应时间为 4～24h，采用水作为反应介质，将生物质转换为以生物质炭为主的一系列高能附加值产物的热化学转换过程。相比于其他水热技术，水热炭化技术各反应条件都较容易达到。水热炭化过程主要包括水解、脱水、脱羧、聚合和芳构化，反应的中间产物主要为醛类化合物，分子组成复杂，可看作是一种加速煤化过程。另外，生物质水热炭化产生的产物中含有大量的含氧、含氮官能团，表面大量的官能团可以很好地促进目标产物对有机物和金属离子的吸附作用。基于水热炭化过程使用设备简单、易于操作、其应用规模可调整性较强的特点[92]，近年来，国内外对水热炭化技术的优化做了大量研究，从简单的多种纯炭化合物到生物质原材料，最后扩展到利用添加剂将废弃生物质制备成高能材料，应用范围不断延伸，在医药、燃料、电极制备、能源储存、环境修复等多领域广泛应用[93,94]。水热炭化过程可更好地阻碍焦油的挥发并减少碳损失，降低二次处理的费用和对环境的污染，为开发新型活性炭材料和高附加值燃料可提供优良的原材料。

因为生物质本身是一种非常复杂的混合物，且其制备过程受到诸多因素的影响，包括制备方法、反应温度、催化剂种类等，很难对生物质活性炭的制备机理及产物的应用做到准确而全面的定位。因此，需要对生物质活性炭的制备过程及应用进行更进一步的研究，从而为实现生物质热解炭的资源化利用打下基础，实现环境和资源的可持续发展。

2.3.4　生物质资源化的发展方向

21世纪以来，我国经济快速发展，人民生活水平不断提高，传统化石能源的使用量持续增加；加之传统化石能源的储量有限，导致活性炭材料的发展受到极大限制。以生物质为原材料制备生物质活性炭，不仅能够缓解化石能源危机对活性炭材料发展的限制，而且能够使得生物质原材料减量化和资源化，实现生物质的高值化利用。

2.3.4.1　制备生物质吸附材料

吸附材料是指能够从气体或液体中有效吸附某些成分的固体物质。生物质吸附材料是指直接利用生物质或将生物质通过改性后作为有效吸附剂。丰富的可再生生物质将用来取代传统成本相对较高的活性炭或离子交换树脂等，用来处理废水中的重金属离子等[95]。

2.3.4.2　生物质纤维素改性

(1) 纤维素预处理

虽然纤维素分子中具有大量的羟基基团，但其分子链间及分子内部形成了大量氢键，降低了羟基的反应活性。为使大部分高反应活性的羟基暴露出来，有利于进行下一步的化学改性，通常对纤维素进行化学改性前需进行预处理。纤维素的预处理通常分物理法和化学法两种。常用的物理方法有蒸汽爆破、浸润等，常见的化学预处理方法是碱法处理。Ray 等用 5%NaOH 溶液不同碱化温度下分别处理黄麻纤维得到纤维素的碱化是放热过程，纤维素的碱化预处理需在低温下进行，如室温下[96]。

（2）纤维素化学改性

纤维素分子中每个葡萄糖基上具有 3 个羟基，磺酸基等阴离子基团通过与羟基反应引入到纤维素可以对阳离子具有吸附作用，可获得阳离子吸附剂；羟基经过交联处理后，通过胺化反应可获得阴离子吸附剂。羟基经两性离子修饰处理后，可制成两性离子吸附剂。纤维素的化学改性主要分为醚化反应、交联反应、酯化反应、接枝共聚等反应。具体如下所述。

1）酯化反应　纤维素酯化反应是指在酸催化作用下，纤维素分子中的羟基与酸、酸酐、酰卤等发生酯化反应生成纤维素酯。王明亮等将正丙醇和硫酸的混合物作为酯化剂，与纤维素发生酯化反应合成了纤维素硫酸酯，产物收率达97.3%[97]。

2）醚化反应　纤维素醚化反应是指在碱性条件下，纤维素中的羟基与各种单体如卤代烷、烷基环氧化物、硅烷等发生醚化反应，生成的纤维素醚类。纤维素醚分为非离子纤维素醚、阴离子纤维素醚、阳离子纤维素醚和两性离子纤维素醚 4类。目前已研发的纤维素醚类分为单一醚和混合醚两类。李兰青等将花椒残渣在氢氧化钠溶液中溶胀，再与阳离子醚化剂反应制备获得阳离子改性絮凝剂，对生活废水具有较好的处理作用[98]。

3）交联反应　生物质材料本身纤维结构具有较大的比表面积和多孔结构，天然纤维素因此具有一定的吸水性能，为了充分发挥其吸水能力，利用纤维素分子中的醇羟基通过发生交联反应后进一步提高纤维素材料的吸水性，进而可制备高吸水性的功能性材料；交联反应的另一作用是纤维素材料通过交联后有助于下一步的接枝反应。

4）接枝共聚反应　纤维素的接枝共聚反应是通过羟基作为接枝活性位点，将具有特定功能的基团或聚合物接枝到纤维素上，通过接枝不同功能的基团，赋予纤维素不同的用途。2002 年，Malmstrom 等利用原子转移自由基聚合方法在纤维素表面接枝了聚丙烯酸甲酯，这是利用此方法在天然产物进行表面修饰的早期报道[99]。Dong 等在离子液体中将聚乳酸进行均相接枝反应接枝到纤维素上，得到的改性纤维素具有药物释放载体的潜质，改性后的纤维素可用于生物降解塑料和吸附剂等[100]。

2.3.4.3　生物质热解制炭

生物质热解制炭技术是指在无氧或缺氧条件下对其进行高温处理，生物质中的主要成分木质素和纤维素发生热分解，生成气体和液体等清洁能源材料以及固体活性炭材料的过程。可燃性气体和液体进行收集，可加工成燃料或化工原料，固体用于制备活性炭，应用于土壤修复、废水处理和气相污染物吸附等环境治理领域，实现生物质资源的可持续发展。

陈健等[101]以生物质裂解的残炭为原料，以碘吸附值和亚甲基蓝吸附值为测试指标，采用水蒸气物理活化法研究了影响活性炭吸附性能的关键因素，并找出最佳制备条件。结果表明：在活化温度 $770 \sim 800℃$、活化时间 4h 时，吸附效果最好，其中碘吸附值和亚甲基蓝吸附值分别为 691.94mg/g 和 280.93mg/g。Peng 等[102]以水稻秸秆为原料采用直接炭化方法制备生物质活性炭，制备工况条件为：炭化时间 2.8h，炭化温度 $250 \sim 450℃$。结果表明：土壤中加入该生物质活性炭后，土壤保水和保肥能力增强，有利于农作物的成长。随着科技不断进步，生物质活性炭材料的研究更加广泛，其制备途径更加多样化，应用范围也不再局限于环境治理。Aworn 等[103]以玉米芯为原料，采用二氧化碳气体物理活化法，在活化温度和活化时间分别为 800℃ 和 60min 的条件下，制备得到比表面积为 $986m^2/g$ 的生物质活性炭。吴晓凤等[104]以废弃的刨花板为原料，采用 KOH 化学活化法制备生物质活性炭。结果表明：在浸渍比为 $1:3$，活化温度和活化时间分别为 1000℃ 和 40min 的条件下制备得到比表面积为 $2459m^2/g$ 的活性炭材料。

2.3.5　生物质资源的应用现状

生物质吸附技术是近年来发展的废水处理新技术，其中生物质吸附剂的研究成为热点。从目前应用于重金属废水处理的吸附剂研究看，活性生物体及非活性生物体均具有较强的生物吸附性能，而且失去生物活性的生物体对重金属的富集能力并不比活性生物体差，甚至要高于活体生物，这表明非活性生物质用于重金属废水处理具有潜在优势。人们希望在农产品、生物制品或工业副产品中找到一些价格低廉、易于制取的吸附剂。近年来，利用农业副产物，如木屑、树皮、米糠和玉米芯等作吸附剂去除溶液中重金属离子的研究备受关注。

(1) 处理含重金属离子废水

在环境与人类健康领域，重金属主要指汞、铅、铬、砷、锌、镍等。它们分别以不同的形式分布在环境中，而且在环境中不断地迁移、积累。水体中的重金属主要来源于采矿、冶金、化工等行业。重金属铬是我国环境优先污染物之一，在工业上具有非常重要的作用，而水体中含铬化合物的污染已成为一种严重的重金属污染。铬对人体及其他生物具有强烈的"三致"效应，这些废水如果不经过处理就排放，其将会对生态环境造成严重危害。对含铬废水的处理已成为铬应用工业一个重点课题。

重金属离子的处理技术，主要有电解、化学沉淀、离子交换等方法，这些方法虽吸附效率较高，但成本相对较大。因此，将天然秸秆纤维素经改性获得生物质活性炭受到欢迎。与一般传统的重金属处理方法相比，改性生物质具有来源丰富、操作简单、对特定离子具有吸附选择性等优点，有利于实现工业化应用。

纤维素本身具有多孔和比表面积较大的特性，而且含有大量具有亲水性的羟基基团，因此可以直接用作天然吸附剂。天然纤维素作为生物质吸附剂，与水中的重金属离子及其他有害离子发生相互作用的功能基团主要来源于生物质中的纤维素、半纤维素以及木质素等。以玉米秸秆为例，其本身多孔性纤维结构特点可作为物理吸附位点，而秸秆纤维素、半纤维素等所含有的羧基和氨基等功能基团，均可以成为重金属离子的吸附位点；同时，利用天然纤维素材料直接作为吸附剂存在对有害离子不具有特定选择性、吸附容量小等缺点。玉米秸秆等天然生物质材料虽含有大量的羟基基团，但因分子链间以及分子内部形成了大量的氢键，近而阻碍了分子结构中功能性基团的吸附作用。为了使天然生物质材料具有更加理想的吸附选择性与吸附能力，必须将纤维素本身存在的氢键打开，利用羟基等活性位点通过化学改性方法进行修饰，引入对特定离子具有选择性的基团，使之吸附能力更强，应用更广。

研究表明玉米芯对水中 Cr（Ⅵ）具有较好的吸附效果，并且该吸附是自发放热过程，升温有利于吸附过程的进行[22]；通过扫描电镜可以看出玉米芯表面产生了较多孔洞结构，可能是酸性吸附质溶液可以使纤维素水解，增大了玉米芯的比表面积，形成了更有利于吸附的条件。利用农作物秸秆对水中 Cr（Ⅵ）进行吸附，可使 Cr（Ⅵ）从溶液中扩散到农作物秸秆吸附剂表面，在农作物秸秆吸附剂孔隙中继续向吸附点扩散到吸附点表面而固定[105]。

2007 年，王宇等将玉米秸秆通过环氧氯丙烷、二乙胺的接枝改性制备得到阴离子吸附剂，并对硝酸根具有较好的吸附效果，20℃和40℃条件下的最大吸附量分别为达到 80.84mg/g 和 72.73mg/g[106]。2009 年蒋小丽等用微波加热-氯化锌活化法改性玉米秸秆，吸附废水中 Cu^{2+}，最高去除率可达 90％以上[107]。同年李荣华等以玉米秸秆为吸附材料，研究了对 Cr（Ⅵ）的吸附，其饱和吸附量为 14.46mg/g[108]。2010 年张继义等以小麦秸秆为吸附材料，对废水中 Cr（Ⅵ）的最大吸附量为 24.6mg/g[109]。刘江国等通过氯化锌微波活化改性玉米秸秆，研究了其对 Cu^{2+} 的吸附研究，最大吸附率达 97.2％，吸附量达 10mg/g[110]。2012 年高宝云等用巯基改性的玉米秸秆粉来吸附水体中 Pb^{2+}、Cu^{2+}、Ni^{2+} 和 Hg^{2+} 等二价阳离子，改性玉米秸秆粉对水体重金属离子的吸附率不足 5％，而经巯基改性后可达 97％以上[111]。许桂华等用 50％氯化锌微波活化改性玉米秸秆，研究了对水体中 Pb^{2+} 的吸附，最大吸附率达 94.57％，吸附量达 9mg/g[112]。2013 年梁丽珍等将玉米秸秆采用酸碱法提取出纤维素，然后通过氢氧化钠、环氧氯丙烷制得环氧基纤维素，该改性纤维素对苯胺具有较好的吸附效果[113]。因此，如何合理地将生物质纤维素进行改性，获得高效吸附剂处理重金属废水成为高效利用生物质资源的决定性问题。

（2）处理含染料废水

印染行业每天会排放大量的印染废水，其色度高，而且组分复杂，毒性较大。

我国是全球最大的染料生产国，生产染料所排放的废水对环境污染较为严重。目前处理方法主要包括物理法、化学法和生物法等。一些农业废弃物，如玉米芯、大麦壳、树叶等，经化学改性处理后作为吸附剂来处理染料废水，也表现出良好的吸附效果[114]。

(3) 处理其他类废水

生物质材料经化学改性后，除了可以处理工业生产中排放的染料废水以及电镀等行业排放的重金属离子废水外，也可以应用到其他种类废水的处理。如生活排放污水中的酸根离子、高浓度的含油污水等。2014年罗东等用氢氧化钠改性玉米秸秆来吸附石油类污染物，对原油、0# 柴油、97# 汽油的吸附量分别提高了22.62%、37.57%和38.50%[115]。

2.3.6 生物质活性炭的研究进展

炭是一种非金属固体材料，其主要成分是碳元素。炭材料既具有金属材料的机械性能、导电性和传热性，又具有陶瓷的耐腐蚀和耐热功能，还具有高分子材料的密度小、分子结构多样性等功能。炭材料广泛应用在化学工业、机械、电子等方面，是因为其具有良好的化学惰性、优良的机械性能、较高的比表面积和优良的耐热性能等特点。然而21世纪以来由于化石能源的大量使用和短缺，使得炭材料的生产和发展受到很大限制。

稻壳生物质活性炭生产的技术已较为成熟，对稻壳生物质活性炭的应用研究也进一步深入[116]，从而稻壳生物质活性炭作为一种优质吸附剂，被大量应用于环保、化工、食品加工以及军事防护等各领域的前景十分令人瞩目[117,118]。

自20世纪80年代以来，国内外出现了用生物质为原材料制备生物质能源的研究，不过生物质炭材料的研究起步要晚一点，一直到21世纪初才逐渐发展起来。新型炭材料是在近些年发现的新的炭材料，主要包括碳纳米管、石墨烯、活性炭纤维和纳米纤维等。这些新型炭材料不仅具有稳定和优良的物理结构，而且还具有更大的比表面积和优异的化学性能，是一种结合了金属属性和半导体的碳质新材料。

参 考 文 献

[1] Azargohar R，Dalai K. Biochar as a precursor of activated carbon [J]. Appl Biochem Biotechnol, 2006, 131 (1-3)：762-773.

[2] Girods P，Dufour A，Fierro V，et al. Activated carbons prepared from wood particleboard wastes：characterization and phenol adsorption capacities [J]. J Hazard Mater.，2009，166：491-501.

[3] 王省伟. 核桃果皮基活性炭的制备及吸附性能研究 [D]. 延安：延安大学，2015.

[4] Yusufu M I, Ariahu C C, Igbabul B D. Production and characterization of activated carbon from selected local raw materials [J]. Afr J Pure Appl Chem, 2012, 6 (9): 123-131.

[5] Saleh N S, Ismaeel M I, Ibrahim R I, et al. Preparation activated carbon of from Iraqi Reed [J]. Eng Technol, 2008, 26 (3): 291-302.

[6] Subha R, Namasivayam C. Zinc chloride activated coir pith carbon as low cost adsorbent for removal of 2,4-dichlorophenol: equilibrium and kinetic studies [J]. Indian J Chem Technol., 2009, 14: 471-479.

[7] Malik R, Ramteke D S, Wate S R. Physico-chemical and surface characterization of adsorbent prepared from groundnut shell by $ZnCl_2$ activation and its ability to adsorb color [J]. Indian J Chem Technol., 2006, 13: 319-328.

[8] Lua A C, Lau F Y, Guo J. Influence of pyrolysis conditions on pore development of oil-palm-shell activated carbons [J]. J Anal Appl Pyrol., 2006, 76: 96-102.

[9] Deng H, Li G, Yang H, et al. Preparation of activated carbons from cotton stalk by microwave assisted KOH and K_2CO_3 activation [J]. Chem Eng J., 2010, 163 (3): 373-381.

[10] Chan L S, Cheng W H, Allen S J, et al. Separation of acid-dyes mixture by bamboo derived active carbon [J]. Sepa Purifi Technol., 2009, 67 (2): 166-172.

[11] Zhang J, Shi Q, Zhang C, et al. Adsorption of Neutral Red onto Mn-impregnated activated carbons prepared from typhaorientalis [J]. Bioresour Technol., 2008, 99 (18): 8974-8980.

[12] Liu S L, Wang Y N, Lu K T. Preparation and pore characterization of activated carbon from Ma bamboo (Dendrocalamus latiflorus) by H_3PO_4 chemical activation [J]. J Porous Mater., 2014, 21: 459-466.

[13] Onyeji L I, Aboje A A. Removal of heavy metals from dye effluent using activated carbon produced from coconut shell [J]. Int J Eng Sci Technol., 2011, 3: 8238-8246.

[14] Qureshi K, Bhatti I, Kazi R, et al. Physical and chemical analysis of activated carbon prepared from sugarcane bagasse and use for sugar decolonization [J]. World Acad Sci Eng Technol., 2007, 34: 194-201.

[15] Lee Y W, Park J W, Choung J H, Choi D K. Adsorption characteristics of SO_2 on activated carbon prepared from coconut shell with potassium hydroxide activation [J]. Environ Sci Technol., 2002, 36: 1086-1092.

[16] Girods P, Dufour A, Fierro V, Rogaume Y, Rogaume C, Zoulalian A, et al. Activated carbons prepared from wood particleboard wastes: characterization and phenol adsorption capacities [J]. J Hazard Mater., 2009, 166: 491-501.

[17] 李昌文. 玉米芯的综合利用研究技术进展 [J]. 食品研究与开发, 2015, 36 (15): 139-143.

[18] 李红艳, 程济慈, 田晋梅, 等. 废菌渣活性炭对水中 Cr(VI) 的吸附特性研究 [J]. 水处理技术, 2019, 45 (7): 24-30.

[19] 李琳娜, 应浩. 我国稻壳资源化利用的研究进展 [J]. 生物质化学工程, 2010, 44 (1): 34-38.

[20] Li W, Yang K B, Peng J H, et al. Effects of carbonization temperatures on characteristics of porosity in coconut shell chars and activated carbons derived from carbonized coconut shell chars [J]. Industrial Crops and Products, 2008, 28 (2): 190-198.

[21] 厉悦, 李湘洲, 刘敏. 稻壳基活性炭制备及表征 [J], 2007, 12 (6): 183-186.

[22] 高佩. 玉米芯活性炭的制备及对水中 Cr(VI) 与苯胺的去除 [D]. 太原: 太原理工大学, 2018.

[23] 任杰. 咖啡渣活性炭的制备、表征及吸附性能研究 [D]. 广州: 广东工业大学, 2017.

[24] Silva M A, Nebra S A, Machado Silva M J, et al. The use of biomass residues in the Brazilian soluble coffee industry [J]. Biomass and Bioenergy, 1998, 14 (5/6): 457-467.

[25] 刘敬勇, 陈佳聪, 孙水裕, 等. 城市污水污泥与咖啡渣的混燃特性分析 [J]. 环境科学学报, 2016, 36 (10): 3784-3794.

[26] Kelkar S, Saffron C M, Li C, et al. Pyrolysis of spent coffee grounds using a screw-conveyor reactor [J]. Fuel Processing Technology, 2015, 137: 170-178.

[27] 李文超. 木质纤维生物质制备碳材料及其在超级电容器中的应用 [D]. 西安: 西北大学, 2017.

[28] Mukherjee, I. Effect of Organic Amendments on Degradation of Atrazine [J]. Bulletin of Environmental Contamination and Toxicology, 2009, 83: 832-835.

[29] Wang Z, Han L, Sun K, et al. Sorption of four hydrophobic organic contaminants by biochars derived from maize straw, wood dust and swine manure at different pyrolyhc temperatures [J]. Chemosphere, 2016, 144: 285-291.

[30] 吴创之, 马隆龙. 生物质能现代化利用技术 [M]. 北京: 化学工业出版社, 2003.

[31] Bhargava B L, Yasaka Y, Klein M L. Computational studies of room temperature ionic liquid-water mixtures [J]. Chemical Communications, 2011, 47 (22): 6228-6241.

[32] C Olsson, A Idström, L Nordstierna, et al. Influence of water on swelling and dissolution of cellulose in 1-ethyl-3-methylimidazolium acetate [J]. Carbohydrate Polymers, 2014, 99 (1): 438-446.

[33] Iguchi M, Aida T M, Watanabe M, et al. Dissolution and recovery of cellulose from 1-butyl-3-methylimidazolium chloride in presence of water [J]. Carbohydrate Polymers, 2013, 92 (1): 651-658.

[34] 徐淑芬. 浅谈玉米芯的综合利用 [J]. 科技情报开发与经济, 2011, 21 (17): 174-175.

[35] Klass D L. Biomass for renewable energy, fuels, and chemicals [M]. Pittsburgh: Academic Press, 1998.

[36] Hugo Cruz, Markus Fanselow, John D. Holbrey, et al. Determining relative rates of cellulose dissolution in ionic liquids through in situ viscosity measurement [J]. Chemical Communications, 2012, 48 (45): 5620-5622.

[37] Stéphanie Laurichesse, Luc Avérous. Chemical modification of lignins: Towards biobased polymers [J]. Progress in Polymer Science, 2014, 39 (1): 1266-1290.

[38] Chenlin Li, Bernhard Knierim, Chithra Manisseri, et al. Comparison of dilute acid and ionic liquid pretreatment of switchgrass: Biomass recalcitrance, delignification and enzymatic saccharification [J]. Bioresource Technology, 2009, 101 (13): 4900-4906.

[39] Yinghuai Zhu, Zhen Ning Kong, Ludger Paul Stubbs, et al. Conversion of Cellulose to Hexitols Catalyzed by Ionic Liquid-Stabilized Ruthenium Nanoparticles and a Reversible Binding Agent [J]. Chemsuschem, 2010, 3 (1): 67-70.

[40] Andre Pinkert, Kenneth N. Marsh, Shusheng Pang, et al. Ionic Liquids and Their Interaction.

[41] 刘娟. 生物质废弃物的水热碳化试验研究 [D]. 杭州: 浙江大学, 2016.

[42] Demirbaş A. Fuel properties and calculation of higher heating values of vegetable oils [J]. Fuel, 1998, 77 (9): 1117-1120.

[43] Twidell J. Biomass Energy [J]. Renewable Energy World. 1998, 1 (3): 38-39.

[44] 徐娟. 高性能生物质炭材料的制备与吸附特性研究 [D]. 南京: 东南大学, 2015.

[45] 任杰. 咖啡渣活性炭的制备、表征及吸附性能研究 [D]. 广州: 广东工业大学, 2017.

[46] 廖景明. 生物质活性炭吸附二氧化碳的性能研究 [D]. 南京: 东南大学, 2012.

［47］ Lehmann J，Rillig M C，Thies J，et al. Biochar effects on soil biota-A review ［J］. Soil Biology ＆ Biochemistry，2011，43：1812-1836.

［48］ Bommier C，Xu R，Wang W，et al. Self-activation of cellulose：A new preparation methodology for activated carbon electrodes in electrochemical capacitors ［J］. Nano Energy，2015，13：709-717.

［49］ Brebu M，Vasile C. Thermal degradation of lignin-A Review ［J］. Cellulose Chemistry ＆ Technology，2010，44（9）：353-363.

［50］ 耿中峰. 纤维素热裂解机理的理论和实验研究 ［D］. 天津：天津大学，2010.

［51］ 吕卫军，薛崇昀，曹春昱，等. 木素分布的测定方法及其在木材细胞壁中的分布 ［J］. 北京林业大学学报，2010，32（1）：136-141.

［52］ Jiang G，Nowakowski D J，Bridgwater A V. Effect of the Temperature on the Composition of Lignin Pyrolysis Products ［J］. Energy Fuels，2010，24（8）：4470-4475.

［53］ 付尹宣. 木质素热裂解方式及其产物研究 ［D］. 北京：北京化工大学，2013.

［54］ Kan T，Strezov V，Evans T J. Ligno cellulosic biomass pyrolysis：a review of product properties and effects of pyrolysis parameters ［J］. Renewable ＆ Sustainable Energy Reviews，2016，57（28）：1126-1140.

［55］ Kumar D，Singh B，Korstad J. Utilization of lignocellulosic biomass by oleaginous yeast and bacteria for production of biodiesel and renewable diesel ［J］. Renewable ＆ Sustainable Energy Reviews，2017，73：654-671.

［56］ Hassan H，Lim J K，Hameed B H. Recent progress on biomass CO-pyrolysis conversion into high-quality bio-oil ［J］. Bioresource Technology，2016，221：645-655.

［57］ Scott D S，Jan R. The continuous flash pyrolysis of biomass ［J］. Canadian Journal of Chemical Engineering，2010，62（62）：404-412.

［58］ 李文超. 木质纤维生物质制备碳材料及其在超级电容器中的应用 ［D］. 西安：西北大学，2017.

［59］ Vardon D R，Sharlna B K，Blazina G V，et al. Thermochemical conversion of raw and defatted algal biomass via hydrothermal liquefaction and slow pyrolysis ［J］. Bioresource Technology，2012，109（109）：178-187.

［60］ Zhong L，Xi X. Electrode for energy storage device wkh microporous and mesoporous activated carbon particles：U. S. Patent 8，591，601 ［P］. 2013-11-26.

［61］ Yahya M A，AI-Qodah Z，Ngah C W Z. Agricultural bio-waste materials as potential sustainable precursors used for activated carbon production：A review ［J］. Renewable ＆ Sustainable Energy Reviews，2015，46：218-235.

［62］ 陈晓晓. 改性玉米秸秆的表征及吸附性能研究 ［D］. 长春：长春工业大学，2016.

［63］ 余珂，胡兆吉，刘秀英. 国内外生物质能利用技术研究进展 ［J］. 江西化工，2006，4(8)：30-33.

［64］ 孙勇，姜永成，王应宽，等. 美国生物质能源资源分布及利用 ［J］. 世界农业，2013，10(8)：39-45.

［65］ 赵建宁，张贵龙，杨殿林. 中国粮食作物秸秆焚烧释放碳量的估算 ［J］. 农业环境科学学报，2011（4）：812-816.

［66］ 曹国良，张小曳，王丹，等. 秸秆露天焚烧排放的 tsp 等污染物清单 ［J］. 农业环境科学学报，2005，24（4）：800-804.

［67］ 高佩. 玉米芯活性炭的制备及对水中 Cr(Ⅵ) 与苯胺的去除 ［D］. 太原：太原理工大学，2018.

［68］ 张雨辰. 玉米秸秆综合利用现状和发展前景 ［J］. 工业发展，2011，23（12）：203-204.

［69］ Amava N，Medero N，Tancredi N，et al. Activated carbon briquettes from biomass materials ［J］.

Bioresource Technology, 2007, 98 (8): 1635-1641.

[70] 徐国伟, 吴长付, 刘辉, 等. 秸秆还田及氮肥管理技术对水稻产量的影响 [J]. 作物学报, 2007, 33 (2): 284-291.

[71] 李贵桐, 赵紫娟, 黄元仿, 等. 秸秆还田对土壤氮素转化的影响 [J]. 植物营养与肥料学报, 2002, 8 (2): 162-167.

[72] 彭正荣, 鼓作霖, 陈金波. 利用秸秆饲料资源发展"秸秆奶牛业" [J]. 黑龙江畜牧兽医, 2004, (8): 23.

[73] 张雨辰. 玉米秸秆综合利用现状和发展前景 [J]. 工业发展, 2011, 23 (12): 203-204.

[74] 张世明, 徐建堂. 秸秆生物反应堆新技术 [M]. 北京: 中国农业出版社, 2005.

[75] 王树义. 玉米秸秆综合利用的发展趋势 [J]. 吉林畜牧兽医, 2004, (1): 26-27.

[76] 高梦祥, 许育斌, 熊雪峰, 等. 玉米秸秆的综合利用途径 [J]. 陕西农业科学, 2000, (7): 29-31.

[77] 王薪. 玉米秸秆的利用现状及前景 [J]. 中国农业信息, 2014, (6): 135.

[78] Zschetzsche A, Hofbaner H, Schmidt A. Biomass gasification in an internal circulation fluidized bed [J]. Proceedings of the 8th Econ Biomass for a Agriculture and Industry, 1998, (3): 1771-1777.

[79] 赵华, 康忆隆, 刘文宇, 等. 利用丙酸处理玉米秸秆生产燃料酒精的研究 [J]. 酿酒科技, 2006, (4): 34-37.

[80] 谭凤芝, 曹亚峰, 李沅, 等. 利用玉米秸秆制备高吸水树脂 [J]. 大连工业大学报, 2009, 28 (5): 362-365.

[81] 司阳, 夏黎明. 利用玉米秸秆水解液发酵生产 2,3-丁二醇 [J]. 食品与发酵工业, 2010, 36 (2): 26-29.

[82] Demirbas A, Arin G. An overview of biomass pyrolysis [J]. Energy sources. 2002, 24 (5): 471-482.

[83] Demirbas A. Biomass resource facilities and biomass conversion processing for fuels and chemicals [J]. energy conversion and management, 2001, 42 (11): 1357-1378.

[84] Yaman S. Pyrolysis of biomass to produce fuels and chemical feed stocks [J]. energy conversion and management, 2004, 45 (5): 651-671.

[85] Ni M, Leung D Y, Leung M K, et al. An overview of hydrogen production from biomass [J]. Fuel processing technology, 2006, 87 (5): 461-472.

[86] 朱锡锋, 郑冀鲁, 郭庆祥, 等. 生物质热解油的性质精制与利用 [J]. 中国工程科学, 2005, 7 (9): 84-87.

[87] 姜伟, 朱丽娜, 赵仲阳, 等. 生物质热解液化技术及应用前景 [J]. 农产品工程, 2015, 91-94.

[88] Miura M, Kaga H, Yoshida T. Microwave pyrolysis of cellulosic material for the production of anhydro-sugars [J]. Journal of Wood Science, 2001, 47 (6): 502-506.

[89] 修双宁, 易维明, 李保明. 秸秆类生物质闪速热解规律 [J]. 太阳能学报, 2005, 26 (4): 538-524.

[90] 余峻峰, 陈培荣, 俞志敏, 等. KOH 活化木屑生物炭制备活性炭及其表征 [J]. 应用化学, 2013, 30 (9): 1017-1022.

[91] Chen X W, Timpe O, Hamid S, et al. Direct synthesis of carbon nanofibers on modified biomass-derived activated carbon [J]. Carbon, 2009, 47 (1): 340-343.

[92] Yang S T, Chen S, Chang Y, et al. Removal of methylene blue from aqueous solution by graphene oxide [J]. Journal of Colloid and Interface Science, 2011, 359 (1): 24-29.

[93] 尹炳奎. 污泥活性炭吸附剂材料的制备及其在废水处理中的应用 [D]. 上海: 上海交通大学, 2007.

[94] Roberts K G, Gloy B A, Joseph S, et al. Life Cycle Assessment of Biochar Systems: Estimating the Energetic, Economic, and Climate Change Potential [J]. environmental science & technology, 2010, 44 (2): 827-833.

[95] 王焰新. 去除废水中重金属的低成本吸附剂: 生物质和地质材料的环境利用 [J]. 地学前缘, 2001, 8 (2): 301-306.

[96] Ray D, Sarkar B K, Rana A K, et al. Effect of alkali treated jute fibers on composite properties [J]. Bulletin of Material Science, 2001, 24 (2): 129-135.

[97] 王明亮, 陈苗. 纤维素硫酸酯的合成 [J]. 浙江化工, 2011, 42 (6): 10-13.

[98] 李兰青, 邓宇, 冯建敏. 用花椒残渣制作絮凝剂的初步研究 [J]. 水处理技术, 2006, 32 (1): 66-68.

[99] Carlmark A, Malmstrom E E. Atom transfer radical polymerization from cellulose fibers at ambient temperature [J]. Journal of the American Chemical Society, 2002, 124 (6): 900-901.

[100] Dong H Q, Xu Q, Li Y Y, et al. The synthesis of biodegradable graft copolymer cellulose-graft-poly (L-1actide) and the study of its controlled drug release [J]. Colloids and Surfaces B: Biointerfaces, 2008, 66 (1): 26-33.

[101] 陈健, 李庭琛, 颜涌捷, 等. 生物质裂解残炭制备活性炭 [J]. 华东理工大学学报, 2005, 12: 821-824.

[102] Peng X, Ye L L, Wang C H, et al. Temperature- and duration-dependent rice straw-derived biochar: Characteristics and its effects on soil properties of an Ultisol in southern China [J]. Soil & Tillage Research, 2011, 112 (2): 159-166.

[103] Aworn A, Thiravetyan P, Nakbanpote W. Preparation of CO_2 activated carbon from corncob for mo-noethylene glycol adsorption [J]. Colloids and Surfaces A: Physicochemical and Engineering Aspects, 2009, 333 (1-3): 19-25.

[104] 吴晓凤, 于志明, 宿可, 等. 氢氧化钾活化法制备杨木刨花板活性炭的研究 [J]. 北京林业大学学报, 2013, 35 (6): 113-117.

[105] 解恒参. 农作物秸秆综合利用的研究进展综述 [J]. 环境科学与管理, 2015, 40 (1): 86-90.

[106] 王宇, 高宝玉, 岳文文, 等. 改性玉米秸秆对水溶液中硝酸根的吸附动力学研究 [J]. 环境科学学报, 2007, 27 (9): 1459-1462.

[107] 蒋小丽, 李杰霞, 杨志敏, 等. 改性玉米秸秆吸附处理含 Cu 废水 [J]. 西南大学学报, 2009, 31 (11): 88-91.

[108] 李荣华, 张增强, 孟昭福, 等. 玉米秸秆对 Cr(Ⅵ) 的生物吸附及热力学特征研究 [J]. 环境科学学报, 2009, 29 (7): 1434-1441.

[109] 张继义, 梁丽萍, 蒲丽君, 等. 小麦秸秆对 Cr(Ⅵ) 的吸附特性及动力、热力学分析 [J]. 环境科学研究, 2010, 23 (12): 1546-1552.

[110] 刘江国, 陈玉成, 李杰霞, 等. 改性玉米秸秆对 Cu^{2+} 废水的吸附 [J]. 工业水处理, 2010, 30 (6): 18-21.

[111] 高宝云, 邱涛, 李荣华, 等. 巯基改性玉米秸秆粉对水体重金属离子的吸附性能初探 [J]. 西北农林科技大学学报, 2012, 40 (3): 186-190.

[112] 许桂华, 姚艳虹, 李承范, 等. 改性玉米秸秆对水体中 Pb^{2+} 的吸附 [J]. 延边大学学报, 2012, 38 (3): 228-231.

[113] 梁丽珍, 李见云, 张云清, 等. 改性秸秆纤维素对苯胺的吸附性能研究 [J]. 科学技术与工程,

2013，13（17）：5063-5066.

[114] Bhattacharyya K G, Sarma A. Adsorption characteristics of the dye, Brilliant Green, on neem leaf powder [J]. Dyes Pigments，2003，57（3）：211-222.

[115] 罗东，谢翼飞，谭周亮，等. NaOH 改性玉米秸秆对石油类污染物的吸附研究 [J]. 环境 科学与技术，2014，37（1）：29-42.

[116] 张辉，刘艳华，周兵，等. NaOH 为活化剂制备稻壳基高比表面积多孔炭 [J]. 吉林大学学报（理学版），2005（06）：143-146.

[117] Rahman I A, Saad B, Shaidan S, et al. Adsorption characteristics of malachite green on activated carbon derived from rice husks produced by chemical－thermal process [J]. Bioresource Technology，2005，96（14）：1578-1583.

[118] 李琳娜，应浩. 我国稻壳资源化利用的研究进展 [J]. 生物质化学工程.2010，44（1）：34-38.

第3章 ⟹ ⟹ ⟹ ⟹ ⟹
生物质活性炭的制备及评价

常规生物质活性炭的孔径分布不规则，主要以微孔为主。为了提高吸附效能，孔径规则的介孔（或中孔）生物质活性炭受到关注。介孔生物质活性炭是指孔径在 2～50nm 的生物质活性炭，可通过模板合成法、催化活化法、有机凝胶炭化法及自组装法制得。相对于普通生物质活性炭，介孔生物质活性炭具有原子水平无序、表观水平有序、孔隙率高、孔径分布窄、孔径大小可调等特点，是很好的吸附分离材料和储氢材料，对大分子有机污染物有很好的吸附去除效果。

炭质材料主要由飞灰、易分解态炭和稳定态炭组成。其中，飞灰主要是指炭质材料的矿物质成分；易分解态炭是指炭质材料中能够被微生物利用的组分，这部分炭易于矿化和淋溶；稳定态炭主要指炭质材料中的稠环芳香炭，决定了炭质材料在环境中的稳定性和持久性[1]。由于原材料、制备过程（热解温度、停留时间和升温速率等）的不同，炭质材料的性质（元素含量、比表面积以及孔容等）会存在很大差异。因此，本章重点介绍生物质活性炭的制备方法和评价方法。

3.1 生物质活性炭的制备方法

制备吸附性能良好的生物质活性炭是目前吸附技术研究的关键，也是当前该领域研究的热点。由于吸附介质（气相和液相）和吸附质的不同，对生物质活性炭的性质要求也不同。气相吸附中，要求生物质活性炭具有高比表面积和较小的孔径，而在液相溶液中，吸附污染物较为复杂，除要考虑生物质活性炭的孔径大小和吸附质的大小关系外，还要考虑生物质活性炭表面官能团和吸附质之间的作用力。从制备吸附性能较好的生物质活性炭来看，通常可通过提高生物质活性炭的比表面积、提高表面吸附官能团的密度及控制孔径大小来提高生物质活性炭的吸附性能。

生物质废弃物是当今世界上仅次于煤炭、石油和天然气的第四大能源，以其总量大、分布广、CO_2 零排放、低硫、低氮和低灰分等特点，受到越来越多的关注[2]。制备生物质活性炭的原材料一般为各种生物质废弃物等，制备过程包括炭化和活化两个阶段。炭化阶段是指通过高温或低温热解原材料，去除碳以外的大部分杂质如氢、氧、钙、镁等，留下大部分炭质并产生大量微孔；活化阶段是指利用物理或化学方法对其进行活化，改变其微孔分布的过程，同时生成一些新的官能团结构[3]。活性炭的微孔结构与活化方法和活化条件有关，不同制备条件下得到的活性炭吸附性能会产生差异。活化后生物质活性炭的比表面积可达 $500 \sim 1700 m^2/g$，生物质活性炭的吸附量不仅取决于比表面积大小，更是与其微孔构造和分布情况密不可分[4]。选择合适的生物质原材料，精确控制炭化和活化工艺步骤，即可根据特定用途调整孔结构。

3.1.1　原材料预处理

为提高生物质活性炭的品质，需要将制备生物质活性炭的原材料进行预处理，包括干燥、粉碎、过筛。经过预处理可以提高生物质活性炭的纯度与吸附性能。一般预处理的实验条件为：将生物质原材料粉末放置烘箱110℃的温度条件下干燥24h，除去生物质原材料的自由水分，然后进行粉碎，过筛至 $80 \sim 200$ 目。用去离子水反复洗涤，105℃烘干后充分研磨即得预处理后的生物质原材料。

3.1.2　炭化方法

炭化是以农作物秸秆、玉米芯和废菌棒等生物质为原材料制备生物质活性炭的必经工艺过程，得到的炭化材料具有初始孔隙和一定的机械强度，有利于进一步活化。炭化的实质是原材料中有机物进行热解的过程，包括热分解反应和缩聚反应。研究表明：炭化材料的结构特点直接影响活性炭产品性能的优劣。目前，炭化工艺的研究主要集中在如何制得活性点多、初始孔隙发达的石墨化炭[5]。

3.1.2.1　直接炭化方法

直接炭化是指隔绝空气、将预处理后的生物质原材料在惰性气体氛围下高温分解生成固体炭材料和其他有机物的过程。将固体产物进行收集，即是炭材料，以做后续的处理；对生成的其他有机物进行无害化处理后，排放到空气中。

生物质资源的主要成分是纤维素、半纤维素和木质素。在热解过程中会发生分子键断裂、异构化和小分子聚合等复杂的热化学反应。纤维素在52℃时开始热解，随着温度的升高，热解反应速度加快，到 $350 \sim 370$℃生物质热解分解为低分子产物；半纤维素结构上带有支链，是木材中最不稳定的组分，比纤维素更易热分解，

225～325℃内即分解，其热解机理与纤维素基本相似[6]。生物质原材料的炭化过程实际上是一连串的物质分解和聚合反应的总过程，其反应机制极其复杂。根据生成产物的不同，生物质原材料的炭化（或称热解）过程可以分为干燥阶段、炭化分解阶段、固体分解阶段和煅烧阶段4个阶段。

第1阶段为干燥阶段：结合水和自由水蒸发（室温<150℃），化学组成保持不变，为吸热阶段。

第2阶段为炭化分解阶段：半纤维素裂解（220～315℃），部分烷基成分被破坏。生物质发生明显的热分解反应，其化学组成开始发生变化，内部结构发生重组，如脱水、断键和自由基出现等，生物质中不稳定组分分解生成小分子化合物，如二氧化碳、一氧化碳和水蒸气等气体。该阶段也为吸热反应阶段。

第3阶段为固体分解阶段：纤维素裂解（150～400℃），是热解过程的主要阶段，生物质有机物中氢键断链，氢原子与氧原子结合，分解、挥发出水，各组分发生剧烈的解聚反应，分解成单体或单体衍生物并生成大量的分解产物；其中，液体产物中含有醋酸、木焦油和甲醇等，气体产物中有 CO_2、CO、CH_4 和 H_2 等，释放出大量的热量。

第4阶段为煅烧阶段：该阶段的温度为450～475℃，得到的产物依靠外部供给的热量继续进行燃烧，C—O 和 C—H 键进一步断裂，形成 C—C 键，释放出挥发分，结构芳香化，使其挥发性物质继续减少，固定碳含量增加。木质素裂解成苯酚单体，形成网状结构[7]。

上述的4个阶段的反应过程会相互交叉进行，界限难以明确清楚划分。

Figueiredo 等[8]总结了不同含氧官能团的热解温度，研究结果表明：在200～400℃较低温度时，羧酸基团受热，会进行分解，然后释放出 CO_2；在400～650℃时，内酯的热分解会释放出 CO_2；在高于700℃时，酚和醚的热分解过程会释放出 CO_2；在高于900℃时，醌基官能团和碳基受热进行分解，会释放出 CO。因此，第2阶段和第3阶段的失重在生物质因表面化学官能团受热分解释放出气体所引起的失重占有很大的比率。

因此，在炭化过程中温度不宜太高也不宜过低，主要是当温度高于650℃时会造成原材料中有机物质的大量分解，产物中碳含量降低，吸附性能降低；温度过低，生物质热解不完全，孔结构不够发达，其表面结构和比表面积都较小，不利于吸附。这个分析结果对于直接炭化过程中温度条件的选择具有重要的指导意义。

Keiluweit 等研究了不同原材料制备的生物质活性炭在不同炭化温度下原子比的变化情况，发现植物生物质随炭化温度的升高会发生脱水和解聚作用生成更小的解离的木质素和纤维素产物，但是一些畜禽粪便和污水处理厂污泥在热解炭化过程中没有发生解聚作用，这主要是由于它们缺乏木质纤维素化合物[9]。炭化温度是影响疏水性有机污染物矿化率的关键因素。Ren 等发现在350℃制备的生物质活性炭对甲萘威的矿化起到促进作用，而700℃则表现出抑制作用[10]。

直接炭化制备生物质活性炭材料的工况系统如图3-1所示。首先将预处理后的生物质原材料从真空干燥箱中取出，放置于方舟内，然后将方舟轻轻推入管式炉内，打开电源设定好温度，先打开氮气阀门，将管式炉中的空气吹脱后，再进行加热；在氮气气氛下，管式炉中的物料在高温条件下进行炭化；然后，让物料在管式炉中分别保持一定的时间；最后达到设定的炭化时间后，关闭温度控制器，使炭化产物冷却到105℃以下后关闭电源，再关闭氮气阀门，将产物取出。

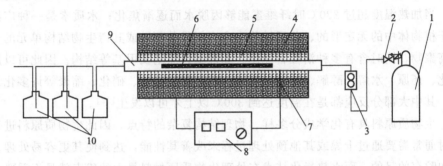

图 3-1　管式炉直接炭化制备生物质活性炭材料工况系统

1—高纯氮气；2—减压阀；3—流量计；4—保温层；5—莫来石；6—生物质；
7—热电偶；8—温控仪；9—刚玉管；10—尾气收集装置

徐娟以玉米芯为原料、采用直接炭化法制备生物质活性炭材料；实验结果表明，生物质活性炭的最佳制备条件为：炭化温度500℃；炭化时间90min；升温速率是15mL/min[11]。

3.1.2.2　水热炭化技术

(1) 生物质水热炭化的优势

水热炭化是将生物质与水按一定比例混合放入反应器中，在一定温度（180～350℃）、一定反应时间（4～24h）和一定压力（1400～27600kPa）下进行的温和水热反应，其目标产物是固体产物。水热炭化过程条件要求相对较低，得到的固相燃料稳定无毒，更易于处理和存储。因此，水热炭化技术在小规模分散的应用方面更具优势，主要体现在以下几个方面。

① 对生物质原料水分含量没有限制，不需要对其进行干燥处理，节约了大量的预处理费用；

② 化学反应主要为脱水过程，对生物质中碳元素固定效率高；

③ 反应条件相对温和，同时脱水脱羧的放热过程为反应提供了一部分能量，因此生物质水热炭化能耗低；

④ 水热炭化保留了大量原料中的氧、氮元素，炭化物表面含有丰富的含氧、含氮官能团，可应用于多个领域，处理设备简单、操作方便、应用规模可调节

性强。

生物质原材料选取的不同，所需要的反应分解能量也有区别。生物质中主要成分是纤维素、半纤维素和木质素，每种大分子有机物都需要特定的温度才能够完成分解，低分子有机物在150～180℃可发生完全分解；半纤维素是由几种不同类型的单糖构成的异质多聚体，在150～190℃之间可以分解为单糖和低聚糖；纤维素是一种多糖，常温下较难溶。一般木材中，其占整个组分的40%～50%，将纤维素加热到150℃分子结构不发生明显变化，只是纤维素的二相体系排列的更加紧密，当加热温度超过220℃时纤维素能够因脱水而逐渐焦化；木质素是一种广泛存在于植物体中的无定形的、分子结构中含有氧代苯丙醇或其衍生物结构单元的芳香性高聚物，同时含有多种活性官能团，如羟基、羰基及甲基等结构。因此可以进行氧化、还原、水解、醇解、羧基、光解、烷基化、卤化、硝化、缩聚等许多化学反应，其中大部分反应都是在温度达到300℃以上才可以发生[12]。

生物质原料具有化学成分多样、物理结构复杂的特点，因此生物质原料进行利用时通常需要通过干燥或其他预处理过程来改善其性能，达到使其更容易处理、运输和贮存的目的。而水热炭化技术在处理生物质原材料最大的优点就是不需要干燥处理也可以以相当高的产率转化为炭质固体。但是使用生物质原材料进行水热炭化反应，对反应条件要求高，温度比较高、压力比较大，而固体产物又没有规则的形貌、分散性比较等方面存在不足。

（2）影响生物质水热炭化的主要因素

生物质水热炭化过程中涉及很多化学反应，由于反应物的成分复杂，而且在密闭的反应器中进行，因此对于水热炭化反应机理的精确推论很难实现。因此，关于水热炭化机理的理论有不同的说法，Sevilla等[13]提出的关于以淀粉为原料的水热炭化成炭机理，认为大量的OH^-和H^+在水热条件下产生，首先使得淀粉水解成葡萄糖及部分二糖，其次水解形成的各种小分子有机酸再次催化加速淀粉的分解，即成核过程和成长过程。Zheng等[14]认为淀粉水热合成碳微球是一种直接脱水缩合的过程，其表面粗糙是由碳微球的二次聚合导致的。

生物质水热炭化过程的产物结构、形貌、尺寸等特性都受到水热反应条件的影响，例如反应温度的高低直接影响水热炭化过程中介质水的作用，从而影响产率。一般而言，难降解的物质需要更高的温度和更长的停留时间才能被分解，因此选择适当的反应时间对于优化反应过程和降低能耗都非常有效，当设置的温度越高则需要的反应时间越少。此外，添加催化剂也能够影响反应速率和结果，甚至可以得到新的目标产物，因此适当选择催化剂可改善水热炭化处理效果。根据目前关于水热炭化反应机理的认识，通过一些实验观察到的过程参数进行定性分析，大致推测反应倾向。通过调节过程参数就可以得到理想产物。归纳起来，影响生物质水热炭化的因素主要有以下几种。

1）pH 值　要实现对天然煤化作用的模拟，中性或弱酸性的环境是必要的。有研究表明弱酸性环境可以提高水热炭化的整体反应速率[15]。高 pH 值可能会生成 H/C 比和沥青含量更高的产物。研究表明，pH 值在水热碳化过程中会下降，可能是因为在反应过程中形成了多种有机酸，目前被确认的有醋酸、甲酸、乳酸和乙酰丙酸。

2）停留时间　与增加停留时间会导致固体产物产率降低的预期相反，增加停留时间可能会提升固体产物的产率。Hoekman 等[16]用美国黄松和白冷杉的木屑混合物，在 5min、10min、30min、60min 的停留时间条件下分别进行了水热炭化实验，实验结果表明随着停留时间的增加固体产物的产率增加。这可能是因停留时间增加，会促进水热炭化过程中产生的溶解于液体中的中间体发生缩聚反应，继续生成固体产物，导致固体产物的产率增大。

3）温度　水热炭化的反应速率在很大程度上是由温度所控制的，这就是温度的最明显作用。另外，温度对于水解程度也有决定性的影响。半纤维素在约 180℃时几乎完全水解，木质素在 200℃左右大部分也已经水解了，而纤维素在 220℃之前几乎不发生水解[17]。Hoekman 等[16]用美国黄松和白冷杉的木屑混合物，在 215℃、235℃、255℃、275℃、295℃的温度条件下分别进行了水热炭化实验。实验结果表明，升高温度可加快木屑的分解速率、固体产物的产率也有所降低。但 255℃是一个比较有利的温度条件，在该温度条件下固体产物产率比较高，同时固体产物焦炭的品质也比较高。

4）水　水是一个良好的传热和储热介质，可避免放热反应引发的温度急剧上升。水也是一种重要的反应物、溶剂和催化剂。在亚临界状态下，水的存在会促进离子的化学反应，抑制自由基的反应，从而加强水解反应中氢键的断裂。另外，羟甲基糠醛的产生在实验上验证了水对缩聚反应的促进作用。

总之，生物质水热炭化技术是一种很有潜力的、环保的生物质转化技术，可以将生物质废弃物转化为不同的产品。但生物质废弃物水热炭化技术目前还处于发展初期，在许多方面都需要进一步深入研究或证实。

农林资源在我国非常丰富，其中纤维素占植物界碳含量的 50％以上，通过水热炭化，可以将炭骨架有效的保留，形成不定形态的多孔结构。Mumme 等[18]研究了温度对玉米秸秆水热炭化过程的影响较与 pH 值和反应时间更为明显，温度在 300℃时，水热炭化中制备的水热炭材料的产率最高。相比秸秆，粪便中含有大量的氮元素，早些年将粪便作为产沼气原材料收到了很好的实用效果。因此通过水热炭化技术将粪便制备成炭功能材料也具有一定的环境效益。Sun 等[19]通过对猪粪进行水热炭化和热解处理，分别将产物用于对极性及非极性有机物的吸附试验，结果表明水热炭化产物比热解产物的吸附能力强，表面含有丰富的脂肪族结构，同时水热炭化物的表面含有大量的官能团。餐厨垃圾作为城市中固体废弃物的主要部分，其高的含水率、易腐蚀性及复杂的化学成分对环境的危害相当严重，对生态和人类的健康都有着直接或间接危害。Lu 等[20]通过对城市固体垃圾的研究得出结论,为了减少对环境的污染,水热炭化技术处理固体废弃物优于直接填埋和焚烧方式,可有效降低碳含量的排放。污泥作为城市中难以处理的一种含水率较高的固体污染物,对于其有效的处理方式一直是研究的重点,水热炭化技术具有污染防治和节能减排的双重效益。Kim 等[21]对城市污水处理厂中的污泥进行水热炭化处理后,得到的产物主要是由化学性质稳定的二氧化硅组成,可实现污泥的稳定化、无害化及再利用。

Schneider 等[22]将竹子放在一个密闭的反应器中,温度控制在 220℃进行 6h水热炭化反应,制备的水热活性炭产物发现,其拥有粗糙的表面和孔结构,作为活性炭功能材料具有巨大潜力。Roman 等[23]选择向日葵和核桃壳作为水热炭化原料,对其水热产物的热值进行了实验对比,结果表明两种生物质水热炭的热值是原材料热值的 1.5~2 倍。

3.1.2.3 预氧化炭化技术

预氧化炭化技术是活性炭制备过程中常用的前期处理技术。一般有干法和湿法两种;前者常用空气、氧气等气体作氧化剂,后者常用硝酸、硫酸等作氧化剂。

预氧化炭化技术具有缩短工艺时间、提高产品性能等优点,但该方法受到氧化剂性质、原材料特点以及氧化程度等多种因素的制约。因此,如何选择合适的氧化剂以适应原材料特点和产品性能的要求以及如何进行可控氧化处理就成为这种处理技术的关键。

3.1.2.4 催化炭化技术

催化炭化是指将催化剂和生物质原材料或者生物质炭采用一定的方法(如机械混合、初湿含浸法)混合,在缺氧且高温的密闭环境下生物质被热裂解的一种炭化方法。催化炭化技术的核心内容是向原材料中添加某种催化剂,常用的催化炭化催化剂有硫酸和各种矿石,以促进炭化过程,从而得到最佳炭化材料。人们将催化炭化和后续活化结合作为制备高比表面积生物质活性炭的常用制备工艺。磷酸、含钾化合物等是活性炭前期制备过程中常用的催化剂,在催化热解过程中会促进热解反应,抑制焦油的生成,增加活性中心,从而对形成具有丰富初始孔隙的层错堆积石墨微晶结构有很好的促进作用。

催化炭化方法制备活性炭与传统的炭化活化方法制备活性炭相比,减少了生物质制备活性炭的复杂步骤,而且在炭化过程中加入催化剂,可以降低炭化温度,减少能耗。Jun 等[24]以 SBA15 为模板、硫酸为催化剂、蔗糖为原材料,采用催化炭化法制备出一种新型的、有序的纳米孔碳分子筛,制备的产物不仅保持了原先硅模板大孔有序的结构,而且有可能作为新型活性炭材料应用于更广泛的方面。刘巍等[25]将化学活化法与催化炭化相结合,以氯化锌为活化剂、软锰矿为催化剂,比较生物质核桃壳中有无软锰矿对活性炭的吸附能力和表面结构的影响。实验表明最佳工况条件为：软锰矿质量占核桃壳混合物质量的 8％、$ZnCl_2$ 浓度为 3mol/L、活化温度和活化时间分别为 550℃左右和 120min，而且与未添加软锰矿相比，其比表面积和碘吸附值分别增加了 22.0％和 11.5％。杨润昌等[26]在 20 世纪 90 年代就开始污泥的催化炭化研究，以硫酸为催化剂，石油炼厂废水污泥为原料制备活性炭，实验结果表明：在压强为 0.5～0.7MPa、温度为 150～170℃、pH 值为 1.7～1.8 的条件下，用废弃硫酸溶液作分离剂，将废水污泥炭化分离，处理后的废渣用碳酸氢钾活化制成活性炭。Hata 等[27]采用催化炭化的方法，以木材为原材料、A1-triisopropoxide 为催化剂，制备出具有石墨或者金刚石结构的炭物质。实验结果表明，木屑炭在 2200℃下保持 5min 后，会自发地出现石墨化现象，这个过程主要是由木屑中的纤维素的微纤维结构进行控制；如果木屑炭与铝盐催化剂混合煅烧，则会生产中间产物 Al_4C_3，它会大面积的结晶，甚至在一定的温度范围开始分解生成气态的铝和很强纹理的石墨烯层。根据测量数据显示，这些片层中包含有一定数量的类似于金刚石的结构，这些结构是在高温下形成，在室温条件下暴露于 200kV 的电子束 250s 就会进行分解。

总之，催化炭化是一种新型活性炭材料的制备方法，一般来说是在比较温和的条件下进行，减少能耗，有望在制备新型的、有序的纳米活性炭炭材料方面有更广阔的应用。催化剂作用的有效发挥主要依靠的是催化剂载体的性质和结构特征。炭化处理制备的多尺度生物质炭是非常受关注的催化剂载体。催化炭化技术是通过在炭化过程中加入催化剂，使得产物能够有效地负载各种含氧、含氮官能团或金属离子的方法。此过程能够让炭变为一种优于传统炭化制备的环境友好型吸附剂或者是具有高效催化作用的廉价催化剂。有机酸以及大量盐类物质对生物质炭化过程有催化作用，产物能够更好地在选择性吸附、电池燃料等领域发挥优良的作用[28]。研究者将一些生物质和葡萄糖作为水热炭化原料，添加一定量的丙烯酸混合在一起水热炭化处理。实验结果表明，制得的炭材料表面所含羟基数量超越了单独利用葡萄糖制备的炭材料表面的，且具有非常好的吸附金属离子的作用。

3.1.3 活化方法

生物质活性炭的制备通常需要炭化和活化两个阶段，其中活化是造孔阶段，最为关键。影响生物质活性炭性能的主要因素有炭化温度、炭化时间、活化温度、活化时间。如果采用化学制备方法时还需考虑浸渍时间、化学活化剂和原材料质量比对生物质活性炭性能的影响。

生物质活性炭的吸附特性不仅仅因为其有大量的孔隙结构，还与它的表面化学性质有关。在生物质活性炭炭化和活化过程中，其表面会或多或少生成一部分含氧官能团，这些表面官能团会促进生物质活性炭的化学吸附。研究表明，药剂化学活化会使生物质活性炭表面引进更多的含氧官能团，而气体物理活化在这方面的作用微乎其微[29]。相对于气体物理活化法，药剂化学活化法具有活化产率高，活化温度低，通过选择合适的活化温度和活化时间得到高比表面积的活性炭等优点。

一步炭化不能使产物拥有大量的孔结构，为了提高炭的孔隙度，大量研究者采用制备活性炭的方法，将第一步产生的炭化产物进行活化处理，并在惰性气体的条件下加热，由于活化剂的作用和温度对反应物的影响，导致生成具有大量微孔结构，高比表面积的生物质活性炭，可用于医疗、能源储存、电化学材料、吸附等领域。相比于直接高温热解制备活性炭，能耗降低并且表面含有一定量的官能团。吴倩芳等[30]采用物理活化法，将水热炭化后的木屑和稻壳经 CO_2 活化处理后，产物对有机物和重金属离子的吸附作用明显加强，并获得了良好的造孔效果。Zhang 等[31]通过水蒸气物理活化法活化稻壳水热炭化物，可将其比表面积和孔容分别提高到 $2337m^2/g$ 和 $2.12cm^3/g$。由于孔径分布涉及微孔、中孔和大孔结构且分布均匀，所以对于不同大小的有机分子都具有良好的吸附效果。

药剂化学活化法较气体物理活化法具有易于控制催化剂添加的计量和简单的操作等优点。此外，水热炭化物表面有大量官能团和反应活性位点，更加容易进行化学活化。Unur 等把水热炭化后的榛子作为活化对象，用 KOH 浸渍水热炭一定时间并在 600℃ 条件下活化得到高比表面积产物，由于丰富的孔结构和表面大量的含氧官能团的共同作用，对亚甲基蓝的吸附容量高达 $534mg/g$。Li 等[32]通过两步水热炭化对葡萄糖进行活化实验：第一步将水热温度控制在 $180\sim190℃$，反应 4h后，生成物为尺寸均匀的有大量含氧官能团的炭球；第二步将 KOH 作为活化剂添加到第一步制备出来的水热炭中，在温度为 190℃ 下，共同进行水热炭化处理 4h，得到的活化水热活性炭不但增加了孔径分布范围，而且比表面积和孔容分别为 $1282.8m^2/g$ 和 $0.44cm^3/g$。

生物质活性炭的孔隙结构可以通过多种途径改变，例如活化条件、前驱物质和制备生物质活性炭的方案。生物质活性炭的表面化学官能团主要是在活化过程、热处理以及后续的化学处理过程中生成，可以通过物理、化学和电化学手段来改变。生物质活性炭的吸附特性大多是通过物理吸附实现的，除此之外还有少量的化学吸附；物理吸附通过范德华力实现，而化学吸附则在吸附剂和吸附质之间形成了化学键，因此物理吸附是可逆的，化学吸附相反；当发生化学吸附后，虽然可以通过某些手段使得吸附质解析，但是生物质活性炭的活性也因其表面特性的改变而发生了改变。

比表面积是生物质活性炭特别是多孔吸附材料的重要指标。在污染物能进入孔隙的条件下，通常认为比表面积越大越有利于吸附污染物。常规生物质活性炭的比表积为 $600\sim800m^2/g$，而超级生物质活性炭的比表面积在 $2500\sim4000m^2/g$，有利于吸附小分子的气体污染物。通过改进活化方法和提高工艺参数可以制备微孔分布均匀的高比表面积生物质活性炭。

3.1.4 加热方法

(1) 传统加热

传统加热是在外部温度梯度的推动下，经过热源的传导、媒介的热传递、容器壁的热传导、样品内部的热传导等过程来完成的。传统加热法制备生物质活性炭，在熔炉中进行，先使材料表面受热，热量经过热传导进入材料内部，由于材料的形状和尺寸的差异，表面受热不均匀而导致产品质量较差。因此，传统加热法存在能耗大、加热效率低和加热不均匀等缺点。传统加热法还有过度加热的风险，导致原材料过度炭化，形成的孔结构遭到破坏。另外，炭化后进行活化步骤，造成的能量损耗较大，既不经济也不环保。王省伟研究了马弗炉加热氯化锌活化法制备核桃果皮基活性炭，制备的活性炭比表面积达到 $1258.05m^2/g$[33]。

(2) 微波加热

微波是频率为 $300MHz \sim 3000GHz$ 的电磁波。微波加热是以物质与电磁辐射之间的相互作用为基础，它是独立于周围材料的导热系数，并允许一个瞬时加热的开关。通过微波照射下诱导，在 1min 内温度升至 1000℃ 是一个引人注目的且有前途的方法，在微波加热过程中，样品内的极性分子吸收微波后做震荡运动，分子之间的相互摩擦产生了热量。目前，在制备和改性炭材料的方法中迅速兴起。与传统加热法的热传导或热传递不同，微波加热法通过电磁波穿透被加热的材料，为整个材料提供能量，被炭化的颗粒内部的高温和温度较低的材料表面之间形成巨大的温度梯度使得微波辐照反应在低温下进行的更快更高效[34]。由于较快的加热速率及更短的处理时间，这将导致在加热过程中尽可能地节省时间和能量，甚至可能抑制不期望的副反应并使新的限速反应成为可能。与普通加热方法相比，微波加热具有诸多优点，如选择性加热、升温速度快、加热效率高、缩短加热时间、降低能量消耗、加热受热均匀等。利用微波的加热特性，可研发出在常规加热条件下无法实现的新技术、新工艺和新产品，并实现加热过程的高效、节能。

Deng 等使用棉花秸秆为原料，化学活化微波加热法制备活性炭，仅 10min 所制备的最终产物比表面积达 $729.33m^2/g$[35]。Sun 等以磷酸活化，分别使用传统和微波辐照加热法制备芦竹基活性炭，结果表明，传统加热法制备的活性炭孔结构不均匀，比表面积为 $1463m^2/g$，产量只有 35.8%；而微波加热法制备的活性炭有较为发达的孔结构，比表面积高达 $1567m^2/g$，产量提高到 55.9%。与传统加热法制备活性炭工艺相比，微波加热法制备的活性炭有更好的吸附性能[36]。

基于微波加热的突出优势，许多研究者利用微波加热法制备活性炭[37]。石河子大学邓辉课题组对于微波法制备活性炭开展研究，取得一系列研究成果。邓辉等以棉秆为原料，磷酸为活化剂，通过微波加热法制备活性炭，在辐射时间为 8min、辐射功率为 400W 时可制备出比表面积为 $652.8m^2/g$ 的活性炭产品[38]。蔡晓旭采用废弃的蘑菇培养基为原料，KOH 为活化剂，利用马弗炉和微波两种方式制备活性炭：马弗炉制备的最佳工艺条件为碱炭比 3：1，活化温度 850℃，活化时间 60min，此条件下制备所得废弃蘑菇培养基活性炭的得率为 60.1%，碘吸附值为 1040mg/g，比表面积为 1177m²/g；微波制备的最佳工艺条件为碱炭比 3：1，辐照时间 15min，功率 800W，此条件下制备所得废弃蘑菇培养基活性炭的得率为 62.9%，碘吸附值为 1252mg/g，比表面积为 1700m²/g[39]，显示了微波法制备活性炭的优势。研究者以椰壳炭化料为原材料，采用水蒸气活化法，在微波加热下制备颗粒活性炭，研究发现微波功率是影响活性炭性质的最大因素，最佳制备工艺条件为辐射功率为 700W，辐射时间为 3min，所得活性炭具有发达的微孔结构，且微孔分布均匀，制备的活性炭得率为 60.8%，碘吸附值为 1031mg/g，亚甲基蓝吸附值为 10.0mL/0.1g，所需时间是传统加热方法的 1/60，活性炭得率是传统方法的 2 倍。

Ahmed 等以农业废弃物豆荚为原料，KOH 为活化剂，在微波加热下优化了制备活性炭的条件。在辐射功率为 620W、辐射时间为 8min 时制备的活性炭比表面积为 1824.88m²/g，碘吸附值为 1760.74mg/g，亚甲基蓝吸附质为 220.83mg/g[40]。Junior 等[41]在微波加热 $ZnCl_2$ 活化下利用响应面模型优化了制备澳大利亚坚果内果皮活性炭的条件，在辐射功率为 720W，辐射时间为 20min 时，得到的活性炭比表面积为 600m²/g，亚甲基蓝单层吸附量为 194.7mg/g。

Ferrera-Lorenzo 等[42]以藻类为原材料，KOH 为活化剂，对比研究了普通加热和微波加热制备活性炭的性质；孙媛媛以芦竹为原料，采用焦磷酸为活化剂，利用普通加热法和微波加热法制备生物质活性炭，在 600℃下普通加热 1h 制备的活性炭比表面积 1568m²/g，孔容 1.08m³/g，活性炭得率 56.1%；用 700W 的微波加热 15min，制备的活性炭比表面积 1463m²/g，孔容 1.09m³/g，得率 35.8%。微波加热法 15min 即可制备出比表面积较大的活性炭，且提高了能量的利用率[43]。对比研究微波和普通加热物理活化法制备的活性炭性质，均证明微波加热在活性炭材料制备中的应用具有显著的优势。

3.1.5 化学气相沉积法

化学气相沉积法是将一种或者几种含有构成特定元素的化合物、单质气体通入放有基底材料的反应室，在反应室中发生一系列的化学反应，在基体表面上沉积生成固态薄膜的气相生长工艺技术。以过渡金属为催化剂，含甲烷为碳源，生物质活性炭材料为载体，在高温密闭条件下，含碳气体被催化还原生成碳元素，并在生物质活性炭表面进行沉积，最后将生物质进行资源化制备新型活性炭材料（碳纳米管）的过程。

Gu 等[44]将催化剂前体采用溶胶凝胶法负载在载体活性炭表面，在进行化学气相沉积时，催化剂被煅烧从而生成 Ni/AC；该法与众不同的是，沉积发生的装置是流化床而不是常用的固定床，原因在于：

① 使用固定床时，沉积主要发生在活性炭的表面一层，碳源气体不能与催化剂进行充分的接触，不利于气体的催化还原；

② 被还原气体生成的碳主要负载在活性炭的表层，固定床底层的活性炭基本上不能参与反应；

③ 固定床的热转换和质量转换效果不是很好，不利于沉积反应的进行。

Chen 等[45]以活性炭为载体，乙烯为碳源，铁为催化剂，采用初湿含浸法将铁的前体物浸渍在活性炭孔道上，再通过化学气相沉积法制备纳米纤维；不同的是催化剂铁的前体物质有 3 种，分别是硝酸铁、醋酸铁和柠檬酸铁；实验结果表明 3 种催化剂前体制备出的碳纳米纤维的直径排序为：硝酸铁＞醋酸铁＞柠檬酸铁，而且使用硝酸铁时碳纳米纤维的产率最高。实验结果表明：碳纳米纤维的生成、直径及长度与沉积时间、温度及其乙烯与氢气的比值有很大的关系。Chen 等[45]以生物质活性炭为载体，采用化学气相沉积法制备出碳纳米管。在整个制备过程中，忽略了催化剂的制备及其负载的步骤，因为生物质原材料中含有少量的金属元素（如 Fe、K、Na 等），在高温炭化过程中会生成金属粒子，从而用于催化含碳气体的还原。实验结果表明碳纳米管主要生长在生物质活性炭的孔结构内部，且主要是在微孔的尖端中；另外，随着铁含量的增加，碳纳米管的质量并不是随之增加，表明铁催化乙烯的还原生成碳纳米管，但并不是决定因素。这种碳纳米管的生长模式被称为尖端生长模型，根据这个模型可以认为碳纳米管的生成主要有以下 4 个步骤：a. 生物质炭中的含铁前体被 H_2 还原；b. 在铁粒子的催化作用下，乙烯气体分离；c. 分解反应中生成的碳种通过催化剂进行扩散；d. 固体碳在其他金属表面沉淀生成纤维状的结构。

3.2　制备生物质活性炭的活化方法

活化过程是生物质活性炭制备过程中最为关键的工艺过程，也是在活化剂与炭化料之间进行复杂化学反应的过程。通过活化阶段，可得到比表面积更大、孔径分布更合理的活性炭产品。

生物质活性炭活化主要是通过活化剂的作用在高温条件下改造生物质活性炭的表面形态，形成更多的孔隙结构从而改善生物质活性炭的性能。制备生物质活性炭的活化方法主要有药剂化学活化方法、气体物理活化方法及物理化学活化方法，每种活化方法各有优势和不足。药剂化学活化法是将含碳原材料与某些化学药剂混合后进行热处理制取活性炭的方法，所用化学药剂即活化剂主要包括 KOH、NaOH、$ZnCl_2$、H_3PO_4 和 K_2CO_3 等；该方法多制备粉末状生物质活性炭，孔径可控，活化温度较低，反应时间短，可制备出含碳量较高且有良好孔隙结构的微孔或中孔为主的产品，但对设备腐蚀性大。气体物理活化法是将原材料炭化后与活化气体反应，生成具有众多微孔结构的活性炭的方法，所用活化气体主要有 CO_2、H_2O、O_2 和空气等；该法多生产颗粒状生物质活性炭，微孔居多，更适合吸附小分子有机污染物，生产成本较低，对环境污染小，但生物质活性炭回收率不高，活化温度较高。此外，还有微波加热法、化学物理活化方法等活性炭生产方法。

就生物质活性炭的表面性质而言，药剂化学活化方法比气体物理活化方法效果好很多，并且药剂化学活化方法所需的活化温度更低，制备的生物质活性炭有更好的孔隙结构。尽管如此，气体物理活化方法也可以很大程度上改善生物质活性炭的微孔结构。在大规模生产方面，气体物理活化方法占有主导性优势。其中，气体物理活化方法最大的优点即活化后无需进行后续工作分离生物质活性炭和活化剂，这使得其工艺更简单；此外其二次污染小，对设备要求更低。

3.2.1 药剂化学活化方法

药剂化学活化法是将化学活化药剂以一定比例与原料混合，在惰性气体介质中高温加热同时进行炭化和活化制备活性炭，最后将加入的化学药剂予以回收。实质是化学药剂镶嵌入炭颗粒内部结构中，与碳、氢或氧以及一些杂元素作用，从而开创出丰富的孔结构。药剂化学活化法具有炭化活化一次完成，反应时间短、易控制，有利于形成尺寸较小的碳微晶，可以制造出孔隙更发达、吸附性能更好的活性炭，炭的相对得率较高。但化学活化对设备腐蚀性大，污染环境且其制得的活性炭中残留化学药品活化剂。该法具有活化时间短、活化反应易控制、产物比表面积大等优点，成为高性能生物质活性炭的主要制备方法。

药剂化学活化方法的活化机理比较复杂，化学活化剂在活化过程中所起的作用目前尚不明确，并且不同化学活化剂的活化机理更是千差万别。普遍认为活化剂一方面作为反应物参加与原料的化学反应；另外，活化剂的催化作用也很重要。尽管这些活化剂在活化过程中发挥的作用可能不同，但这些活化剂具有的脱水作用可显著降低炭化活化温度。目前，常用的化学活化剂有碱金属、碱土金属的氢氧化物和一些酸，如 $ZnCl_2$、KOH、H_3PO_4、K_2CO_3、H_2SO_4、NaOH、K_2S 等，应用较广最具代表性的活化剂有 KOH、NaOH、$ZnCl_2$、H_3PO_4 和 K_2CO_3 等，其中KOH 活化方法因其能高效地制备出优质的生物质活性炭而备受关注。对 $ZnCl_2$ 活化法、H_3PO_4 活化法和 KOH 活化法，从活性炭产炭率方面来看三者排序为$ZnCl_2 > H_3PO_4 > KOH$；从微孔和中孔的发达程度来看三者排序为 $ZnCl_2 > H_3PO_4 \gg KOH$[46]。通过 $ZnCl_2$ 活化法可以制备出性能优良的葡萄藤活性炭。通过化学药剂活化法制备出对水中 Cr(VI) 具有高去除率的生物质活性炭。然而不得不提及药剂化学活化方法的缺陷——复杂的后续处理工艺（分离杂质和生物质活性炭）。如何避免这些劣势从而满足大规模地实际应用是未来几年药剂化学活化方法的研究热点。

传统的药剂化学活化过程在操作工艺上与气体物理活化方法的不同之处在于炭

化与活化合二为一，即生物质活性炭的炭化和活化同时完成。但是，近几年有学者将生物质活性炭炭化和化学活化过程分开，实验得到了较好的效果。Basta 等[47]用稻草秆作为生物质原材料，经过对比实验，得出两阶段活化产物的 BET 比表面积、产率、总孔容和微孔比率都远高于单阶段活化产物，并且在最优操作条件下其 BET 比表面积达到了 $1917m^2/g$。不同化学药剂要求的活化条件是不同的，同时所产生的效果也有差别（见表 3-1）。

表 3-1 不同药剂化学活化方法的比较

活化剂	活化温度/℃	活化时间/min	产物特点	优点
KOH	600~800	30~180	具有高表面积	操作简单
$ZnCl_2$	500~700	10~120	孔隙结构发达	产率高，易得
H_3PO_4	350~600	120~180	高产率，较大比表面积	制备成本低
NaOH	500~800	60~180	比表面积大，发育良好的孔结构	对非极性化合物，分子质量较大的化合物吸附效果好
K_2CO_3	400~900	60~150	微孔及中孔数量较多	腐蚀性小，对环境危害性小

3.2.1.1 KOH 化学活化法

KOH 活化法是目前世界上制备高性能活性炭或超级活性炭的主要方法，是碱活化剂中较有代表性的一种。其制得的活性炭比表面积高，微孔分布均匀且集中，孔隙结构方便控制，吸附性能优异。在活化温度小于 500℃时 KOH 分解产生 K_2O 和水蒸气；活化温度达到 500℃时，炭和水蒸气经过一系列反应生成了 CO_2 及一些中间产物，从而 CO_2 与 K_2O 在高温下可产生 K_2CO_3，进而损失碳原子，达到创造大量微孔的作用。同时在温度超过 762℃达到金属钾的沸点后，钾蒸气在内部孔隙结构中的扩散也有利于孔隙的产生；当活化温度超过 800℃时，氧化钾会与炭反应生成 CO，进一步达到造孔的功效。最后利用洗涤工艺将产物与活化剂及中间产物分离。采用石油焦、煤沥青、核桃壳为原料，用 KOH 等碱金属化合物作活化剂制得比表面积为 $3000~3600m^2/g$ 的活性炭。因此，以 KOH 等碱为活化剂的化学活化引起了人们的关注[48]，但 KOH 药剂化学活化法对温度的要求较高，活化反应温度一般为 700~900℃。

以 KOH 为活化剂，在惰性气氛中热处理 KOH 与含炭材料时，活化机理模型如图 3-2 所示。

KOH 活化机理非常复杂，国内外目前尚无定论，但普遍认为 KOH 至少有两个作用[49]，其中 KOH 在活化过程中最大的作用是破坏生物质活性炭中的碳层结构。一方面，KOH 能够与原材料中的硅铝化合物（如高岭石、石英等）发生碱熔反应生成可溶性的 K_2SiO_3 或 $KAlO_2$，它们在后处理中被洗去，留下低灰分的碳

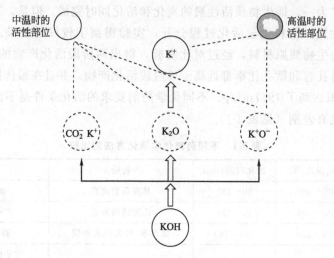

图 3-2　KOH 活化机理示意

骨架；另一方面，在焙烧过程中 KOH 活化并刻蚀煤中的碳，造成碳层的扭曲和变形，形成活性炭特有的新的孔隙。影响 KOH 药剂活化效果的因素主要有碱炭（KOH 与原材料）质量比、活化时间、活化温度。虽然生物质原材料和具体操作细节有差异，但大多学者得到的实验结果证明了随着碱炭质量比和活化温度的上升，产物的比表面积、孔容、烧失率等参数都会随之增加。

KOH 的活化机理可用以下反应方程式[50]表示：

首先，氢氧化钾与碳反应：

$$4KOH + C \longrightarrow K_2CO_3 + K_2O + 2H_2 \tag{3-1}$$

同时，在高温下，KOH 又开始分解，进一步还原碳[43]：

$$2KOH \longrightarrow K_2O + H_2O \tag{3-2}$$

$$C + H_2O \longrightarrow H_2 + CO \tag{3-3}$$

$$CO + H_2O \longrightarrow H_2 + CO_2 \tag{3-4}$$

$$K_2O + CO_2 \longrightarrow K_2CO_3 \tag{3-5}$$

$$K_2O + H_2 \longrightarrow 2K + H_2O \tag{3-6}$$

$$K_2O + C \longrightarrow 2K + CO \tag{3-7}$$

式（3-2）中碱的脱水反应在 500℃以下发生，式（3-3）的水煤气反应及式（3-4）的水煤气转移反应，都是在氧化钾作为催化剂作用下发生的反应。产生的 CO_2 与 K_2O 按式（3-5）固定为碳酸盐，因此，在整个反应过程中产生的气体主要是 H_2、少量 CO、CO_2、CH_4 和焦油等。一般认为，活化过程中消耗掉的碳主要生成了碳酸钾，从而使产物具有较多的微孔结构，比表面积增大。通过式（3-6）和式（3-7）的反应，K_2O 继续被 H_2 或 C 还原生成 K 单质，金属钾的沸点为 762℃。因此，当活化温度超过金属钾沸点（762℃）800℃左右活化时，KOH 不断被 H 或 C 还原，K 单质的蒸气不断挤入碳原子所构成的层与层之间继续活化炭料，使炭材料形成新的孔结构。KOH 对炭有刻蚀作用，抑制原材料热解时焦油的生成，从而防止或减少焦油堵塞细孔，促进微孔的形成[51]；同时也抑制了含碳挥发物的形成，提高了活性炭得率。

一般地，KOH 活化反应分两步进行。在低温时生成表面物种（—OK、—OOK），然后在高温时通过这些物种进行活化反应，又分为两个阶段：径向活化为主的中温活化段和横向活化为主的高温活化段。碳前驱体经过与活化剂的低温段的活化反应后，活化剂与反应物料表面形成多种结合状态，这些结合状态实质上是一些活化反应中间体或其前体，继续升高活化温度，这些中间体将与反应物料表面的炭作用，引发生孔过程。此时的生孔反应主要表现为径向生孔活化，生成的主要是微孔。随着温度的进一步升高，一方面高分散的氧化钾和其他活性组分继续进行径向活化；另一方面，大量生成的高分散超细金属钾在所形成的微孔内进行偏析、移动，以致熔化、聚焦，继续与反应物料剧烈反应。这时反应将主要局限于微孔内进行，因此导致微孔的进一步扩大，产生较大的孔隙。

这里，熔融状态的活化剂中 K 具有很强的供电子效应，趋向于和反应物料中的碳形成碳钾表面络合物 $[C^- K^+]$，在高温下不断重复开环-断裂-开环的催化反应过程。因此，微孔主要是在中温条件下生成的，大孔主要是在高温条件下形成的；在 873K 以上，高温电离出来的金属离子在中温活化阶段所形成的初孔内被炭还原，生成游离态金属单质，从而消耗部分炭形成大孔。

El-Hendawy[52]用玉米秸秆为原料研究了 KOH 的活化反应机理。他认为，KOH 首先将纤维素、半纤维素和木质素脱水，再经历破坏、部分聚合和变形；然后热解时通过芳构化将木质纤维素变成炭，其间生成的一些焦油及钾会自发地与碳反应而使炭材料内部形成发达的孔隙；最后 CO_2 与 K_2O 反应生成 K_2CO_3。反应式如下：

$$生物质原料 + KOH \longrightarrow 生物质 K_2O + H_2O(l)$$
$$生物质 K_2O + H_2O \longrightarrow 生物质活性炭 C + H_2O(g) + 焦油$$
$$C + H_2O(g) \longrightarrow CO + H_2 \tag{3-8}$$
$$CO + H_2O(g) \longrightarrow H_2 + CO_2$$
$$K_2O + H_2 + CO_2 + C \longrightarrow K_2CO_3 + K + 生物质活性炭$$

王秀芳等[53]以浸渍比为 1.0，温度 800℃，活化 2h，得到 2996m^2/g 高比表面积、1.64cm^3/g 高孔体积的活性炭，并且通过对 KOH 活化实验中的尾气进行分析，认为活化过程中也可能存在 KOH 脱水、水煤气及水煤气转化反应、氢气还原与碳还原反应等，这与 El-Hendawy 提出的机理基本一致。

Raymundo Pifiero 等[54]对比 KOH 与 NaOH 活化实验，认为其主要反应可写为（M 为 K 或 Na）：

$$6MOH + 2C \Longleftrightarrow 2M + 3H_2 + 2M_2CO_3 \tag{3-9}$$

Lozano-Castelló 等[55]用西班牙无烟煤来制备活性炭,也得到了比表面积高达 3290m²/g 的活性炭,但是由于用煤制活性炭的成本相对较高,因此不是现在能源短缺时代最倡导的方式。

利用氢氧化钾制备活性炭也取得了很大成就。Nowicki 等以核桃壳为原材料在氩气保护下加热 500~800℃,之后以 CO_2 为活化剂活化;又以同样的炭化环境加热,不同的是使用 KOH 活化制备活性炭的结果表明,使用 KOH 活化的活性炭与 CO_2 活化的活性炭相比,前者对碘的吸附远远高于后者[56]。Yhanchanok 等[57]保持其他条件相同而改变活化温度(700℃、800℃、900℃),分别测定了各组产物的比表面积和产率,结果显示比表面积在 429~620m²/g 范围内递增,产率在 27.52%~20.32% 范围内递减。Tsai 等[58]采用已知浓度的 KOH 在 80℃下浸泡玉米芯 2h,120℃干燥,通气流量为 200cm³/min、500cm³/min、800cm³/min 和加热速率为 5℃/min、10℃/min、20℃/min 下进行研究。结果表明升温速率为 10℃/min,炭化温度在 800℃条件下,所制备的活性炭的比表面积大于 1600m²/g。Zabaniotou 等[59]以橄榄核为原料,分别在 800℃和 900℃条件下活化 1h、2h、3h 和 4h,相同活化时间下温度较高一组的产物的比表面积较大,产率却相应较低。王秀芳[60]采用 KOH 作为活化剂,处理竹屑和煤。竹质原料制备高比表面积活性炭最优工艺参数为活化温度 800℃,浸渍比 1.0,活化时间 2h,其表面积高达 2996m²/g;采用煤质原料最佳工艺为活化温度 900℃,浸渍比 4.0,活化时间 1.5h,其表面积高达 3135m²/g。邢宝林等[61]研究了 KOH 对褐煤基活性炭的活化机理,活化温度在 400~800℃范围内,活性炭比表面积、孔容、微孔容、中孔容、中孔容随着温度升高而增大,得率相反。曹青等[62]采用 KOH 为活化剂处理玉米芯,在炭化温度 400~600℃,KOH 与炭化后原材料质量比(3:1)~(5:1),活化温度 850℃,活化时间 1.2h 条件下,可制得比表面积大于 2700m²/g 的活性炭,并且活性炭结构具有以微孔为主,孔径分布窄的特征。苏伟[63]采用 KOH 活化椰壳炭化料,碱炭比(KOH 与炭化后原材料的质量比)4:1,活化时间 3.5h,活化温度 850℃,制备的椰壳基活性炭比表面积高达 2123m²/g。厉悦等[64]以稻壳为原料,KOH 为活化剂,选择活化剂/炭比为 4,活化温度 750℃,活化时间 1h,制备的活性炭吸附碘值为 1240mg/g,亚甲基蓝吸附值为 150mL/g,均达到国家一级标准。

在现有研究工作中,除了碱炭质量比、活化时间、活化温度等因素会在很大程度上影响活化效果外,所用的原材料和原材料的前处理方法也起到了至关重要的作用。主要原因是:一方面不同的生物质原材料所含成分不同,另一方面同种生物质原材料经过不同的前处理其组成也会发生改变,因此活化后得到的生物质活性炭的基本特征会有较大的差别。Pari 等[65]运用 KOH 活化法在相同活化条件下分别制备了以木薯和木薯淀粉为原材料(木薯的主要成分是纤维,而木薯淀粉的主要成分是淀粉)的生物质活性炭,实验结果表明木薯更难与 KOH 反应形成发达的孔隙结构，而木薯淀粉相反。主要原因是木薯中的淀粉成分更易与 KOH 发生反应。Rahman 等[66]改变了稻壳原材料与碱溶液浸渍时的温度，温度越高碱溶液就能够更多地消减稻壳中的硅含量，使得生产的生物质活性炭有很好的吸附性。Hu 等[67]以椰壳为原料，KOH 为活化剂，控制变量为活化温度，探究比表面积最大的活化生物质活性炭的活化方案。最后得出，活化生物质活性炭的比表面积随着活化温度的上升而增加，当温度达到 800℃时比表面积为 $1379m^2/g$，此时为最大值；活化温度超过 800℃后，比表面积变化不大。

王娜[68]用玉米芯为原料，氢氧化钾为活化剂制备高比面积的生物活性炭，研究了炭化过程中炭化时间的影响；结果表明影响产物孔结构性能的因素有活化过程中的碱炭比、活化温度、活化时间、原材料粒径和产率等；通过 XRD 和 SEM 的表征分析，结果表明：原料粒度 40 目、炭化温度 450℃、炭化时间 30min、碳碱比 4:1、活化温度 800℃和活化时间 60min 是最佳制备条件，该条件下制备得到的活性炭的比表面积可达到 $3227m^2/g$。余峻峰等[69]以木屑热裂解的生物质炭为原料，采用 KOH 为活化方法制备生物质活性炭；实验结果表明：最佳工况条件为：碱炭比 1:5，活化温度和炭化时间分别为 700℃和 120min，最佳工况条件下制备的生物质活性炭经 BET 测试得总比表面积和亚甲基蓝吸附值分别为 $1514m^2/g$ 和 $255mg/g$。

由于 KOH 是强碱，对设备的腐蚀性较强，对环境的污染也比较严重，所以 KOH 活化法对设备的要求比较高，故而成本也随之升高。此外，活化过程中可能会产生钾蒸气，因此安全问题非常值得重视。反应结束后，产物中可能会残留 KOH、K_2CO_3、K 等需要特殊处理，不能简单地只用清水冲洗。尽管如此，KOH 活化法可以制得高比表面积、孔隙均匀的活性炭，这在超级电容器等领域的应用起到了至关重要的作用，因此 KOH 活化法在当前国内外的研究较多。

3.2.1.2 NaOH 化学活化法

NaOH 化学活化法和 KOH 化学活化法均属于碱活化剂活化法，它们的特点是可以制备具有高比面积、发育良好的孔隙结构的活性炭。NaOH 与 C 在高温下的反应，促进 Na^+ 还原成金属钠，形成碳酸钠，将羟基阴离子还原成 H_2。微孔可以通过释放 CO、CO_2 和 H_2 等气体来实现，它们是由 Na_2CO_3 在高温下分解产生的和羟基还原，或由碱引起金属嵌入碳结构。

NaOH 的强氧化性能有效增加含氧、氢官能团的含量，并且导致表面的粗糙程度、比表面积有所增加。NaOH 可与一些制备活性炭的原材料（棉秆、煤等）表面的官能团发生氧化反应、缩聚反应，由此生成的化学物质粘连在这些材料结构表层。影响 NaOH 药剂活化效果的因素主要有活化剂浓度、活化温度、活化时间。

张琼[70]以煤为原材料，研究了 500℃、600℃、700℃下活性炭孔径的分布，得出最佳活化温度为 700℃，样品具体的比表面积为 $820.49m^2/g$，吸附容量也是最大。崔纪成[71]以棉秆为原材料，研究了不同剂料质量比、活化温度和活化时间，得出了最佳制备条件。公维洁[72]研究了不同 NaOH 浓度制备的活性炭对有机实验室废水处理的效果，得出活化剂 NaOH 的浓度是影响甘蔗渣活性炭吸附性能的重要因素，随着 NaOH 浓度的增加，活性炭的吸附性能未呈规律变化，这与 NaOH 活化法的活化机理有关。并且通过对不同类有机实验室废水进行试验，发现活化剂 NaOH 的浓度对不同类的有机实验室废水处理效果影响不大。

虽然碱法是制备高比表面积活性炭常用的方法，但是炭化活化温度较高，需要在惰性气体保护下进行。除碱本身对设备的腐蚀性强、回收困难外，还存在活化温度高、能量消耗大、生产成本高等缺点。

3.2.1.3 ZnCl$_2$ 化学活化法

ZnCl$_2$ 活化法生产活性炭的历史悠久，是最早比较成熟的一种制备活性炭的化学活化方法，也是国内外工业化应用最为广泛的化学活化方法之一。ZnCl$_2$ 的强脱水作用使木质素炭化活化温度显著降低至 $150\sim300℃$，并改变木质素热分解过程，抑制焦油的生成，有利于孔隙的生成。ZnCl$_2$ 活化法虽然没有 KOH 活化法制得的活性炭有那么高的比表面积（也能达到 $1500m^2/g$ 左右），即活化产物的比表面积与 KOH 活化产物比表面积相比有一定的差距，但由于 ZnCl$_2$ 沸点为 $732℃$，熔点为 $263℃$，在木质素炭化温度下（$450℃$）呈液态存在，因此 ZnCl$_2$ 与原料混合后，ZnCl$_2$ 在炭内均匀分布，在较低温度下（$200℃$）会使木质纤维素润胀，并侵蚀到木质内部。当用水把 ZnCl$_2$ 洗涤去除后，就形成了发达的微细孔，由于 ZnCl$_2$ 活化法所需的活化温度要求低（$500\sim750℃$），能耗就相应较小。但是制备过程中 ZnCl$_2$ 易挥发，也会对环境造成污染，故需要对反应尾气进行处理。

至于活化机理，一般认为 ZnCl$_2$ 在热解过程中起到脱水作用，抑制焦油生成，促进热解，在炭化过程中进行芳构化，形成丰富的微孔结构。目前认为 ZnCl$_2$ 在活化过程中起 3 个主要作用。

① 溶解纤维素而形成孔隙，即 ZnCl$_2$ 作为脱氢剂使纤维素原材料脱氢溶解完成进一步的芳构化形成新的孔隙；

② 高温下催化脱水，将氢、氧原子以水分子形式脱离，即高温下 ZnCl$_2$ 作为催化剂促进脱水作用，去除生物质中的氢元素和氧元素；

③ 炭化时提供骨架，让炭沉积在上面：炭化过程中作为骨架占据的位置经洗涤后变成新孔道。因此，ZnCl$_2$ 作为化学活化剂很难直接与碳原子反应，这或许是其活化效果低于 KOH 活化法的原因之一。其次，纤维素含量较高的生物质适合用 ZnCl$_2$ 活化法。

Yorgun 等[73]认为在 $500℃$ 以下，ZnCl$_2$ 的脱水作用较为明显。与 KOH 活化方法类似，影响 ZnCl$_2$ 活化法的主要因素是 ZnCl$_2$ 浓度、固液比、活化温度及活化时间等。Lua 等[74]采用 ZnCl$_2$ 活化开心果壳制备生物质活性炭，在锌碳比（固体氯化锌与碳质材料的质量比）为 0.75，活化温度 400℃下保温 1h 的状态下，N_2 保护和真空状态下制备的活性炭的 BET 比表面积分别达到 1635.37m^2/g 和 1647.16m^2/g；改变活化条件，在锌碳比 1.5，500℃下保温 2h，真空状态下，制备的活性炭以微孔为主，比表面高达 2527m^2/g。李红艳等[75]以废菌渣为原料，采用 $ZnCl_2$ 活化法制备废菌渣生物质活性炭，用于去除水中的 Cr(Ⅵ)，通过正交实验筛选出废菌渣生物质活性炭的最佳制备条件为：浸渍比 1:1、活化温度 700℃、活化时间 2h。

张会平等[76]研究了制备木质炭的最佳活化条件，并得出结论：生物质活性炭的产率随着浸渍比的提高而提高，且增加趋势逐渐趋于平缓。生物质活性炭的吸附性能随浸渍比、活化时间、活化温度的变化规律与上述一致。Onal 等[77]用 $ZnCl_2$ 活化甘蔗渣时发现，在锌碳比 1:1，活化温度 400~900℃ 条件下，以 N_2 流量为 100mL/min，升温速率为 10℃/min 情况下，保温 1h，结果发现活化温度为 500℃ 时，BET 比表面积达到最大（1697m^2/g），主要为微孔结构。Wang 等[78]以桑枝条为原料，$ZnCl_2$ 为添加剂，研究了制备活性炭的工况条件，实验结果表明最佳工艺条件是 $ZnCl_2$ 溶液浓度 50%，浸渍比 2:1，活化温度和活化时间分别 850℃ 和 90min，此时碘吸附值和亚甲基蓝吸附值分别为 1422.40mg/g 和 163.5mg/g。张立波等[79]以烟杆为原料，以 $ZnCl_2$ 为活化剂，采用一步炭化活化法制备活性炭，在 25% 的 $ZnCl_2$ 浓度浸泡时间 12h，650℃下保温时间 20min 时，制备的活性炭碘值达 1080.36mg/g，吸附亚甲基蓝的能力为 170.0mL/g，其 BET 比表面积达 1476m^2/g，制备的活性炭主要以微孔为主，并含有大、中孔结构。同时，利用磷酸作为活化剂也能制备吸附性能好的活性炭。张志柏等[80]以甘蔗渣为原材料，氯化锌为活化剂制备活性炭吸附剂，研究了活化剂浓度、活化时间和温度等不同工况对活性炭材料的吸附性能影响，实验结果表明：活化温度 800℃、氯化锌浓度 190g/L、活化时间 1h 等条件下得到最佳产物，活性炭的产率为 36.3%，最佳工艺条件下的亚甲基蓝和碘吸附值分别为 1070mg/g 和 15mL。Caturla 等[81]以核桃壳为原料，$ZnCl_2$ 为活化剂，详细研究了前体粒径、浸渍程度、浸渍方法、炭化温度等对所得活性炭的表面积、孔结构及体积密度的影响；实验结果表明最佳工况下的活性炭可以用来吸附正丁烷，活性炭的吸附容量与活性炭制备过程中的参数有密切的关系。

此外，$ZnCl_2$ 活化法还受其他因素影响。例如，生物质炭前驱物的表面官能团含量。Jain 等[82]通过在水热炭化的过程加入 $ZnCl_2$ 证明了此观点，$ZnCl_2$ 作为催化剂的同时，也在随后的活化步骤中作为化学活化剂。研究了与传统的烘箱浸泡相比，在水热炭化过程中加入 $ZnCl_2$ 引发了效果更好的化学活化，原因有 2 个：a. 因为 $ZnCl_2$ 参与的炭化过程提高了生物质前驱物的表面官能团含量；b. 其对中孔面积的改良起到了积极的作用。结果表明，在使用同种活化剂的情况下，该活化方法与传统的烘箱加热相比中孔面积提高了 67%。

ZnCl$_2$ 活化法在实际生产中采用较多，对于设备的要求没有 KOH 活化法高，活化法能耗低，得到的活性炭性能优良。但是 ZnCl$_2$ 活化过程中 HCl 和 ZnCl$_2$ 气体的挥发性及毒性对环境造成了一定的威胁，影响工人身体健康，同时试剂回收困难、回收率低、造成成本较高和能耗增大，导致产品成本提高，这也是目前发达国家正在逐渐淘汰用 ZnCl$_2$ 活化法制备活性炭。国内虽然仍在使用 ZnCl$_2$ 活化法，但也已经开始采取措施寻找其他替代方法。

3.2.1.4　H$_3$PO$_4$ 化学活化法

随着 ZnCl$_2$ 活化法在国外被逐渐地淘汰，H$_3$PO$_4$ 活化法越来越受到国内外研究人员的重视，使得学者们将研究重点转移到 H$_3$PO$_4$ 化学活化法上。H$_3$PO$_4$ 化学活化法与 ZnCl$_2$ 化学活化法一样，表现为活化剂促进了原料的热解反应，形成了基于层错石墨结构的初始孔隙，同时避免焦油形成，反应后清洗除去活化剂得到孔隙结构发达的活性炭。通过控制活化剂用量和升温速率可控制活性炭的孔结构，H$_3$PO$_4$ 活化法活化温度一般较低，400～500℃即可，并且能够得到具有丰富介孔结构的活性炭。同时 H$_3$PO$_4$ 对环境污染相对小，操作成本低，制得的活性炭产品酸性较强，表面含有较多的含氧基团，在废水、废气处理中很具优势，使得 H$_3$PO$_4$ 活化法逐渐成了生物质活性炭化学活化法的发展趋势之一。

关于 H$_3$PO$_4$ 活化法的活化机理，目前在国际上还没有定论，研究界存在几种不同的观点：一部分研究者认为 H$_3$PO$_4$ 在生物质炭前驱体中分散，活化后将磷酸洗出即在活性炭中留下孔隙[83]，这说明 H$_3$PO$_4$ 在活化过程中不与生物质中的物质反应，而是仅占据了炭化后的生物质中的部分位置，或者与生物质活性炭前驱体中的无机物反应生成磷酸盐起到促进热解反应和膨胀作用，形成初始孔隙洗去后变成了较宽的孔道；另一部分研究者则推断由于 H$_3$PO$_4$ 的催化降解作用，使生物质活性炭前驱体低分子化，并以气体形式逸出留下孔隙，即 H$_3$PO$_4$ 避免热解过程中焦油的生成，清洗掉活化剂后留下发达的孔隙结构，在一定温度下磷酸会发生脱水反应，部分生成焦磷酸（H$_4$P$_2$O$_7$）[84]，继续发挥活化作用。焦磷酸是工业上常用的催化剂，有很强的配位性，由两个磷酸分子脱水缩合而成，是一种比磷酸更大的分子可通过催化降解作用使生物质前驱体产生部分气体留下孔隙。若以焦磷酸为活化剂，预期得到比磷酸活化更多的介孔，更加有利于对大分子污染物的吸附，还未有直接采用焦磷酸作为活化剂制备活性炭的研究报道，但可以确定的 H$_3$PO$_4$ 化学活化法制备的生物质活性炭有丰富的中孔结构。

Jagtoyen 等[85]认为在活化前的浸渍过程中，H$_3$PO$_4$ 一旦与木质纤维素混合就开始反应，并且先与半纤维素和木质素反应。可能是因为像半纤维素和木质素这些无定型聚合物比纤维素更容易接近。随着活化过程中温度的升高，逐渐有 CO、CO$_2$ 和 CH$_4$ 生成。CO 和 CO$_2$ 的生成可能是因为原料中酯类和羧酸中的羰基 C=O 断裂造成的。CH$_4$ 的生成说明脂肪族侧链的断裂相对温和并且有一定的芳香性。他们最后得出结论：H_3PO_4 可以通过环化和缩合作用促进键断裂和键交联，并生成多磷酸盐来连接木质纤维素解聚后生成的小分子。

影响 H_3PO_4 化学活化法的操作因素大同小异。高佩等[86]采用 H_3PO_4 化学活化法制备玉米芯生物质活性炭，研究表明最佳制备条件为：玉米芯与 H_3PO_4 质量比为 1∶2，用 5% H_3BO_3 浸渍的时间为 45min，焙烧温度为 500℃，焙烧时间为 1h。张会平等[87]通过 H_3PO_4 活化实验发现，影响木质素的主要因素是浸渍比，与 $ZnCl_2$ 活化相反，浸渍比的增加会导致 H_3PO_4 活化后的生物质活性炭的比表面积和生物质活性炭的产率下降，降低的幅度随着浸渍比的增加而不断加剧。梁琼[88]用山核桃外果皮为原料制备生物质核桃壳活性炭，得出最佳制备条件为：山核桃外果皮粉末与 50% 的磷酸溶液比例为 1∶3，160℃下浸渍 60min，再以 5℃/min 速率升温至 450℃，保温 60min；用稀盐酸冲洗所得核桃壳炭后，再用蒸馏水洗涤至中性，100℃条件下烘干。王志高等[89]以酸不溶木质素为原料，以磷酸为活化剂，采用纯磷酸与酸不溶木质素的质量比为 22∶1，在 140℃下预处理 9h，450℃下活化 50min，在此条件下，所制得的活性炭的亚甲基蓝吸附值达到 225mg/g，焦糖脱色率达到 110%。Nakagawa 等[90]指出，以氯化锌和磷酸作为活化剂活化橄榄核，均能制备出多孔结构的活性炭，但磷酸制备的活性炭主要以中孔和微孔为主，而氯化锌活化的活性炭主要呈微孔结构。

H_3PO_4 活化法是制备活性炭比较成熟的工艺，活化机理与氯化锌法类似，能够促进热解反应过程，降低活化温度，磷酸分布在原料内，占据了一定的位置，阻止了高温条件下颗粒的收缩，避免了焦油的形成，洗涤除去磷酸盐后就可以得到具有发达孔隙结构的活性炭。磷酸活化法制备的产品孔径分布较宽，中孔发达，应用范围较广。磷酸法对环境污染较小，炭化活化温度低，与碱法相比对设备的要求相对较低，生产出的活性炭产品均匀稳定，沉降性能良好，可作为优良的液相吸附材料。目前，国内磷酸活化法制备生物质活性炭方面重点研究如下：

① 利用各种废弃物为原料特别是以农业废弃物如农产品加工过程中的废渣、秸秆等为原料，制备出满足不同应用需求的活性炭产品，同时实现废弃物的综合利用；

② 优化制备工艺参数，提高活性炭的质量，如添加催化剂、控制活化时间等；

③ 严格控制生产过程中外来杂质的含量，以降低活性炭的灰分，如控制原料的杂质、降低水分的硬度和定期对循环磷酸进行处理。

目前除了关注优化 H_3PO_4 活化法的操作条件外，国内外学者仍需要探索的是 H_3PO_4 化学活化机理，从而能够较好地控制操作条件来调整产品性能，稳定产品品质，这对 H_3PO_4 化学活化法的实际应用至关重要。Reddy 等[91]对比了 CO_2 法与磷酸活化法得到的活性炭产品，发现磷酸活化法可以得到更高比表面积和更大孔径的生物质活性炭，比表面积最高可达 $725m^2/g$。Budinova 等[92]通过先用磷酸活化再用水蒸气活化的方法制得了比表面积为 $1360m^2/g$、碘吸附值为 $1280mg/g$ 的生物质活性炭，因此性能优良。磷酸活化法的优势在于其活化温度低，成本低，制得的活性炭具有发达的孔隙。但目前对其孔隙结构的形成机理还了解不够，致使生产过程多依靠经验，产品质量不够稳定。所以，还需要加大对磷酸活化法的研究力度，目前各国研究人员都在这方面进行努力。

3.2.1.5　K_2CO_3 化学活化法

K_2CO_3 作为化学活化剂，可制备微孔及中孔数量较多的活性炭，由于 K_2CO_3 毒性小，K_2CO_3 化学活化法对设备腐蚀性小，且对环境的危害性较小（因为常被用作食品添加剂），所以被广泛地运用于活性炭制备。

K_2CO_3 受热分解产生 K_2O 和 CO_2，也有助于材料微孔的发展；此外，K_2CO_3、K_2O 和炭反应生成金属钾，钾会扩散入碳层，增加碳的反应性，并且 K_2CO_3 化学活化法制备的活性炭孔结构为一端敞开的鼓泡式突起。

K_2CO_3 在高温下生成的钾对材料产生刻蚀，同时生成的 CO_2 在高温下将炭材料中无序炭部分氧化刻蚀成孔，物理化学双重活化效应有利于活性炭生成发达的孔隙结构，从而提高其吸附性能。影响 K_2CO_3 药剂活化效果的主要因素有活化剂浓度、活化时间和活化温度等。

陈文婷等[93]以空心莲子草为原料，研究了 K_2CO_3 与空心莲子草质量比、活化温度及活化时间对活性炭得率及吸附性能的影响，得出制备空心莲子草活性炭的最佳活化参数。廖钦洪等[94]以稻壳为原料，采用 Plackett-Burman（P-B）和中心复合设计（central composite design，CCD）法对影响稻壳基活性炭得率和碘吸附性能的 5 个工艺因素（活化温度、活化时间、K_2CO_3 浓度、浸渍体积比和浸渍时间）进行筛选和优化，确定样品得率和碘吸附值的预测模型，并进行验证。得出优化后的工艺条件，并与实测值的误差小，拟合性好，说明运用 CCD 法对稻壳基活性炭制备工艺的优化是准确可靠的。刘雪梅等[95]以油茶壳为原料，利用所制备的油茶壳活性炭对水体中的甲醛进行了吸附，探讨了活化温度、活化剂浓度、吸附时间、甲醛初始浓度对吸附效果的影响，并进行了吸附热力学和动力学分析，得出最佳制备条件，吸附过程符合准二级动力学模型和 Langmuir 等温吸附模型的结论。

药剂化学活化法是将常用的化学活化剂（如 H_3PO_4、KOH、$ZnCl_2$、K_2CO_3 等）与原料按一定比例浸渍，在 $500\sim900\,^{\circ}\!C$ 的条件下反应 1h 左右，反应产物经清洗除去活化剂即得到活性炭。药剂化学活化法是通过将化学药剂嵌入炭颗粒内部结构，经历一系列交联缩聚反应形成孔隙。药剂化学活化可一步进行，即直接升温到 $700\,^{\circ}\!C$ 左右进行活化。在活化前，先将活化剂水溶液与原料以一定比例浸渍一段时间，烘干后再放入惰性气氛中升温进行活化。活化剂与原料浸渍比的不同在活性炭活化过程中会有不同的影响，从而改变活性炭性能，因此可以通过控制浸渍比以及不同的活化温度来制备所需的活性炭。药剂化学活化法制得的活性炭产率高，而且其孔隙结构比气体物理活化法更加发达。

药剂化学活化法的活化时间一般为 1h，耗时较短，而且所需的活化温度也较低。药剂化学活化法的缺点是制得的活性炭中会残留活化剂，处理后也无法确保能够完全除去，限制了活性炭的应用。另外，使用的活化剂一般对设备有腐蚀作用，这对所使用设备的要求较高。所以，当前的研究热点也主要聚焦于如何克服这些问题，以制备高比表面积或高吸附性能的生物质活性炭。

3.2.2 气体物理活化方法

气体物理活化法一般分两步进行：先将原材料在 500℃ 左右炭化；再用水蒸气或 CO_2 等气体在高温下进行活化。高温下，水蒸气及 CO_2 都是温和的氧化剂，炭材料内部碳原子与活化剂结合并以 $CO + H_2$ 或 CO 的形式逸出，形成孔隙结构。首先在 400~500℃ 的无氧条件下对原材料进行炭化处理，除去可挥发成分，然后用氧化性气体（如氧、水蒸气、二氧化碳等）在 800~1000℃ 的无氧环境下进行活化处理。活化可以使炭材料开孔、扩孔和创造新孔，从而形成发达的孔隙结构。气体物理活化剂的氧化性都比较温和，在活化过程中除了单种物质参与反应外，也可以几种物质相结合，例如 CO_2-H_2O 等[96]。

生物炭在炭化过程中会形成焦油和一些烃类化合物，从而阻塞了生物炭内部的孔结构，物理活化通过 CO_2、O_2、水蒸气等活化剂在高温条件下将通道中的焦油、烃类化合物和一些杂质清除，从而将之前堵塞的通道重新打开；同时会腐蚀生物质活性炭表面，形成新的孔隙结构。即大多数活化剂会在高温下与炭材料中不稳定的碳原子生成 CO 或者 CO 和 H_2 的混合气体，从而达到扩孔、开孔和创造新孔等作用。同药剂化学活化相比，在气体物理活化过程中，生产者可以更好地控制条件来达到所需的微孔结构。因为无论是孔径还是孔容都会随着活化温度的增加而增加。一般地，气体物理活化法要求活化时间长和活化温度高，产量较低和能量损耗大。

3.2.2.1 气体物理活化的步骤

气体物理活化反应实质是活化气体（常用的有氧、水蒸气和二氧化碳）与含碳材料内部"活性点"碳原子反应，通过开孔、扩孔和创造新孔而形成丰富的孔结构[97]。按照气-固两相反应过程，可以把气体物理活化分为以下 5 个步骤：

① 气相中的气体向固体表面扩散，即炭化料的表面开始聚集大量气态的活化剂分子；

② 气体由炭颗粒表面通过空隙向内部扩散，即碳基体内部开始聚集由表面微孔进入的活化剂分子；

③ 气体活化剂与碳发生作用，即活化剂分子与碳开始发生反应生成气体；

④ 反应生成的气体从内部向炭颗粒表面扩散，即炭颗粒表面开始聚集由前几步反应生成的气体；

⑤ 反应生成的气体从炭颗粒表面向气相主体扩散，即由前几步反应生成的气

体开始从表面对外扩散。

气体物理活化法用于制备生物质炭的生产工艺简单、环保，不会造成设备腐蚀的问题，所加工得到的生物质炭产品不需要经过清洗等再处理就可投入使用，所以在工业上一般采用物理活化法进行生物质炭的生产。

3.2.2.2 气体物理活化的作用

气体物理活化是指在一定温度下，炭化料与水蒸气、二氧化碳、空气或它们的混合气体进行氧化反应，使炭化料形成发达微孔结构的一类活化方法。气体物理活化反应的实质是碳的氧化反应，但碳的氧化反应并不是在碳的整个表面均匀地进行，而仅仅发生在"活性点"上，即与活化剂亲和力较大的部位才发生反应，如在微晶的边角和有缺陷的位置上的碳原子。

活化反应在活性炭孔隙形成过程中有开孔、扩孔和生成新孔 3 个作用。

(1) 开孔作用

焦油或其他分解生成的无定型炭堵塞炭化时所形成的孔隙造成了闭孔，吸附分子无法进入孔隙，故无吸附能力。活化后，这些焦油或无定型碳与气体活化剂反应而被除去，使闭孔打开，比表面积增大。

(2) 扩孔作用

炭表面杂质被清理后微晶结构裸露，活化气体与活性点位上的碳原子发生反应，生成二氧化碳或一氧化碳气体排出。孔壁氧化，一些孔隙直径增大。

(3) 生成新孔作用

活化气体与微晶结构中的边角或有缺陷的部分上具有活性的碳原子发生反应，形成众多新的微孔，使活性炭比表面积进一步扩大。

3.2.2.3 气体物理活化的类型

气体物理活化法制备微孔活性炭的工艺比较成熟，即在 973～1273K 下，水蒸气、二氧化碳和氧气等氧化性活化剂与炭化料活性点上的碳原子发生反应。一般地，制备活性炭的气体物理活化方法主要有两种，即两步活化法和一步活化法[98]。

① 两步活化法包括生物质原材料在缺氧、惰性氛围下的炭化过程，以及生成的焦样在活化气体（二氧化碳或水蒸气）中的活化过程。其中，炭化过程是原材料中的有机物的热解过程，形成初期的孔结构，而活化过程起到开孔和扩孔作用，使得炭材料的多孔结构得到进一步发展最终得到活性炭。

② 一步活化法原材料的热解和活化过程在一定浓度的活化气体中同时完成。

一步活化法比两步活化法能源消耗和设备成本更低，制备时间更短，因此在有效改进制备工艺的同时兼具经济效益。

常用的活化剂是二氧化碳和水蒸气。由于二氧化碳分子的直径大于水分子的直径，其在炭颗粒孔道内的扩散比较困难，扩散速度慢，限制了二氧化碳的接近，所以工业上多采用水蒸气活化法。一般来说，在给定的活化温度下水蒸气的活化反应速度高于二氧化碳的活化反应速度。

(1) 水蒸气物理活化法

研究气体物理活化对产品空隙结构的影响，首先要考虑到气固之间反应速率的影响，不同的气体活化剂对生物质活性炭空隙有一定的影响。不同的气体活化剂与碳的反应速度也有很大的差别。在 800℃ 和 0.8kPa 压力下，如果 CO_2 与 C 的反应速率为 1，那么同样条件下水蒸气与 C 的相对反应速度为 3，而氧和碳[99]的相对反应速度却高达 1×10^5，由于 CO_2 分子的尺寸比水蒸气、氧大，导致 CO_2 在颗粒中的扩散速度比水蒸气慢，而氧成本比较高。因此，就制备高比表面积和好的孔径分布的生物质活性炭而言，水蒸气活化法是最佳选择。在水蒸气活化过程中不同的活化温度下会有不同的反应形式。

水蒸气活化法的活化温度一般在 750～950℃，炭化温度 500℃ 左右。水蒸气活化法工艺简单，对环境污染小，主要是利用水蒸气与碳反应，其主要的反应为：

$$C + H_2O \longrightarrow CO + H_2 + 1118kJ/mol(H_2O \text{ 为催化剂})$$

当活化温度达到 800℃ 及以上时，生成的一氧化碳气体会参与反应：

$$C + O_2 \longrightarrow CO_2 \tag{3-10}$$

$$C + CO_2 \longrightarrow 2CO \tag{3-11}$$

$$C + 1/2O_2 \longrightarrow CO \tag{3-12}$$

$$CO + H_2O \longrightarrow CO_2 + H_2 \tag{3-13}$$

$$CO + 3H_2 \longrightarrow CH_4 + H_2O \tag{3-14}$$

而多孔结构的生成与发展是由于水蒸气及生成的二氧化碳气体等进入到碳结构内部，并通过进一步反应将不稳定的碳原子以 CO 或 CO_2 的形式脱去[100]，从而留下发达的孔隙结构。水蒸气活化的主要机理是水蒸气和生成的二氧化碳气体进入孔隙与不稳定的碳原子反应，使其转变为气体而脱离生物质活性炭的表面。因此，影响水蒸气活化法制备生物质活性炭比表面积和多孔结构的主要因素有活化温度、活化时间和水蒸气流量等工艺参数。一般地，碳和水发生水煤气反应的过程机理[43]如下：

$$C^* + H_2O \longrightarrow C(H_2O) \tag{3-15}$$

$$C(H_2O) \longrightarrow H_2 + C(O) \tag{3-16}$$

$$C(O) \longrightarrow CO \tag{3-17}$$

式中　C^*——位于活性点上的碳原子；

　　　O——处于吸附状态。

由上述 3 个反应式可看出，由于部分碳原子被刻蚀，于是形成了更多的孔隙结构，从而具有较大的比表面积。

Rodriguez-Reinoso 等[101]通过 CO_2 活化与水蒸气活化的对比实验，发现水蒸气在活化过程的早期阶段没有开孔过程，而是直接开始对炭材料微孔结构的扩大，即扩孔；而 CO_2 活化则需要经历开孔、扩孔、创造新孔等阶段。张会平等[102]利用水蒸气制备椰壳基活性炭时发现，活化温度对活性炭的得率和吸附性能有显著影响，随着活化温度升高，得率逐渐下降，碘值和苯酚的吸附值呈先上升后下降的趋势。Ismadji 等[103] 采用水蒸气活化柚树制备活性炭，研究结果表明活化温度和活化时间对活性炭的 BET 比表面积影响非常大，随着温度升高，时间延长，BET 比表面积都呈现先升再降的趋势。

水蒸气活化法制得的活性炭碘吸附值一般为 1000mg/g，亚甲基蓝吸附值在 150mL/g 左右，比表面积为 800~1200m²/g。胡志杰等[104] 研究了水蒸气活化稻壳制取活性炭，在炭化温度 450℃、活化温度 900℃、活化时间 90min 的条件下，得到的活性炭碘值为 844mg/g，亚甲基蓝吸附值为 138mL/g。李勤等[105] 以玉米芯为原料，在活化温度 800℃，活化时间 90min，水蒸气流量为 15mL/h 的工艺下制得的活性炭比表面积为 924.5m²/g。Sahin 等[106] 利用 $ZnCl_2$ 和 HCl 两步前处理步骤对原料进行处理，再用水蒸气＋CO_2 的混合活化系统在 850℃进行活化，制得了比表面积高达 1779m²/g 的活性炭。这表明活性炭的制备还可以采取多种方法综合运用来实现，当单一活化法无法达到目的时可采用联合活化的方式进行。

水蒸气活化法因其无污染、操作简单等优势，在实际生产中受到重视。但是其缺点也很明显，制得的活性炭比表面积不够大，活化温度要求也较高。所以，目前国内外都在研究如何将其他活化方法与水蒸气活化法相结合，取长补短，以期制得高性能活性炭。

（2）二氧化碳气体物理活化法

二氧化碳气体物理活化法与水蒸气活化法有类似处，都是脱去炭材料中不稳定的碳原子从而产生发达的多孔结构。但是，由于二氧化碳分子直径比水蒸气分子直径大，这会降低其在炭颗粒孔道内的扩散速度，使二氧化碳与微孔表面碳原子的接近受到较大限制。因此，在给定活化温度下，二氧化碳活化反应速度低于水蒸气活化，二氧化碳气体活化法需要更高的温度来提高反应速率，一般需要 850~1100℃，或是在相同的温度下延长反应时间。二氧化碳气体活化法的基本反应是：

$$CO_2 + C \longrightarrow 2CO（CO_2 \text{ 为催化剂}）$$

Walker[107] 认为 CO 的生成抑制了氧从碳表面的脱离，但这个抑制比氢气抑制水蒸气活化的能力较弱，所以生成的活性炭孔隙分布没有水蒸气活化得到的那么不均匀。反应式如下：

$$C + CO_2 \rightleftharpoons CO + C(O)$$
$$C(O) \longrightarrow CO \tag{3-18}$$

对于二氧化碳的活化机理还有一种观点认为，二氧化碳与碳的反应基本上是不可逆的，导致生成的一氧化碳吸附在碳的活性点上阻碍了反应的进行。反应式为：

$$C + CO_2 \longrightarrow CO + C(O)$$
$$C(O) \longrightarrow CO \tag{3-19}$$
$$CO + C \rightleftharpoons C(CO)$$

究竟哪种观点正确，目前尚无定论。几种观点的分歧基本上在于二氧化碳与碳的反应是否可逆，这是研究人员还需要进一步仔细探讨的地方。另外，二氧化碳活化需要经历开孔、扩孔、制造新孔等阶段，这些阶段的详细活化机理也需要重视并加以研究。

Rodrigueze-Reinoso 等[108]对比研究二氧化碳气体活化机理和水蒸气活化机理，得出水蒸气活化过程在初期并没有实现开孔作用，仅仅是通过脱去碳原子扩大了原先存在的孔隙；相反，二氧化碳在活化反应过程中就依次承担了开孔、扩孔和创造新孔的作用。究其原因，开孔和创造新孔的条件要比扩孔所需的条件高，而许多学者提出水蒸气活化反应产生的 H_2 对氧从炭表面脱离的抑制作用大于二氧化碳活化生成的一氧化碳气体，所以水蒸气活化主要集中在扩孔，而二氧化碳的活化作用则相反。因此，二氧化碳活化生物质活性炭的微孔含量一般要高于水蒸气活化的生物质活性炭，并且孔隙分布较均匀。

目前有许多学者就二氧化碳气体活化法与水蒸气活化法联用做了大量研究工作，证明了水蒸气-二氧化碳气体活化法的优越性。Yang 等[109]研究了水蒸气-二氧化碳气体活化法、二氧化碳气体活化法和水蒸气活化法制备椰壳炭，对比得出虽然二氧化碳气体活化法制备椰壳炭的比表面积最大且孔隙结构发达，但是其活化时间是其余两者的 2.8 倍，并且水蒸气-二氧化碳气体活化法得到的椰壳炭的比表面积、微孔比例、总孔容等与其差距微乎其微。

但对孔隙的发展，特别是对微孔的生成方面，研究人员的观点有着较大的分歧。在研究过程中有人采用二氧化碳气体为活化剂，可以制备出比表面积在 $3000m^2/g$ 左右的活性炭，但是活化时间长达上百小时。目前，尚处于实验室规模的探索之中。如何加快反应速度、缩短反应时间、降低反应能耗是开发气体物理活化工艺的关键。杨娇萍[110]以商业炭为原料，用二氧化碳进行二次活化，并加入一定量的 $FeCl_3$ 作为催化剂，结果表明催化剂可以明显改进活性炭的孔结构和孔径分布，BET 比面积和总孔容都比原来增加 1 倍，孔径分布更趋均匀。

Lua 等[111]使用油棕石为原料，在 850℃、活化时间为 2h 的条件下改变 CO_2 流量等条件，分别得到了比表面积为 $1410m^2/g$、$942m^2/g$ 的活性炭，这说明 CO_2 流量对生成的活性炭比表面积具有很大影响。Aworn 等[112]通过实验发现，CO_2 活化玉米棒制活性炭的最佳条件是从 $450\sim550℃$ 开始加热，到 800℃后不再升温，他们制得的活性炭比表面积为 $919\sim986m^2/g$。CO_2 活化法还经常与水蒸气活化法联合使用，即将水蒸气与 CO_2 按不同比例混合来制备活性炭。目前已有研究者采用上述联合方法制备活性炭，取得了较好的效果。

气体物理活化是目前工业制备活性炭的最主要的方法，具有以微孔为主，适用于小分子分离的优点；并且气体物理活化法由于没有引入化学活化剂，制备工艺简单、清洁，对设备要求不高，且生产过程不存在对实验仪器的腐蚀和因实验过程造成的环境污染。但制备过程中活化温度一般较药剂化学活化法高，而且活化所需的时间也更长，设备庞大、劳动力强，因此存在原料得率低，能耗较大，成本较高，加热温度均匀性不好，产品吸附能力较小等缺点。尽管有这些缺点，气体物理活化法在实际生产中的应用仍然十分广泛，原因在于其制得的活性炭无需过多的后处理步骤，不像药剂化学活化法那样需要除去残留的活化剂。这也是越来越多的学者开始投入到气体物理活化法制备高比表面积活性炭研究中的主要原因。

3.2.3　化学物理活化方法

　　由于气体物理活化方法和药剂化学活化方法各有优缺点，为了发挥这两种方法的优势，人们积极探索药剂化学活化和气体物理活化相结合起来用于制备生物质炭的方法，即在生物质原材料活化前先进行化学药剂改性浸渍，待初步活化并在炭材料内部形成通道以提高原材料的活性，再进行加热，同时通入 CO_2、N_2、水蒸气等惰性气体来对生物质活性炭进行刻蚀，进而增加炭的孔结构，有利于活化剂刻蚀生成孔隙结构更加合理、吸附性能更加优越的活性炭。杨晓霞等[113]以煤为原料，经 KOH 化学浸渍后与水蒸气物理活化制成活性炭。研究发现：当 KOH 与原材料的比例为 1∶2 时，在 700℃下活化 1h 所制得的活性炭比表面积达 943m^2/g。同时反应过程中产生大量氢气。代晓东等[114]利用物理化学耦合生成具有高比表面积、孔隙结构发达、适宜吸附天然气的活性炭。实验中发现该法降低了药剂化学活化过程中碱的用量，实验条件相对宽松，易于在生产中实现。

　　药剂化学活化法比气体物理活化法具有低的活化温度和高的得率，比表面积大，孔结构均匀、发达等特点，增加活性炭性能多样性，能满足不同行业的工业需要。然而，同时也存在活化剂成本高、腐蚀设备、产品残留活化剂，锌化合物和磷化合物进入水体中导致污染和富营养化问题。

　　化学物理活化方法是将药剂化学活化和气体物理活化配合起来使用，对受过药剂化学活化处理的炭进一步进行气体物理活化，可使原料活性提高，并在材料内部形成传输通道，有利于活化气体进入孔隙内进行刻蚀。该法可以合理地控制孔径分布，且所得的活性炭既有较高的比表面积又含有大量的中孔，可显著地提高活性炭的吸附和电化学性质。此外，该方法可在活性炭材料表面添加特殊官能团，从而可利用官能团的化学性质，改善活性炭的性能。有时利用此种方法能制造出特殊细孔分布的活性炭，并使幅度很广的细孔数增加。当用活性炭处理含有会堵塞炭细孔杂质的气体时，例如用粒状活性炭从城市煤气中吸附除去苯，活性炭的细孔就会被城市煤气中的二烯烃堵塞而迅速老化，为制造这种情况下能使用的活性炭，曾应用过化学物理活化方法。勒吉公司的苯佐尔邦牌活性炭就是这类活性炭的代表之一。

　　化学物理活化方法是一种最新型的活化方法，该方法对成本控制、工艺流程、孔径分布等方面都有改善，所以常被用于调节微孔结构，通过调节得到的产物中微孔孔隙常被用于多孔炭材料的制备。

3.2.4 其他活化方法

高比表面积活性炭的孔径以微孔居多，对一些有机大分子的吸附性能较差。随着活性炭应用领域的拓宽及人们对炭活化方法的不断探索，采用活性炭制备过程中载入添加剂制备中孔孔隙发达且比表面积较高的活性炭材料的方法受到人们的关注。碱金属、碱土金属、过渡金属的氧化物及盐类等在活性炭制备中起到催化作用，可提高活性炭的中孔容积。刘植昌等[115]研究发现，添加二价铁为催化剂可制得中孔比表面积和中孔孔容均较发达的活性炭。然而由于催化活化法制得的活性炭往往残留着部分金属元素，限制了其在液相吸附、医用材料方面的应用。

目前，在制备高比表面积活性炭的过程中，传统加热过程中热量是由表及里进行传递，活化时间较长、能耗高且活化不均匀。目前还有一些新型的活化方法[116]，如微波加热法、催化活化法、聚合物炭化法、界面活化法、联合活化法和模板法等。

微波加热法是20世纪初的新型活化工艺，是通过外场与物体相互作用完成的，具有高效性、均匀性、不污染环境且易实现自动化。它多与化学活化或物理活化结合使用，利用微波加热过程中介质材料本身损耗电场能量来发热的。艾艳玲等[117]对比微波加热与传统加热对制备活性炭的影响，研究发现与传统加热相比，采用微波加热可缩短活化时间，所制备的活性炭其比表面积和孔容高于传统加热法。此外，人们不仅在活性炭制备中运用微波加热法，在活性炭的改性方面也尝试使用微波加热法并得到较好的效果。

催化活化法是先对原料进行炭化，即含碳前驱体在高温下发生分解，非碳元素以挥发分的形式逸出，生成富炭的固体热解产物，然后用水蒸气、二氧化碳或空气等氧化性气体活化，使热解产物形成发达的空隙结构。在制备工艺的某个阶段加入特定的催化剂来降低活化过程中所需的活化能，从而缩短活化时间和降低活化温度，提高活化效率。在此种方法中，催化剂的使用是一个重要的因素。几乎所有的金属对炭的气化有催化效果，然而根据活化剂的不同，其相应的催化活性也不尽相同。影响炭的催化活化反应的因素很多，如催化剂的形态、催化剂与碳基体的结合状态以及催化剂的大小等。制备中孔活性炭一般采用过渡金属，许多学者发现过渡金属催化炭的气化反应特别有利于中孔的形成，主要研究的金属有Fe、Co、Ni等。日本有学者还发现稀土金属对中孔的形成也非常有利，甚至效果要优于过渡金属。但由于所选用的催化剂常有金属元素残留，有悖于环境友好型材料的初衷。

金属铁催化主要是氧化传递机理[118]，其模型如图3-3所示。

铁的氧化物起到传递氧中间物的作用，而真正作为催化剂的是还原态的金属铁颗粒，金属的存在可以对炭的气化反应起到催化作用。国外学者利用浸渍法将铁和镍负载到酚醛树脂炭上，研究金属对炭孔结构的形成影响，结果表明过渡金属的存在对中孔的形成非常有利，提出中孔形成的机理：催化气化反应主要发生在金属颗

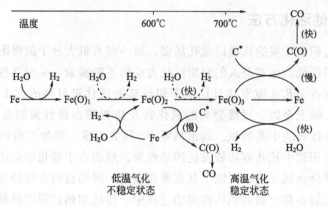

图 3-3 氧化传递机理示意

粒的附近并形成孔洞，同时金属微粒发生移动产生孔道，主要是中孔和大孔，在此过程中金属颗粒相接触并长大，从而失去活性。研究认为，催化剂在炭颗粒表面的存在形式主要有 3 种：a. 当催化剂与碳基体的结合力大于与周围气相物质的结合力时，催化剂在碳基体表面形成一层薄膜；b. 反之，催化剂颗粒粒状或球形弥散于碳基体表面；c. 是催化剂部分形成薄膜附着在碳基体表面。催化剂在碳基体表面的存在形式受到反应温度、催化剂熔点以及反应气氛种类的影响。根据催化剂在炭颗粒表面附着形式的不同，其产生中孔的机理也产生差异。如图 3-4 所示。

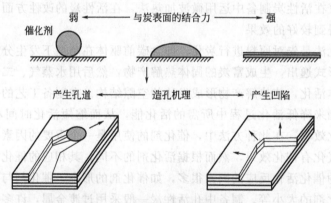

图 3-4 金属催化活化机理示意

　　催化活化法是将多种活化方法联合一起制备出性能更高的活性炭的方法。Hu 等[119]以开心果壳为原料，先用 KOH 活化 1h，再通 30min CO_2 气体，采用联合活化法制得了吸附性能较好的活性炭。Hameed 等[120]先使用 K_2CO_3 对原料浸渍并炭化，再通入 CO_2 进行活化，采用联合活化法得到了性能优良的活性炭。赵家昌等[121]将模板法与 CO_2 物理活化法联合使用制得了高性能介孔炭材料。但联合活化法的有关机理研究还很缺乏，故未来的研究方向应紧紧围绕其活化机理方面进行深入探索。

模板法就是将有机聚合物引入无机模板很小空间中（纳米级）并将之炭化，去除模板后即可得到与无机物模板空间结构相复制的多孔炭材料。模板法的优点是可以通过改变模板的方法控制活性炭孔径的分布，但该方法制备工艺复杂，需用酸去除模板，使成本提高。

综上所述，生物质活性炭活化与制备方面的研究还有许多值得探索的地方，故需要各国研究者通力合作，共同开发，以期更加高效、低成本的方法能够尽快出现并产业化。

3.3　生物质活性炭的改性方法

生物质活性炭改性主要是指对其表面化学性质和表面物理结构改性，以适合吸附不同的污染物及提高其吸附性能。通过化学反应将含有官能团的目标分子反应到生物质活性炭表面，从而提高生物质活性炭表面官能团的密度，达到提高对目标吸附质吸附能力的目的。生物质活性炭进行表面改性，需注意保持其孔道畅通，防止堵塞而影响吸附效果。目前生物质活性炭的改性方法主要有表面化学性质改性法、表面物理结构改性法、表面氧化改性法、表面还原改性法、负载金属改性法和其他改性方法。

研究表明直接利用天然纤维素材料作为水处理吸附剂，其吸附容量较小，因此通过化学改性，改变天然纤维的表面化学结构，使其具有特异吸附性能成为研究的关键。

常用的碱性改性剂大多数为 KOH，也有少数的为 NaOH。常用的中性改性剂为水蒸气、$ZnCl_2$ 等。因此，无论是酸性改性剂、碱性改性剂还是中性改性剂，改性之后的生物质炭的吸附性能都大大增加，通过改性能够提高生物质炭的比表面积，增加生物质活性炭表面官能团含量，进而提高生物质活性炭的吸附性能。

3.3.1　表面性质改性法

表面性质改性主要包括表面化学性质改性和表面物理性质改性两种类型。

3.3.1.1　表面化学性质改性

表面化学性质改性主要是通过氧化还原反应提高生物质活性炭表面含氧酸性、碱性基团的相对含量以及负载金属改性，提供特定吸附活性位点，调节其极性、亲水性以及与金属或金属氧化物的结合性，从而改变对极性、弱极性或非极性物质的吸附能力。化学改性法是利用化学反应通过改变生物质活性炭表面原有的官能团，从而改变其表面特性的方法。常用的化学改性方法有酸碱改性、负载改性及等离子体改性等。化学改性法有酸改性、碱改性、负载改性、等离子改性等。

(1) 改性溶液浓度的影响

将一定质量的生物质活性炭浸泡于不同浓度的改性溶液中，在摇床中振荡一定时间；然后将生物质活性炭经滤纸过滤，于烘箱中烘干；在一定温度的马弗炉中焙烧一定时间后，将改性后的生物质活性炭投加到被测溶液中，测定溶液中污染物的剩余浓度；计算改性生物质活性炭对污染物的去除率，确定改性溶液浓度对生物质活性炭去除污染物的性能。

(2) 焙烧温度的影响

将一定质量的生物质活性炭浸泡于一定浓度的改性溶液中，在摇床中震荡一定时间，然后将生物质活性炭经滤纸过滤，于烘箱中烘干，在不同温度的马弗炉中焙烧一定时间后，将改性后的生物质活性炭投加到被测溶液中，测定溶液中污染物的剩余浓度，计算改性生物质活性炭对污染物的去除率，确定焙烧温度对生物质活性炭去除污染物的性能。

(3) 焙烧时间的影响

将一定质量的生物质活性炭浸泡于一定浓度的改性溶液中，在摇床中震荡一定时间，然后将生物质活性炭经滤纸过滤，于烘箱中烘干，在一定温度的马弗炉中焙烧不同时间后，将改性后的生物质活性炭投加到被测溶液中，测定溶液中污染物的剩余浓度，计算改性生物质活性炭对污染物的去除率，确定焙烧时间对生物质活性炭去除污染物的性能。

其中高锰酸钾改性活性炭，不仅可以提高活性炭的吸附性能，也可以强化高锰酸钾的使用效果，具有一定的互补作用，而且不会增加投资。

3.3.1.2 表面物理性质改性

表面物理性质改性主要是指表面物理结构改性。表面物理结构改性是指通过物理或化学的方法增大生物质活性炭比表面积，控制孔径大小及其分布，从而提高其物理吸附性能。物理法是把含有官能团的化合物负载到生物质活性炭材料中，或通过加热改变活生物质性炭的物理特性（比表面积、孔容等），制备出高效吸附重金属和有机物的吸附材料，提高其对污染物的去除效率；化学法是利用生物质活性炭表面的极性基团，通过简单的化学反应将吸附官能团嫁接到其表面，从而提高吸附性能。

3.3.2 表面氧化改性法

表面氧化改性法是利用氧化剂氧化生物质活性炭表面官能团，提高表面含氧酸性官能团的数量，增强极性和亲水性，可提高对极性有机污染物的吸附。常用的氧化剂有 HNO_3、H_2O_2、H_2SO_4、O_3、$(NH_4)_2S_2O_8$。所用氧化剂不同，含氧官能团的数量和种类不同，另外改性后的活性炭的孔隙结构、比表面积、容积和孔径也会发生改变。Yao 等[122]在 800W 的微波中用稻壳制备生物质活性炭，使用浓度为

8.0mol/L 的硝酸，在 130℃ 的条件下改性 15min，得到比表面积为 $1719m^2/g$ 的稻壳生物质活性炭；该生物质活性炭对 Pb^{2+} 的吸附能力达到 $93.5mg/g$。徐娟以玉米芯为原料、采用直接炭化法制备生物质活性炭材料，然后用硝酸对最佳工况下的生物质活性炭进行改性，获得功能化的生物质活性炭，结果表明硝酸改性前后的生物质活性炭对亚甲基蓝的吸附值有较大的变化[11]。在适当的条件下，通过使用氧化剂对活性炭表面进行氧化处理，从而提高其表面含氧官能团（如羧基、酚羟基、酯基等）的含量，增强活性炭表面的亲水性即极性，从而提高其对极性物质的吸附能力。氧化改性是常用的活性炭改性方法，硝酸是最常用的强氧化剂[123]，经氧化处理后活性炭吸附金属离子的能力增强，主要归因于表面的酸性官能团（能解离出质子）可与金属离子通过静电吸引作用形成络合物。Strelko 等[124]使用硝酸氧化改性商业活性炭，结果显示改性后表面生成更多的酸性官能团，其中以羧基最多，氧化改性降低了活性炭比表面积和孔容，改性后的活性炭在较宽的 pH 值范围内具有阳离子交换能力。Cotoruelo 等[125]使用硝酸对活性碳纤维进行改性，研究表明改性后的活性碳纤维在较宽的 pH 值范围内对 Pb^{2+} 保持着较强的吸附效果，且改性后的活性炭纤维对 Pb^{2+} 的吸附速率非常快，仅需要 5min 即可达到吸附平衡。刘文宏等[126]在不同温度下使用浓硝酸对活性炭进行表面处理，结果显示：在常温和沸腾两种改性条件下都使活性炭表面产生更多的含氧基团，但活性炭经常温浓硝酸改性后比表面积和孔容都显著增加，而经沸腾浓硝酸改性后比表面积和孔容却显著降低。经常温浓硝酸改性后，提高了 $[Ag(NH_3)_2]^+$ 在活性炭表面的吸附还原反应，当 Ag^+ 浓度为 600mg/L 时改性活性炭对银的吸附量是原炭的 5 倍多。Chen 等[127]进行了柠檬酸氧化改性商业活性炭的研究，改性后活性炭的比表面积降低了 34%，等电荷点（pH_{pzc}）降低了 0.5，吸附平衡试验结果表明改性炭对 Cu^{2+} 吸附能力提高至 $14.92mg/g$，比原炭提高 140%，较高的初始浓度更加有利于对 Cu^{2+} 的吸附。

3.3.3 表面还原改性法

表面还原改性主要是指在适当的温度下利用合适的还原剂对活性炭表面官能团进行还原，达到增加活性炭表面碱性官能团含量的目的，增强表面非极性，从而提高其对非极性物质的吸附能力。常用的还原剂有 N_2、H_2 和 NaOH、KOH、$NH_3 \cdot H_2O$ 等。表面改性还原剂主要有 H_2、N_2、$NH_3 \cdot H_2O$、苯胺等，对生物质表面官能团进行还原处理，提高碱性官能团的数量，表面含有含氮官能团的生物质活性炭对重金属和阴离子污染物有较好的吸附性能。

在生产过程中通入惰性气体，H_2 或者 NH_3 是制备碱性活性炭的最简单的方法。在 400~900℃ 下可生成在酰胺类、芳香胺类和质子化的酰胺类；在更高的温度下，可以生成吡啶类物质，这些活性炭表面的物质均会增强活性炭表面的碱性。在 400~900℃ 下，通入 NH_3 后，活性炭表面可生成碱性含氮官能团。

用 H_2 和 N_2 还原活性炭，改性后的碱性活性炭对水溶液中 p-甲酚、硝基苯和 p-硝基苯酚的吸附量显著增加。高尚愚等[128]研究表明，利用 H_2 改性后的活性炭对苯酚及苯磺酸吸附能力明显提高。在进行还原反应时，部分含氧官能团在高温下被分解成 CO_2、CO 和 H_2O 等产物，因此造成含氧官能团总量减少，特别是含氧酸性官能团含量的显著减少。Chen 等[129]研究表明，在高温下采用 NH_3 对活性炭进行改性，可提高其对高氯酸根（ClO_4^-）的吸附能力，尤其在 650~700℃下，改性活性炭吸附能力最强，吸附量可达原活性炭的 4 倍。这主要归因于活性炭表面正电性的增强，导致活性炭与 ClO_4^- 静电引力的增强。

将活性炭在 $NH_3 \cdot H_2O$ 中浸渍处理也能得到含量丰富的含氮官能团。李开喜等[130]采用 $NH_3 \cdot H_2O$ 作为活化剂对活性炭纤维进行活化，在活性炭纤维表面引入了丰富的含氮官能团，用 $NH_3 \cdot H_2O$ 处理后的活性炭纤维对 SO_2 的吸附效果明显表面类吡啶环上的氮原子含有孤对电子，呈现出较强的碱性，增强了其对 SO_2 的亲和能力。Shaarani 等[131]的研究证实，活性炭经氨改性后表面的碱性增强，活性炭表面带有更多的正电荷，对 2,4-DCP 的吸附能力从 232.56mg/g 提高至 285.71mg/g，增加了 22.86%。Huang 等[132]研究表明，活性炭掺杂氮改性后样品中 N 含量显著增加。

3.3.4 负载物质改性法

活性炭负载物质改性是指利用活性炭巨大的比表面积和孔容，将金属离子或者其他杂原子吸附到活性炭孔道内，然后利用生物质活性炭的还原性将其还原成单质或低价态离子，利用金属离子或杂原子对吸附质的较强结合力，增加活性炭对吸附质的吸附效果，再通过金属离子或金属对污染物进行更强的吸附。常用于负载的金属离子有 Cu^{2+}、Fe^{3+}、Al^{3+} 和 Ag^+ 等，负载后的活性炭在吸附 F^-、氰化物和重金属如砷酸根等污染物方面表现出很好的潜力。

铁盐溶液是最常用的负载改性活性炭的浸渍液，Zhu 等[133]在 N_2 保护下，采用硫酸亚铁浸渍活性炭，后用还原剂 $NaBH_4$ 将吸附到活性炭表面的 Fe^{3+} 还原为铁单质，利用活性炭巨大的比表面积负载单质铁，克服了单质铁单独存在时易团聚的缺陷；在 pH 值为 6.5 时，负载活性炭对亚砷酸根和砷酸根的吸附量分别为 6.5mg/g 和 18.2mg/g，吸附性能优于其他吸附材料。姚淑华等[134]利用活性炭负载水合铁氧化物制备了复合吸附剂，并用于对 As(V) 的去除，结果表明，$Fe_2(SO_4)_3$ 溶液中负载的吸附剂显著优于 $Fe(NO_3)_3$ 和 $FeCl_3$，复合吸附剂具有较好的机械强度、可重复使用性及优良的吸附性能。朱慧杰等[135]采用三价铁盐改性活性炭，制备的负载型纳米铁在 pH 值为 6~9 范围内对 As(III) 表现出良好的去除效果；在室温条件下，As(III) 初始浓度为 2mg/L，吸附剂投加量为 1.0g/L 时，As(III) 的去除率为 99.86%，负载活性炭的砷吸附量为 1.997mg/g。

除了利用铁盐对活性炭改性外，其他的金属如 Al、Ag、Ni 和 Mn 也常用于对活性炭的负载改性。Maruyama 等[136]的研究表明，负载有铂的活性炭在氧化还原过程中可提高对有机酸的吸附能力。Ramos 等[137]利用铝盐改性活性炭并用于对 F^- 的吸附，负载活性炭对 F^- 的吸附能力比原炭提高了 3.5 倍，pH 值对铝吸附的影响很大，最佳负载 pH 值为 3.5；pH 值小于 3.5 时铝无法吸附到活性炭表面；当 pH 值大于 4.0 时铝盐开始沉淀，同样无法负载到活性炭表面。Chen 等[138]报道了腐殖酸与 Cu^{2+} 有特异的结合力，若利用 Cu^{2+} 改性活性炭后处理腐殖酸废水，可以提高活性炭对腐殖酸的吸附能力。

3.3.5　低温等离子体改性法

等离子体是指具有足够数量而电荷数近似相等的正负带电粒子的物质聚集态，等离子体改性指利用非聚合性气体对材料表面进行修饰的过程。用于活性炭表面改性的低温等离子体主要由电晕放电、辉光放电和微波放电产生的。它的优势体现在便于控制、反应条件温和、价格便宜、环境安全性好等，值得一提的是，处理效果只局限于表面而不影响材料本体性能。

最常用的是等离子体氧，它具有较强的氧化性。当等离子体撞击炭材料表面时，能将晶角、晶边等缺陷或 $C=\!\!=\!\!C$ 双键结构氧化成含氧官能团。采用低压 O_2/N_2 等离子体对活性炭进行表面改性，得到了表面富含硝基、胺基和酰胺基的活性炭。Zhang 等[139]采用等离子体氧对活性炭进行改性研究并吸附二苯并噻吩（DBT），结果表明改性后的活性炭表面增加了大量的酸性含氧官能团，对二苯并噻吩的吸附性能提高 49.1%。Wen 等[140]研究发现高能氨等离子体能够在活性炭纤维表面引入氨基官能团，提高其表面浸润性能。

3.3.6　其他改性方法

除以上改性方法外，活性炭改性方法还有臭氧氧化法、微波辐射法、有机物接枝法和生物改性法等[43]。Choi 等[141]研究表明阳离子表面活性剂改性能提高活性炭对 Cr(Ⅵ) 的吸附能力，主要归因于改性活性炭表面带有更多的正电性，有利于对负离子的吸附。何小超等[142]研究表明臭氧氧化活性炭能提高其表面的酸性官能团数量，使其表面亲水性增强，等电点 pH_{PZC} 降低，对噻吩的吸附性能增强。Albishri等[143]采用三羟甲基氨基甲烷对活性炭进行改性并考察其对 Au(Ⅲ) 的吸附性能，研究表明改性后的活性炭对 Au(Ⅲ) 表现出良好的吸附性能，在 pH 值为 1.0 时吸附量可达 33.57mg/g。江霞等[144]利用微波法对活性炭进行改性，结果表明微波处理使中孔孔容发生变化，微孔容积基本不变，孔径向小孔方向发生稍微的移动。微波功率是影响活性炭吸附性能的主要因素。微波辐射使闭塞的孔被打开，因此提高了其吸附能力。

生物改性法是通过将微生物吸附到生物质活性炭表面，从而改变生物质活性炭表面性质的方法。生物质活性炭表面改性通常选用介孔材料，既能保证在反应过程中反应物在材料内部扩散,也能保证吸附过程中污染物的扩散吸附。一般而言,改性时尽量选用简单、少步骤的反应,既能保证其不占内用过多内部孔体积也能减少生物质活性炭的改性成本,有利于其实际应用。

上述改性方法各有特点,对活性炭改性后,不但要有良好的处理效果,还要保证改性过程操作简单、成本低廉、环境友好、可连续长时间处理等优势。值得一提的是,改性结果应只局限于活性炭表面而不影响材料本体性能。因此,在对活性炭改性时,要结合被吸附目标物质的性质,对活性炭改性进行综合考虑,选择最佳的改性方法。

3.4　生物质活性炭的评价方法

生物质活性炭的种类繁多、性能各异,评价方法非常重要。通常对生物质活性炭的吸附容量、吸附速率、吸附选择性、再生性以及材料制备成本等指标进行评价。

3.4.1　吸附容量

最大吸附量是生物质活性炭吸附能力的重要指标之一,决定于材料的比表面积和表面官能团密度等因素。通过吸附等温线,可以测得或模拟出最大吸附量。比较不同生物质活性炭的吸附量一定注意吸附条件(如溶液 pH 值、温度等),不同吸附条件下的吸附量不具有可比性。特别需要说明,最大吸附量是实验得到的,还是模拟得出的。具有高吸附量的生物质活性炭一直是研究的热点,但在具体应用中,需要针对污染物的环境浓度(吸附的平衡浓度)来比较不同生物质活性炭的吸附性能。具有高的最大吸附量的生物质活性炭可能在低浓度时有较低的吸附量。

3.4.2　吸附速率

吸附速率也是评价生物质活性炭性能的重要指标之一,其取决于是否多孔材料及表面基团。通常认为污染物在多孔材料上的吸附速率慢,在无孔的材料表面吸附速率快。污染物(吸附质)在多孔材料上的吸附通常分为 4 个步骤完成:

① 吸附质从液相主体向固体表面液膜的扩散,此过程称为外扩散;

② 吸附质通过固体表面液膜向固体外表面的扩散,称为膜扩散(film diffusion)。液膜是固体表面的滞留边界层,其厚度与搅拌强度或流速有关;

③ 吸附质在颗粒内部的扩散,污染物从吸附剂的外表面进入吸附剂的内部孔道内,然后扩散到固体的内表面,由孔隙内溶液中的扩散(pore diffusion)和孔隙内表面上的二维扩散(interior surface diffusion)两部分组成;

④ 吸附质在生物质活性炭固体内表面上被生物质活性炭所吸附,称为表面吸

附过程。

内扩散经常是整个吸附过程的限速步骤，决定了吸附速率。另外，通常认为物理吸附速率快、化学吸附速率慢，化学吸附的速率和生物质活性炭表面的官能团以及吸附机理都有密切关系。利用动力学模型（如拟二次动力学模型）模拟吸附动力学，可以得到吸附的初始速率，进而判断初始吸附速率的快慢。

3.4.3 吸附选择性

生物质活性炭的吸附选择性在实际用中非常关键。当环境介质中的目标吸附质浓度低时，高浓度的污染物往往会降低生物质活性炭的吸附能力。生物质活性炭的选择性取决于材料的特异基团和专一性位点。例如，生物质活性炭表面的巯基（—SH）对 Hg 有很强的专一吸附；利用分子印迹技术制备的生物质活性炭含有目标污染物的专一空间，能够高选择性分离污染物。环境污染分析和控制中非常需要选择性生物质活性炭，应用前景广泛。

3.4.4 再生性

在污染控制中，生物质活性炭不仅要有优异的吸附性能，而且要有良好的再生性能，可以重复使用。生物质活性炭再生是污染物的脱附过程，通常采用酸、碱、盐溶液和有机溶剂对生物质活性炭进行再生。生物质活性炭再生后进行吸附实验，可以评价生物质活性炭的重复吸附效果。如果吸附效果不断降低，多次吸附再生后生物质活性炭失效。

3.4.5 经济性

我国活性炭生产和出口规模不断扩大，已成为世界上最大的活性炭生产国和出口国。到 2018 年中国活性炭产量约 67.0 万吨，其中煤质活性炭产量约 43.0 万吨，木质活性炭产量在 20.0 万吨以上。未来，受环保及煤炭行业供给侧改革的影响，煤质活性炭的产量将出现下滑；而木质活性炭、椰壳活性炭等产品的产量将稳步提升。由于公众对于空气及水污染会对健康造成危害的意识越来越强，使得全球对活性炭的需求持续增长。虽然近年来我国活性炭产业有了很大发展，但同欧美发达国家相比，我国活性炭在产品质量、制造技术方面还有待提高，存在"两高一资"现象。日本用 $ZnCl_2$ 生产活性炭，其活化剂消耗很低，1t 活性炭消耗 50kg $ZnCl_2$，而国内企业平均消耗 $ZnCl_2$ 在 300kg/t 左右。美国 H_3PO_4 法生产 1t 活性炭只消耗 H_3PO_4 0.1～0.15t，国内企业平均在 0.35t。

由此可见，我国的活性炭产业仍需要进一步优化其制备工艺方法，其科研开发的空间较大。生物质活性炭的成本直接决定生物质活性炭的实际应用。改性提高了生物质活性炭的吸附效果，但也提高了生物质活性炭的制造成本。因此，在实际应用中要综合评价生物质活性炭的多种指标，选择性价比合适的生物质活性炭。

参 考 文 献

[1] Lehmann J, Rillig M C, Thies J, et al. Biochar effects on soil biota-A review [J]. Soil Biology & Biochemistry, 2011, 43: 1812-1836.

[2] 周中仁, 吴文良. 生物质能研究现状及展望 [J]. 农业工程学报. 2006, 21 (12): 12-15.

[3] 陈冲. 负载 MgO 的稻壳基活性炭复合吸附剂制备及脱氟机理 [D]. 武汉: 华中科技大学, 2015.

[4] Liou Tzong-Horng, Wu Shao-Jung. Characteristics of microporous/mesoporous carbons prepared from rice husk under base- and acid-treated conditions [J]. Journal of Hazardous Materials, 2009, 171 (1-3): 693-703.

[5] 窦智峰, 姚伯元. 高性能活性炭制备技术新进展 [J], 海南大学学报自然科学版, 2006, 24 (3): 74-82.

[6] 李传统. 新能源与可再生能源技术 [M]. 南京: 东南大学出版社, 2005: 116-117.

[7] Wang T, Camps-Arbestain M, Hedley M. Predicting Caromaticity of biochars based on their elemental composition [J]. Organic Geochemistry, 2013, 62: 1-6.

[8] Figueiredo J L, Pereira M F R, Freitas M M A, et al. Modification of the Surface Chemistry of Activated Carbon [J]. Carbon, 1999, 37 (9): 1379-1389.

[9] Keiluweit M, Nico P S, Johnson M G, et al. Dynamic Molecular Structure of Plant Biomass-Derived Black Carbon biochar [J]. Environmental Science & Technology, 2010, 44: 1247-1253.

[10] Ren X, Zhang P, Zhao L, et al. Sorption and degradation of carbaryl in soils amended with biochars: influence of biochar type and content. Environmental Science and Pollution Research [J]. 2016, 23: 2724-2734.

[11] 徐娟. 高性能生物质炭材料的制备与吸附特性研究 [D]. 南京: 东南大学, 2015.

[12] Wu Y J, Li W, Wu Q, et al. Preparation, Properties and Applications of Hydrochar [J]. Progress in Chemistry, 2016, 28 (1): 121-130.

[13] Sevilla M S, Fuertes A. Chemical and structural properties of carbonaceous products obtained by hydrothermal carbonization of saccharides [J]. Chemistry-A European Journal, 2009, 15 (16): 4195-4203.

[14] Zheng M, Liu Y L, Xiao Y, et al. An easy catalytic-free hydrothermal method to prepare monodisperse carbon microspheres on a large scale [J]. Journal of Physical Chemical C, 2009, 113 (19): 8455-8459.

[15] Titirici M, Thomas A, Antonietti M. Back in the black: hydrothermal carbonization of plant material as an efficient chemical process to treat the CO_2 problem? [J]. New Journal of Chemistry, 2007, 31 (6): 787-789.

[16] Hoekman S K, Broch A, Robbins C. Hydrothermal carbonization (HTC) of lignocellulosic biomass [J]. Energy & Fuels. 2011, 25 (4): 1802-1810.

[17] Bobleter O. Hydrothermal degradation of polymers derived from plants [J]. Progress in polymer science. 1994, 19 (5): 797-841.

[18] Mumme J, Eckervogt L, Pielert J, et al. Hydrothermal carbonization of anaerobically digested maize silage [J]. Bioresource Technology, 2011, 102 (19): 9255-9260.

[19] Sun K, Ro K, Guo M X, et al. Sorption of bisphenol A, 1,7-alpha-ethinyl estradiol and phenanthrene on thermally and hydrothermally produced biochars [J]. Bioresource Technology, 2011, 102 (10): 5757-5763.

[20] Lu X W, Jordan B, Berge N D. Thermal conversion of municipal solid waste via hydrothermal carbonization:

Comparison of carbonization products to products from current waste management techniques [J] . Waste Management, 2012, 32 (7): 1353-1365.

[21] Kim K R, Fujisawa T. Feasibility of recycling residual solid from hydrothermal treatment of excess sludge [J] . Environmental Engineering Research, 2008, 13 (3): 112-118.

[22] Schneider D, Escala M, Supawittayayothin K, et al. Characterization of biochar from hydrothermal carbonization of bamboo [J] . Energy and Environmental, 2011, 2 (4): 647-652.

[23] Roman S, Nabais J M V, Laginhas C, et al. Hydrothermal carbonization as an effective way of densifying the energy conten of biomass [J] . Fuel Processing Technology, 2012, 103: 78-83.

[24] Jun S, Joo S H, Ryoo R, et al. Synthesis of New, Nanoporous Carbon with Hexagonally Ordered Mesostructure [J] . Journal of the American Chemical Society, 2000, 122 (43): 10712-10713.

[25] 刘巍, 羊依金, 黄静. 氯化锌活化法制备软锰矿-核桃壳活性炭的研究 [J] . 西部资源, 2012, 3: 174-177.

[26] 杨润昌, 周书天. 石油炼厂废水污泥硫酸催化炭化研究 [J] . 环境科学, 1996 (4): 54-56.

[27] Hata T, Vystavel T, Bronsveld P, et al. Catalytic carbonization of wood charcoal: graphite or diamond [J] . Carbon, 2004, 42 (5-6): 961-964.

[28] 吴倩芳, 吴建芝, 张付申. 水热炭化餐厨垃圾制备纳米铁/炭复合材料 [J] . 环境工程学报, 2013, 7 (2): 695-700.

[29] Jain A, Balasubramanian R, Srinivasan M P. Hydrothermal conversion of biomass waste to activated carbon with high porosity: a review. [J] . Chemical Engineering Journal, 2016, 283: 789-805.

[30] 吴倩芳, 张付申. 水热炭化废弃生物质的研究进展 [J] . 环境污染与防治, 2012, 34 (7): 70-74.

[31] Zhang F S, Wu J Z, Liu Z G. Characterization and application of chars produced from pinewood pyrolysis and hydrothermal treatment [J] . Fuel, 2010, 89 (2): 510-514.

[32] Li M, Li W, Liu S X. Hydrothermal synthesis, characterization, and KOH activation of carbon spheres from glucose [J] . Carbohydrate Research, 2011, 346 (8): 999-1004.

[33] 王省伟. 核桃果皮基活性炭的制备及吸附性能研究 [D] . 延安: 延安大学, 2015.

[34] Muthanna J A, Theydan S K. Microporous activated carbon from Siris seed pods by microwave-induced KOH activation for metronidazole adsorption [J] . J Anal Appl Pyrolysis, 2013, 99, 101-109.

[35] Deng H, Li G, Yang H, Tang J, Tang J. Preparation of activated carbons from cotton stalk by microwave assisted KOH and K_2CO_3 activation [J] . Chem Eng J, 2010, 163 (3), 373-381.

[36] Sun Y, Yue Q, Gao B, Wang B, Li Q, Huang L, Xu X. Comparison of activated carbons from Arundo donax Linn with $H_4P_2O_7$ activation by conventional and microwave heating methods [J] . Chem Eng J, 2012, 192, 308-314.

[37] Junior O P, André L. Cazetta, Gomes R C, et al. Synthesis of $ZnCl_2$-activated carbon from macadamia nut endocarp (Macadamia integrifolia) by microwave-assisted pyrolysis: Optimization using RSM and methylene blue adsorption [J] . Journal of Analytical & Applied Pyrolysis, 2014, 105 (5): 166-176.

[38] 邓辉, 张根林, 高英, 孙萍. 棉杆活性炭的微波辐射磷酸法制备、表征及吸附性能 [J] . 石河子大学学报 (自然科学版), 2011, 29 (5): 618-622.

[39] 蔡晓旭. 废弃蘑菇培养基活性炭的制备、吸附及再生研究 [D] . 北京: 北京林业大学, 2015.

[40] Ahmed M J, Theydan S K. Optimization of microwave preparation conditions for activated carbon from Albizia lebbeck seed pods for methylene blue dye adsorption [J] . Journal of Analytical and Applied Pyrolysis, 2014, 105 (0): 199-208.

[41] Junior O P, André L Cazetta, Gomes R C, et al. Synthesis of $ZnCl_2$-activated carbon from macadamia nut endocarp (Macadamia integrifolia) by microwave-assisted pyrolysis: Optimization using RSM and

methylene blue adsorption [J]. Journal of Analytical & Applied Pyrolysis, 2014, 105 (5): 166-176.

[42] Ferrera-Lorenzo N, Fuente E, Sufirez-Ruiz I, Ruiz B. KOH activated carbon from conventional and microwave heating system of a macroalgae waste from the Agar-Agar industry [J]. Fuel Processing Technology, 2014. 121 (0): 25-31.

[43] 孙媛媛. 芦竹活性炭的制备、表征及吸附性能研究 [D]. 济南: 山东大学, 2014.

[44] Gu J Y, Li K X, Wang J, et al. Control growth of carbon nanofibers on Ni/activated carbon in a fluidized bed reactor [J]. Microporous & Mesoporous Materials, 2010, 131 (1-3): 393-400.

[45] Chen X W, Su D S, Hamid S, et al. The morphology, porosity and productivity control of carbon nanofibers or nanotubes on modified activated carbon [J]. Carbon, 2007, 45 (4): 895-898.

[46] 程济慈. 废菌渣活性炭的制备及对水中 Cr(Ⅵ) 与苯胺的去除研究 [D]. 太原: 太原理工大学, 2019.

[47] Basta A It, Fierro V, Elsaied H, et al. 2-Steps KOH activation of rice straw: an efficient method for preparing high-performance activated carbons. [J] Bioresource Technology, 2009, 100 (17): 3941.

[48] 宋燕, 李开喜, 杨常玲, 等. 石油焦制备高比表面积活性炭的研究 [J]. 石油化工, 2002, 31 (6): 431-435.

[49] 张晓昕, 郭树才, 邓贻钊. 高比表面积活性炭的制备 [J]. 材料科学与工程, 1996, 14 (4): 34-37.

[50] 占可隆, 李国君, 占政荣. 活性炭 [M]. 北京: 教育科学出版社, 2008.

[51] Wu F C, Tseng R L, Juang R S. Preparation of highly microporous carbons from fir wood by KOH activation for adsorption of dyes and phenols from water [J]. Separation and purification technology, 2005, 47 (1-2): 10-19.

[52] El-Hendawy A N A. An insight into the KOH activation mechanism through the production of microporous activated carbon for the removal of Pb^{2+} cations [J]. Applied Surface Science, 2009, 255 (6): 3723-3730.

[53] 王秀芳, 张会平, 陈焕钦. KOH 活化法高比表面积竹质活性炭的制备与表征 [J]. 功能材料, 2006, 37 (4): 675-679.

[54] Raymundo Pifiero E, Azáfs P, Cacciaguerra T, et al. KOH and NaOH activation mechanisms of multi-walled carbon nanotubes with different structural organisation [J]. Carbon, 2005, 43 (4): 786-795.

[55] Lozano-Castelló D, M A Lillo-Ródenas, D Cazorla. Amorós, et al. Preparation of activated carbons from Spanish anthracite: I. Activation by KOH [J]. Carbon, 2001, 39 (5): 741-749.

[56] Nowicki P, Pietrzak R, Wachowska H. Sorption properties of active carbons obtained from walnut shells by chemical and physical activation [J]. Catal Today, 2010, 150, 107-114.

[57] Yhanchanok T, Artnaseaw A, Wongwicha P, et al. Microporous Activated Carbon from KOH-Activation of Rubber Seed-Shells for Application in Capacitor Electrode [J]. Energy Procedia, 2015, 79: 651-656.

[58] Tsai W T, Chang C Y, Wang S Y, et al. Preparation of activated carbons from corn cob catalyzed by potassium salts and subsequent gasification with CO$_2$ [J]. Bioresource technology, 2001, 78 (2): 203-208.

[59] Zabaniotou A, Stavropoulos G, Skoulou V. Activated carbon from olive kernels in a two-stage process: Industrial improvement [J]. Bioresource Technology, 2008, 99 (2): 320-326.

[60] 王秀芳. 高比表面积活性炭的制备表征及应用 [D]. 广州: 华南理工大学, 2006.

[61] 邢宝林, 谌伦建, 张传祥, 等. KOH 活化法制备褐煤基活性炭的活化机理研究 [J]. 中国矿业大学学报, 2014, 43 (6): 1038-1045.

[62] 曹青, 吕永康, 鲍卫仁, 等. 玉米芯制备高比表面积活性炭的研究 [J]. 林产化学与工业, 2005, 25 (1): 66-68.

[63] 苏伟. 椰壳基微孔活性炭制备与表征研究 [D]. 天津：天津大学化工学院，2003.

[64] 厉悦，李湘洲，刘敏. 稻壳基活性炭制备及表征 [J]. 中南林业科技大学学报，2007，27（6）：183-186.

[65] Pari G，Darmawan S，Prihandoko B. Porous Carbon Spheres from Hydrothermal Carbonization and KOlt Activation on Cassava and Tapioca Flour Raw Material [J]. Procedia Environmental Sciences，2014，20（20）：342-351.

[66] Rahman I A，Saad Bal，Shaidan S，et al. Adsorption characteristics of malachite green on activated carbon derived from rice husks produced by chemical-thermal process [J]. Bioresource Technology，2005，96：1578-1583.

[67] Hu Z，Srinivasan M P. Preparation of high-surface-area activated carbons from coconut shell [J]. Microporous & Mesoporous Materials，1999，27（1）：11-18.

[68] 王娜. 玉米芯高比表面积活性炭制备及应用探索 [D]. 天津：天津大学，2008.

[69] 余峻峰，陈培荣，俞志敏，等. KOH 活化木屑生物炭制备活性炭及其表征 [J]. 应用化学，2013，30（9）：1017-1022.

[70] 张琼. 煤基制备活性炭及其吸附性能研究 [J]. 山西化工. 2018，38（2）：25-26，29.

[71] 崔纪成. 棉秆基活性炭的表征及其 Cu^{2+} 吸附特性 [J]. 江苏农业科学，2017，45（9）：245-248.

[72] 公维洁. 碱法制备甘蔗渣活性炭对有机实验室废水吸附处理效果研究 [J]. 农产品加工（上），2017，10（8）：9-11，15.

[73] Yorgun S，Vural N，Demiral H. Preparation of high-surface area activated carbons from Paulownia wood by $ZnCl_2$ activation [J]. Microporous and Mesoporous Materials，2009，1 22（1/2/3）：189-194.

[74] Lua A C，Yang T. Characteristics of activated carbon prepared from pistachio-nut shell by zinc chloride activation under nitrogen and vacuum conditions [J]. Journal of Colloid and Interface Science，2005，290（2）：505-513.

[75] 李红艳，程济慈，田晋梅，等. 废菌渣活性炭对水中 Cr(Ⅵ) 的吸附特性研究 [J]. 水处理技术，2019，45（7）：24-30.

[76] 张会平，叶李艺，杨立春. 氯化锌活化法制备木质活性炭研究 [J]. 材料科学与工艺，2006，14（1）：42-45.

[77] Onal YAkmil-Basar C，Sarici-Ozdemir C，et al. Textural development of sugar beet bagasse activated with $ZnCl_2$ [J]. Journal of hazardous materials，2007，142（1-2）：138-143.

[78] Wang J，Qiu N，Wu H，et al. Preparation of pruning mulberry shoot-based activated carbon by $ZnCl_2$ activation [J]. Advanced Materials Research，2011，282-283：407-411.

[79] 张立波，彭金辉，涂建华，等. 氯化锌活化烟杆制造活性炭及孔结构表征 [J]. 炭素技术，2005，24（3）：14-19.

[80] 张志柏，朱义年，刘辉利，等. 氯化锌活化法制备甘蔗渣活性炭吸附剂 [J]. 化工环保，2009，29（1）：62-66.

[81] Caturla F，Molina-Sabio M，F. Rodríguez-Reinoso. Preparation of activated carbon by chemical activation with $ZnCl_2$ [J]. Carbon，1991，29（7）：999-1007.

[82] Jain A，Balasubramanian R，Srinivasan M P. Tuning hydrochar properties for enhanced mesopore development in activated carbon by hydrothermal carbonization [J]. Microporous & Mesoporous Materials，2015，203：178-185.

[83] Guo Y P，David A. R-Physicochemical properties of carbons prepared from pecan shell by phosphoric acid activation [J]. Bioresource Technology，2007，98（8）：1513-1521.

[84] Castro-Mufiiz A, Suarez-Garcia E, Martinez Alonso A, Tascón J M D. Activated carbon fibers with a high content of surface functional groups by phosphoric acid activation of PPTA [J]. Journal of Colloid and Interface Science, 2011. 361 (1): 307-315.

[85] Jagtoyen M. Derbyshire F-Activated carbons from yellow poplar and white oak by H_3PO_4 activation [J]. Carbon, 1998, 36 (7/8): 1085-1097.

[86] 高佩, 李红艳, 张峰, 等. 玉米芯活性炭的制备及对水中 Cr(Ⅵ) 的去除 [J]. 工业水处理, 2018, 38 (8): 44-49.

[87] 张会平, 叶李艺, 杨立春. 磷酸活化法活性炭的吸附性能和孔结构特性 [J]. 化工进展, 2004, 23 (5): 524-528.

[88] 梁琼. 山核桃外果皮活性炭的制备及其吸附性能的研究 [D]. 杭州: 浙江农林大学, 2015.

[89] 王志高, 蒋剑春, 邓先伦, 等. 磷酸法制各酸水解木质素粉状活性炭的工艺研究 [J]. 林产化工通讯, 2005, 39 (4): 1-5.

[90] Nakagawa Y Molina-Sabio M, Rodrlguez-Reinoso E. Modification of the porous structure along the preparation of activated carbon monoliths with H_3PO_4 and $ZnCl_2$ [J]. Microporous and mesoporous materials, 2007, 103 (1-3): 29-34.

[91] Reddy K S K, Shoaibi A Al, Srinivasakannan C. A comparison of microstructure and adsorption characteristics of activated carbons by CO and H_3PO_4 activation from date palm pits [J]. New Carbon Materials, 2012, 27 (5): 344-351.

[92] Budinova T, Ekinci E, Yardim F, et al. Characterization and application of activated carbon produced by H_3PO_4 and water vapor activation [J]. Fuel Processing Technology, 2006, 87 (10): 899-905.

[93] 陈文婷, 黎先发, 徐建蓉, 等. K_2CO_3 活化空心莲子草制备活性炭及表征 [J]. 中国化工学会年会, 2015: 353-358.

[94] 廖钦洪, 李会合, 刘奕清, 等. 碳酸钾活化剂法制备稻壳活性炭的工艺优化 [J]. 农业工程学报, 2015 (11): 256-261.

[95] 刘雪梅, 陈嘉玮, 马闯. 碳酸钾改性油茶壳活性炭对水中甲醛的吸附研究 [J]. 湖北农业科学, 2018, 57 (1): 47-50, 85.

[96] Omer Sahin, Cafer Saka. Preparation and characterization of activated carbon from acorn shell by physical activation with H=O—CO_2 in two-step pretreatment [J]. Bioresource Technology, 2013, 136: 163-168.

[97] 夏洪应. 优质活性炭制备及机理分析 [D]. 昆明: 昆明理工大学, 2006.

[98] Yang Kunbin, Peng Jinhui, Xia Hongying, et al. Textural characteristics of activated carbon by single step CO_2 activation from coconut shells [J]. Journal of the Taiwan Institute of Chemical Engineers, 2010, 41 (3): 367-372.

[99] 南京林产工业学院. 木材热解工艺学 [M]. 北京: 中国林业出版社, 1983.

[100] Rambabu N, Azargohar R, Dalai A K, et al. Evaluation and comparison of enrichment efficiency of physical/chemical activations and functionalized activated carbons derived from fluid petroleum coke for environmental applications [J]. Fuel Processing Technology, 2013, 106: 501-510.

[101] Rodriguez-Reinoso F, Molina-Sabio M, Gonzfilez M T. The use of steam and CO_2 as activating agents in the preparation of activated carbons [J]. Carbon, 1995, 33 (1): 15-23.

[102] 张会平, 叶李艺, 杨立春. 物理活化法制各椰壳活性炭研究 [J]. 厦门大学学报（自然科学版）, 2004, 43 (6): 833-835.

[103] Ismadji S, Sudaryanto Y Hartono S, et al. Activated carbon from char obtained from vacuum pyrolysis of teak sawdust: pore structure development and characterization [J]. Bioresource technology, 2005,

96 (12): 1364-1369.

[104] 胡志杰，郑鹏，叶明清. 利用水蒸气活化稻壳生产活性炭的研究 [J]. 中国野生植物资源，2012，31 (3): 67-70.

[105] 李勤，金保升，黄亚继，等. 水蒸气活化制备生物质活性炭的实验研究 [J]. 东南大学学报：自然科学版，2009, 39 (5): 1008-1011.

[106] Sahin O. Saka C-Preparation and characterization of activated carbon from acorn shell by physical activation with H_2O-CO_2 in two-step pretreatment [J]. Bioresour Technol，2013，136: 163-168.

[107] Walker Jr P L. Production of activated carbons: use of CO_2 versus H_2O as activating agent [J]. Carbon，1996, 34 (10): 1297-1299.

[108] Rodrigueze-Reinoso F，Molina-Sabio M，Gonzalez M T. The use of steam and CO_2 as activating agents in the preparation of activated carbons [J]. Carbon 1995，33 (1): 15-23.

[109] Yang Kunbin，dinhui Peng，C. Srinivasakannan，et al. Preparation of high surface area activated carbon from coconut shells using microwave heating [J]. Bioresource Technology，2010，101: 6163-6169.

[110] 杨娇萍. 超级电容器用多孔活性炭材料研究 [D]. 北京化工大学，2005.

[111] Lua A C，Guo J. Activated carbon prepared from oil palm stone by one-step CO_2 activation for gaseous pollutant removal [J]. Carbon，2000，38 (7): 1089-1097.

[112] Aworn A，Thiravetyan P，Nakbanpote W. Preparation of CO_2 activated carbon from corncob for monoethylene glycol adsorption [J]. Colloids and Surfaces A: Physicochemical and Engineering Aspects，2009，333 (1/2/3): 19-25.

[113] 杨晓霞，张亚婷，杨伏生，等. 物理-化学耦合活化法制煤基活性炭 [J]. 煤炭转化，2009, 32 (4): 66-70.

[114] 代晓东，刘欣梅，钱岭. 物理化学耦合活化法制备活性炭 [J]. 炭素技术，2008, 27 (4): 30-33.

[115] 刘植昌，凌立成，吕春祥. 铁催化活化制备沥青基球状活性炭中孔形成机理的研究 [J]，燃料化学学报，2000, 28 (4): 320-323.

[116] 张本镔. 以生物质热解炭为原料制备高性能活性炭及其吸附应用的研究 [D]. 厦门：厦门大学，2015.

[117] 艾艳玲，李铁虎，冀勇斌. 微波加热与传统加热制备高比表面活性炭的对比研究 [J]. 西北工业大学学报，2009, 27 (8): 527-531.

[118] Toshihide Horikawa，Keiko Ogawa，Katsuhiko Mizuno，et al. Preparation and characterization of the carbonized material of phenol-formaldehyde resin with addition of various organic substances [J]. Carbon，2003，41 (3): 465-472.

[119] Hu C C，Wang C C，Wu F C，et al. Characterization of pistachio shell-derived carbons activated by a combination of KOH and CO_2 for electric double-layer capacitors [J]. Electrochimica Acta，2007，52 (7): 2498-2505.

[120] Hameed B H，El-Khaiary M I. Equilibrium kinetics and mechanism of malachite green adsorption on activated carbon prepared from bamboo by K_2CO_3 activation and subsequent gasification with CO_2 [J]. J Hazard Mater，2008，157 (2/3): 344-351.

[121] 赵家昌，陈思浩，解晶莹. 模板-物理活化法制备高性能中孔炭材料 [J]. 电源技术，2007, 31 (12): 1000-1003.

[122] Yao S，Zhang J，Shen D，et al. Removal of Pb(Ⅱ) from water by the activated carbon modified by mitrowave heat [J]. Journal of Colloid & Interface Science，2016，463: 118-127.

[123] Likodimos V，Steriotis T A，Papageorgiou S K，et al. Controlled surface functionalization of multiwall

carbon nanotubes by HNO₃ hydrothermal oxidation [J]. Carbon, 2014, 69 (0): 311-326.

[124] Strelko Jr V, D J Malik. Characterization and Metal Sorptive Properties of Oxidized Active Carbon [J]. Journal of Colloid and Interface Science, 2002, 250 (1): 213-220.

[125] Cotoruelo L M, María D. Marqués, José Rodríguez-Mirasol, et al. Lignin-based activated carbons for adsorption of sodium dodecylbenzene sulfonate: Equilibrium and kinetic studies [J]. Journal of Colloid and Interface Science, 2009, 332 (1): 39-45.

[126] 刘文宏, 袁怀波, 昌建平. 不同温度下 HNO₃ 改性对活性炭吸附银的影响 [J]. 中国有色金属学报, 2007, 17 (4): 663-667.

[127] Chen J P S, Wu K-H. Surface modification of a granular activated carbon by citric acid for enhancement of copper adsorption [J]. Carbon, 2003, 41 (10): 1979-1986.

[128] 高尚愚, 安部郁夫, 棚田成纪, 松原义治. 表面改性活性炭对苯酚及苯磺酸吸附的研究 [J]. 林产化学与工业, 1994, 24 (3): 29-34.

[129] Chen W, Cannon E S, Rangel-Mendez J R. Ammonia-tailoring of GAC to enhance perchlorate removal. Ⅱ: Perchlorate adsorption [J]. Carbon, 2005, 43 (3): 581-590.

[130] 李开喜, 凌立成, 刘朗, 等. 氨水活化的活性炭纤维的脱硫作用 [J]. 环境科学学报, 2001, 21 (1): 74-78.

[131] Shaarani E W, B H Hameed. Ammonia-modified activated carbon for the adsorption of 2,4-dichlorophenol [J]. Chemical Engineering Journal, 2011, 169 (1-3): 180-185.

[132] Huang M C, H Teng. Nitrogen-containing carbons from phenol-formaldehyde resins and their catalytic activity in NO reduction with NH₃ [J]. Carbon, 2003, 41 (5): 951-957.

[133] Zhu H, Jia Y, Wu X, Wang H. Removal of arsenic from water by supported nano zero-valent iron on activated carbon [J]. Journal of Hazardous Materials, 2009, 172 (2-3): 1591-1596.

[134] 姚淑华, 贾永锋, 汪国庆, 石中亮. 活性炭负载 Fe(Ⅲ) 吸附剂去除饮用水中的 As(Ⅴ) [J]. 过程工程学报, 2009, 9 (2): 250-256.

[135] 朱慧杰, 贾永锋, 吴星, 王赫. 负载型纳米铁吸附剂去除饮用水中 As(Ⅲ) 的研究. 环境科学 [J]. 2009, 30 (6): 1644-1648.

[136] Maruyama J, I Abe. Enhancement effect of an adsorbed organic acid on oxygen reduction at various types of activated carbon loaded with platinum [J]. Journal of Power Sources, 2005, 148 (0): 1-8.

[137] Ramos R L, Ovalle-Turrubiartes J, Sanchez-Castillo M A. Adsorption of fluoride from aqueous solution on aluminum-impregnated carbon [J]. Carbon, 1999, 37 (4): 609-617.

[138] Chen J R, S Wu. Simultaneous adsorption of copper ions and humic acid onto an activated carbon [J]. Journal of Colloid and Interface Science, 2004, 280 (2): 334-342.

[139] Zhang W, Liu H, Xia Q, Li Z. Enhancement of dibenzothiophene adsorption on activated carbons by surface modification using low temperature oxygen plasma [J]. Chemical Engineering Journal, 2012, 209 (0): 597-600.

[140] Wen H C, Yang K, Ou K L, Wu W E, Chou C E, Luo R C, Chang Y M. Effects of ammonia plasma treatment on the surface characteristics of carbon fibers [J]. Surface and Coatings Technology, 2006. 200 (101): 3166-3169.

[141] Choi H D, Jung W S, Cho J M, Ryu B G, Yang J S, Baek K. Adsorption of Cr(Ⅵ) onto cationic surfactant-modified activated carbon [J]. Journal of Hazardous Materials, 2009, 166 (2-3): 642-646.

[142] 何小超, 郑经堂, 于维钊, 王广昌, 曲险峰. 活性炭臭氧化改性及其对噻吩的吸附热力学和动力学 [J]. 石油学报, 2009, 24 (4): 426-432.

[143]　Albishri H M, H M Marwani. Chemically modified activated carbon with tris（hydroxymethyl）amin-omethane for selective adsorption and determination of gold in water samples [J]. Arabian Journal of Chemistry, In press http://dx. doi. org/10. 1016/j. arabic. 2011. 03. 017.

[144]　江霞，蒋文举，朱晓帆，金燕. 微波改性活性炭的吸附性能 [J]. 环境污染治理技术与设备，2004，5（1）：43-46.

第4章
生物质活性炭的性能研究

生物质活性炭的性质包括元素组成、密度、粒度分析、比表面积、孔径特征、表面基团等，其中比表面积、孔结构和表面基团对污染物的吸附影响最大。

4.1 生物质活性炭的物理性质

下列几个项目表示生物质活性炭的机械性，为生物质活性炭的应用者，尤其为大量的工业应用者所重视。

4.1.1 粒度分布

粒度是指采用标准的一套筛子筛分法，求出留在和通过每只筛子的生物质活性炭的重量，表示粒度分布。

生物质活性炭的粒度大小也会影响其吸附性能。例如，用同一种生物质活性炭从溶液中吸附同量亚甲基蓝的时间，因其粒度大小不同而快慢不同，粒径为 $50\sim75\mu m$ 的生物质活性炭远比粒径为 $1\sim2\mu m$ 的快。生物质活性炭的吸附速度与其大小的平方成正比，例如粒度 325 目（直径 0.043mm）的生物质活性炭要比粒度为 20 目（直径为 0.833mm）的吸附效果要快 375 倍 [即等于 $(0.833/0.043)^2$]。但是，不能认为研细的生物质活性炭的表面积要大于同量粒度生物质活性炭的表面积。因为表面积存在于广大丰富的内孔结构中，因此研磨不影响其表面积，但影响达到平衡吸附值的时间。

生物质活性炭颗粒粒径的大小对环境修复的影响不容忽略。Chen 等研究了不同粒径的竹炭（细、中、粗）颗粒添加到土壤中，发现细颗粒的生物质活性炭能够增加微生物的量、改变群落结构[1]。Thompson 等对 DDT 和氯丹污染的沉积物修复时发现生物质活性炭能够显著降低污染物的浓度，并且修复效果受颗粒大小影响显著[2]。

4.1.2 密度和强度

一般地，表示生物质活性炭的密度主要有真密度和颗粒密度两种。

(1) 真密度

又称体积密度或颗粒密度，是指包含生物质活性炭内部孔隙容积而不包含生物质活性炭颗粒之间空隙容积的单位体积生物质活性炭的重量。

(2) 颗粒密度

又称表观密度或堆积密度，是指既包含生物质活性炭内部孔隙容积又包含生物质活性炭颗粒之间空隙容积的单位体积生物质活性炭的重量。

(3) 强度

强度是指生物质活性炭的耐破碎性。生物质活性炭的强度与其耐磨性有很大关系，耐磨性即耐磨损和抗摩擦的性能。

这些机械性质直接影响生物质活性炭的性能，例如：密度影响容器大小；粉炭粗细影响过滤；粒炭粒度分布影响流体阻力和压降；破碎性影响使用寿命和废炭再生。

4.1.3 孔隙结构

吸附性能是生物质活性炭的首要性质。由于生物质活性炭的结构比较复杂，一般认为生物质活性炭是由类似石墨的碳微晶按"螺层形结构"排列，由于微晶间强烈交联作用形成发达的孔隙结构，形成了生物质活性炭巨大的比表面积，从而使生物质活性炭具有较强的吸附能力。生物质活性炭的孔隙结构对生物质活性炭的吸附性能有非常重要的影响，制备生物质活性炭的原材料和生产工艺对生成的孔隙结构有很大的影响。生物质活性炭具有像石墨晶粒却无规则地排列的微晶。在活化过程中微晶间产生了形状不同、大小不一的孔隙，颗粒状活性炭，其孔隙结构呈三分散系统，即它们的孔径很不均匀，主要集中在大孔、中孔和微孔三类尺寸范围。假定生物质活性炭的孔隙是筒孔形状，按一定方法计算孔径的半径大小可分为两类。

作为多孔吸附剂的生物质活性炭基本上是非结晶性物质，它是由微细的石墨状微晶和将它们连接在一起的烃类化合物部分构成的，其固体部分之间的间隙形成孔隙，赋予生物质活性炭所特有的吸附性能。

生物质活性炭具有的吸附性能主要决定于其多孔性结构。生物质活性炭中具有各种孔隙，不同的孔径能够发挥出与其相应的性能。根据 Dubinin 提出并为国际理论与应用化学协会（IUPAC）采纳的分类法，依据不同尺寸孔隙（w）中分子吸附的不同，将孔隙分为三类：$w>50nm$ 的为大孔；$2nm<w<50nm$ 的为中孔（又称过渡孔）；$w<2nm$ 的为微孔。但实际上这样的划分带有相当的主观性和武断性，因为吸附过程或填充过程不仅依赖于孔隙形态，而且受吸附质性能以及吸附质与生物质活性炭间相互作用的影响。

(1) 大孔

大孔又称粗孔，指半径大于 50nm 的孔隙。在大孔中，蒸气不会发生毛细管凝缩现象。大孔的内表面与非孔型活性炭表面之间无本质区别，其所占比例又很小，可以忽略它对吸附量的影响。大孔在吸附过程中起吸附通道的作用。大孔的孔隙容积一般为 $0.2\sim0.5mL/g$，表面积只有 $0.5\sim2m^2/L$，其作用：a. 使吸附质分子快速深入生物质活性炭最内部较小的孔隙中去；b. 作为催化载体时，催化剂常少量沉淀在微孔内，大部分沉淀在中孔和微孔中。

(2) 中孔

中孔也称过渡孔，指蒸气能在其中发生毛细管凝缩而使吸附等温线出现滞后回线的孔隙，其有效半径常处于 $2\sim50nm$。中孔的尺寸相对大孔小很多，尽管其内表面与非孔型活性炭表面之间也无本质的差异，但由于其比表面已占一定的比例，所以对吸附量存在一定的影响。但一般情况下，它主要起粗、细吸附通道的作用。中孔的孔面积一般为 $0.02\sim1.0mL/g$，表面积最高可达几百平方米，一般只有生物质活性炭总表面积的约 5%。其作用能吸附蒸气，并能为吸附物提供进入微孔的通道，又能直接吸附较大的分子。

(3) 微孔

微孔有着与被吸附物质的分子属同一量级的有效半径（$<2nm$），在高比表面积生物质活性炭中，微孔是生物质活性炭最重要的孔隙结构，决定其吸附量的大小。微孔内表面因为其相对避免吸附力场重叠，致使它与非孔型活性炭表面之间出现本质差异，因此影响其吸附机制。由于这些孔隙，特别是微孔提供了巨大的表面积。微孔的孔隙容积一般约为 $0.25\sim0.9mL/g$，孔隙数量约为 10^{20} 个，全部微孔表面积约为 $500\sim1500m^2/g$，通常以 BET 法测算，也有称高达 $3500\sim5000m^2/g$ 的。生物质活性炭几乎 95% 以上的表面积都在微孔中，中大孔在吸附过程中主要起通道作用。因此，除有些大分子进不了以外，微孔是决定生物质活性炭吸附性能高低的重要因素。

因此，在半径小于 $1.5\sim2nm$ 的微孔中，由于邻近孔壁的力场相互重叠，增加了固体与气体分子间的相互作用力。实验测量与理论计算的结果都证明，在以分子尺寸度量的孔中，吸附过程与在更大的孔中是不同的。目前，已提出许多微孔分析方程，如 t-曲线法、MP 法（微孔分析法）、DR 法、预吸附法等[3]。

物理吸附首先发生在尺寸最小、势能最高的微孔中，然后逐渐扩展到尺寸较大、势能较低的微孔中。微孔的吸附并非沿着表面逐层进行，而是按溶剂填充的方式实现，而大孔、中孔却是表面吸附机制。所以，活性炭的吸附性能主要取决于它的孔隙结构，特别是微孔结构，存在的大量中孔对吸附也有一定的影响。

很多吸附是可逆的物理吸附，即被吸附物为液体，在一定温度和压力下被生物质活性炭吸附，在高温低压下被吸附物又解吸出来，生物质活性炭内表面积又恢复原状。这是广泛应用的物理吸附，学术上又称为范德华吸附。

经过炭化、活化的生物质活性炭会形成数量众多的孔隙结构，不同大小的孔在吸附过程中发挥的作用也不同：大孔起到从液相或气相中吸附吸附质的作用，适宜微生物及菌类繁殖，使活性炭能发挥生物质机能，但其所占比例微小，对吸附量的作用可以忽略；而中大孔在吸附过程中主要承担为吸附质提供扩散通道的作用[4]，但当大的分子进入孔内，不能被小孔所吸附时，生物质活性炭的吸附主要靠中孔发挥作用；微孔在吸附过程中起主导作用，占总表面积的95％以上，是影响吸附量的主要因素。生物质活性炭孔径大小和分布直接影响其吸附水中污染物的性能，通常大分子污染物在生物质活性炭上的吸附效果要大大降低。常见生物质活性炭的孔隙结构如书后彩图1所示。

表面结构和形态也会随着炭化温度发生显著变化[5]。例如，随着炭化温度升高，比表面积增加，这主要是由于一些脂肪烷基和酯基官能团在高的炭化温度下被破坏，导致了比表面积的增加；当温度≥700℃，比表面积反而减少，这主要是由于很多微孔结构发生变形、开裂或者被堵塞[6]。废菌渣生物质活性炭表面分布大量均匀的微孔结构，载锰废菌渣生物质活性炭孔隙更为丰富且分布的负载物更为均匀[7]。

4.1.4　总孔隙度和大孔容积

孔结构和孔形状对于吸附都有很大影响，微孔生物质活性炭结构中存在开孔型、部分闭孔型和间充笼型几种孔隙。由于特殊的碳结构，使得活性炭吸附剂的孔隙具有狭缝型的特征，这与其他类型吸附剂的孔隙有明显的区别：如苯分子（一种片状分子）可以被孔隙尺寸为0.4nm的生物质活性炭分子筛吸附而不被孔隙尺寸为0.4nm的沸石所吸附；CMS可优先吸附扁平的苯分子而不吸附椅形或船形的环己烷分子或异丁烷（这两种分子将不能进入狭缝型孔隙）。

按照分子尺度和生物质活性炭吸附剂之间的关系所划分的吸附状态主要有4种：

① 分子尺度＞细孔直径时，因分子筛作用，分子无法进入孔隙，故不起吸附作用；

② 分子尺度约等于细孔直径时，分子直径与细孔直径相当，生物质活性炭吸附剂对吸附分子的捕捉能力非常强，适于极低浓度下的吸附；

③ 分子尺度＜细孔直径时，吸附质分子在细孔内发生毛细凝聚，吸附量大；

④ 分子尺度≤细孔直径时，吸附的分子容易发生脱附，脱附速度快，但低浓度下的吸附量小。

通常研究的微孔活性炭吸附剂微孔的实际尺度应与气相吸附分子尺度相当或小于微孔径。

孔容是影响生物质活性炭吸附性能的关键因素。Zhi 和 Liu 研究生物质活性炭对全氟烷酸化合物的吸附性能时发现，微孔（<8nm）对全氟辛酸铵和全氟辛烷磺酸有高的能量吸附位点，吸附分配系数（K_d）随着微孔（<8nm）的增加而增加[8]。Lattao 等研究发现木材制备的生物质活性炭对苯、萘和 1,4-2 硝基苯的吸附性能与生物质活性炭的物理化学性质都不显著相关，但是用模型拟合发现吸附性能与微孔-中孔权重加和相关[9]。Karanfil 和 Kilduff 等研究表明微孔效应和空间位阻也是影响颗粒活性炭（GAC）吸附的物理因素，微孔效应是指一些孔径<20nm 具有高的吸附性能的位点，这些孔的尺寸只是略微大于吸附质分子；空间位阻是指吸附剂的表面积和微孔体积只允许部分污染物分子通过，这种现象在共存污染物体系中经常见到[10]。

4.1.5 比表面积

生物质活性炭的比表面积是指单位质量的生物质活性炭所具有的总表面积数，单位通常用 m^2/g 来表示，是最为重要的表观生物质活性炭吸附性能的参数。多孔材料的比表面积多采用较为成熟的 BET 吸附法测得，常见的生物质活性炭比表面积一般为 800～1500m^2/g，特殊的超级生物质活性炭比表面积可高达 2500～4000m^2/g。废菌渣生物质活性炭的比表面积高达 857.14m^2/g[7]，生物质活性炭表面积一般应包括内表面积和外表面积两种，事实上吸附性质主要来自巨大的内表面积，因此不能误认为把生物质活性炭研碎磨细会明显提高表面积从而提高吸附力。

生物质活性炭的比表面积、孔径分布是影响吸附的物理因素。Kupryianchyk 等研究了一系列由不同的原料制备的生物质活性炭对疏水性有机污染物的吸附，将吸附系数和生物质活性炭的物理性质进行线性拟合；结果表明吸附系数 $\lg K_f$ 与比表面积呈正相关[11]，这是由于对于比表面积较低的生物质活性炭来说通常含有开放的大孔较多，而那些易于锁定污染物的小孔体积较小。另外，比表面积较大的生物质活性炭则含有更多的污染物结合位点，有利于污染物的吸附。Ying 等和 Yang 等研究发现由木屑和棉花秸秆制备的生物质活性炭对污染物的吸附也受到比表面积的影响[12]。

对于自然界和工业制备的吸附剂来说，微孔结构可能来源于不同的组分，Han 等研究了自然界吸附剂主要包括腐殖酸（HA）、胡敏素（HMs）、非水解炭（NHCs）和工程吸附剂（生物质活性炭）对菲的吸附性能，结果表明吸附剂对菲的吸附剂/水体分配系数（K_{oc}）和单位有机碳的比表面积（CO_2-比表面积/OC）显著相关，表明了微孔填充对于菲的吸附起主导作用；自然吸附剂的 CO_2-比表面积/OC 随脂肪组分的增加而增加，表明自然吸附剂的微孔主要来源于它们的脂肪族成分。相反对于生物质活性炭工程吸附剂，CO_2-比表面积/OC 或 $\lg K_{oc}$ 和它们的芳香性呈显著正相关，表明了生物质活性炭的微孔主要来自芳香结构[13]。

4.2 生物质活性炭的化学性质

生物质活性炭的吸附除了物理吸附，还有化学吸附。生物质活性炭的吸附性能不仅与物理性质如孔隙结构有关，而且取决于化学组成（如其表面化学性质）和化学结构。比表面积和孔结构影响生物质活性炭的吸附容量，而表面化学性质影响生物质活性炭同极性或非极性吸附质之间的相互作用力。

生物质活性炭表面的不饱和价和结构缺陷，不仅对生物质活性炭吸附非极性物质有影响，而且对极性物质在生物质活性炭表面的吸附也有很大影响。生物质活性炭中除了碳元素以外，包含两类掺杂物：一类掺杂物是化学结合的元素，主要是氧和氢，来源于未完全炭化的原料，或者是在活化过程中，外来的非碳元素与碳发生化学结合；另一类掺杂物是灰分，它是生物质活性炭的无机部分，主要来自活性炭生产用原料。木质活性炭灰分含量较低，一般在8%以下；煤基活性炭灰分含量较高，一般在8%～20%；生物质活性炭的灰分较低，一般在6%以下。

在制备生物质活性炭的活化反应中，微孔进一步扩大形成了许多大小不同的孔隙，孔隙表面一部分被烧掉，化学结构出现缺陷或不完整，此外由于灰分及其他杂原子的存在，使生物质活性炭的基本结构产生缺陷和不饱和价，使氧和其他杂原子吸附于这些缺陷上与层面上和边缘上的碳反应形成各种键，以至形成各种表面功能基团，因而使生物质活性炭产生了各种各样的吸附特性。对生物质活性炭吸附性质产生重要影响的化学基团主要是含氧官能团和含氮官能团。Boehm等又把活性炭表面官能团分成酸性、碱性和中性三组：酸性基团为羧基（—COOH）、羟基（—OH）和羰基（—C＝O）；碱性基团为—CH$_2$或—CHR基，其中—CH$_2$或—CHR基能与强酸和氧反应；中性基团为醌型羰基。

4.2.1 元素组成

(1) 生物质活性炭的表面极性和芳香性影响吸附

生物质活性炭的元素组成（有机碳含量）和原子比影响其表面极性和芳香性，H/C、(O+N)/C通常用来表征生物质活性炭的极性和芳香性，即H/C越小则芳香性越高，(O+N)/C越大则极性越大[14]，有机碳含量常用来表征炭质材料的疏水性。生物质活性炭表面极性和芳香性以及疏水性是影响有机污染物吸附的一个关键因素。一般地，当炭化温度>500℃时，由O—、H—官能团的流失导致炭质材料极性减少，芳香性增加，能够显著影响有机污染物的吸附。大量研究表明高温条件下制备的生物质活性炭吸附能力高于低温条件下制备的生物质活性炭，主要是由于高温条件下制备的炭芳香性增加、极性降低[15]。

有研究也发现在 400℃ 下制备的生物质活性炭极性很高，能够更加有效地吸附达草灰和氟啶酮。这些差异主要是由于有机物的不同造成的；一些极性化合物例如达草灰和氟啶酮主要是通过污染物和生物质活性炭的含氧官能团形成氢键进行吸附的，但一些非极性化合物例如三氯乙烯主要是通过生物质活性炭表面的疏水性结合进行吸附[16]。疏水性作用也是影响吸附的关键因素，例如 Wang 等研究表明吸附性能随着污染物的辛醇-水分配系数（K_{ow}）而增加[17]；但 Zhi 和 Liu 研究各种炭质材料对全氟烷酸类化合物的吸附时，极性和疏水性不是影响吸附的主要因素[8]。

(2) 生物质活性炭的灰分含量影响吸附

生物质活性炭的灰分含量也是影响吸附的关键因素，Sun 等研究发现矿物质影响有机质在生物质活性炭上的表面分布，从而影响吸附能力[18]。Wang 等研究了玉米秸秆、松木屑、猪粪制备的生物质活性炭对疏水性有机污染物的吸附性能，发现猪粪炭的吸附能力高于另外两种生物质活性炭，主要是由于猪粪活性炭灰分含量高，限制了有机质中极性官能团随着温度升高的流失[17]。但也有研究发现灰分含量高的生物质活性炭对有机污染物的吸附能力较低[6]。Liu 等利用污水污泥炭化制备的生物质活性炭用于吸附 1-萘芬，通过比较两组活性炭 DA（先将炭炭化再去除灰分）、DC（先去除灰分再炭化炭）吸附性能的差异，发现在 800℃ 时 DA800 吸附性能、芳香性明显高于 DC800，说明了灰分在高温热解过程中能够催化形成有序的石墨结构[19]。

4.2.2 表面官能团

生物质活性炭的化学性质主要由表面化学官能团、表面杂原子和化合物确定，不同的表面官能团、杂原子和化合物对不同的吸附质有明显的吸附差别。生物质活性炭表面含有大量各种各样的表面官能团，这些官能团和污染物分子之间可能通过形成共价键结合促进吸附。

生物质水热炭化的过程中产生的生物质活性炭表面含有丰富的官能团（如羟基、羰基、胺基、烷烃、芳香环等），由于反应过程在水中进行，相比于热解反应，其中含氧、氮官能团比较丰富。除此之外，利用水热炭化制备特定的产物可以通过添加剂、化学试剂或后续的处理来使水热炭表面有效的负载所需要的特定官能团，在催化、吸附、土壤修复、电池等领域发挥相应的作用。

(1) 含氧官能团

生物质水热炭化官能团的产生主要有两种途径：一是在水热炭化过程中由于低温使得大部分生物质无法完全炭化；二是在水热炭化过程中有意添加改性剂对生物质活性炭表面进行改性得来。一般来说，具有阳离子交换特性的生物质活性炭表面的含氧官能团多，其酸性也强，反之为阴离子交换特性。大多数生物质原材料本身含有丰富的氧元素，氧化改性后的生物质可提升含氧官能团的含量，使得生物质水热炭的极性、催化性质、表面电荷量发生改变。Ezra 等[20]认为表面酸性含氧官能团的增多，对于水溶液中的有机物的吸附主要由于 Л-Л 色散力、氢键作用产生。因此为提高含氧官能团含量，研究者利用磷酸、硝酸、有机酸等一步水热合成具有较强离子交换能的炭材料。Zhang 等在 180℃的葡萄糖和水混合态中，添加甲苯磺酸、间苯二酚两种有机物合成含磺酸根的炭材料，其具有较好的活性和重复利用性。Laszlo[21]发现表面氧化后的含氧官能团对苯酚的吸附量增强，笔者认为表面酸性增强了与苯酚结合能，其中氢键起到了关键的作用。

在环境催化改性方面，通过添加有机或无机试剂在水热炭化过程或之后产生相应的官能团，是一种有效的表面修饰方法。然而随着工业化的发展以及对环境友好材料的开发，提高废弃生物质利用效率的有效途径是生物质活性炭材料发展的方向。

(2) 含氮官能团

含氮官能团作为水热炭表面重要的官能团之一，被认为具有一定的催化位点。在制备特定吸附剂、燃料电池容积、高导材料中表现出了优越的性能，利用含氮的废弃生物质作为原料或添加剂在水热条件下合成高含量的含氮官能团。目前通过水热炭化过程的优化制备出表面含有含氮官能团的研究受到了广泛的关注。Wu 等利用水热炭化后的材料作为修饰表面含氮官能团的原料，结构显示，含氮官能团被大量负载在表面上，广泛用于能量储存、药物运输、化学药品等领域。

生物质活性炭和污染物分子之间的表面官能团可能通过静电吸引和排斥作用影响吸附，生物质活性炭表面一般都是带负电的，能够通过静电引力吸引带正电的阳离子有机污染物。Qiu 等和 Xu 等研究发现阳离子染料包括甲基紫和罗丹宁在活性炭上的吸附主要是通过静电吸引进行吸附[22,23]。

生物质活性炭在高炭化温度下表面含有缺电子/多电子官能团，所以能够和多电子/缺电子官能团发生相互作用[24]。大量研究表明富含电子的石墨炭表面能够和缺电子的有机物之间发生 π-π 电子供体和受体的相互作用[6]。也有研究发现芳胺阳离子能够作为电子受体和炭质材料（生物质活性炭、黑炭和石墨）作为电子供体形成 $π^+$-π 共价键[25]。

一些极性有机污染物如酚类、苯胺类和硝基化合物等含有高负电性的 N、O、F 原子往往能和活性炭炭表面的含 H 官能团形成氢键[24]。Teixido 等研究发现阴离子化合物磺胺甲嘧啶在碱性条件下释放的—OH 能够和生物质活性炭表面的羧酸盐或酚盐结合形成氢键[26]。污染物的表面官能团也影响生物质活性炭的吸附性能，例如由橘子皮制备的生物质活性炭在 200～350℃对 1-萘芬的吸附性能高于萘，这主要是由于 1-萘芬和生物质活性炭表面的—OH 官能团发生相互作用[27]。

4.2.3 表面酸碱性

生物质活性炭在适当条件下经过强氧化剂处理，可以提高其表面酸性基团的含量，从而增强其对极性化合物的吸附能力。实验研究，通过对生物质活性炭进行强氧化表面处理后，对 11 种不同气体和蒸气进行吸附，结果表明改性生物质活性炭对苯、乙胺等的吸附容量大大降低，主要是因为生物质活性炭表面经过强氧化后缺失了大量的微孔；而对氨水和水的吸附能力却大大增强，这主要是因为生物质活性炭表面氧化物的增加。因此，随着生物质活性炭表面氧化物的增加，其对极性分子的化学吸附也增强。

生物质活性炭表面可能存在的几种含氧官能团，其中并排的羧基有可能脱水形成酸酐；若与羧基或羰基相邻，羰基有可能形成内酯基或芳醇基；单独位于"芳香层"边缘的单个羟基具有酚的特性；羰基有可能单独存在或形成醌基；氧原子有可能简单地替换边缘的碳原子而形成醚基。通过与重氮甲烷的交换化反应，与甲醇的酯化反应以及其他反应，已成功地测定了这些官能团的化学结构。官能团表现出不同的酸性。一般来说，生物质活性炭的氧含量越高，其酸性也越强。具有酸性表面基团的活性炭具有阳离子交换特性。氧含量低的活性炭表面表现出碱性特征以及阴离子交换特征。除了含氧官能团外，含氮官能团也对生物质活性炭的性能产生显著影响。生物质活性炭表面的含氮官能团主要取决于生物质活性炭的制备方式。生物质活性炭表面的氮原子可以通过生物质活性炭与含氮试剂反应和用含氮原料制备两种方式引入。

通过还原剂对生物质活性炭进行表面还原处理，从而提高碱性基团的相对含量，增加表面的非极性，提高生物质活性炭对非极性物质的吸附能力。表面还原后的生物质活性炭，在对染料处理时表现出不一样的特性。对于阴离子染料，生物活性炭表面碱度和吸附效果间有着密切的联系，吸附机理是生物质活性炭表面无氧Lewis 碱位与被吸附染料的自由电子的交互作用。对于阳离子染料，生物质活性炭表面的含氧官能团起到了积极的作用，可使经过热处理的生物质活性炭依然对阳离子染料有良好的吸附效果，这说明静电吸附和色散吸附是两种相当的吸附机制。

通常来说，表面官能团中酸性化合物越丰富，越有利于极性化合物的吸附；表面官能团中碱性化合物越丰富，越有利于吸附弱极性或者是非极性物质。生物质活性炭表面的酸碱性会影响溶液的 pH 值，溶液 pH 值的改变会影响生物质活性炭表面官能团和污染物分子的存在性质（质子化或去质子化），最终影响生物质活性炭对污染物的吸附[28]。Zhi 和 Liu 研究生物质活性炭对全氟烷酸化合物的吸附性能时发现，吸附系数 K_d 和生物质活性炭的表面碱度显著相关，而表面酸度对吸附影响较小[8]。Zhi 和 Liu 研究发现吸附性能和生物质活性炭表面的等电势点没有显著相关性，但是通过比较发现对等电势点（PZC）<pH＝7 的带负电荷的生物质活性炭由于静电排斥作用对阴离子污染物的吸附能力低，而对 PZC>pH＝7 表面带正电荷的生物质活性炭来说吸附能力强，说明了生物质活性炭的 PZC 对污染物的吸附存在一定影响的[8]。另外，溶液离子强度对有机污染物在生物质活性炭上的吸附有促进作用。阴离子艳蓝染料在炭质材料上的吸附性能随着离子强度增加而增加，这是由于溶液中 Na⁺增加能够中和生物质活性炭表面的负电荷，压缩表面双电子层，从而减少生物质活性炭和阴离子染料之间的静电排斥作用[22]。

通过液相沉积的方法可以在生物质活性炭表面引入特定的杂原子和化合物，利用这些物质与吸附质之间的结合作用，增加生物质活性炭的吸附能力。在液相沉积时，浸渍剂的种类是影响吸附效果的主要因素。针对不同的吸附质，可以采用不同的浸渍剂对生物质活性炭进行处理，以得到良好的吸附效果。

4.2.4 表面吸附性质

不同原材料和制备方法制成的生物质活性炭组成有所差别，通常 C 元素占 90％以上，O 元素占 4％左右，其余由 H、N、S 等元素组成。生物质活性炭本身是非极性的，但由于表面的共价键不饱和，易于其他元素如 O、H 结合，生成各种含氧官能团，使其带有微弱的极性。特别是改性后的生物质活性炭，表面极性官能团增加，极性大大增强，有利于吸附极性污染物。不同类型的生物质活性炭其含有的官能团也略有区别，常见的官能团有羧基、酚羟基、醌型羰基、内酯基等，有些生物质活性炭还含有含氮基团。

生物质活性炭不仅含碳，而且含少量化学组合、功能团形式的氧和氢，例如羰基、羧基、酚类、内酯类、醌类、醚类。这些表面上含有的氧化物和络合物，有些来自原材料的衍生物，有些是在活化时、活化后由空气或水蒸气的作用而生成。有时还生成表面硫化物和氯化物。在活化中原材料所含矿物质集中到生物质活性炭里成为灰分，灰分的主要成分是碱金属和碱土金属的盐类等，这些灰分含量可经水洗和酸洗的处理而降低。

值得注意的是，在对生物质活性炭进行表面官能团的改性时，也伴随着表面化学性质的变化，其表面积、孔容积以及孔径分布都会有一定的变化，这也会影响到活性炭的吸附。所以，在进行表面官能团的改性时，针对不同的吸附条件和吸附质采取不同的改性，要综合考虑物理结构和化学结构双重变化引起的影响。

生物质活性炭是疏水性的非极性吸附剂，能选择性地吸附非极性物质，而对不饱和的含碳化合物，如含双键或三键的化合物选择吸附能力较小；生物质活性炭比表面积较大，一般生物质活性炭产品的比表面积可达 $500\sim1200\mathrm{m}^2/\mathrm{g}$，特殊用途的生物质活性炭具有更高的比表面积。

生物质活性炭表面化学性质与活性炭加工工艺有关，在高温下用水蒸气活化制得颗粒活性炭表面多含碱性化合物，而用氯化锌法制得活性炭表面多含酸性化合物。生物质活性炭的化学性质非常稳定，能耐酸、碱，在比较大的酸碱度范围内应用；生物质活性炭不溶于水和其他溶剂，所以能在水溶液和许多溶剂中使用；生物质活性炭能经受高温和高压的作用，在有机合成中常用作催化剂或载体。

生物质活性炭使用失效后，可以用各种方法进行再生，使其恢复原来的吸附能力，活性炭一般能进行多次反复再生，如果再生方法合适，其吸附能力不会显著降低。

生物质活性炭的物理化学性质容易受到原材料类型、炭化温度、升温速率等的影响，尤其是炭化温度[24]，例如 Novak 等研究发现低温条件下制备的炭（250～400℃）具有不完全炭化、产量高、多元化结构（主要是脂肪炭和纤维素结构）等特点[29]，而 Keiluweit 等研究发现高温条件下制备的炭（400～700℃）具有高度芳香化结构、表现出刚性表面以及大量的非线性吸附毛孔[30]。这些性质的差异会显著影响其在环境中的运用。

原材料、制备过程（炭化温度、停留时间和升温速率等）的不同，制备出的生物质活性炭的理化性能之间（元素含量、比表面积以及孔容等）会存在很大差异（见表4-1），但是大多数生物质活性炭都具有巨大的比表面积、丰富的孔隙结构以及大量的表面官能团等，是一种良好的吸附剂材料。

表 4-1　不同原材料、不同炭化温度对生物质活性炭理化性能的影响

原料	炭化温度	C/%	H/%	O/%	N/%	BET 比表面积/(m²/g)	孔容/(cm³/g)	参考文献
花生壳	300	68.27	3.85	25.89	1.91	3.1	—	[15]
	700	83.76	1.75	13.34	1.14	448.2	0.2	
杨树枝	200	51.6	5.06	36.2	0.95	—	—	[31]
	350	68.9	1.67	16.5	1.84	4.03	—	
	500	74.5	1.17	6.56	1.13	30.5	—	
松针	350	70.2	2.70	26.8	0.3	514	0.14	[11]
	500	86.1	2.90	10.6	0.4	595	0.16	
	700	91.5	1.10	6.7	0.6	807	0.21	

生物质活性炭对疏水性有机污染物的吸附受生物质活性炭的物理性质（比表面积、孔径分布、孔体积和孔形状）和化学性质（元素组成、表面酸碱性、等电势点、表面官能团）的影响较大（具体见表4-2）。

表 4-2　生物质活性炭对水中疏水性有机污染物的吸附及其影响因素

污染物	生物质活性炭类型	影响因素	参考文献
烃类，染料	玉米和小麦秸秆	静电吸引/排斥和分子间氢键	[22]
基阿特拉津	鸡粪(350℃,700℃)	高的比表面积和芳香性，吸附到非炭化组分上	[32]
磺胺甲嘧啶	硬木(600℃)	π-π 共价键，带负电促进氢键形成	[26]
萘	橘皮(250℃,400℃,700℃)	吸附和分配	[33]
五氯苯酚	竹炭(600℃)	扩散和分配减少浸出	[34]
甲萘威和阿特拉津	猪粪(350℃,700℃)	疏水作用，孔隙填充，和 π-π 共价键	[35]

污染物	生物质活性炭类型	影响因素	参考文献
全氟烷基酸	多种炭质材料	高的酸碱中和能力/离子交换能力	[8]
内分泌干扰物	河流中溶解性和颗粒有机碳	疏水作用	[36]
乙草胺,17α-炔雌醇,菲	玉米秸秆松木屑猪粪(250~600℃)	灰分,孔隙填充	[17]
磺胺甲嘧啶	秸秆(300~600℃)	分配(范德华力),吸附(氢键和 π-π 共价键)	[37]

4.3 生物质活性炭的表征分析

生物质活性炭的物化性质与其吸附性能和机理有密切关系,因此需要对生物质活性炭进行性能表征。生物质活性炭的物化性质包括颗粒大小、表面内部形貌特征、表面电性、材料的比表面积和孔分布、表面官能团种类及密度、材料组成及晶型等。由于生物质活性炭孔隙结构的微观性以及复杂性,对生物质活性炭孔隙结构进行准确的表征非常困难。为了测定生物质活性炭等多孔性物质的比表面积及孔径分布,人们曾研究多种方法,但每种方法都有其局限性,很难对所有孔径进行准确表征。压汞法、分子吸附法和密度函数理论等是目前公认适合生物质活性炭孔隙结构表征的方法。

压汞法主要用来测定大孔和中孔范围的孔径结构。该方法利用液态汞在200MPa高压下压入孔体系,所填充的容积是压力的函数,蒸气凝聚的压力与孔隙的半径密切相关。分子吸附法用来测定微孔,如利用在 77K 下的氮气吸附,测定吸附等温线的方法有重量法和容量法,这些方法都利用了吸附凝聚的密度与其液相密度相一致的假设。

生物质活性炭上的主要杂原子为氧原子,最常见的官能团为羧基、内酯基、羟基和酚羟基。这些基团使生物质活性炭在水中呈两性。利用这种酸碱特性可以测定出表面的含氧基团。生物质活性炭表面官能团的种类可以通过傅里叶变换红外光谱(FTIR)、拉曼光谱、X 射线光电子能谱(XPS)等手段来判断。材料表面如含有多种官能团,每种官能团的定量分析较难,但可以通过酸碱滴定法测定酸性和碱性基团的总密度;如果生物质活性炭含有单一基团,可以通过滴定法测得密度,如果是离子基团,可以通过离子交换法测定基团密度。

下面为检测生物质活性炭主要性能的表征分析手段,并重点以废菌棒生物质活性炭(MRAC)和玉米芯生物质活性炭(CCAC)的各种表征分析进行介绍。

4.3.1 傅里叶变换红外光谱（FTIR）

红外光谱是由分子永不停歇的振动和转动产生的，分子振动指分子中的各个原子在平衡位置做相对运动形成的图形。傅立叶转换红外光谱分析仪（Fourier transform infrared spectroscopy，FTIR）的工作原理是将一束波长不同的红外射线照在物质分子上面，特定波长的红外射线被吸收，导致了透光率减小，最后在 $400 \sim 4000 cm^{-1}$ 范围内绘制出波束和吸光度之间的关系曲线，即分子的红外吸收光谱。傅里叶变换红外技术是生物质活性炭表面官能团定性分析的有力工具，特别是对于结构和组成相对较单一的生物质活性炭的分析。这种分析方法是通过比转动能量大且伴随有转动能级的跃迁的分子的振动能量得到的分子振动-转动光谱分析知道活性炭中有哪些基团，通过不同阶段 FTIR 光谱的对照，可以通过分析生物质活性炭吸附污染物前后材料表面有效官能团的特征峰变化来判断参与吸附的基团；可以观察到反应具体发生了哪些变化。

傅里叶变换红外光谱法（FTIR）可以测知分子的转动态和振动态，从而可以得出关于被吸附物质中心及被吸附物质与表面之间键合的性质。由于生物质活性炭为黑色，对红外辐射吸收强，同时表面不均匀的物理结构又加大了红外光的散射，而且极易被（背景）吸收。因此，一般认为只要碳含量大于 94% 就不适合于采取红外光谱分析。而由于采取了干涉光装置，来自全光谱的辐射在整个扫描期间始终照射在检测器上，使光通量增大，分辨率提高。FTIR 偏振性较小，可以累加多次，快速扫描后进行记录。

生物质活性炭的红外光谱反映了其内部的分子结构，分子中各基团的振动与图谱中的吸收峰是一一对应的。两种化合物的结构不同，那就一定不会有相同的红外光谱图。吸附污染物后，生物质活性炭表面官能团的特征峰的位置会发生偏移，从而证明污染物通过化学键吸附到生物质活性炭表面的官能团上。例如，氨化生物质活性炭通过氨基络合吸附重金属时，氨基的特征峰会发生明显的移动。当生物质活性炭吸附分子结构复杂的有机物时，吸附后的生物质活性炭的红外光谱由于污染物特征峰的存在而变得复杂，有时甚至难以看出特征峰的变化。FTIR 分析得到吸附质官能团的特征峰时，不能说明发生了吸附，因为吸附质也可以通过物理作用或随溶液残留在生物质活性炭表面。红外光谱需要找出通过化学作用参与吸附的官能团，从而为揭示吸附机理提供依据。粉末状生物质活性炭可以和 KBr 混合，压片后采用投射红外光谱进行分析；如果样品是颗粒较大的生物质活性炭，则需要采用全反射傅里叶红外光谱（ATR-FTIR）对样品直接分析，不需磨碎混合。

在 200℃、400℃、600℃和 800℃不同温度下煅烧制备的稻草生物质活性炭表面官能团存在差异，主要为 $1600 cm^{-1}$ 处 C=O 键的反对称伸缩振动在热解过程中逐渐烧失，尤其当煅烧温度达 800℃时 C=O 键的反对称伸缩振动基本消失，说明随着煅烧温度增加，生物质活性炭中的 C 含量逐渐降低。在 $1060 cm^{-1}$ 处直链烷烃的 C—C 伸缩振动随着煅烧温度的增加也发生了位移,这可能是由于热解过程中 C═O 键周围化学环境发生变化所致。

不同煅烧温度下制备的稻草生物质活性炭的 FTIR 图谱在 804cm^{-1} 处均存在 C═O 键的变角振动和对称伸缩振动。在 200℃、400℃、600℃ 和 800℃ 四种温度下煅烧制备的稻草生物质活性炭在 1600cm^{-1}、1060cm^{-1} 和 804cm^{-1} 处有相似的吸收峰,说明同一物料来源的生物质活性炭表面的官能团在不同烧制温度下有一定的连续性。

陈晓晓对改性玉米秸秆的 FTIR 表明,胺基(N—H)官能团的伸缩振动吸收峰强度较大,可能是由于接枝到玉米秸秆上的季胺基团引起的[38]。梁琼用山核桃外果皮为原料制备的生物质核桃壳活性炭经 FTIR 表征表明:山核桃外果皮中纤维素和半纤维素官能团,活化制备成核桃壳生物质活性炭时部分官能团被氧化[39]。

图 4-1 为玉米芯生物质活性炭(CCAC)、玉米秸秆生物质活性炭(CSAC)及市售活性炭(CAC)的 FTIR 图。

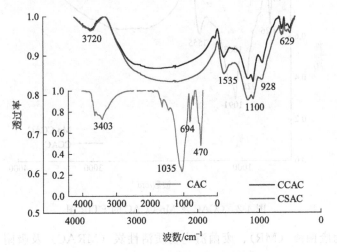

图 4-1 CCAC、CSAC 及 CAC 的 FTIR 图

由图 4-1 可知,CCAC 和 CSAC 的波峰相似,并且 CCAC 吸收峰强度最强,CSAC 次之,两者在 3600cm^{-1}、1600cm^{-1}、1100cm^{-1}、950cm^{-1}、650cm^{-1} 有明显的吸收峰,分别对应于羟基 O—H 键、C═O 键、C—O 单键和 C—O—C 醚键及—COOH 羧酸键;CAC 在 3600cm^{-1}、1050cm^{-1}、750cm^{-1} 及 680cm^{-1} 有明显的吸收峰,分别对应于—O—H 键、C═O 键、—CH$_2$—键及—OH,说明 CCAC、CSAC 及 CAC 样品均拥有丰富的有机官能团。CCAC 与 CSAC 比 CAC 的官能团丰富得多,表面官能团对水中重金属离子也有较强的促进作用。相比 CCAC 与 CSAC,CAC 的吸收峰强度最弱。

CCAC 对重金属有较好的去除效果,但对于有机污染物苯胺去除效果较弱。因此采用 KMnO$_4$ 溶液对 CCAC 进行改性制备 Mn-CCAC,Mn-CCAC 与 CCAC 的

FTIR 图如图 4-2 所示。经过 KMnO₄ 溶液改性之前，波数小于 $1000cm^{-1}$ 的范围内，可以看到各种单键的伸缩振动，并且是含氢基团的弯曲振动吸收区。结果表明经过 KMnO₄ 氧化改性后的 CCAC，表面的酸性含氧官能团增加，而这些官能团是与苯胺发生了作用，这些官能团非常主要，因此官能团的增加，加强了 Mn-CCAC 与苯胺的结合作用，一定程度上增加了对苯胺的吸附量。由图 4-2 可以看出，$1000cm^{-1}$ 左右的吸收峰为—OH 键，而经过 KMnO₄ 氧化改性后，—OH 键消失，分析后可以得出—OH 键被氧化为—C═O 键等，增强了 Mn-CCAC 对苯胺的吸附性能。经 KMnO₄ 处理后的 CCAC，内酯基、酚羟基中的—OH 等含氧官能团增多，主要因为 KMnO₄ 具有强氧化性，可以氧化 CCAC 表面的元素，使得Mn-CCAC 表面的极性增加，对苯胺的亲和力增强。

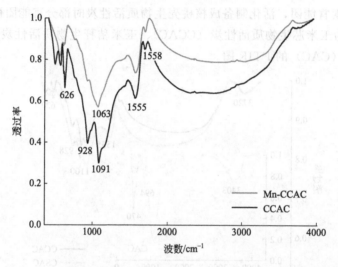

图 4-2　CCAC 及 Mn-CCAC 的 FTIR 图

　　图 4-3 为废菌渣（MR）、废菌渣生物质活性炭（MRAC）及吸附 Cr(Ⅵ) 后废菌渣生物质活性炭（AMRAC）的 FTIR 图。由图 4-3 可知，MR 有 4 个强吸收峰在 $3500\sim1000cm^{-1}$ 区域出现，分别为羟基（—OH）、甲基和亚甲基（—CH₃、—CH₂）、羰基（C═O）和 C—O 的伸缩振动吸收峰和变形振动吸收峰，说明了大量的通过 β-1,4 糖苷键连接的组成的含有许多氢键直链多糖纤维素和半纤维素存在于 MR 中，影响了其吸附能力，同时也抑制了选择性。在 $850cm^{-1}$ 附近则是芳环（C—H）的变形振动。

　　MR 制备成 MRAC 后的吸收峰在 $3500\sim1000cm^{-1}$ 区域内有较明显的减弱甚至基本消失，其中的链结晶结构受到破坏。MRAC 及 AMRAC 分别在 $3650cm^{-1}$、$3450cm^{-1}$ 附近有 O—H 伸缩振动吸收峰，说明 Cr(Ⅵ) 在 MRAC 表面上与其他离子在配位键的作用下生成了某些化合物，使得 MRAC 及 AMRAC 的红外光谱图有所改变。在 $1674cm^{-1}$ 处为 N—H 键的面内弯曲振动吸收峰，说明 MR 在制备成

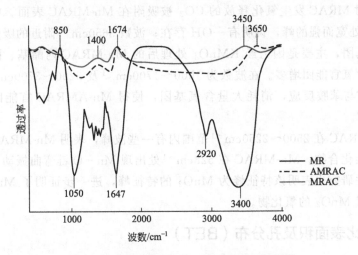

图 4-3 MR、MRAC 及 AMRAC 的 FTIR 图

MRAC 后依然保留有一定的胺基功能团。在 $1620cm^{-1}$ 处的吸收峰对应于烯烃 $C=C$ 的伸缩振动。在 $1400\sim1380cm^{-1}$ 伸缩振动样品中存在羧基。

图 4-4 为 MRAC、载锰改性废菌渣生物质活性炭（Mn-MRAC）及吸附水中苯胺后的载锰改性废菌渣生物质活性炭（Mn-AMRAC）的 FTIR 图。

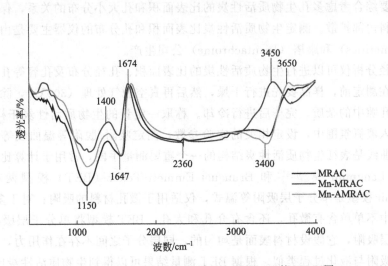

图 4-4 MRAC、Mn-MRAC 及 Mn-AMRAC 的 FTIR 图

由图 4-4 可知 MRAC 波数小于 $1000cm^{-1}$ 范围内，可看到单键的伸缩振动，可能是由含氢基团的弯曲振动引起的。MRAC 在 $1500cm^{-1}$ 处存在微弱的吸收峰，可能是因为羧基或者是苯环骨架的伸缩振动，经过 $KMnO_4$ 改性后的 Mn-MRAC 表面的含氧官能团增加，加强了 Mn-MRAC 与苯胺的结合。Mn-MRAC 在 $2360cm^{-1}$ 处有明显的尖锐峰推测是负载 $KMnO_4$ 的 MRAC 在焙烧过程中金属离子发生了碳

还原，同时 MRAC 发生氧化释放的 CO_2 被吸附在 Mn-MRAC 表面。中心位置在 $3429cm^{-1}$ 处宽而强的峰，说明有—OH 存在；波数 $3650cm^{-1}$ 附近的吸附峰是游离的—OH 基团，主要是因为经 $KMnO_4$ 处理后的 Mn-MRAC 内酯基、酚羟基中的—OH 等含氧官能团增多。在波数为 $1000\sim1700cm^{-1}$ 及 $3200\sim3700cm^{-1}$ 范围内，Mn-MRAC 与苯胺反应，消耗大量含氧基团，使得 Mn-AMRAC 官能团数量低于 Mn-MRAC。

Mn-MRAC 在 $2500\sim2250cm^{-1}$ 范围内有一些波峰，表明 Mn-MRAC 表面可能存在脂肪族化合物。Mn-MRAC 在 $528cm^{-1}$ 处出现 Mn—O 键弯曲振动引起的强吸收峰，相关研究也表明该特征峰为 MnO_2 的特征峰，进一步证明了 Mn-MRAC 表面确实生成 MnO_2 的氧化物。

4.3.2　比表面积及孔分布（BET）

比表面积是生物质活性炭吸附特性的重要指标，决定着生物质活性炭吸附量等，生物质活性炭的比表面积和孔结构常使用物理吸附法来测定，测定方法[40]主要有 BET 法、BJH 法和 Langmuir 法等，这些方法可以用来分析、计算生物质材料的比表面积和孔径分布。多孔生物质活性炭的孔大小和体积分布也非常重要，其决定吸附质是否能够进入生物质活性炭内部以及影响吸附速率。在吸附大分子污染物时，要综合考虑多孔生物质活性炭的比表面积和孔大小分布的关系，保证污染物能在材料内部扩散。测定生物质活性炭比表面积和孔分布的仪器主要是由美国麦克（Micromeritics）和康塔（Juantachrome）公司生产。

孔径分析仪可以进行生物质活性炭的比表面积、孔径分布及孔容等孔隙参数的测定。在测定前，样品要先进行干燥，然后再真空脱气处理（300℃），除去生物质活性炭孔隙中的杂质，完毕后进行冷却。称取一定量的生物质活性炭于样品管中，接着放入液氮氛围中，设定相关的实验参数，测定吸附/脱附等温曲线等数据。吸附等温曲线是表征生物质活性炭结构的一个重要测量手段，常用于计算比表面积的模型有 Langmuir 模型[41] 和 Brunauer-Emmett-Teller （BET） 模型两种，其中 Langmuir 模型是单分子层吸附等温式，仅适用于微孔材料的吸附；对于多孔材料，其结构中不单单含有微孔，还含有介孔和大孔，BET 模型将单分子层吸附理论推广到多层吸附，它假设材料表面是均匀的，同层分子之间不存在作用力，从第二层开始的吸附与液化过程类似。根据 BET 测量结果可以得到生物质活性炭比表面积、孔容、孔径分布和孔道类型等信息，从而为进一步分析结构与性能的关系提供了更加翔实的依据，模型表达式为：

$$\frac{n}{n_m} = \frac{CP}{(P_0-P)[1+(C-1)(P-P_0)]} \tag{4-1}$$

式中　n——吸附量，mg/g；

　　　n_m——单层饱和吸附量，mg/g；

P——吸附压力，Pa；

P_0——为饱和蒸气压，Pa；

C——常数。

对上式进行代数变换可得到下式：

$$\frac{(P/P_0)}{n-\left(1-\dfrac{P}{P_0}\right)}=\frac{1}{n_mC}+\frac{C-1}{n_mC}(P/P_0) \tag{4-2}$$

由 $\dfrac{(P/P_0)}{n-\left(1-\dfrac{P}{P_0}\right)}$ 对 P/P_0 作图，在相对压力为 $0.05\sim0.35$ 之间时呈线性关系，根据得到的斜率和截距，可得到饱和吸附量（nm），根据以下方程式可求出比表面积：

$$S=6.023\times10^{23}n_m\sigma \tag{4-3}$$

式中 S——比表面积，m^2；

σ——分子的截面积，m^2，若选择 N_2 分子为吸附质则 $\sigma=1.62\times10^{-21}\,m^2$。

吸附剂的比表面积使用 BET 公式计算，BET 模型适合于吸附等温线的一部分，适用的范围与吸附材料和吸附质的性质相关。一般情况下，适用范围为 P/P_0 值小于 0.3，BET 模型已成为计算多孔材料比表面积常用的方法。

假定孔隙为圆柱形，不同分压下孔隙内吸附的液态吸附质的体积等于相应尺寸孔隙的体积[42]。根据 Kelvin 方程，孔隙半径可表示为：

$$r_k=-\frac{2\delta V_m}{RT\ln\left(\dfrac{P}{P_0}\right)} \tag{4-4}$$

式中 δ——吸附质在沸点时的表面张力，N；

V_m——液体吸附质的摩尔体积，m^3/mol，液氮为 $3.47\times10^{-5}\,m^3/mol$；

R——气体常数，$8.314J/(mol\cdot K)$；

T——液态吸附质的沸点温度，K，液氮沸点为 77K；

P——达到吸附或脱附平衡后的气体压力，Pa；

P_0——气体吸附质在沸点时的饱和蒸气压，Pa。

r_k 不是真正的半径，因为在孔壁在吸附质凝聚之前和脱附之后都有一个吸附层，假设吸附层厚度为 d，因此，由式(4-5)计算实际的孔径：

$$r_p=r_m+d \tag{4-5}$$

d 由 Halsey 方程确定：

$$d=\tau\left(\frac{5}{2.303\lg\dfrac{P_0}{P}}\right)^{\frac{1}{3}} \tag{4-6}$$

式中　τ——单吸附层厚度，nm，氮气的 $\tau = 0.354\text{nm}$。

目前最常用的测量比表面积的方法是 N_2 吸/脱附曲线法，采用静态氮气吸附仪测定活性炭样品的比表面积和孔径分布。在温度为 77K 下，以液态氮为吸附介质，完成氮气吸附/脱附实验。测定前，活性炭样品需在 200℃下真空干燥 2h，确保样品管中无其他杂质气体。比表面积选区为 0.05～0.3。比表面积测定选用 BET 法[43]，孔径分布及孔容使用 BJH 法计算，一般介孔分布选用 BJH 模型，微孔分布选用 t-Plot 法。BJH 方法是基于上述 Kelvin 和 Halsey 方程，由于 Kelvin 方程并没有考虑微孔中的势能叠加效应，所以 BJH 在确定微孔分布时会产生较大的误差，仅适用于评价吸附材料介孔分布情况[44]。

从 N_2 的吸附等温线求比表面积和孔径分布。在中孔范围的解析方面，以开尔文方程为基础的 BJH 法和 DH 法是有效的。但在微孔范围中，孔径大致为 N_2 的几倍，处于不能简单地使用开尔文方程式范围。在微孔范围的孔隙填充可以用基于 Phlanyi 势能理论的 Dubinin 方程来表达。从 Dubinin 方程解析可以获得吸附模式、细孔体积以及吸附热等有关信息。依据特征吸附能可以推测细孔直径，还可以进一步算出微孔范围的孔径分布。

BET 测试理论是根据多分子层吸附模型推导出的单层吸附量 V_m 和多层吸附量 V 之间的关系方程，也就是著名的 BET 方程。通过测定不同氮气分压下几组被测样品的多层吸附量，分别以 P/P_0 和 $P/V(P_0-P)$ 为 X 轴、Y 轴，采用 BET 方程进行线性拟合，计算出斜率与截距，被测定的样品比表面积可由其中计算出的 V_m 值确定。陈晓晓对改性玉米秸秆的 BET 分析表明，改性玉米秸秆的比表面积相对增加，有助于吸附能力的增大，但比表面积增加不大，而改性前后玉米秸秆对水中 Cr(Ⅵ) 的去除率相差较大，进一步说明了秸秆的吸附作用发生明显变化主要是接枝到秸秆上的带正电的季胺基团引起的[38]。

图 4-5 为 CCAC、CSAC 及 CAC 的 N_2 吸附-脱附等温线，表 4-3 为样品分析结果。

表 4-3　样品分析结果表

样品	单点比表面积 /(m²/g)	BET 比表面积 /(m²/g)	t-Plot 微孔面积 /(m²/g)	t-Plot 微孔容积 /(m³/g)
CCAC	840.2542	826.6041	73.4117	0.054884
CSAC	816.4197	803.2366	38.5102	0.041109
CAC	21.4398	21.7881	25.3171	0.000814

由表 4-3 可知，CCAC 与 CSAC 的单点比表面积、BET 比表面积及孔容明显高于 CAC。由图 4-5 可知，CCAC 和 CSAC 的吸附等温线为 Ⅳ 形等温线，等温线拐点通常发生单层吸附，随着相对压力增加，第二层、第三层吸附逐步完成，最后

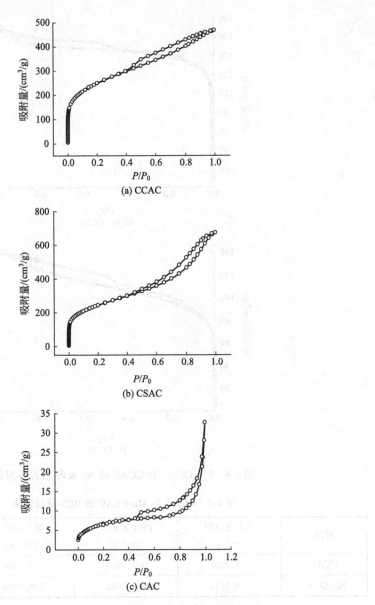

图 4-5　CCAC、CSAC 及 CAC 的 N_2 吸附-脱附等温线

达饱和蒸气压时吸附层数变成无穷多。吸附热小于吸附质液化热，随吸附的进行，吸附质分子与吸附剂表面的相互作用小于吸附质分子间的相互作用，导致吸附促进，它们在较高的相对压力下在某些孔中有毛细凝聚现象发生。而 CAC 的吸附-脱附等温线也是Ⅳ形吸附等温线，但其回滞环的形状表明其表面不平整。

　　图 4-6 为 Mn-CCAC 和 CCAC 的 N_2 吸附-脱附等温线，CCAC 与 Mn-CCAC 的 BET 分析结果见表 4-4。

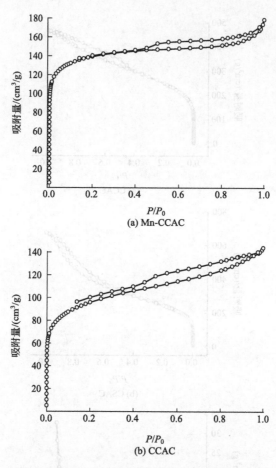

图 4-6　Mn-CCAC 和 CCAC 的 N_2 吸附-脱附等温线

表 4-4　CCAC 与 Mn-CCAC 的 BET 分析结果

样品	单点表面积 /(m²/g)	BET 表面积 /(m²/g)	微孔面积 /(m²/g)	微孔体积 /(m³/g)
CCAC	341.9258	341.0971	154.9709	0.215603
Mn-CCAC	519.1619	520.3081	328.5206	0.258376

　　由表 4-4 可知 Mn-CCAC 的单点比表面积、BET 比表面积及孔容明显高于 CCAC。由图 4-6 可知，CCAC 和 Mn-CCAC 的吸附等温线为 Ⅳ 型等温线，当相对压力值（P/P_0）很低时，吸附量快速增加，等温线拐点通常发生单层吸附；当 P/P_0 超过 0.1 后，吸附量的增加速率变缓，第二层、第三层吸附逐步完成；当 P/P_0 超过 0.4 后，等温曲线出现拖尾和滞后回环现象，最后达饱和蒸气压。主要是由于 CCAC 与 Mn-CCAC 中存在一定数量的中孔和大孔，在相对压力值较低时主要是微孔填充，之后随着相对压力的逐渐增大则发生多层吸附，之后相对压力值

在较高阶段时发生毛细凝聚现象。

表4-5是由比表面分析仪测定的MRAC的孔隙性质。

表4-5 MRAC的孔隙性质

样品	微孔孔容/(cm³/g)	中孔孔容/(cm³/g)	大孔孔容/(cm³/g)	总孔容/(cm³/g)	平均孔径/nm	BET比表面积/(m²/g)	微孔比表面积/(m²/g)
MR	0.0008	0.0038	0.0033	0.0079	16.1893	2.2915	
MRAC	0.1097	0.4010	0.0594	0.5701	3.4714	868.7040	222.4981
AMRAC	0.2298	0.1685	0.0316	0.4299	3.3267	742.5453	435.3480

由表4-5可知，MRAC的BET比表面积和微孔孔容与MR相比显著增加，说明MRAC的孔隙结构较MR的更发达，去除溶液中重金属的性能也更好。AMRAC的BET比表面积较MRAC的较少，但微孔比表面积及微孔体积均较MRAC较大，可得出AMRAC的中孔表面积及孔体积均减少，相关研究表明，中孔结构有利于溶液中重金属的去除，说明AMRAC去除水中溶液中重金属的性能减弱。

将MRAC的吸附数据整理得出N_2吸附-脱附等温曲线，如图4-7(a)所示。参照Brunauer吸附等温线分类的方法，MRAC对Cr(Ⅵ)的吸附属Ⅳ形吸附等温线，

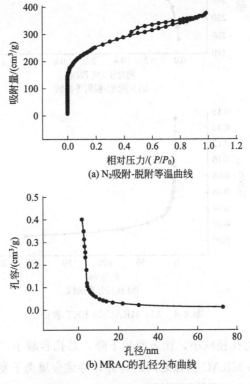

(a) N_2吸附-脱附等温曲线

(b) MRAC的孔径分布曲线

图4-7 MRAC的BET表征曲线

可以看到在相对压力值在 0.5～0.9 之间有明显的吸脱附滞后环，说明 MRAC 有大量的中孔存在。MRAC 的孔径分布曲线如图 4-7(b) 所示，由该图可知，MRAC 孔径分布较宽，主要在 2～50nm 之间，是典型的中孔材料。

表 4-6 及图 4-8 为 Mn-MRAC 的 BET 结果。

表 4-6　Mn-MRAC 的 BET 参数

样品	微孔孔容 /(cm³/g)	中孔孔容 /(cm³/g)	大孔孔容 /(cm³/g)	总孔容 /(cm³/g)	平均孔径 /nm	BET 比表面积/(m²/g)	微孔比表面积/(m²/g)
MR	0.0008	0.0038	0.0033	0.0079	16.1893	2.2915	
MRAC	0.1097	0.4010	0.0594	0.5701	3.4714	868.7040	222.4981
Mn-MRAC	0.2714	0.1591	0.0426	0.4731	3.3909	832.7896	515.1799
Mn-AMRAC	0.1720	0.1289	0.0337	0.3346	3.4640	573.5673	324.3834

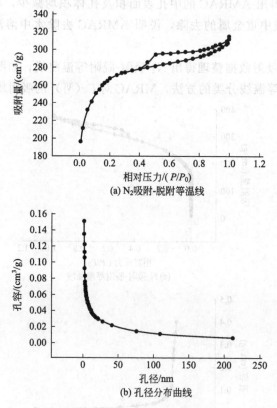

(a) N₂吸附-脱附等温线

(b) 孔径分布曲线

图 4-8　Mn-MRAC 的 BET 表征

Mn-MRAC 平均孔径减小，比表面积下降，总孔容减小，这是因为 KMnO₄ 浓度较高时易造成 Mn-MRAC 孔隙之间的合并，导致金属离子发生团聚失去活性，降低比表面积，总孔容和吸附性能降低 Mn-MRAC 新微孔的形成，因为 Mn-MRAC 上负载的金属锰在高温加热是会对周围的活性炭结构产生刻蚀、扩孔和穿孔的作用，这些都会使 Mn-MRAC 表面孔隙丰富且有分布均匀的负载物，从而有利于提高 Mn-MRAC 的吸附性能。与 MRAC 相比，Mn-MRAC 平均孔径也减小，其原因可能是 $MnCO_3$ 填充了 MRAC 的孔道。

4.3.3 扫描电子显微镜（SEM）

借助扫描电子显微镜（SEM）来研究生物质活性炭材料的孔隙结构、大小及其形貌。SEM 的工作原理是利用二次电子信号成像，当用极其狭窄的电子光束去照射样品表面时，电子光束与样品表面发生相互作用，其中最主要的是二次电子发射。二次电子成像可以呈现出样品表面放大后的形貌，从而得到样品的微观形貌，最终观察者可以看到待测样品表面的形貌，尺寸大小可以精确到纳米级。X 射线能量色散谱分析仪（EDS）是 SEM 的重要配套仪器，结合扫描电子显微镜，能够迅速对材料的元素分布进行定性和定量分析。

生物质活性炭的形貌特征可以通过扫描电子显微镜（SEM）、透射电子显微镜（TEM）和原子力显微镜（AFM）来直接观测。SEM 能够显示生物质活性炭的二维表面形貌；AFM 能够观测到生物质活性炭的三维立体表面结构；而 TEM 可以观测生物质活性炭内部或表面的结构。

扫描电镜是用聚焦电子束在活性炭表面逐点扫描成像。电子束与活性炭作用激发出二次信号，其中二次电子是最主要的成像信号。SEM 具有的优点：较高的分辨率；较高的放大倍数，几十到几十万倍之间连续可调；成像富有立体感，可直接观察各种活性炭凹凸不平表面的细微结构。

陈晓晓对改性玉米秸秆的 SEM 分析表明，改性玉米秸秆表面明显凹凸不平，吸附 $Cr(Ⅵ)$ 后表面呈现更多的颗粒状物质，说明改性玉米秸秆吸附作用可能主要通过接枝到表面的季胺活性基团实现[38]。梁琼用山核桃外果皮为原料制备的生物质核桃壳活性炭经 SEM 表征表明：山核桃外果皮活化成核桃壳炭后，表面平滑经磷酸活化后又变得粗糙，形成大量孔隙结构，层状结构增多，有利于吸附行为的进行[39]。

在不同温度条件下制备的稻草生物质活性炭表面非常不均匀，表明稻草生物质活性炭可以提供较多的吸附位供有机、无机污染物吸附。

书后彩图 2 为 CCAC、CSAC 及 CAC 的微观结构形态。

由书后彩图 2 可知，CCAC 及 CSAC 表面生成较多孔隙结构，并且 CCAC 比 CSAC 表面孔隙分布更为发达，更为均匀。这是由于玉米芯含有纤维等成分，而酸性溶液对玉米芯和玉米秸秆中的纤维类物质具有降解作用。并且 CCAC 和 CSAC 表面负载了 H_3PO_4，促进 CCAC 与 CSAC 表面生成孔隙结构，因此 CCAC 和 CSAC 比表面积增加。3 种材料中 CCAC 的比表面积最大，与 $Cr(Ⅵ)$ 的接触面积增大，促进了吸附反应的进行。从书后彩图 2 可知，CAC 表面凹凸不平，并且没有相对多的孔对 Cr(Ⅵ) 进行吸附，所以对 Cr(Ⅵ) 的吸附效果很差。

CCAC 与 Mn-CCAC 的微观结构形态如书后彩图 3 所示，分别为 CCAC 负载 Mn 之前与之后的 SEM 图。

由书后彩图 3 可知，Mn-CCAC 表面的孔隙更细小、均匀，CCAC 的表面孔隙直径要大于 Mn-CCAC 的表面孔隙，CCAC 表面凹凸不平，孔隙较大，不利于对苯胺的吸附。从图 4-9 可看出，经过 $KMnO_4$ 溶液改性的 Mn-CCAC，其孔隙体积增长了 20%，而 BET 表面积增长了 50%，微孔面积更是增长了 110%；Mn-CCAC 被改性之后增加了微孔数，从之前更大直径的中孔生成微孔，实验结构证明微孔更有利于对苯胺的吸附。$KMnO_4$ 溶液进入 CCAC，在高温条件下释放出气体，使 CCAC 重新生成孔隙，进而改变了 Mn-CCAC 的孔隙直径，生成更有利于去除苯胺的微孔。Mn-CCAC 表面较粗糙有明显的细颗粒附着物，周围还分布着少量灰白色杂质，而且表面细颗粒附着物都要多，而且平整。这可能是通过 $KMnO_4$ 的改性，Mn-CCAC 的表面产生了比较多的酸性含氧官能团，而且酸性基团随着 $KMnO_4$ 量的增加而增加，因而生成 MnO_2 并负载在其表面造成的。因此，载 Mn 改性后的 Mn-CCAC 吸附能力增强。

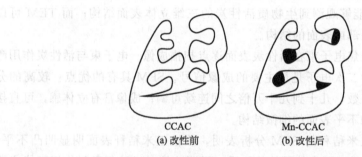

CCAC
(a) 改性前

Mn-CCAC
(b) 改性后

图 4-9　$KMnO_4$ 改性前后的变化（黑色部分为负载部分）

书后彩图 4 为 MRAC 和 AMRAC 的扫描电镜图。

由书后彩图 4 可知，MRAC 表面分布有大量均匀的小孔，这样就可以增大 MRAC 的比表面积，使 MRAC 具有较强吸附能力的结构基础。MRAC 在去除水中 Cr(Ⅵ) 后，其表面小孔数目较 MRAC 少，可能由于其表面形成的均匀小孔被 Cr(Ⅵ) 覆盖，导致 MRAC 表面的小孔数目明显减少。

书后彩图 5 为 MRAC、Mn-MRAC 及 Mn-AMRAC 的 SEM 表征结果。

如书后彩图 5 所示，MRAC 表面粗糙，孔径分布较为均匀；经过 $KMnO_4$ 改性后，样品表面变得光滑，这可能与 $KMnO_4$ 的强氧化作用有关。且改性后 Mn 富集在活性炭表面，且呈均匀分布。从书后彩图 5 可以看出 Mn-MRAC 与 MRAC 相比，表面不仅出现更加疏松的孔道以及明显的细颗粒附着物，还有少量灰白色杂质分布在周围，这是由于活性炭负载的 $KMnO_4$ 在高温焙烧过程中发生了非催化的气体化反应而产生出新的空隙，Mn-MRAC 表面产生比较多的酸性含氧官能团。

4.3.4 X射线衍射分析（XRD）

X射线衍射分析（X-ray diffraction，XRD），是晶体结构定性分析的有效方法。X射线在结晶内遇到规则排列的原子或离子而发生散射，散射的X射线在某些方向上相位得到加强，从而显示与结晶结构相对应的特有的衍射现象。活性炭是由石墨微晶构成的非晶态炭材料，不同活性炭的石墨化程度各不相同。以X射线衍射技术对活性炭炭材料中的石墨微晶的大小和结构进行研究，有助于更加深入了解活性炭炭材料的结构特征。在活性炭制备过程中，不同的制备条件如加热方式、活化剂类别、原料及活化条件等都可能对活性炭的结构和相关性质产生影响，因此利用X射线衍射技术研究不同制备条件下活性炭产品的微晶结构炭化是非常有必要的。

XRD可以研究生物质活炭材料的中的金属或者合金的结晶微观结构，可以知道生物质活炭材料的成分、生物质活炭材料内部的原子形态或者结构。因此，生物质活性炭是否含有晶体结构经常会影响吸附性能，常用XRD分析材料是否含有晶体和无定型结构。通过比较晶体标准图谱，可以判定材料含有晶体的种类。在生物质活性炭的合成和生物质活性炭的改性处理中经常使用。梁琼用山核桃外果皮为原料制备的生物质核桃壳活性炭经XRD表征表明：山核桃外果壳纤维素结晶区在活化过程中消失，形成无定型炭结晶区[39]。

在标准石墨X射线衍射谱图中存在（002）、（100）、（101）、（004）、（102）、（103）、（110）、（112）和（006）9个高强度的石墨特征衍射峰。特征峰出现的个数可代表石墨化程度的高低，在石墨化程度较低时一般不会同时出现这些特征衍射峰，谱图中出现的衍射峰越多，说明炭材料的石墨化程度越高，有序性越好[45,46]。

选用CuK为X射线的放射靶，其他实验条件为：$\lambda = 1.54184\text{Å}$，$40\text{kV} \times 40\text{mA}$；扫描速率为$8°/\text{min}$。研究表明，在200℃、400℃和600℃的煅烧温度下，生成的稻草生物质活性炭均在3.13°、2.22°和1.81°处出现衍射峰，表明稻草生物质活性炭中含有氯化钾晶体，在3.33°处出现的衍射峰，表明稻草生物质活性炭中含有一定量的石英。当煅烧温度达800℃时，稻草生物质活性炭中氯化钾晶体的含量明显减少，主要是1.81°处氯化钾晶体的衍射峰消失，3.13°和2.22°处氯化钾晶体的衍射峰强度明显减弱，这进一步说明，随着煅烧温度增加，稻草生物质活性炭中氯化钾晶体含量减少，但在4.03°处出现较强的衍射峰，2.48°处出现方解石晶体衍射峰，表明高温条件下制备的稻草生物质活性炭含有碳酸盐矿物。

图4-10为CCAC、CSAC及CAC的XRD图。

由图4-10可知，CCAC与CSAC的特征峰相似，在2θ为24.77°和39.98°处出现两个特征峰，分别是（002）、（100）面的24.77°，此时峰的强度较小，这表明经H_3PO_4活化后玉米芯的石墨化强度降低，微晶度变小，促进孔隙结构的发展。CAC在2θ为20.99°和26.75°处有明显的特征峰，与CCAC和CSAC的特征峰不大相同，说明该峰对吸附$Cr(VI)$有很重要的影响，能够促进AC对$Cr(VI)$的吸附。

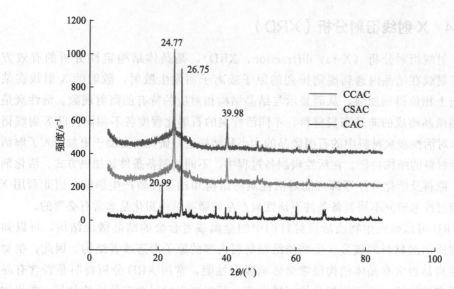

图 4-10　CCAC、CSAC 及 CAC 的 XRD 图

图 4-11 为 CCAC 与 Mn-CCAC 的 XRD 图。

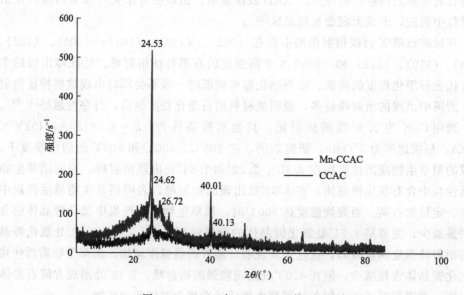

图 4-11　CCAC 与 Mn-CCAC 的 XRD 图

由图 4-11 可知，CCAC 与 Mn-CCAC 的特征峰相似，在 2θ 为 24.6° 和 40°附近处出现两个特征峰，分别是（002）、（100）面的衍射峰，而 CCAC 在 2θ 为 26.72°有一个比较明显的 SiO_2 衍射峰。经过 $KMnO_4$ 溶液改性后，使得各衍射峰趋于扁平，其他的杂质峰减弱。负载 MnO_2 不会破坏原来的基体结构，只是负载了别的物质之后整个物质就不如原来规整了，但其结构对促使 Mn-CCAC 对苯胺的吸附。因

此，经过 $KMnO_4$ 溶液改性后 Mn-CCAC 对苯胺的去除率增加。

4.3.5 能谱分析（EDS）

通过测定稻草生物质活性炭的矿物结构、表面性质和元素组成，发现稻草生物质活性炭含有石英、方解石和氯化钾晶体等矿物成分，主要元素为 C、O、Si。另外，稻草生物质活性炭还含有少量的 K、Na、Mg、Fe、Mn、P、S 和 Cl 等元素，这与柳叶、牛粪、油菜秸秆等原料烧制的生物质活性炭元素组成一致；并随着煅烧温度的增加，生物质活性炭中 Si 含量增加，C 含量减少。

能谱分析是用来对活性炭微区成分元素种类与含量分析。能谱仪是运用不同元素的 X 射线光子特征能量也不同这一原理进行活性炭成分分析的。

书后彩图 6 为 CCAC、CSAC 及 CAC 的 EDS 图。

由书后彩图 6 可知，CCAC 和 CSAC 的 C 含量较高，均占 1/2 以上，而 CAC 中 C 含量仅为 16.91%，O 的含量几乎占了 1/2。其剩余为少量的 P 元素和微量的 Si 元素，其他元素的含量占了近 35%。因此，高含量的 C 影响了 CCAC 和 CSAC 的结构，使得 CCAC 和 CSAC 对 Cr(Ⅵ) 的吸附效果较好，而 CAC 对 Cr(Ⅵ) 几乎没有吸附效果。CCAC 中少量的 P 是由于 H_3PO_4 在高温下分解，释放一部分气体，剩余 P 元素，促使 CCAC 生成均匀细小的孔隙。O 在 CCAC 表面以—OH、—COOH 等基团的形式存在，具有一定的氧化性和吸引力，通过络合、氧化还原反应等增加了 CCAC 与 Cr(Ⅵ) 之间的引力，使 Cr(Ⅵ) 更易被吸附到 CCAC 上。

Mn-CCAC 和 CCAC 的 EDS 分析如书后彩图 7 所示。

由书后彩图 7 可知，CCAC 与 Mn-CCAC 的 C 含量都很高，均占 70% 左右，O 的含量占了 24%～25%。剩余少量的 P 元素与其他元素，而 Mn-CCAC 中 Mn 元素的含量占了 2% 左右。Mn-CCAC 中少量的 P 是由于 H_3PO_4 在高温下分解，释放一部分气体，剩余 P 元素，促使 Mn-CCAC 生成均匀细小的孔隙。O 在 Mn-CCAC 表面以—OH、—COOH 等基团的形式存在，具有一定的氧化性和吸引力，通过络合、氧化还原反应等，增加了 Mn-CCAC 与苯胺之间的引力，使苯胺更易被吸附到 Mn-CCAC 上。Mn-CCAC 中的 $KMnO_4$ 溶液在高温下被分解，释放出 O_2，生成 MnO_2，改变了 CCAC 的表面结构。同时由于 $KMnO_4$ 溶液具有很强的氧化性，因此其表面羟基等被氧化生成更多的羧基等基团，促使 Mn-CCAC 对苯胺的去除。

MRAC 和 AMRAC 元素分析分别如表 4-7 及书后彩图 8 所示。O 在 MRAC 的表面主要存在形式为—OH、—COOH 等多种含氧基团，这些基团具有某些氧化性和吸引特性，增加了 MRAC 与 Cr(Ⅵ) 之间的引力及氧化还原反应，使 Cr(Ⅵ) 容易被吸附到 MRAC 上，在去除水中 Cr(Ⅵ) 的过程中，随着 Cr(Ⅵ) 与 MRAC 表面活性基团发生反应，含有少量 Zn 的 MRAC 在与溶液中 Cr(Ⅵ) 反应后 Zn 的含量为 0 且含有 Cr，这说明 Cr(Ⅵ) 与 MRAC 表面活性基团的结合比 Zn²⁺ 更具有竞争性；吸附 Cr(Ⅵ) 后，O 和 S 的含量增加，表明 MRAC 在吸附 Cr(Ⅵ) 方面发挥作用；从而说明 ZnCl₂ 活化法制备的 MRAC 具有去除水中 Cr(Ⅵ) 的特性。

表 4-7 MRAC 与 AMRAC 元素分析　　　　　　　　单位：%

样品	C	O	Zn	Cr
MRAC	79.32	4.07	5.13	0.00
AMRAC	85.20	10.27	0.00	1.27

表 4-8 及书后彩图 9 为样品的 EDS 表征结果。

表 4-8 MRAC、Mn-MRAC 和 Mn-AMRAC 的 EDS 表征结果　　　单位：%

样品	C	O	S	Mn
MRAC	79.32	4.07	0.1	0.07
Mn-MRAC	81	12.03	0.49	0.79
Mn-AMRAC	82.11	9.76		1.17

由表 4-8 及书后彩图 9 可知，KMnO₄ 改性后，O、S、Mn 含量增加，C 元素含量很接近；经 KMnO₄ 改性后，活性炭表面多了 Mn 元素，且 O 的含量则相对升高，说明 Mn-MRAC 表面含氧基团的增多；吸附苯胺后，O 含量减少，这可能是因为 Mn-MRAC 表面含氧基团与水中苯胺结合并发生氧化还原反应所致。

参 考 文 献

[1] Chen J, Li S, Liang C, et al. Response of microbial community structure and function to short-term bio-char amendment in an intensively managed bamboo (Phyllostachys praecox) plantation soil: Effect of particle size and addition rate [J]. Science of the Total Environment, 2017, 574: 24-33.

[2] Thompson J M, Hsieh C, Hoelen T P, et al. Measuring and Modeling Organ Chlorine Pesticide Response to Activated Carbon Amendment in Tidal Sediment Mesocosms [J]. Environmental Science & Technology, 2016, 50: 4769-4777.

[3] 曾汉民. 功能纤维 [M]. 北京：化学工业出版社，2005.

[4] 王思宇. 白酒糟活性炭的制备及其吸附性能研究 [D]. 沈阳：东北大学，2010.

[5] Uchimiya M, Chang S, Klasson K T. Screening biochars for heavy metal retention in soil: Role of oxygen functional groups [J]. Journal of Hazardous Materials, 2011, 190: 432-441.

[6] 王丽晓. 固体废弃物制备的炭质材料对壬基酚吸附与降解的影响 [D]. 杭州：浙江大学，2017.

[7] 程济慈. 废菌渣活性炭的制备及对水中 Cr(Ⅵ) 与苯胺的去除研究 [D]. 太原：太原理工大学，2018.

[8] Zhi Y, Liu J. Adsorption of perfluoroalkyl acids by carbonaceous adsorbents: effect of carbon surface chemistry [J]. Environmental Pollution, 2015, 202: 168-176.

[9] Lattao C, Cao X, Mao J, et al. Influence of Molecular Structure and Adsorbent Properties on Sorption of

Organic Compounds to a Temperature Series of Wood Chars [J]. Environmental Science & Technology, 2014, 48: 4790-4798.

[10] Karanfil T, Kilduff J E. Role of granular activated carbon surface chemistry on the adsorption of organic compounds 1: Priority pollutants [J]. Environmental Science & Technology, 1999, 33: 3217-3224.

[11] Kupryianchyk D, Hale S, Zimmerman A R, et al. Sorption of hydrophobic organic compounds to a diverse suite of carbonaceous materials with emphasis on biochar [J]. Chemosphere, 2016, 144: 879-887.

[12] Yang X, Ying G, Peng P, et al. Influence of Biochars on Plant Uptake and Dissipation of Two Pesticides in an Agricultural Soil [J]. Journal of Agricultural and Food Chemistry, 2010, 58: 7915-7921.

[13] Han L, Sun K, Jin J, et al. Role of Structure and Microporosity in Phenanthrene Sorption by Natural and Engineered Organic Matter [J]. Environmental Science & Technology, 2014, 48: 11227-11234.

[14] 周丹丹. 生物炭质对有机污染物的吸附作用及机理调控 [D]. 杭州: 浙江大学, 2008.

[15] Ahmad M, Lee S, Dou X, et al. Effects of pyrolysis temperature on soybean stover—and peanut shell—derived biochar properties and TCE adsorption in water [J]. Bioresource Technology, 2012, 118: 536-544.

[16] Sun K, Keiluweit M, Kleber, et al. Sorption of fluorinated herbicides to plant biomass-derived biochars as a function of molecular structure [J]. Bioresource Technology, 2011, 102: 9897-9903.

[17] Wang Z, Han L, Sun K, et al. Sorption of four hydrophobic organic contaminants by biochars derived from maize straw, wood dust and swine manure at different pyrolyhc temperatures [J]. Chemosphere, 2016, 144: 285-291.

[18] Sun K, Kang M, Zhang Z, et al. Impact of Dashing Treatment on Biochar Structural Properties and Potential Sorption Mechanisms of Phenanthrene [J]. Environmental Science & Technology, 2013, 47: 11473-11481.

[19] Liu X, Ding H, Wang Y, et al. Pyrolytic Temperature Dependent and Asla Catalyzed Formation of Sludge Char with Ultra-High Adsorption To 1-Naphth [J]. Environmental Science & Technology, 2016, 50: 2602-2609.

[20] Coughlin R W, Ezra F S. Role of surface acidity in the adsorption of organic pollutions on the surface of carbon [J]. Environmental Science Technology, 1968, 2 (4): 291-297.

[21] Laszlo K. Adsorption from aqueous phenol and aniline solution on active carbons with different surface chemistry [J]. Colloids and surfaces A: Physiochem Eng Aspects, 2005, (256): 32-39.

[22] Qiu Y, Zheng Z, Zhou Z, et al. Effectiveness and mechanisms of dye adsorption on a straw based biochar [J]. Bioresource Technology, 2009, 100: 5348-5351.

[23] Xu R, Xiao S, Yuan J, et al. Adsorption of methyl violet from aqueous solutions by the biochars derived from crop residues [J]. Bioresource Technology, 2011, 102: 10293-10298.

[24] Sun K, Jin J, Keiluweit M, et al. Polar and aliphatic domains regulate sorption of phthahc acid esters (PAEs) to biochars [J]. Bioresource Technology, 2012, 118: 120-127.

[25] Xiao F, Pignatello J J. Pi(+)-Pi Interactions between (Hetero) aromatic Amine Cations and the Graphitic Surfaces of Pyrogenic Carbonaceous Materials [J]. Environmental Science & Technology, 2015, 49: 906-914.

[26] Teixido M, Pignatello J J, Beltran J L, et al. Speciation of the Ionizable Antibiotic Sulfamethazine on Black Carbon (Biochar) [J]. Environmental Science & Technology, 2011, 45: 10020-10027.

[27] Chen B, Chen Z. Sorption of naphthalene and 1-naphthol by biochars of orange peels with different pyro-

lytic temperatures [J]. Chemosphere, 2009, 76: 127-133.

[28] Cao X, Ma L, Liang Y, et al. Simultaneous hnmobilization of Lead and Atrazine in Contaminated Soils Using Dairy-Manure Biochar [J]. Environmental Science & Technology, 2011, 45: 4884-4889.

[29] Novak J M, Cantrell K B, Watts D W, et al. Designing relevant biochars as soil amendments using hgnocellulosic based feed stocks [J]. Journal of Soils and Sediments, 2014, 14: 330-343.

[30] Keiluweit M, Nico P S, Johnson M G, et al. Dynamic Molecular Structure of Plant Blomass-Derived Black Carbon Biochar [J]. Environmental Science & Technology, 2010, 44: 1247-1253.

[31] Li J, Li Y, Wu M, et al. Effectiveness of low-temperature biochar in controlling the release and leaching of herbicides in soil [J]. Plant and Soil, 2013, 370: 333-344.

[32] Uchimiya M, Wartelle L H, Lima, et al. Sorption of Deisopropylatrazine on Broiler LiRer Blochars [J]. Journal of Agricultural and Food Chemistry, 2010, 58: 12350-12356.

[33] Chen B, Chen Z, Lv S. A novel magnetic biochar efficiently sorbs organic pollutants and phosphate [J]. Bioresource Technology, 2011, 102: 716-723.

[34] Xu T, Lou L, Luo L, et al. Effect of bamboo biochar on pentachlorophenol leachability and bioavailability in agricultural soil [J]. Science of the Total Environment, 2012, 414: 727-731.

[35] Zhang P, Sun H, Yu L, et al. Adsorption and catalytic hydrolysis of carbaryl and atrazine on pig manure-derived biochars: Impact of structural properhes of biocharse [J]. Journal of Hazardous Materials, 2013, 244: 217-224.

[36] Gong J, Ran Y, Chen D, et al. Association of endocrine-disrupting chemicals with total organic carbon in riverine water and suspended particulate matter from the Pearl River, China [J]. Environmental Toxicology and Chemistry, 2012, 31: 2456-2464.

[37] Zhang C, La C, Zeng G, et al. Efficacy of carbonaceous nano composites for sorbing ionizable antibiotic sulfamethazine from aqueous solution [J]. Water Research, 2016, 95: 103-112.

[38] 陈晓晓. 改性玉米秸秆的表征及吸附性能研究 [D]. 长春：长春工业大学，2016.

[39] 梁琼. 山核桃外果皮活性炭的制备及其吸附性能的研究 [D]. 杭州：浙江农业大学，2015.

[40] 郝斌. 低温生物质炭制备及其对水中 Hg^{2+} 吸附性能研究 [D]. 南京：南京师范大学，2018.

[41] Langmuir I. The Adsorption of Gases on plane surfaces of glass MiCa and platinum [J]. Journal Of the American Chemical, 1918, 40 (9): 1361-1403.

[42] 刘培生. 多孔材料孔径及孔径分布的测定方法 [J]. 钛工业进展，2006，23 (2): 29-34.

[43] Brunauer S, E H Emmett, E Teller. Adsorption of Gases in Multi-molecular Layers [J]. Journal of the American Chemical Society, 1938, 60 (2): 309-319.

[44] 严继民，张启元. 吸附与凝聚——固体的表面和孔 [M]. 北京：科学出版社，1979.

[45] 汪树军. X射线衍射法对树脂炭微观结构测试分析 [J]. 炭素技术，2000，6: 8-12.

[46] Babu V S, Seehra M S. Modeling of disorder and X-ray diffraction in coal-based graphitic carbon [J]. Carbon, 1996, 34 (10): 1259-1265.

表 5-1 物理吸附和化学吸附的区别

		化学吸附
	物理吸附	大于反应热

第 **5** 章
生物质活性炭的吸附理论

5.1 概述

　　根据生物质活性炭与吸附质之间相互作用力的不同，吸附可以分为物理吸附和化学吸附两种类型。从机理上讲，物理吸附是由范德华力即分子间作用力所引起的吸附，生物质活性炭吸附剂与气体或者液体吸附质普遍存在着分子间引力，这种吸附的速度极快。物理吸附不发生化学反应，是由分子引作用力产生，当吸附质的分压升高时可以产生多分子层吸附，所以加压吸附将会增加吸附容量，而真空则有利于吸附气体的脱附。化学吸附是伴随着电荷移动相互作用或者生成化学键力的吸附。化学吸附的作用力大大超过物理吸附的范德华力。在物理吸附中，吸附质与生物质活性炭表面层不发生电子轨道的重叠；相反地，电子轨道的重叠对于化学吸附起着至关重要的作用。也就是说，在物理吸附中，基本上是通过吸附质与吸附媒介表面原子间的微弱相互作用而发生的；而化学吸附则源自吸附质的分子轨道与吸附媒介表面的电子轨道的特异的相互作用。所以，物理吸附中往往发生多分子层吸附；化学吸附则是单分子层。而且，化学吸附伴随着分子结合状态的变化，吸附导致振动、电子状态发生显著的变化。通过傅里叶变换红外光谱可以观察到吸附质在吸附前后发生了明显的变化，而物理吸附则没有这种变化。评价生物质活性炭需要进行吸附研究。

　　物理吸附和化学吸附的区别如表 5-1 所列。

　　对于吸附现象的评价，物理吸附不是由于吸附质与吸附媒介表面体系相应的特异性而引起的，所以进行一般评价；而化学吸附则是源于特性作用，难以进行一般

表 5-1　物理吸附和化学吸附的区别

项目	物理吸附	化学吸附
吸附质	无选择性	有选择性
生成特异的化学键	无	有
固体表面的物化性质	可以忽略	显著
温度	低温下吸附量大	在比较高的温度下进行
吸附热	小,相当于冷凝热	大,相当于反应热
吸附量	单分子层吸附量以上	单分子层吸附量以下
吸附速度	快	慢
可逆性	有可逆性	有不可逆的场合

评价,需要进行与各个吸附体系相应的评价。

5.2　生物质活性炭的静态吸附理论

在生物质活性炭的静态吸附研究中,为了描述其去除污染物的效果,拟进行分析的主要静态吸附指标主要有去除率、吸附量等。

(1) 去除率

去除率 (η) 如式(5-1)所列:

$$\eta = \frac{C_0 - C_t}{C_0} \times 100\%$$　　　　　(5-1)

式中　C_0——水中污染物的初始浓度,mg/L;

C_t——t 时刻水中的污染物浓度,mg/L。

(2) 吸附量

吸附量如式(5-2)所列:

$$q_t = \frac{V(C_0 - C_t)}{m}$$　　　　　(5-2)

式中　q_t——t 时刻生物质活性炭吸附剂的吸附量,mg/g;

V——反应废水的体积,L;

m——生物质活性炭的用量,g;

其余符号意义同前。

(3) 平衡吸附量

平衡吸附量如式(5-3)所列:

$$q_e = \frac{V(C_0 - C_e)}{m} \tag{5-3}$$

式中　　q_e——吸附平衡时生物质活性炭吸附剂的吸附量，mg/g；

　　　　C_e——吸附平衡时水中污染物的浓度，mg/L；

其余符号意义同前。

5.3　生物质活性炭的动态吸附理论

5.3.1　生物质活性炭动态穿透曲线

对生物质活性炭固定床吸附动态研究的考察指标是根据 C_t/C_0 对吸附时间 t 绘制的穿透曲线来确定，主要考查吸附剂的穿透点及吸附饱和点。在小试穿透曲线中，一般出水污染物浓度达到水质指标最大允许值时，文献 [1] 也将穿透浓度定义为进水浓度的 5%，表明生物质活性炭动态吸附柱与原水建立了动态吸附平衡，反应达到穿透点，对应时间为穿透时间；反应超过此穿透点，水中污染物的去除增加不多，继续进行吸附反应，直到出水污染物浓度达到进水污染物浓度 95% 时；反应达到耗竭点，对应时间为耗竭时间，超过此耗竭点，水中污染物基本不被去除，生物质活性炭已达到饱和状态。此时，需对生物质活性炭进行更新或再生。在生物质活性炭的动态吸附研究中，需要进行分析的主要参数有吸附带宽度、吸附剂消耗率等。

生物质活性炭动态吸附柱是一种间歇运行的非稳态反应柱。用生物质活性炭来处理废水时，被处理水通过静置的生物质活性炭层时不断地去除其中的杂质。因此，在整个运行周期中不稳定状态占统治地位。在设计动态吸附装置时影响较显著的因素有：a. 到穿透点时生物质活性炭处理的达标水量（V_b）；b. 穿透曲线在穿透浓度（C_b）和耗竭浓度（C_x）之间的形状；c. 吸附带的宽度。

由于生物质活性炭动态吸附柱操作方式及运行条件不同，使处理废水的吸附装置出现不同的动态穿透曲线和吸附带宽度，这两个指标对生物质活性炭实际应用到工业生产时设计吸附反应装置具有重要的意义。

通过考察处理含污染物废水的生物质活性炭动态吸附柱在不同进水 pH 值和进水流速条件下的动态穿透曲线，进而得出动态柱的吸附带宽度及生物质活性炭的饱和度、工作吸附容量、饱和吸附量、吸附剂消耗率和实际利用率。另外，可以通过分析处理含污染物废水吸附过程动态穿透曲线的变化规律，采用韦伯型（Weibull）概率分布函数建立动态穿透曲线方程，并根据不同反应条件下的动态穿透曲线及各项指标分析讨论，建立生物质活性炭处理各种废水的动态吸附模型，为生物质活性炭动态吸附工艺奠定相应的理论基础。

5.3.1.1 吸附带的形成

在装有生物质活性炭的吸附反应柱中，含有污染物的废水自上而下流入生物质活性炭动态吸附反应柱时，生物质活性炭的变化分为运行初期、中期和末期三个阶段。

(1) 运行初期阶段

生物质活性炭动态吸附柱在运行周期开始时，溶液一接触生物质活性炭，就开始发生吸附反应，即顶面几层新鲜生物质活性炭迅速而有效地去除溶液中的污染物。因此，顶层生物质活性炭在与溶液中污染物的最高浓度 C_0 相接触。未被顶层生物质活性炭去除的污染物，进入下层生物质活性炭而被去除，在运行周期初期，水中污染物不会随出水而逸出（即出水污染物浓度 $C=0$），此时的主要吸附区域主要出现在生物质活性炭动态吸附柱的顶部（即与流进溶液相接触的那一端）。

随着水的流动，溶液的组成和生物质活性炭的组成不断地发生改变，即生物质活性炭层越往上层，生物质活性炭动态吸附柱水中污染物浓度越大，水越往下流，水中污染物浓度越小。当水流至一定深度时，吸附反应达到平衡，生物质活性炭及溶液中的污染物浓度就不再改变了。此时，从生物质活性炭上层吸附反应开始至下层吸附平衡为止，就形成了一定高度的吸附反应区域，称为吸附带（见图 5-1）。

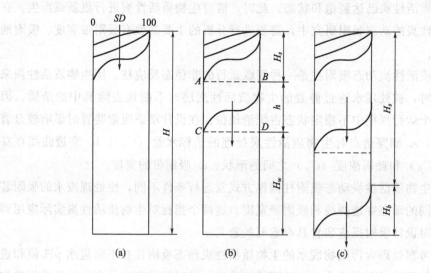

图 5-1　吸附带形成示意

H—生物质活性炭层总高（m）；h—吸附带宽度（m）；H_w—未吸附层高度（m）；

H_s—失效层（或饱和层）高度（m）；H_b—保护层高度（m）；

SD—生物质活性炭的饱和度（%）

在通水初期，由于吸附反应刚刚开始，吸附带尚未定型，经一段时间才形成一

定宽度的吸附带 [见图 5-1(b)]。

(2) 运行中期阶段

随着运行时间的增加，吸附反应继续进行，流进的溶液不断通过生物质活性炭，使顶层生物质活性炭达到饱和，从而失去了继续吸附的能力。由此开始，吸附带将逐渐向下移动到新鲜生物质活性炭层上去，这样在吸附柱内的生物质活性炭层就形成了 3 个区域：

① 吸附带以上的生物质活性炭层都被水中的污染物所饱和，已经失去了吸附能力，所以称为失效层或饱和层；

② 吸附带以下的生物质活性炭层，与水保持吸附平衡状态，可以看作未发生吸附反应，所以称为未吸附层；

③ 在吸附柱内真正起吸附反应的仅仅是吸附带，所以称为工作层。

吸附带宽度可以理解为处于动态的工作层厚度 [见图 5-1(b)]。因此，生物质活性炭动态吸附柱的运行就是工作层不断下移的过程，所以工作层也被称为过渡层。吸附带的下移速度，一般比废水流动的线速度小得多。

(3) 运行末期阶段

在生物质活性炭动态吸附柱正常运行的条件下，吸附带宽度基本保持不变，而饱和层厚度不断增大，未吸附层厚度不断缩小，当吸附带的下端到达生物质活性炭底部时，水中污染物开始泄漏。如果继续进行，出水污染物浓度逐渐增加，当生物质活性炭层中吸附带完全消失时，出水污染物浓度与进水浓度相等，吸附柱内的生物质活性炭全部处于饱和状态。

在实际操作中，工作层降到吸附柱底部时微量污染物开始穿透，经检查发现后应停止吸附反应，开始再生或更新生物质活性炭，避免出水水质的突然恶化，所以此时的工作层又被称为保护层 [见图 5-1(c)]。

5.3.1.2 动态穿透曲线的形成

吸附带的下移使原水浓度 C_0 的前沿也往下移动，随着吸附带的下移，水中污染物随出水而逸出的机会也越来越多，分别以出水浓度 C 为纵坐标和反应时间 T（或处理水量 V）为横坐标来绘制曲线，就会发现出水浓度 C 随吸附带下移而增长的情况，曲线上的折点称为穿透点，在穿透点表示吸附柱与流进废水建立了吸附反应平衡，超过该点，溶质的去除量增加不多，继续反应直到耗竭点，需对生物质活性炭进行更新或再生。

分别以出水浓度 C 与时间 T（或处理水量 V）为纵坐标和横坐标所绘制的曲线称为穿透曲线[1]（见图 5-2），图中 b 点为穿透点，该点出水浓度称为穿透浓度 C_b——水质标准中所允许的最大浓度（或进水浓度的 5%），对应的处理水量为 V_b；x 点为耗竭点，该点出水浓度称为耗竭浓度 C_x——进水浓度的 95%，对应的处理水量为 V_x。图中阴影部分左边、纵坐标和穿透曲线之间的面积表示生物质活

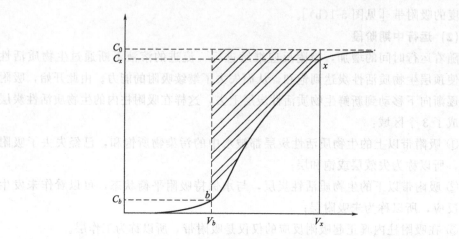

图 5-2 动态吸附装置的穿透曲线

性炭能够处理的达标水量，由此可得出吸附带宽度和生物质活性炭的工作吸附容量、实际利用率和消耗率；阴影部分面积表示吸附柱达到穿透点后还能继续吸附污染物的量，由此可得出生物质活性炭的饱和度。大多数废水处理中的穿透曲线均呈现 S 形[2]，动态穿透曲线对吸附反应装置的设计具有重要意义。

　　一般地，根据在不同运行条件下进行废水动态穿透试验，并且根据动态穿透曲线计算出不同运行工况下的吸附带宽度、生物质活性炭的工作吸附容量、饱和度、实际利用率和消耗率，进而通过技术经济比较综合分析，提出实际工业生产采用生物质活性炭动态吸附装置时是通过调节运行条件经济合理还是通过增加更换（或再生）生物质活性炭次数经济合理的最佳方案。

5.3.2　生物质活性炭动态穿透曲线的应用

5.3.2.1　确定生物质活性炭吸附柱的吸附带宽度

(1) 影响吸附带宽度的因素

　　从前述分析可知，吸附带就是指原水流入生物质活性炭吸附柱后，从上层吸附反应开始至吸附反应平衡为止时的吸附柱高度，即当容积为 V 的水流过生物质活性炭层时，废水中的溶质从耗竭浓度 C_x 降低到穿透浓度 C_b 的那一部分吸附柱高度。归纳起来，影响吸附带宽度的因素主要有以下几种。

　　1) 水流空床流速　水流空床流速对吸附带宽度的影响很大，主要是因为吸附带宽度与水流空床流速和推移一个吸附带本身长度所用的时间 T 有关，而 T 又与水流空床流速有关，所以吸附带宽度与水流空床流速并非呈一次方关系，在水处理吸附反应工艺中，一般与水流空床流速的 $0.5 \sim 0.8$ 次方成比例。

　　2) 生物质活性炭选择性系数　一般地讲，生物质活性炭选择性系数越大，生物质活性炭对该污染物的亲和力越大，则吸附带宽度越短。

3）溶液温度 溶液温度对吸附反应速度及生物质活性炭选择性系数都有影响，因此也影响吸附带宽度。

4）溶液浓度 溶液浓度越大，吸附带宽度越长。

5）再生后活性炭的组成 再生后生物质活性炭的吸附容量越大，吸附带宽度越短。

（2）求解吸附带宽度

生物质活性炭动态吸附柱内的吸附反应是一个非稳态传质过程，因为吸附反应柱中溶液的污染物浓度（C）与生物质活性炭上可吸附的量是随运行时间 T（处理水量 V）和活性炭吸附柱内的位置而变化的，非稳态计算非常复杂，必须先测试出液膜的总传质系数 K_f。对于有利平衡的吸附反应，可通过动态穿透曲线，引用吸附带的概念把非稳态的传质过程转化为稳态的传质过程来处理。

因为生物质活性炭动态吸附柱内吸附带形成后，若继续通入的进水流速和进水溶液浓度一定，则吸附带以一定的速度随液流方向推移。随着出水量的增加，吸附带逐渐推移至吸附反应柱的底部，出水浓度逐渐达到穿透浓度 C_b。如果再继续通入原液，则吸附带移出柱外，整个吸附反应过程就是吸附带形成与不断推移的过程。若生物质活性炭吸附容量、吸附流速、进水浓度一定，则吸附带宽度及其推移速度不变，也即在吸附带形成后，吸附带内参数在整个运行过程中是不变的。因此，可以把一个非稳态的传质过程转化成稳态的传质过程来处理，并且大大简化计算，不需专门计算液膜的传质系数仍能大致解决生物质活性炭动态吸附工艺设计和操作上的一些问题。

如图 5-3 所示，设图 5-3(a) 中吸附柱生物质活性炭层总高度为 H，吸附带宽

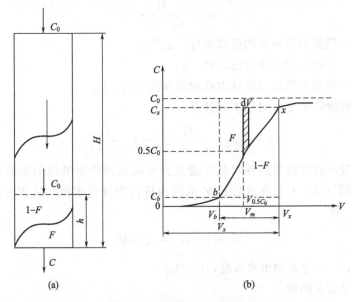

图 5-3 吸附带及穿透曲线

度为 h, 图 5-3(b) 横、纵坐标分别为处理水量和出水浓度所绘制的穿透曲线。图中 b 点和 x 点分别为穿透点和饱和点（或称耗竭点）。其中 F 为吸附容量比数。

由前面分析可知，由于在吸附柱内的活性炭采用同一种生物质活性炭，其吸附容量相等，又吸附速度和进水浓度基本保持不变，所以在实际运行中吸附带宽度为一常数，令其为 h, 则有：

$$t_T = \frac{V_x}{F_m} = \frac{V_x}{Av} \tag{5-4}$$

$$F_m = Av$$

式中 t_T——吸附带形成，下移并通过整个吸附柱高度及跑出吸附柱所需的总时间，h；

V_x——出水浓度达到耗竭浓度时所处理的水量，L；

F_m——吸附柱的处理效率，用单位时间吸附柱所通过的流量表示，m^3/h；

A——吸附柱的横截面积，dm^2；

v——水流的空柱运行流速，dm/h。

令 t_m 为吸附带形成后，下移本身厚度所经历的时间，则有：

$$t_m = \frac{V_m}{F_m} = \frac{V_x - V_b}{Av} \tag{5-5}$$

式中 V_m——在 t_m 时间内处理的水量，L；

V_b——出水浓度达到穿透浓度时所处理的水量，L；

其余符号意义同前。

令生物质活性炭动态吸附柱内生物质活性炭的深度为 H, 则有：

$$v_n = \frac{H}{t_T - t_F} \tag{5-6}$$

式中 v_n——吸附带形成后的推移速度，m/h；

t_F——吸附带形成所需的时间，h；

$t_T - t_F$——吸附带形成后在柱内移动所需的时间，h。

因此，吸附带宽度 h 可用下式计算：

$$h = v_n t_m = \frac{H}{t_T - t_F} t_m = H \frac{t_m}{t_T - t_F} \tag{5-7}$$

设吸附带内的生物质活性炭从穿透点到耗竭点所吸附的污染物质量为 m, 则 m 的数值可用 $(C_0 - C)$ 在该容积 V 范围内进行积分而求得，其积分上下限分别为 V_x 和 V_b。即

$$m = \int_{V_b}^{V_x} (C_0 - C) dV \tag{5-8}$$

式中 C_0, C——进水和出水浓度，mg/L；

其余符号意义同前。

式(5-8)中的 m 并不代表吸附带内生物质活性炭在穿透点的总吸附容量，总

吸附容量 M 可用乘积 $(V_x - V_b)C_0$ 来表示。因此，吸附柱中生物质活性炭在穿透点处可继续去除的那部分溶质量 F（也被称为吸附容量比数）可用式(5-9) 计算：

$$F = \frac{m}{M} = \frac{\int_{V_b}^{V_x}(C_0 - C)\mathrm{d}V}{(V_x - V_b)C_0} = \int_0^1 \left(1 - \frac{C}{C_0}\right)\mathrm{d}\left(\frac{V - V_b}{V_x - V_b}\right) \tag{5-9}$$

原水进入生物质活性炭动态吸附柱后，出水浓度由 C_0 到 C_b 时形成一个吸附带，再继续进水，出水浓度由 C_b 到 C_x。$(1-F)$ 这部分面积分数表示吸附带形成时生物质活性炭的吸附量，而 F 这部分面积分数表示吸附带形成后，吸附带内的生物质活性炭还能继续吸附的量。由于吸附带移过其本身厚度时，移过厚度的生物质活性炭全饱和了。形成吸附带时，出水浓度只达到穿透点，未达到饱和点。所以吸附带的形成时间 t_F 为：

$$t_F = (1 - F)t_m \tag{5-10}$$

将式(5-10) 代入式(5-7) 可得吸附带宽度 h 为：

$$h = H\left[\frac{t_m}{t_T - (1-F)t_m}\right] = H\left[\frac{V_m}{V_x - (1-F)V_m}\right] \tag{5-11}$$

单位质量的生物质活性炭所能吸附的最大污染物质量，即达到饱和时的污染物质量。根据穿透曲线可得，生物质活性炭的饱和吸附容量 q_T 的计算公式为：

$$q_T = \frac{\int_0^{V_x}(C_0 - C)\mathrm{d}V}{V_R} = \frac{[V_x - (1-F)V_m]C_0}{V_R} \tag{5-12}$$

式中　V_R——生物质活性炭的体积，L；

其余符号意义同前。

由式(5-12) 可得，

$$[V_x - (1-F)V_m] = \frac{q_T V_R}{C_0} = \frac{q_T HA}{C_0} \tag{5-13}$$

将式(5-13) 代入式(5-11) 可得：

$$h = \frac{V_m C_0}{q_T A} \tag{5-14}$$

式(5-14) 中各符号意义同前，该式即为利用动态穿透曲线推导出的求解吸附带宽度的计算公式。由式(5-14) 可知，只要知道从穿透点到饱和点的处理水量 V_m，进水浓度 C_0，生物质活性炭的饱和吸附容量 q_T，吸附柱的横截面积 A，便可求出相应的吸附带宽度 h。

5.3.2.2　确定生物质活性炭吸附柱的饱和度

当含有污染物的原水通入生物质活性炭所构成的生物质活性炭动态吸附柱时，所出现的吸附带宽度与生物质活性炭的饱和度（SD）的关系如图 5-1（b）所示。生物质活性炭不再具有吸附能力（即水中污染物浓度基本不发生变化）时，称为100%饱和；当生物质活性炭仍然完全保持原来的状态时，则饱和度为 0。在吸附运行的某一时刻，当 AB 断面以下的生物质活性炭的饱和度为 0 时，一个微小容积 ΔV 的水从 AB 断面流到 CD 断面的过程中，由于吸附反应，使两个断面间生物质活性炭中污染物含量（或饱和度）由水流过以前的 0 变为从 100% 到 0。也即在 CD 断面以下，由于生物质活性炭的饱和度皆为 0，这个容积为 ΔV 的水流过时已不再发生吸附反应了。由此可知，AB 和 CD 断面间的生物质活性炭柱高度也就是吸附带宽度。

吸附柱能在完全饱和条件下吸附的溶质总量 M_s（即整个吸附柱与进水浓度 C_0 平衡时），将等于吸附量 q，q 等于单位质量生物质活性炭所吸附的溶质量与柱内生物质活性炭总量的乘积。对于单位面积生物质活性炭层高度为 H 的吸附反应柱，则有：

$$M_s = \rho_p q H \tag{5-15}$$

式中　ρ_p——吸附柱内生物质活性炭的视在装填密度，mg/L。

在穿透点，仅有小于生物质活性炭全高 H 的那一段处于饱和状态，因为此时的吸附带仍然位于吸附柱内，而吸附带前沿则刚要开始跑出柱外。在吸附柱整个高度中，自进水端开始一直到前沿的那一段吸附生物质活性炭柱高度处于饱和状态。饱和区域的高度为 H-h，即图 5-1(c) 所示的 H-H_s，在穿透点吸附柱内生物质活性炭吸附的溶质总量是：

$$M_b = \rho_p q [(H-h) + (1-F)h] \tag{5-16}$$

因此，在穿透点生物质活性炭的饱和度（SD）为：

$$饱和度\ SD(\%) = \frac{M_b}{M_s} = \frac{\rho_p q [(H-h) + (1-F)h]}{\rho_p q H} \times 100 = \frac{H-Fh}{H} \times 100 \tag{5-17}$$

5.3.2.3　确定生物质活性炭的工作吸附容量

(1) 生物质活性炭的工作吸附容量

归纳起来，生物质活性炭工作吸附容量的计算公式有以下 3 种。

1) 用再生度表示工作吸附容量　工作吸附容量是指在一定的工作条件下，一个吸附周期中单位体积生物质活性炭可吸附的量，即生物质活性炭从再生型吸附基团变为失效型吸附基团的数量。它可用下式计算：

$$E_{op} = E_t (R_0 - R_s) \tag{5-18}$$

式中　E_{op}——生物质活性炭层的工作吸附容量，mmol/L；

　　　E_t——生物质活性炭层的总吸附容量，mmol/L；

　　　R_0——整个生物质活性炭层平均初始再生度；

　　　R_s——整个生物质活性炭层平均残余再生度。

2) 用再生度与饱和度表示工作吸附容量　图 5-4 所示为逆流再生生物质活性炭动态吸附柱在溶质开始穿透时生物质活性炭层饱和情况的示意。

生物质活性炭动态吸附柱在逆流再生的操作条件下，根据物料衡算关系式：

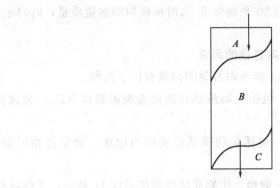

图 5-4 生物质活性炭层饱和情况示意

$$E_{op}H = TC_0v \tag{5-19}$$

式中 T——吸附柱的工作时间，h；

C_0——进水中污染物的浓度，mg/L；

v——动态吸附柱中水流的空床运行流速，m/h；

其余符号意义同前。

由式(5-19)可得生物质活性炭工作吸附容量的另一表达式：

$$E_{op} = \frac{TC_0v}{H} = \eta E_t = \frac{B}{A+B+C}E_t \tag{5-20}$$

$$\eta = \eta_r - (1 - \eta_s)$$

$$\eta_r(\%) = \frac{B+C}{A+B+C} \times 100$$

$$\eta_s(\%) = \frac{A+B}{A+B+C} \times 100$$

式中 η——生物质活性炭层的实际利用率，%；

η_r——生物质活性炭的再生度，其值由生物质活性炭层各部位的取样分析得出；

η_s——生物质活性炭的饱和度，主要与吸附带宽度有关；

A——生物质活性炭层再生后剩余污染物所占的分数，也即生物质活性炭层未能再生的部分；

B——生物质活性炭层实际用于吸附所占的分数，代表了有效的吸附污染物的量，即生物质活性炭的实际利用率；

C——溶质开始穿透时，生物质活性炭层还可继续吸附（或剩余吸附能力）所占的分数。

3）用吸附带宽度表示工作吸附容量 根据前面分析，生物质活性炭层内吸附带到达穿透点时的工作吸附容量为：

$$E_{op} = q_e\rho_p[(H-h) + (1-F)h] = q_e\rho_p(H - Fh) \tag{5-21}$$

式中 q_e——单位质量生物质活性炭在平衡浓度 C_e 时所吸附的溶质质量，kg/kg；
其余符号意义同前。

（2）影响生物质活性炭工作吸附容量的因素

归纳起来，影响生物质活性炭工作吸附容量的因素有以下几种。

① 生物质活性炭本身的性能，包括生物质活性炭的总吸附容量（E_t）和选择性系数（BACSF）等。

② 生物质活性炭的工作条件，包括生物质活性炭的再生度、吸附停留时间、穿透浓度和进水浓度等。

③ 生物质活性炭层高度 H。一般地，生物质活性炭层高度 H 越大，工作吸附容量越大。

在此主要讨论影响工作吸附容量工作条件的一些因素。

1）影响生物质活性炭初始再生度（R_0）的因素　主要有以下几种。

① 再生剂用量：再生剂用量越大，生物质活性炭的再生度越高，随着再生剂用量的增加再生度增加的幅度越来越小最后趋于平稳。

② 再生剂纯度：从吸附反应平衡可知，再生剂纯度越高，再生度也越高。

③ 再生液浓度：在保证足够再生时间且不会析出沉淀和形成硅胶的情况下，再生液浓度越高，再生度越高。

④ 再生流速为了防止在再生过程中析出沉淀和产生硅胶，必须有较高的再生流速。为了保证生物质活性炭和再生液有足够的再生时间，又必须限制再生液流速。

2）影响生物质活性炭残余再生度（R_S）的因素　主要有以下几种。

① 水中污染物组成：生物质活性炭和欲被去除的污染物亲和力越大，生物质活性炭的残余再生度就越低，但这对再生不利。因此，对于特定的再生工艺及特定的再生工况，水中污染物的组成在某一比例下有最大的吸附容量。污染物中能和生物质活性炭上取代下来的污染物形成解离物质的污染物比例越大，越有利于吸附，残余再生度就越小。

② 水中污染物总量：水中欲去除的污染物总量越大，吸附带宽度越大，则残余再生度也越高。

③ 运行流速：根据吸附反应速度可知，运行流速对生物质活性炭的吸附过程影响较大，其吸附带宽度随运行流速的提高而增加，因而残余再生度也随着增加。

④ 运行水温：运行水温对生物质活性炭的吸附有一定影响，一般地运行水温越高，残余再生度就越低。

5.3.2.4　确定生物质活性炭的实际利用率和消耗率

（1）生物质活性炭实际利用率

穿透曲线的横坐标通常用累计产水量来表示，它与运行时间有关。在某一时间生物质活性炭动态吸附柱的累计产水量与柱内生物质活性炭容积的比值，称为床积比（bed volume ratio，BVR），这个无量纲数便于对生物质活性炭动态吸附柱运行效果的比较。生物质活性炭动态吸附柱的实际利用率（actical utilization ratio，AUR）可由床积比（BVR）计算出来，AUR 是指生物质活性炭的总重量除以产水总容积，单位为 kg（生物质活性炭)/m³（水）。AUR 是生物质活性炭的一个重要运行指标，它与 BVR 的关系为：

$$AUR＝生物质活性炭的堆积密度／BVR(kg 生物质活性炭/m³ 水) \quad (5-22)$$

(2) 生物质活性炭实际消耗率

单位达标出水量所消耗的生物质活性炭的质量，称为生物质活性炭的实际消耗率（actical expenditure ratio，AER），实际消耗率越小，处理成本越低，吸附性能越好，用 AER（g/L）表示：

$$AER＝\frac{m}{1000Qt_b} \quad (5-23)$$

式中　AER——生物质活性炭的实际消耗率，g/L；

Q——生物质活性炭动态反应柱中溶液的流速，mL/min；

t_b——当吸附达到穿透点，即 $C_t＝0.05C_0$ 时所经历的时间，min；

m——生物质活性炭用量，g。

目前一般生产单位是按生物质活性炭的工作吸附容量进行吸附反应装置的设计及运行。当吸附柱到达穿透点时，吸附反应结束，对生物质活性炭进行再生或更新。此时生物质活性炭未充分发挥其吸附能力，或者说吸附带内还有一部分生物质活性炭未达到饱和，此时生物质活性炭的实际利用率（AUR）被称为实际穿透利用率（actical breakthrough utilization ratio，ABUR）。若将吸附柱达穿透点后继续进行吸附反应，直到出水浓度达到耗竭浓度时结束吸附反应，对生物质活性炭再进行再生或更新，此时生物质活性炭的实际利用率（AUR）被称为实际耗竭利用率（actical exhausting utilization ratio，AEUR），将穿透后处理的出水分开引出与原水混合后再进行吸附反应，这样生物质活性炭动态吸附柱内生物质活性炭的饱和度增大，相对提高了生物质活性炭的 AUR。若处理相同水量，可减少生物质活性炭用量，缩小处理规模，降低投资费用；同时进水浓度相对降低，可使吸附时间增长，再生次数减少，降低运行费用。

5.3.3　生物质活性炭动态穿透曲线方程的建立

综合前面分析，根据生物质活性炭动态吸附柱的动态穿透曲线可求出吸附带、生物质活性炭的饱和度、工作吸附容量、实际穿透利用率和实际耗竭利用率等。因此动态穿透曲线是吸附反应过程的特征曲线，而通常所用的分析穿透曲线的方法是根据传质机理导出理论模型，再将其与实验所得的曲线相拟合。由于吸附反应动力学机理不仅与液相溶质浓度有关，而且还与所用生物质活性炭的饱和度有关，所以在大多数吸附反应过程中，采用理论模型来描述吸附反应过程存在许多困难和偏差。根据分析吸附穿透曲线特征的方法，采用一阶函数来建立动态穿透曲线方程，方法简单，将其应用于生物质活性炭去除水中的污染物。

动态穿透曲线方程建立的基本假设：

① 在生物质活性炭动态吸附柱横截面上的溶质浓度分布均匀，即要求无偏流或沟流现象；

② 生物质活性炭动态吸附柱中的吸附带宽度保持不变，即把吸附的传质过程看作稳态过程来处理；

③ 水流在生物质活性炭动态吸附柱内的水流速度保持不变；

④ 流体在柱内以推流（PF）型运动，不考虑纵向液体扩散现象；

⑤ 动态穿透曲线被认为是一条对称的 S 形曲线，以曲线上的 $C = \frac{1}{2}C_0$ 为对称中心。

假设 DBC 在 $t < t_b$（穿透时间）的穿透曲线方程为：

$$\frac{C}{C_0} = 0 \tag{5-24}$$

$$令 \qquad 1 - \frac{C}{C_0} = \alpha \tag{5-25}$$

式中　C_0——进水污染物的初始浓度，mg/L；

　　　C——生物质活性炭动态吸附柱内 t 时间时水流中的污染物浓度，mg/L；

　　　α——t 时间时生物质活性炭动态吸附柱内溶质从液相进入固相生物质活性炭所占的比例。

由式(5-25) 可知

$$\frac{\mathrm{d}(C/C_0)}{\mathrm{d}t} = -\frac{\mathrm{d}\alpha}{\mathrm{d}t} \tag{5-26}$$

式(5-26) 表示动态穿透曲线浓度变化的速率，它与水中污染物从液相进入到固相生物质活性炭的传质有关。

根据传质速率方程：

$$\frac{\mathrm{d}\alpha}{\mathrm{d}t} = \psi(1-\alpha) \tag{5-27}$$

式中　ψ——t 至 $t+\mathrm{d}t$ 时间内某一污染物离开液相进入固相生物质活性炭的平均概率。

将式(5-25) 和式(5-26) 代入式(5-27) 得：

$$\frac{\mathrm{d}(C/C_0)}{C/C_0} = -\psi\mathrm{d}t \tag{5-28}$$

ψ 根据韦伯（Weibull）型概率分布函数可表示成：

$$\psi = \left(\frac{\beta}{t_a}\right)\left(\frac{t-t_b}{t_a}\right)^{\beta-1} \tag{5-29}$$

式中　β——形状因子，即与生物质活性炭形状有关的参数；

　　　t_a——穿透区间的平均时间。

将式(5-29)代入式(5-28)并积分得：

$$\int \frac{\mathrm{d}(C/C_0)}{C/C_0} = -\int \left(\frac{\beta}{t_a}\right)\left(\frac{t-t_b}{t_a}\right)^{\beta-1} \mathrm{d}t$$

$$\frac{C}{C_0} = \exp\left[-\left(\frac{t-t_b}{t_a}\right)^{\beta}\right] \tag{5-30}$$

式(5-30)表示在吸附带内穿透曲线的浓度变化规律，即动态穿透曲线方程，则在 $t_b \leqslant t < t_m$ 时吸附带外的穿透曲线方程为：

$$\frac{C}{C_0} = 1 - \exp\left[-\left(\frac{t-t_b}{t_a}\right)^{\beta}\right] \quad \text{或} \quad C = C_0\left\{1 - \exp\left[-\left(\frac{t-t_b}{t_a}\right)^{\beta}\right]\right\} \tag{5-31}$$

根据动态穿透曲线方程关于点 (C_m, t_m) 对称，用中点对称公式得到在 t_m 至 t_x（耗竭时间）即 $t_m \leqslant t < t_x$ 穿透方程：

$$C = 2C_m - C_0\left\{1 - \exp\left[-\left(\frac{2t_m-t-t_b}{t_a}\right)^{\beta}\right]\right\} \tag{5-32}$$

当　　　　　　　　　　$t_x \leqslant t$ 时，$C = 2C_m$ \tag{5-33}

综上分析，生物质活性炭吸附柱的动态穿透曲线方程为：

$$C \approx 0 \qquad\qquad\qquad t < t_b \tag{5-34}$$

$$C = C_0\left\{1 - \exp\left[-\left(\frac{t-t_b}{t_a}\right)^{\beta}\right]\right\} \qquad t_b \leqslant t < t_m \tag{5-35}$$

$$C = 2C_m - C_0\left\{1 - \exp\left[-\left(\frac{2t_m-t-t_b}{t_a}\right)^{\beta}\right]\right\} \qquad t_m \leqslant t < t_x \tag{5-36}$$

$$C = 2C_m \qquad\qquad\qquad t_x \leqslant t \tag{5-37}$$

生物质活性炭在水溶液中的吸附特性研究包括吸附动力学、吸附等温线、溶液 pH 值影响、溶液温度影响、竞争离子影响和离子强度影响等。

5.3.4　生物质活性炭的动态穿透模型

目前对生物质活性炭动态吸附的数学模拟来说，较为常用的模型有 Thomas、Adams-Bohart、Clark、Wolborska、Yoon-Nelson 模型等[3]。

(1) Thomas 模型

Thomas 模型忽略了轴向扩散的作用，其适用于符合 Langmuir 吸附等温线的吸附剂，且传质推动力符合准二阶动力学模型。

Thomas 模型的线性表达式为：

$$\ln\left(\frac{C}{C_0}-1\right)=\frac{kq_eX}{Q}-\frac{kC_0}{Q}V_{eff} \tag{5-38}$$

式中 k——生物质活性炭的吸附速率常数，mL·min/mg；

q_e——吸附平衡时生物质活性炭的吸附量，mg/g；

X——生物质活性炭动态吸附柱内生物质活性炭的质量，g；

Q——生物质活性炭动态吸附柱进水流速，mL/min；

V_{eff}——生物质活性炭动态吸附柱出水体积，mL。

在流速一定的情况下，以 $\ln[C/C_0-1]$ 为纵坐标，V_{eff} 为横坐标，作直线，得到斜率为 $-kC_0/Q$，截距则为 kq_eX/Q，可以计算得到 k 和 q_0。

（2）Adams-Bohart 模型

在出水污染物浓度较小（如 $C<0.5C_0$），且 $t\to\infty$，$q\to N_0$ 时，能够获得其方程式的线性表达式为：

$$\ln\frac{C}{C_0}=k_{AB}C_0t-k_{AB}N_0\frac{Z}{U_0} \tag{5-39}$$

式中 C_0——进水污染物浓度，mg/L；

C——t 时刻出水污染物浓度，mg/L；

k_{AB}——生物质活性炭的传质系数，L/(mg·min)；

Z——生物质活性炭吸附柱内活性炭层高度，cm；

U_0——进水流速，cm/min。

在流速及吸附柱内生物质活性炭层高度一定的条件下，以 $\ln(C/C_0)$ 为纵坐标，t 为横坐标，作一条直线，得到斜率即为 $k_{AB}C_0$，而截距则为 $-k_{AB}N_0Z/U_0$，由此可以计算出饱和吸附容量 N_0 及传质系数 k_{AB} 的值。

（3）Wolborska 模型

Wolborska 模型适合浓度较低情况下动态吸附穿透曲线所拟合的内扩散模型，它的线性表达式如下：

$$\ln\frac{C}{C_0}=\frac{\beta_aC_0}{N_0}t-\frac{\beta_aZ}{U_0} \tag{5-40}$$

式中 β_a——生物质活性炭的吸附动力学常数，min^{-1}。

在流速床层高度不变的情况下，以 $\ln(C/C_0)$ 为纵坐标，t 为横坐标，作一条直线，得到斜率即为 β_aC_0/N_0，截距则为 β_aZ/U_0，由此能够计算出生物质活性炭的动力学常数 β_a 及饱和吸附容量 N_0。

（4）Yoon-Nelson 模型

Yoon-Nelson 模型的线性表达式为：

$$\ln\frac{C}{C_0-C}=k_{YN}t-\tau k_{YN} \tag{5-41}$$

式中 k_{YN}——生物质活性炭的吸附速率常数，min^{-1}；

τ——吸附 50％污染物所需的吸附时间，min。

以 $\ln[C/(C_0-C)]$ 为纵坐标，t 为横坐标作直线，根据其斜率及截距算出 k_{YN} 和 τ。

5.4 生物质活性炭的吸附热力学

5.4.1 吸附热力学基本原理

生物质活性炭吸附热力学的基本内容主要包括吸附等温线 AI、等温吸附平衡图 IAED（或 Kielland）图、吸附热力学平衡常数 ATEC 等。

5.4.2 吸附等温线

5.4.2.1 概述

由于被吸附物与吸附剂之间吸附力的不同，吸附可分为物理吸附和化学吸附。物理吸附主要靠分子间的扩散作用和静电作用力引起的，而化学吸附则主要由于分子间形成化学键所引起的。吸附等温线是在等温和溶液总污染物浓度不变的条件下，两相（生物质活性炭固相和溶液液相）浓度达到平衡时，描述生物质活性炭吸附量和溶液中污染物平衡浓度之间的关系。活性炭对气体的吸附力依赖于气体的性质、固体表面的性质、吸附平衡温度以及吸附的平衡压力。目前，采用吸附等温线反映吸附剂表面性质、孔分布性质及吸附质与吸附剂相互作用的性质。

在大多数情况下，它比给定条件下的平衡常数值，更能广泛、深刻地反映吸附反应过程的特性，是吸附反应工艺设计计算的重要依据。试验表明，不同吸附反应体系的吸附等温线形状很不相同，Brunauer[4] 把它们分成 5 种类型，如图 5-5 所示。图中的横、纵坐标 C_e 和 q_e 分别表示平衡时液相中的污染物浓度和平衡时生物质活性炭固相中的污染物浓度。

这 5 种吸附等温线反映了生物质活性炭 5 种不同的表面性质、孔结构性质，以及溶液中被吸附去除的污染物与生物质活性炭之间相互作用的性质。

吸附等温线是由 Brunauer、Emmett、Teller 三人提出来的[5,6]，他们认为：

第 I 类吸附等温线 Langmuir 为单分子层吸附等温线，也被称为 Langmuir 型，化学吸附通常是这种类型的等温线。该等温线在远低于初始浓度 C_0 时，生物质活性炭固体表面就吸满了单分子层，此时的吸附量被称为饱和吸附量 V_m。该类等温线主要为不含过渡孔的微孔吸附剂类型。

第 II 类吸附等温线形状如"反 S 温"，故称为反 S 形吸附等温线或 S 形吸附等温线。常见的物理吸附等温线属于此种等温线。其特点是在低浓度时首先形成单分子层吸附（相当于 b 点，此时的吸附量为 V_m），随着浓度的增加，逐渐产生多分

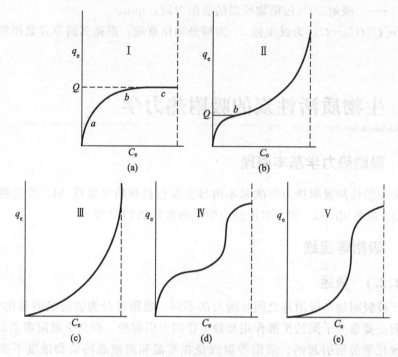

图 5-5　Brunauer 的 5 种吸附等温线图

子层吸附。该类等温线属于多孔性吸附剂，表面发生多分子层吸附。吸附剂除含有大量的大孔结构外，还含有少量的微孔结构。

第Ⅲ类等温线比较少见，在低浓度时等温线是凹的，吸附作用很弱；浓度较大时，吸附量强烈增大，当浓度接近于 C_0 时便和第Ⅱ型等温线相似。该类等温线凹形起始线段表明吸附剂表面与吸附质分子形成了氢键，而使吸附质分子间相互作用减少。属于多分子层吸附。

第Ⅳ类等温线，在低浓度时是凸的，表明被吸附污染物和生物质活性炭有强烈的亲和力，也容易确定像在第Ⅱ型等温线 b 点的位置（相当于盖满单分子层时的饱和吸附量 V_m）。随着浓度的增加，由多层吸附逐渐产生毛细管凝结，所以吸附量强烈增大。最后由于毛细孔中装满吸附质液体，等温线又平缓起来。该类等温线是均匀基质上惰性气体分子多阶段多层吸附引起的；此吸附剂主要以微孔为主，但含有一定数量的中、大孔结构。

第Ⅴ类等温线在低浓度下同第Ⅲ类型相似也是凹的，这是由于吸附剂表面与吸附质分子作用力减弱造成原现象。随着浓度的增大，也产生多分子层吸附和毛细管凝结，这和Ⅳ型曲线的高浓度部分相似。

凡是低浓度时吸附等温线是凸的，相对吸附量比值 q/Q（纵坐标方向），则可称为优惠型等温线（如Ⅰ型、Ⅱ型、Ⅳ型）；相反，吸附等温线是凹的，则可称为非优惠型等温线（如Ⅲ型、Ⅴ型）。优惠型等温线的斜率是溶液浓度 C 减少的函数，当溶液中污染物的浓度很低时，生物质活性炭的吸附量仍保持较高的水平，可保证痕量污染物的去除。相反，非优惠型等温线的斜率是溶液浓度 C 增加的函数，这表明在开始阶段吸附就较难进行。因此，吸附等温线的形状和斜率的变化对吸附穿透曲线和吸附柱操作有密切的关系。通过对吸附等温线的测定，大致可以了解生物质活性炭和被吸附污染物之间的相互作用，以及有关生物质活性炭表面性质等重要信息。

5.4.2.2 吸附等温线模型

等温吸附平衡是指维持温度不变，当达到平衡时，吸附质在固-液两相中浓度的关系曲线，即生物质活性炭表面的吸附量（q_e）与溶液中吸附质平衡浓度（C_e）之间的关系称作吸附等温曲线。通过对等温线进行模型拟合分析，明确生物质活性炭与吸附质之间的相互作用关系。经常使用的吸附等温线模型有 Freundlich 吸附等温线模型、Langmuir 吸附等温线模型、Temkin 吸附等温线模型和 D-R 吸附等温线模型。

(1) Freundlich 吸附等温线模型

1907 年，Freundlich 根据恒温吸附实验推导出了非线性 Freundlich 吸附等温线模型。Freundlich 吸附等温模型是多分子层吸附，也是一种经验模型。该理论模型的假设为：吸附剂表面不均匀，吸附剂和吸附质之间，吸附质分子之间存在多种条件的吸附过程。生物质活性炭吸附水中污染物的 Freundlich 吸附等温线模型可表示为[7]：

$$q_e = kC_e^{1/n} \tag{5-42}$$

经恒等变形转化为线性方程：

$$\ln q_e = \frac{1}{n}\ln C_e + \ln k \tag{5-43}$$

式中　q_e——生物质活性炭的平衡吸附量，mg/g；

　　　　C_e——平衡时溶液中污染物的浓度，mg/g；

　　　　k——经验常数，与溶液中污染物和生物质活性炭的性质和种类有关；

　　　　n——与生物质活性炭吸附强有关的 Freundlich 常数。

利用实验数据拟合非线性方程式，以 $\ln C_e$ 为横坐标，$\ln q_e$ 为纵坐标做 Freundlich 吸附等温线方程拟合，从而可以计算出 k 和 n 的值。

(2) Langmuir 吸附等温线模型

1916 年，Langmuir 首先提出了单分子层吸附模型，Langmuir 吸附等温模型是通过大量实验数据归纳而来的经验模型，是实际运用中使用最广泛的吸附等温线方程，其理论模型的提出基于以下假设[8]：a. 吸附剂表面是均匀的，即吸附位点是无差别的、完全相同的；b. 所有吸附粒子具有相同的吸附热和吸附能；c. 吸附质分子之间，吸附质分子与表面活性位点之间不存在相互作用力；d. 吸附为单分子层吸附。

此模型适用于理想溶液中，并且溶质和溶剂分子体积相同的情况[9]。对于固、液体系的吸附过程，Langmuir 单分子层吸附理论模型有 4 个基本假设：

① 吸附质吸附在吸附剂表面上有有限个活性位点；

② 吸附剂的每一个吸附活性位点只吸附一个离子；

③ 吸附剂表面的吸附位点均匀分布并且它们能量相同；

④ 相邻吸附位点上吸附的吸附质相互之间没有作用。

生物质活性炭吸附水中污染物的 Langmuir 吸附等温线模型可表示为：

$$q_e = \frac{bq_m C_e}{1 + bC_e} \tag{5-44}$$

经恒等变形，可以转化为线性关系表达式：

$$\frac{C_e}{q_e} = \frac{C_e}{q_m} + \frac{1}{bq_m} \tag{5-45}$$

式中　q_e——生物质活性炭的平衡吸附量，mg/g；

q_m——单位质量生物质活性炭的饱和吸附量，g/L；

C_e——平衡时溶液中污染物的浓度，mg/g；

b——Langmuir 常数。

利用实验数据拟合非线性方程式，以 C_e 为横坐标，$\frac{C_e}{q_e}$ 为纵坐标做 Langmuir 吸附等温线方程拟合，从而可以计算出 b 和 q_m 的值。

在 Langmuir 吸附等温模型中可定义出一个分离因子（无量纲），来确定该吸附反应过程是否有利，计算方程为：

$$R_L = \frac{1}{1 + K_L g C_i} \tag{5-46}$$

$R_L > 1$，不利吸附；$R_L = 1$，线性吸附；$R_L = 0$，为不可逆吸附；$0 < R_L < 1$，有利吸附，且当 $0 < R_L < 1$ 时，R_L 越大，越有利于污染物的去除。

陈晓晓通过 Langmuir 和 Freundlich 吸附等温模型对该改性玉米秸秆吸附水中 Cr(Ⅵ) 的吸附热力学数据进行拟合，结果 Langmuir 方程拟合得更好，表明 Langmuir 等温线能够很好地用于描述改性玉米秸秆对 Cr(Ⅵ) 的吸附行为。Langmuir 模型是单分子层吸附模型，提示改性玉米秸秆对 Cr(Ⅵ) 的吸附可能是以均匀吸附为主，可能由于改性玉米秸秆中的官能团在吸附剂表面分布较均匀，且改性玉米秸秆对 Cr(Ⅵ) 的吸附可能以化学吸附为主[10]。梁琼用核桃壳活性炭对碱性染料孔雀石绿（MG）和亚甲基蓝（MB）的等温吸附结果表明：核桃壳炭对 MG 和 MB 的吸附符合 Langmuir 等温吸附方程，属于单分子层吸附。同时对 MG 吸附量随温度的升高吸附量有所增加，318K 条件下，MG 初始浓度为 900mg/L 时吸附量可达 581.88mg/L；对 MB 的吸附过程随温度降低吸附量越大，其中 303K 条件下，初始浓度为 599mg/L，吸附量达到 292.31mg/L[11]。

（3）Temkin 吸附等温线模型

Temkin 等[12,13]吸附模型的假设为：所有分子的吸附热随着吸附剂表面分子层厚度的增加呈线性（而不是呈对数）递减[14]，Temkin 吸附等温线模型是用来研究吸附热随温度变化呈线性关系的模型，适用于吸附热随表面覆盖程度线性变化的化学吸附过程。生物质活性炭吸附水中污染物的 Temkin 吸附等温线模型可表示为：

$$q_e = \frac{RT}{b}\ln(A_T C_e) \tag{5-47}$$

经恒等变形，可以转化为线性关系表达式[15]：

$$q_e = A\ln KA_T + A\ln C_e \tag{5-48}$$

$$A = \frac{RT}{b}$$

式中　q_e——生物质活性炭的平衡吸附量，mg/g；

　　　R——气体常数，8.314J/(mol·K)；

　　　T——绝对温度，K；

　　　b——和吸附自由能相关的常数，mol²/J²；

　　　C_e——平衡时溶液中污染物的浓度，mg/g；

　　　A——与吸附热有关的常数，L/g；

　　　A_T——无量纲的吸附常数；

　　　K——与吸附最大键合能有关的平衡键合常数，L/mol。

Freundlich 吸附等温线模型、Langmuir 吸附等温线模型和 Temkin 吸附等温线模型是描述实验数据和生物质活性炭吸附等温最广泛的模型[16]，另外，Dubinin-Radushkevich 等温线模型（简称 D-R 模型）也被应用在吸附理论中。

（4）D-R 吸附等温线模型

Dubinin-Radushkevich[17]模型常用于对吸附机理的分析[18]，它假设吸附材料表面的吸附能是非均匀的，能量呈高斯分布规律[14,19]，生物质活性炭吸附水中污染物的 Dubinin-Radushkevich 等温线模型（简称 D-R 模型）可表示为：

$$q_e = q_m \exp(-k\varepsilon^2) \tag{5-49}$$

经恒等变形，可以转化为非线性表达式：

$$\ln q_e = \ln q_m - \beta\varepsilon^2 \tag{5-50}$$

通过对吸附能 E 的计算可分析吸附机理是化学吸附还是物理吸附，E 的计算式为：

$$E = 1/(2\beta)^{1/2} \tag{5-51}$$

$$\varepsilon = RT\ln\left(1 + \frac{1}{C_e}\right) \tag{5-52}$$

式中　ε——Polanyi 势能，J/mol；

β——与吸附自由能相关的常数，mol^2/J^2；

q_e——生物质活性炭的平衡吸附量，mg/g；

q_m——D-R 模型中生物质活性炭的饱和吸附量，mg/g；

k——与吸附能相关的常数，mol^2/kJ^2；

R——气体常数，$8.314J/(mol \cdot K)$；

T——绝对温度，K；

C_e——平衡时溶液中污染物的浓度，mg/g；

E——每摩尔吸附质所具有的能量，kJ/mol，$E = \dfrac{1}{\sqrt{2k}}$。

E 的值可以用来预测吸附过程的类型：当 $E < 8kJ/mol$ 时，表示吸附过程属于物理吸附过程；当 $8kJ/mol < E < 16kJ/mol$ 时说明吸附过程属于离子交换过程；当 $E > 16kJ/mol$ 时表示吸附过程为化学吸附过程。

5.4.3 等温吸附平衡图

等温吸附平衡图（Kielland）是以 $\lg K_c$ 为纵坐标、A_c 为横坐标，$\lg K_c$ 值作为 A_c 值的函数作图，K_c 又称 Kielland 商或选择校正系数，Kielland 图反映了离子交换生物质活性炭对理想状况的偏离情况，如图 5-6 所示。

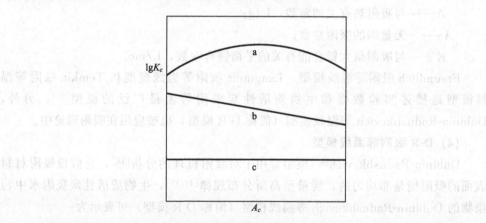

图 5-6　不同类型的 Kielland 图

Kielland 图通常有以下几种类型。

① 如图 5-6 中 a 所示：Kielland 图是曲线形状，且曲线可以有多种形状，可以有极大值、极小值或拐点。此时离子在生物质活性炭中的活度是生物质活性炭中离子组成的函数，关系比较复杂。

② 如图 5-6 中 b 所示：表明 $\lg K_c$ 与 A_c 之间具有线性关系。

③ 如图 5-6 中 c 所示：Kielland 图是一条平行于 A_c 的直线，表明 $\lg K_c$ 的值不随 A_c 的改变而改变，是一个常数，在该情况下的离子交换生物质活性炭是一种

理想的交换生物质活性炭。

Kielland 图的 3 种情况中，第 1 种类型多与生物质活性炭中存在着多种位群有关，实际计算较复杂，要根据 Kielland 图的形状来考虑；第 3 种属于理想情况，比较少见；大量遇到的是第 2 种情况，即 $\lg K_c$ 与 A_c 之间有线性或近似于线性的关系。

5.4.4 吸附热力学平衡常数

吸附热力学是描述吸附动态平衡状态的基本定律。Gains 和 Thomas 导出污染物在固相生物质活性炭中的活度系数和热力学平衡常数的通用表达式，如下：

$$\ln K_a = (Z_B - Z_A) + \int_0^1 \ln K_C dA_C + Z_B Z_A \Big[-\int_{a_W=1}^{a_W(a)} n_W^A dln a_W +$$

$$\int_{a_W=1}^{a_W(b)} n_W^B dln a_W - \int_{a_W(a)}^{a_W(b)} n_W^{AB} dln a_W \Big] \tag{5-53}$$

$$K_C = \frac{A_C(1-A_S)}{(1-A_C)A_S}$$

式中 K_a——一定温度下的吸附反应热力学平衡常数；

              Z_B、Z_A——溶液中的 B 离子和 A 离子所带的电荷数；

              K_C——Kielland 商或选择校正系数；

     $a_W(a)$ 和 $a_W(b)$——在纯 AR 相和纯 BR 相中水的活度；

     n_W^A、n_W^B 和 n_W^{AB}——在 AR 相、BR 相及具有混合组成的 (A，B)R 相中水的数量，mol H_2O/g 生物质活性炭。

Gains 和 Thomas 关系式是在考虑了溶剂作用的情况下导出的关系式，由于生物质活性炭中水含量变化可忽略不计，而且水的活度可看作恒定，因此式（5-53）可以简化为：

$$\ln K_a = (Z_B - Z_A) + \int_0^1 \ln K_C dA_C \tag{5-54}$$

根据实验数据得出的 Kielland 图，解式（5-54）即可求出一定温度下的吸附平衡常数 K_a 的数值。

5.4.5 吸附过程的热力学函数

(1) 吸附焓 ΔH

一般地，吸附过程受温度的影响：若随着温度的升高，吸附量增加，说明吸附反应过程为吸热过程，升高温度有利于吸附反应的进行；若随着温度的升高，吸附量减少，说明吸附反应过程为放热过程，降低温度有利于吸附反应的进行。Gacla R. A 和 Ruey Juang 等提出吸附反应过程服从于 Clausius-Clapeyron 方程，即 $\ln C_e$ 与 $1/T$ 有良好的线性关系，即：

$$\ln C_e = K - \frac{\Delta H}{RT} \tag{5-55}$$

式中　C_e——吸附平衡时溶液中污染物的平衡浓度，mg/L；

　　　T——绝对温度，K；

　　　R——理想气体常数，8.314kJ/(mol·K)；

　　　K——常数；

　　　ΔH——吸附焓，kJ/mol。

通过分析测定出的吸附等温线，再由吸附等温线做出不同等吸附量时的吸附等量线 $\ln C_e$-$1/T$。用线性回归法求出各吸附量所对应的斜率，则可计算出不同吸附量时的热力学函数吸附焓 ΔH 的值。

(2) 吸附自由能 ΔG

吸附自由能 ΔG 可通过 Gibbs 方程从吸附等温线衍生得到，即：

$$\Delta G = -RT \int_0^x \left(\frac{q}{X} \right) \mathrm{d}x \tag{5-56}$$

式中　ΔG——吸附自由能，kJ/mol；

　　　q——单位质量生物质活性炭的吸附量，mg/g；

　　　X——溶质在溶液中的质量分数；

其余符号意义同前。

当用 Freundlich 吸附等温线取代上式中的 q 时，可推导出 ΔG 与 q 无关，则得到如下公式：

$$\Delta G = -nRT \tag{5-57}$$

一般地，物理吸附的自由能 ΔG 小于化学吸附的自由能 ΔG，前者在 $-20\sim$ 0kJ/mol 范围内，而后者在 $-40\sim80$kJ/mol 范围内。

(3) 吸附熵 ΔS

吸附熵 ΔS 可通过 Gibbs-Helmholtz 方程进行计算，即：

$$\Delta S = \frac{\Delta H - \Delta G}{T} \tag{5-58}$$

式中　ΔS——吸附熵，kJ/(mol·K)；

其余符号意义同前。

目前常用的吸附热力学函数有吉布斯自由能 ΔG^0、熵变 ΔS^0 和焓变 ΔH^0 等。除用上述方法计算外，吸附热力学参数还可以通过 Van't Hoff 方程[20]来计算：

$$K = \frac{C_0 - C_e}{C_0} \tag{5-59}$$

$$\Delta G^0 = -RT\ln K \tag{5-60}$$

$$\ln K_c = \frac{\Delta S^0}{R} - \frac{\Delta H^0}{RT} \tag{5-61}$$

吉布斯自由能可经过方程变化用下式来计算：

$$\Delta H^0 = T \Delta S^0 - \Delta G^0 \qquad (5\text{-}62)$$

式中　K——分配系数；

　　　R——气体常数，数值为 8.314kJ/(mol·K)；

　　　C_e——溶液的平衡浓度，mol/L；

　　　C_0——溶液的初始浓度，mol/L；

　　　ΔG^0——标准吉布斯自由能变，kJ/(mol·K)；

　　　ΔS^0——吸附的熵变，kJ/(mol·K)；

　　　ΔH^0——吸附的焓变，kJ/(mol·K)。

ΔG^0 吸附热力学参数在实际应用中可用来判断吸附过程能否自发进行，在给定的温度下，若 $\Delta G^0 \leqslant 0$，可认为此时吸附反应能自发进行；若 $\Delta G^0 > 0$，则认为此时吸附反应不能自发进行。以 $\ln K$ 为横坐标，$1/T$ 为纵坐标作图即可得出Van't Hoff 的线性关系方程，从截距和斜率即可得到基本不随温度变化的吸附热力学常数熵变 ΔS^0 和焓变 ΔH^0。

梁琼用核桃壳活性炭对碱性染料孔雀石绿（MG）和亚甲基蓝（MB）的吸附热力学研究表明：核桃壳活性炭对 MG 和 MB 的吸附过程中 $\Delta G < 0$，说明吸附碱性染料 MG 和 MB 的过程均为自发进行的；其中对 MG 吸附是自发的吸热过程，而吸附 MB 是自发放热过程，$\Delta H < 0$；$\Delta S > 0$，说明吸附 MG 和 MB 过程有序性减低，混乱度增大[11]。

5.5　生物质活性炭的吸附动力学

吸附反应动力学（adsorption reaction kinetics，ARK）作为生物质活性炭吸附反应特性的重要组成部分，在吸附反应工艺流程制订和工艺参数优化等方面发挥着极其重要的作用，是吸附反应技术工程化开发的重要理论基础。国内外研究者特别重视吸附反应平衡及动力学的研究，认为基础理论的研究是我们必须加强的领域。因此，进行与生物质活性炭吸附对水中污染物去除的反应动力学基础研究。主要研究在不同温度、不同初始浓度、不同生物质活性炭投加量下用生物质活性炭去除水中污染物的吸附反应动力学曲线（adsorption reaction kinetics curves，ARKC），确定出它们各自的吸附反应控制机理（adsorption reaction control mechanism，ARCM）：即吸附反应过程是由液膜扩散控制（film diffusion control，FDC）、颗粒扩散控制（particle diffusion control，PDC），以及化学反应控制（chemical reaction control，CRC），进而建立起吸附反应过程的传质模型（adsorption reaction mass transfer model，ARMTM）。通过吸附反应法进行生物质活性炭去除水中污染物有关的 ARKC、ARCM 和 ARMTM 等研究，为生物质活性炭吸附反应工艺处理水中污染物的实际应用奠定一定的理论基础。

5.5.1 概述

5.5.1.1 吸附反应动力学参数的测定

动力学试验范围非常广泛，测定内容主要有污染物在生物质活性炭表面液膜和生物质活性炭内孔道中的扩散系数、液膜传质系数、生物质活性炭传质系数、反应过程的总传质系数以及判断吸附反应过程的控制机理和检测反应速率方程等。通常ARKP的测定方法有浅床技术、间歇操作技术以及单颗粒测量技术。

(1) 浅床技术

浅床技术是指将均匀粒度的生物质活性炭以很浅的一层放在白金筛网或不锈钢筛网上。令一高速、恒流液体通过此生物质活性炭层，测量并记录流出液或生物质活性炭相成分与时间的关系。浅床试验生物质活性炭样品的数量根据反应体系的性质、试验目的和检测方法决定。在保证分析精度的前提下，样品数量尽量减少，以满足计算中的假设条件成立。通常样品质量为10mg～1g。

浅床技术的主要优点是生物质活性炭与浓度不变的溶液相接触满足无限浴（infinite solution volume，ISV）条件，从而简化了扩散方程的解。另外，操作简单，适用性广泛。但需要注意，因流速波动对测量很敏感，因此必须严格保证操作过程中流量稳定。该技术广泛应用于吸附反应过程控制步骤的判断和传质参数的测定。

(2) 间歇操作技术

间歇技术与浅床技术的主要区别在于进行吸附的反应条件不同，而前者是在有限浴（finite solution volume，FSV）条件下进行，生物质活性炭与浓度逐渐变化的定容溶液接触反应。常用的间歇式技术有搅拌反应瓶法和浸没泵接触器法。

1) 搅拌反应瓶法　是将已知量的生物质活性炭样品和已知浓度和体积的溶液在带搅拌器的反应瓶中进行反应，用电化学或放射化学等连续或间隔分析方法，测定溶液浓度随时间的变化关系，从而得到有关动力学数据。通过变更溶液的浓度、组分、生物质活性炭的形状、粒度、反应温度和搅拌强度等手段测定动力学参数。

2) 浸没泵接触器法　是将生物质活性炭放在搅拌器中心腔的白金网中进行反应的一种装置，该搅拌器可迅速旋转并能上下移动。当搅拌器起动并进入吸附溶液时，离心力将生物质活性炭颗粒甩向网壁。溶液由网的底部吸入，快速通过生物质活性炭层后由侧面孔道甩出。溶液快速循环的结果，可将反应器内的溶液近似看作理想混合状态。同样，通过对溶液连续分析或间隔取样分析，可得到吸附率与时间的函数关系。操作中浸没泵接触器可以脱离溶液，使溶液与生物质活性炭立即分开；这对进行间断试验，判断反应机理特别有用。在吸附反应过程中当生物质活性炭和溶液突然分离时，若过程为液膜扩散过程，当旋转搅拌器再次浸没溶液时，重建的液膜将保持同样的浓度梯度。因此，中断前后其反应速率没有变化。相反，若过程为颗粒扩散控制，生物质活性炭与溶液分离后，颗粒内的扩散过程仍然存在，使生物质活性炭表面浓度下降，减少了生物质活性炭颗粒内部的浓度梯度。当生物质活性炭和溶液重新接触时由于生物质活性炭颗粒表面与溶液间有较大的浓度差推动力，因此吸附反应速率比中断前要快一些。

(3) 单颗粒测量技术

用扫描电镜和 X 射线显微分析等方法，直接观测、研究颗粒生物质活性炭的传质过程。

5.5.1.2　吸附反应动力学曲线的测定

在一定条件（如温度、溶液浓度、生物质活性炭粒度和搅拌速度）下，在反应瓶中装入含有重金属或苯胺有机污染物的溶液，分别加入一定量的生物质活性炭，每间隔 3～10min 测定并记录溶液中的重金属或苯胺有机污染物浓度；用溶液中的重金属或苯胺有机污染物浓度与吸附反应时间作图，计算出生物质活性炭在 t 时间内的吸附率 F，进而绘制出 F-t 曲线，即为吸附反应动力学曲线 ARKC。其中，生物质活性炭吸附率 F 按式(5-63) 计算：

$$F = q_t / Q \tag{5-63}$$

式中　q_t——时间 t 内生物质活性炭对被吸附污染物的吸附容量，mg/g；

　　　Q——生物质活性炭对被吸附污染物的饱和吸附容量，mg/g。

根据表观吸附量的定义，可推导出经过 i 次取样后（每次取样 1mL）的溶液浓度 C_i 与表观吸附量 q(mg/g) 之间的关系：

$$q = \sum_{i=1}^{N} (C_{i-1} - C_i)(V_0 - i)/G \tag{5-64}$$

式中　q——生物质活性炭的表观吸附量，mg/g；

　　　V_0——原溶液的体积，L；

C_{i-1}、C_i——第 $i-1$ 次和第 i 次取样溶液中污染物的浓度，mg/L；

　　　G——生物质活性炭的质量，g。

5.5.2　吸附传质过程

吸附反应动力学的基本内容主要包括：吸附反应是按照什么机理进行的，其控制步骤是什么，这些控制步骤可用怎样的速率方程描述，如何从理论上推导吸附反应过程的数学模型，如何用试验数据验证理论上推导的数学模型。简言之，吸附反应动力学是研究如何建立描述吸附反应动力学过程行为的物理模型与数学模型以及如何求解的问题。影响吸附质传质阻力的因素有吸附体系的温度、体系压力（浓度）、吸附剂表面的流体膜、吸附剂内的介孔和微孔扩散等。

对于以生物质活性炭为介质的吸附反应，虽然吸附反应动力学过程相对复杂，但一般而言，其吸附动力学过程包括以下几个基本个步骤。

（1）外扩散（或膜扩散）

在流体中，吸附质通过分子扩散与对流扩散传递到生物质活性炭的外表面。当流体与固体接触时，在生物质活性炭表面存在一层滞流膜，因浓度梯度的原因，吸附质要通过滞流膜向生物质活性炭内部扩散，故外扩散的速率主要取决于吸附质在滞流膜的传递速度。

（2）内扩散（或孔道扩散）

吸附质通过液膜后，将从生物质活性炭的外表面通过颗粒上的微孔扩散进入颗粒内部。该扩散过程分为表面扩散和细孔扩散，表面扩散是已经吸附在孔表面上的分子转移至相邻吸附位点上的扩散；细孔扩散是指吸附质分子在微孔内的扩散。

（3）生物质活性炭内表面上的吸附

吸附质在生物质活性炭内表面上的吸附速率很快，可以认为是吸附质通过物理吸附、静电吸引和离子交换等方式与吸附位点快速结合，达到吸附平衡。相对于前两个过程，此过程吸附速度很快，总的吸附速率是由外扩散和内扩散过程决定的。

5.5.3 吸附动力学模型（或方程）

吸附反应动力学是进行吸附反应过程模拟与设备设计的基础。主要研究生物质活性炭吸附反应溶质的速率。关于吸附反应动力学模型，从不同角度分类有不同的类型。

根据表达吸附反应过程动力学定律的性质来分，有化学动力学型和物理动力学型两类，其中物理动力学型又可分为膜扩散型、孔道扩散型与表面扩散型等不同类型。

根据理论基础来分可分为机理模型和经验模型两类，其中机理模型是由吸附反应过程的微观反应机理入手导出的理论模型，如 Fick 模型、Nernst-Planck 模型、Stefan-Maxwell 模型及缩核模型等；机理模型概念清晰，有明确的物理意义，但由于实验条件的不同与限制，直接应用于复杂的实际反应体系很不方便。经验模型是由实验数据直接回归得到的，如简单线性推动力模型、平方推动力模型、修正平方推动力模型、双参数模型及多项式模型等；经验模型推导容易、应用方便、但无明确的物理意义，不能外推。

另外，根据吸附反应特征还可把吸附反应动力学分为微观动力学与宏观动力学两类：微观动力学涉及固体生物质活性炭与污染物质接触时伴有的交换、平衡、扩散、传递等过程而发生的一系列化学变化、物理变化和电化学变化；宏观动力学涉及一系列复杂的流体力学工程行为。

固液非均相传质过程不可避免地要涉及流动场中两相的流体力学行为。大型工业设备中进行的吸附反应分离工程，就涉及不同尺寸的动力学问题，若生物质活性炭去除水中的重金属 Cr(Ⅵ) 或苯胺有机污染物属于固-液非均相传质过程的工业扩大过程，应该考虑上述条件。若实验设备相对于工业化来说规模很小，故上述因素可忽略不计。吸附反应过程的基本特点决定了其具有严格化学计量关系的这种固液非均相扩散传质行为是吸附反应动力学研究的核心。

拟一级 Lagergren 反应方程[21-23]、拟二级 Lagergren 反应方程[24]和颗粒内扩散方程[25]是三种常用的动力学模型。即 Pseudo-first Order 模型、Pseudo-second Order 模型和 Intra particle diffusion 模型，用来描述吸附反应过程的颗粒内扩散阶段和吸附位点的吸附反应阶段。

拟一级反应动力学模型假设吸附速度与吸附质的浓度成正比例的关系，限制吸附速度的因素是颗粒内传质阻力。该模型被广泛应用于水溶液吸附动力学的描述，拟一级 Lagergren 反应动力学方程为：

$$\frac{\mathrm{d}q_t}{\mathrm{d}t}=k_1(q_{eq}-q_t) \tag{5-65}$$

式中　k_1——拟一级反应速率常数，也即表观吸附速率常数，min^{-1}；

q_{eq}、q_t——平衡时和时间 t 时生物质活性炭的吸附量，mg/g。

利用边界条件：$q_t=0(t=0)$ 和 $q_t=q_t(t=t)$，积分得到拟一级反应动力学模型的线性表达式：

$$\ln(q_{eq}-q_t)=\ln q_{eq}-k_1t \tag{5-66}$$

拟二级反应动力学模型[26,27]假设吸附速度与吸附质的浓度的平方成正比例的关系，与拟一级反应动力学模型不同，吸附速度的限制因素是吸附机制，而不是颗粒内传质。该模型被广泛用于吸附动力学的描述，拟二级 Lagergren 反应动力学方程为：

$$\frac{\mathrm{d}q_t}{\mathrm{d}t}=k_2(q_{eq}-q_t)^2 \tag{5-67}$$

式中　k_2——拟二级反应速率常数，$g/(mg \cdot min)$。

利用边界条件：$q_t=0(t=0)$ 和 $q_t=q_t(t=t)$，积分得到拟二级反应动力学模型的线性表达式：

$$\frac{t}{q_t}=\frac{1}{k_2q_{eq}^2}+\frac{t}{q_{eq}} \tag{5-68}$$

将试验数据以 t/q_t-t 作图，若为直线则表明该方程适用，通过求解直线截距和斜率可得拟二级反应速率常数 k_2 和平衡吸附量 q_{eq}。

颗粒内扩散模型描述总体的颗粒内扩散效应，认为颗粒内扩散是限制吸附速度的主要过程。对于多孔材料的吸附，应该考虑到吸附中的几个基本过程。该模型的表达式为：

$$q_t=k_{pi}t^{1/2}+C \tag{5-69}$$

式中　q_t——t 时刻吸附剂对吸附质的吸附量，mg/g；

k_{pi}——颗粒内扩散模型吸附速率常数，$mg/(g \cdot min^{\frac{1}{2}})$；

C——颗粒内扩散模型参数，mg/g。

以 t 为横坐标，q_t 为纵坐标作图，可求得 k_{pi} 和 C 的值。若拟合直线通过原点，说明粒内孔扩散是吸附过程中的唯一速控步骤；反之，则说明粒内孔扩散不是吸附过程的唯一速控步骤。

关于吸附反应速率表达式，除了 Lagergren 反应方程以外，还有诸如 Bangham 速率公式和 Langmuir 速率公式。Bangham 提出的吸附反应速率表达式为：

$$\frac{dq_t}{dt} = \frac{q_t}{mt} \tag{5-70}$$

其积分式为：

$$q_t = kt^{\frac{1}{m}} \tag{5-71}$$

将式(5-71) 两边同时取对数得：

$$\ln q_t = \ln k + \frac{1}{m}\ln t \tag{5-72}$$

式中　m——常数；

　　　k——吸附反应速率常数；

　　　q_t——时间为 t 时生物质活性炭的吸附量，mg/g。

Langmuir 吸附反应速率公式为：

$$\frac{dq_t}{dt} = k(q_{eq} - q_t) \tag{5-73}$$

其积分式为：

$$\ln \frac{q_{eq}}{q_{eq} - q_t} = kt \tag{5-74}$$

式中符号意义同前。

知道吸附反应速率常数后可按下式计算该反应的活化能：

$$\ln \frac{k_2}{k_1} = \frac{E_a}{R}\left(\frac{1}{T_2} - \frac{1}{T_1}\right) \tag{5-75}$$

式中　k_1、k_2——温度 T_1、T_2 时的速率常数，min^{-1}；

　　　E_a——吸附反应过程的活化能，kJ/mol；

　　　R——理想气体常数，8.314kJ/(mol·K)。

可通过活化能 E_a 的大小来说明吸附反应过程的性质。

与拟一级动力学模型相比，拟二级动力学模型更适合描述改性玉米秸秆对水中 Cr(Ⅵ) 吸附的动力学行为，主要以化学吸附为主[10]。梁琼用核桃壳活性炭对碱性染料孔雀石绿 (MG) 的动力学吸附实验表明：核桃壳炭对 MG 的吸附过程是表现为吸附速率先快后慢，在 60min 达到饱和吸附量的 80%，直至 330min 后吸附基本达到饱和状态；准一级、准二级和颗粒内扩散模型均能很好地描述核桃壳炭吸附 MG 动力学过程，其中二级动力学方程最符合吸附[11]。梁琼用核桃壳活性炭对亚甲基蓝 (MB) 的动力学吸附实验表明：核桃壳炭对 MB 的吸附过程是表现为吸附速率先快后慢，其中不同温度条件下在 45min 时能达到平衡吸附量的 65% 以上，直至 390min 后吸附基本达到饱和状态；利用一级动力学模型、二级动力学模型和颗粒内扩散模型分析核桃壳炭吸附 MB 动力学，其中二级动力学方程最符合吸附，且其理论吸附值与实际吸附量非常吻合[11]。

5.5.4　吸附反应控制机理

(1) 反应控制机理

从前面分析吸附反应的传质过程可知，吸附反应过程包括主流液体中的对流扩散、生物质活性炭表面的液膜扩散、生物质活性炭内部的孔道扩散和化学反应四个不同步骤。吸附反应过程在通常情况下，由于主流液体中的混合与对流作用，所有污染物的对流速度基本相同且较快，污染物在生物质活性炭表面液膜中的膜扩散 (FD) 速度、生物质活性炭颗粒内部的孔道扩散 (PD) 速度和化学反应 (CR) 速度与对流速度相比则要慢得多。因此，吸附反应过程的总速率往往由膜扩散、孔道扩散或化学反应的速率决定，且三者中较慢的一个作为总的速率控制步骤。

综上可知，吸附反应过程传质的控制机理主要是由液膜扩散控制、孔道扩散控制和化学反应控制。但对具体的吸附反应过程究竟是哪个作为控制步骤呢？定性分析认为：膜扩散控制和孔道扩散控制的速率要比化学反应控制的速率慢得多，故一般认为是膜扩散控制，或孔道扩散控制，或膜扩散控制和孔道扩散控制两者共同作用为总的速率控制步骤。影响吸附反应速率的主要因素有生物质活性炭本身的特性、吸附溶质的特性和操作条件，生物质活性炭本身的特性可从静态吸附等温线得到评价，并根据吸附容量确定生物质活性炭用量，操作条件主要为废水溶液的温度、浓度和 pH 值等。若操作中所用的生物质活性炭吸附容量较高、粒度较细，生物质活性炭相中的扩散系数较大，液相中的污染物浓度较低，同时液流的搅动作用不十分强烈，此时的吸附反应行为一般为液膜扩散控制；若所用生物质活性炭较粗、液相中的污染物浓度又较高，同时液流的搅动作用强烈，膜扩散系数又较大，此时一般表现为孔道扩散控制。

定量分析认为：根据吸附反应动力学试验数据由式(5-63) 计算出生物质活性炭的吸附反应率 F（表示 t 时刻的吸附反应分数），测定不同试验条件下 F 与时间 t 的关系。

根据 Body 液膜扩散公式[28]：

$$-\ln(1-F)=K_f t \tag{5-76}$$

动边界模型 (motorial borderline model，MBM) 的液膜扩散控制方程：

$$F=\frac{3C_0 K_f}{aQr}t \tag{5-77}$$

式中　F——生物质活性炭的吸附率；

　　　C_0——溶液初始浓度；

K_f——液膜扩散系数；

a——计量系数；

t——反应时间；

Q——生物质活性炭的饱和吸附容量；

r——生物质活性炭颗粒的半径。

将试验数据按$-\ln(1-F)$与时间t或生物质活性炭吸附率F与时间t进行标绘，若成线性关系，则为液膜扩散控制，其斜率分别为液膜扩散系数K_f或$\dfrac{3C_0K_f}{aQr}$。

当吸附反应时间t较短，生物质活性炭呈球形颗粒，在快速搅拌条件下液模阻力可忽略不计时，根据均相表面扩散模型（homogeneous surface diffusion model，HSDM）：

$$\frac{q_t}{q_{eq}}=\frac{6}{\sqrt{\pi}}\sqrt{\frac{Dt}{R_P^2}}+L \tag{5-78}$$

式中 q_t、q_{eq}——t时刻和平衡时生物质活性炭的吸附容量，mg/g；

D——生物质活性炭颗粒的内扩散系数，cm^2/s；

R_P——生物质活性炭颗粒的半径，cm；

t——时间，min；

L——常数。

生物质活性炭的孔道扩散控制反应方程：

$$1-3(1-F)^{2/3}+2(1-F)=\frac{6\overline{D}C_0}{aQr^2}t=kt \tag{5-79}$$

式中 $\overline{D}$——生物质活性炭的有效扩散系数；

其余符号意义同前。

将试验数据按$[1-3(1-F)^{2/3}+2(1-F)]$与时间t进行标绘，若成线性关系，并且直线通过原点，则为的孔道扩散控制；若成线性关系，但直线并未通过原点，则的孔道扩散控制是吸附反应速率的主要控制步骤，但不是唯一控制步骤，可能同时受液膜扩散控制。

Weber-Morris 和 Kannan-Sundaram 颗粒内扩散模型按式(5-80) 进行讨论[29]，

$$q_t=k_Pt^{1/2}+C \tag{5-80}$$

式中 q_t——时间t时生物质活性炭的吸附容量，mg/g；

k_P——生物质活性炭颗粒内扩散速率常数，$mg/(g \cdot min^{1/2})$。

将试验数据按q_t与$t^{1/2}$进行标绘，若成线性关系，则为孔道扩散控制。

另外，被吸附物在生物质活性炭内部孔隙中传质速率的表达式还有：

$$\frac{dq}{dt}=\frac{15D'}{R^2}(q_i-q) \tag{5-81}$$

式中 D'——颗粒内有效扩散系数；

q_i——与生物质活性炭颗粒表面上被吸附物质浓度相平衡的吸附量；

R——生物质活性炭颗粒的半径。

q_i 不易测量，通常以和流体本身浓度 C 平衡时的交换量 q_e($q_e = K_f C^{1/n}$) 来代替。若所用的生物质活性炭颗粒及其孔径大小较均匀，可假定 $15D'/R^2$ 为常数 k，则

$$\frac{dq}{dt} = k(q_e - q) \tag{5-82}$$

将试验数据按式(5-82)进行拟合，若直线的相关性较好，说明颗粒内扩散速率模式可较好地表征吸附反应动力学规律。

生物质活性炭的化学反应控制方程：

$$1 - (1-F)^{1/3} = \frac{K_c C_0}{r} t \tag{5-83}$$

式中　K_c——化学反应速率常数；

其余符号意义同前。

将试验数据按 $1-(1-F)^{1/3}$ 与时间 t 进行标绘，若成线性关系，则为化学反应控制。

(2) 吸附机理

生物质活性炭的吸附强度和机理取决于炭化过程，尤其是与生物质活性炭的原材料和炭化条件相关[30]。研究表明由于生物质活性炭不是完全矿化，它具有异质性，所以生物质活性炭捕获疏水性有机污染物分为疏水性分配到非炭化成分和吸附到炭化成分[31]。分子间吸引力、疏水作用、氢键和孔隙填充等都是吸附的主要机理。Zhang 等研究表明甲萘威和阿特拉津在猪粪制备的活性炭上的吸附主要是疏水作用、孔隙填充和 π-π 电子供体和受体相互作用[32]；Xie 等研究将不同的活性炭对磺胺类药物的吸附性能与它们的石墨化程度结合起来，发现吸附过程主要通过 π-π 电子供体和受体相互作用[33]；而 Han 等、Zhu 等研究表明孔隙填充是有机物吸附在活性炭上的主要吸附机理[34]。总之，污染物可能通过氢键、电子引力、孔隙填充、分配到非炭化相、疏水作用以及其他一些作用方式（表面竞争、π-π 共价键）吸附在活性炭表面；活性炭对不同污染物的吸附性能可能与污染物的 $\lg K_{ow}$、极性、空间结构、分子尺寸、表面官能团密切相关。

5.5.5　吸附反应传质模型

由于生物质活性炭具有良好的使用性能，关于生物质活性炭吸附动力学特性研究方面，国外学者开展了大量工作，并取得了一系列重要研究成果，通过分析吸附反应法脱除水中污染物的吸附反应过程特征，进行生物质活性炭吸附反应动力学研究；并依据传质理论，建立吸附反应过程的传质模型，为提高生物质活性炭吸附反应法进行含有机污染物废水的工程化应用提供理论依据。目前，常用的吸附反应传

质模型主要有以下几种。

（1）均相表面扩散模型（HSDM）

HSDM 是假设生物质活性炭表面均一，外形为圆球状，被吸附物质由生物质活性炭颗粒外表面开始扩散，并沿着孔隙表面到达吸附反应位点，在质量传输过程中忽略 3 个主要的传输阻力，即从溶液到生物质活性炭外膜的传输、通过膜的传输以及交换速率的限制。利用 Fick 第一扩散定律可求得生物质活性炭颗粒内部不同位置的表面浓度，并利用数学模式求得系统中液相浓度随时间变化的改变量。在传输过程中，吸附溶质利用系统中的浓度梯度由生物质活性炭外部扩散至孔隙内部；在密闭系统中，液相中被吸附溶质减少的量等于生物质活性炭表面增加的量。

HSDM 及边界条件可以用下列公式表示：

$$\frac{\partial q}{\partial t}=D_s\left(\frac{\partial^2 q}{\partial r^2}+\frac{2}{r}\frac{\partial q}{\partial r}\right) \tag{5-84}$$

初始条件式（5-85）及边界条件式（5-86）和式（5-87）分别为：

$$0\leqslant r\leqslant R,\ t=0,\ q=0 \tag{5-85}$$

$$r=0,\ t\geqslant 0,\ \frac{\partial q}{\partial r}=0 \tag{5-86}$$

$$r=R,\ q_s=K_f C_s^n \tag{5-87}$$

式中 　q——生物质活性炭表面吸附溶质的量，mg/g；

　　　 R——生物质活性炭颗粒的半径，cm；

　　　 D_s——生物质活性炭的表面扩散系数，cm^2/min；

　　　 K_f——Freundcich 吸附常数，$mg^{(1-\frac{1}{n})}\cdot L^{\frac{1}{n}}/g$；

其余符号意义同前。

（2）Fick 模型

根据吸附反应理论，在多数情况下，吸附反应速率主要受液膜扩散或颗粒内扩散或两者共同影响。Fick 定律建立的液膜传质扩散模式如式（5-88）所示，

$$\frac{dC_t}{dt}=-\beta_L S(C_t-C_s) \tag{5-88}$$

式中 　C_t——溶质在溶液中的浓度，mg/L；

　　　 C_s——溶质在生物质活性炭颗粒表面上的浓度，mg/L；

　　　 β_L——液膜扩散传质系数，m/min；

　　　 S——生物质活性炭的比表面积，m^2/g。

液膜扩散传质系数 β_L 的求解是建立在诸多假设的基础之上的，当生物质活性炭表面的溶质浓度 C_s 在交换时间 $t=0$ 时可以忽略不计，且颗粒内扩散也可以忽略时，式（5-88）可以简化为式（5-89）。

$$\left[\frac{d(C_t/C_0)}{dt}\right]_{t=0}=-\beta_L S \tag{5-89}$$

式中 C_0——溶液的初始浓度，mg/L。

因此，初始吸附速率 $\beta_L S(\text{min}^{-1})$ 可由 C_t/C_0 对 $t(\text{min})$ 的多元线性关系在 $t=0$ 时微分求得。

目前研究的吸附动力学模型有：准一级动力学模型、准二级动力学模型及粒内扩散模型。

准一级动力学模型方程：

$$\ln(q_e - q_t) = \ln q_e - k_1 t \tag{5-90}$$

准二级动力学模型方程：

$$\frac{t}{q_t} = \frac{1}{k_2 q_e^2} + \frac{t}{q_e} \tag{5-91}$$

式中 q_e——平衡时生物质活性炭的吸附量，mg/g；

$\quad\quad q_t$——反应 t 时间时生物质活性炭的吸附量，mg/g；

$\quad\quad k_1$——一级吸附速率常数，min^{-1}；

$\quad\quad t$——吸附时间，min；

$\quad\quad k_2$——二级吸附速率常数，$g/(mg \cdot min)$。

粒内扩散模型

Weber 和 Morris 建立了粒内扩散模型。明确吸附速率的控制阶段。该模型用公式(5-92) 表示：

$$q_t = k_{id} t^{\frac{1}{2}} + I \tag{5-92}$$

式中 k_{id}——颗粒内扩散速率常数，$mg/(g \cdot min^{1/2})$；

$\quad\quad I$——截距。

k_{id} 是由实验数据的斜率获得的值。粒子内扩散模型中 q_t 与 $t^{1/2}$ 线性拟合，若拟合结果的直线经过原点，说明颗粒内扩散控制着吸附过程；若不通过原点，整个吸附过程还受其他吸附作用的共同控制。

参 考 文 献

[1] M del Mar de la Fuente Garcia-Soto, Eugenio Mufioz Camacho. Boron removal from industrial wastewaters by ion exchange: an analytical control parameter [J]. Desalination, 2005, 181 (1-3): 207-216.

[2] Ahmet Ayar, Selçuk Gürsal, A. Ali Gürtena, et al. On the removal of some phenolic compounds from aqueous solutions by using a sporopollenin-based ligand-exchange fixed bed-Isotherm analysis [J]. Desalination, 2008, 219 (1-3): 160-170.

[3] 蔡琳. 稻壳基活性炭复合吸附剂的除磷性能研究 [D]. 武汉：华中科技大学，2016.

[4] 何炳林，黄文强. 离子交换与吸附树脂 [M]. 上海：科技教育出版社，1992：392-395.

[5] 占可隆，李国君，占政荣. 活性炭 [M]. 北京：教育科学出版社，2008.

[6] 曾汉民. 功能纤维 [M]. 北京：化学工业出版社，2005.

[7] Yadav S, Srivastava V, Banerjee S, et al. Adsorption characteristics of modified sand for the removal of hexavalent chromium ions from aqueous solutions: Kinetic, thermodynamic and equilibrium studies [J]. Catena, 2013, 100 (1): 120-127.

[8] Vijayaraghavan I C, Padmesh T V N, Palanivelu K, et al. Biosorption of nickel (Ⅱ) ions onto Sargassum wightii: Application of two-parameter and three-parameter isothermal models [J]. Journal of Hazardous Materials, 2006. 133 (1-3): 304-308.

[9] [日] 近藤精一, 石川达雄, 安颙郁夫, 等. 吸附科学 [M]. 北京: 化学工业出版社, 2006.

[10] 陈晓晓. 改性玉米秸秆的表征及吸附性能研究 [D]. 长春: 长春工业大学, 2016.

[11] 梁琼. 山核桃外果皮活性炭的制备及其吸附性能的研究 [D]. 杭州: 浙江农林大学, 2015.

[12] Temkin M I, Pyzhev V. Kinetics of ammonia synthesis on promoted iron catalyst [J], Acta Physico. chimica Sinica (USSR) 1940. 12: 327-356.

[13] Hobson J P. Physical adsorption isotherms extending from ultrahigh vacuum to vapor pressure [J]. Journal of Physical Chemistry, 1969, 73: 2720-2727.

[14] Foo K Y, Hameed B H. Insights into the modeling of adsorption isotherm systems [J]. Chemical Engineering Journal, 2010, 156 (1): 2-10.

[15] Akhtar M, Bhanger M I, Iqbal S, et al. Sorption potential of rice husk for the removal of 2,4-dichlorophenol from aqueous solutions: Kinetic and thermodynamic investigations [J]. Journal of Hazardous Materials, 2006, 128 (1): 44-52.

[16] 李楠楠, 丁文明, 任丹丹, 等. 锆改性颗粒活性氧化铝饮用水除氟研究 [J]. 北京化工大学学报 (自然科学版), 2015, 42 (4): 40-43.

[17] Ozcan A, Ozcan A S, Tunali S, et al. Determination of the equilibrium, kinetic and thermodynamic parameters of adsorption of copper(Ⅱ) ions onto seeds of Capsicum annuum [J]. Journal of Hazardous Materials, 2005, 124 (1-3): 200-208.

[18] Gfinay A, E Arslankaya, I Tosun. Lead removal from aqueous solution by natural and pretreated clinoptilolite: Adsorption equilibrium and kinetics [J]. Journal of Hazardous Materials, 2007, 146 (1-2): 362-371.

[19] Da Browski A. Adsorption-from theory to practice [J]. Advances in Colloid and Interface Science, 2001, 93 (1-3): 135-224.

[20] Singh K K, Singh A K, Hasan S H. Low cost bio-sorbent 'wheat bran' for the removal of cadmium from wastewater: Kinetic and equilibrium studies [J]. Bioresource Technology, 2006, 97 (8): 994-1001.

[21] Yao Y, Xu E, Chen M, et al. Adsorption behavior of methylene blue on carbon nanotubes [J]. Bioresource Technology, 2010, 101 (9): 3040-3046.

[22] Jiang M, Jin X, Lu X, et al. Adsorption of Pb(Ⅱ), Cd(Ⅱ), Ni(Ⅱ) and Cu(Ⅱ) onto natural kaolinite clay [J]. Desalination, 2010, 252 (1-3): 33-39.

[23] Lagergren S. About the theory of SO-called adsorption of soluble substances // Kungliga Svenska Vetenskapsakademiens Handlingar [M]. Stockholm: Almqvist & Wiksell, 1998, 1-39.

[24] Zhang J, Shi Q, Zhang C, et al. Adsorption of Neutral Red onto Mn-impregnated activated carbons prepared from Typha orientalis [J]. Bioresource Technology, 2008, 99 (18): 8974-8980.

[25] Kavitha D, Namasivayam C. Experimental and kinetic studies on methylene blue adsorption by coirpith carbon [J]. Bioresource Technology, 2007, 98 (1): 14-21.

[26] Ho Y S, McKay G. Psudo-second order model for sorption processes [J]. Trans Chem E, 1999, 77B: 165-173.

[27] Ho Y S, McKay G. The kinetics of sorption of divalent metal ions onto sphagnum moss peat [J]. Water Research, 2000, 34: 735-742.

[28] 谢祖芳, 陈渊, 戴艳菊, 等. 717 阴离子交换树脂吸附磺基水杨酸 [J]. 过程工程学报, 2007, 7 (2): 278-281.

[29] Dutta M, Dutta N N, Bhattacharya K G. Aqueous phase adsorption of certain beta-lactam antibiotics onto polymeric resins and activated carbon [J]. Separation and Purification Technology, 1999, 16 (3): 213-224.

[30] Ahmad M, Rajapaksha A U, Lim J E, et al. Biochar as a sorbent for contaminant management in soil and water: A review [J]. Chemosphere, 2014, 99: 19-33.

[31] Chen B, Zhou D, Zhu L. Transitional adsorption and partition of nonpolar and polar aromatic contaminants by biochars of pine needles with different pyrolytic temperatures [J]. Environmental Science & Technology, 2008, 42: 5137-5143.

[32] Zhang P, Sun H, Yu L, et al. Adsorption and catalytic hydrolysis of carbaryl and atrazine on pig manure-derived biochars: Impact of structural properties of biochars [J]. Journal of Hazardous Materials, 2013, 244: 217-224.

[33] Xie M, Chen W, Xu Z, et al. Adsorption of sulfonamides to demineralized pine wood biochars prepared under different thermochemical conditions [J]. Environmental Pollution I, 2014, 86: 187-194.

[34] Zhu X, Liu Y, Zhou C, et al. A novel porous carbon derived from hydrothermal carbon for efficient adsorption of tetracycline [J]. Carbon, 2014, 77: 627-636.

第6章
生物质活性炭的再生利用

生物质活性炭在各领域的应用广泛，但由于活性炭的非选择性吸附使得吸附和沉积在活性炭表面上的杂质成分多种多样，难以将它们从水溶液中分离出来，造成生物质活性炭再生困难重重。由于活性炭制备成本较高，若直接丢弃吸附饱和的活性炭，废弃饱和活性炭不仅造成资源浪费，而且它们一旦释放到环境中，已经被吸附的部分污染物会从活性炭上脱附下来，它们会破坏植物、动物，以及人类的健康和生态平衡，引起二次环境污染，极大限制了生物质活性炭的应用[1]。生物质活性炭吸附法要在工业应用得以实现，关键在于解决生物质活性炭再生过程中操作烦琐和价格昂贵的问题。回收活性炭材料，提高活性炭利用效率对活性炭材料去除污染物的应用是至关重要的，研究出对饱和生物质活性炭再生高效且经济的再生方法，已成为生物质活性炭在工业活动中得以更好地应用的一大热点问题。

生物质活性炭的再生是指将饱和吸附各种污染物的活性炭经过特定处理，使生物质活性炭恢复绝大部分的吸附能力的过程，目的在于将其重新用于吸附过程，降低生产成本，减少浪费。吸附达饱和的生物质活性炭加热再生时，主要通过以下3个阶段。

(1) 饱和生物质活性炭的干燥阶段

使用过的生物质活性炭含水率大约是50%。干燥阶段需要大量的热量用于孔隙中的水分和部分低沸点有机物的蒸发。热再生中所需热量的50%是在干燥过程中消耗的；而且，再生炉容积的1/3以上用于干燥过程。因此，为了降低再生成本，设定适当的干燥条件非常重要。

(2) 吸附物质的炭化阶段

把吸附的挥发性物质和残留在生物质活性炭孔隙中的高沸点有机物炭化。在 350℃之内，低沸点有机物便脱离，进一步在大约 800℃ 以内加热，高沸点有机物在吸附状态下被分解、炭化，并以固定炭的形态残留下来。值得注意的是炭化阶段的升温速度太快时，对生物质活性炭的活化阶段有很坏的影响。炭化升温速度太快，吸附物质中有机物物质短时间内大量释放，会造成颗粒活性炭强度下降，形成裂缝以及孔隙减小。

(3) 炭化有机物的活化阶段

炭化过程中生成的残留炭，在 800~1000℃下，使用水蒸气、二氧化碳、氧气等氧化性气体分解：

$$C+O_2 \longrightarrow CO_2 \tag{6-1}$$

$$C+H_2O(g) \longrightarrow CO+H_2 \tag{6-2}$$

$$C+CO_2 \longrightarrow 2CO \tag{6-3}$$

水蒸气的活化效果比二氧化碳好，能显著地恢复活性炭微孔的容积，一般水蒸气用量为饱和炭质量的 80%~100%。因为氧气的氧化性强，易造成活性炭本身过多消耗，故一般不采用。但有报道指出，混入 1%~2% 的氧气对活化影响不大。

在水处理等使用饱和的生物质活性炭中，孔隙内蓄积了多种金属及金属氧化物，对碳的气化反应有明显催化作用，而且引入了污染，必须洗涤除去。例如 Fe、Co、Ni、Cu、Mn、Pb 及碱金属等，对气化有促进作用；而 B、Ti、W 及 P 等对气化有抑制作用。在水处理中使用过的活性炭，可以通过酸洗的方法把蓄积的金属除去，但是用碱洗及四氯化碳萃取的方法，不能除去金属。

在活化过程中，需要利用炭化过程中所生成的固定炭与活性炭本身的气化反应速度的差异，有选择地将固定的炭气化掉。另外，热再生阶段中活化过程的最终温度和停留时间要严格控制，使得生物质活性炭的损失在 5%~10%。因此，减少生物质活性炭的物理性消耗及粉化也很重要，要注意生物质活性炭的装卸运输及合理地选择气流速度。

对生物质活性炭进行再生处理，主要目的是将吸附饱和的生物质活性炭通过各种方法恢复其重新吸附污染物的功能，以达到多次重复使用。由于生物质活性炭和吸附质都具有多样性和特异性，再生方法和再生效果都不同，通过生物质活性炭的种类和基本性质以及和污染物的特性可以选取出合适的再生方法。常见的再生方法包括物理再生方法（超声波再生方法、加热再生方法、微波辐射再生方法）、化学再生方法（化学药剂再生方法、湿式氧化再生方法、电化学再生方法）、生物再生方法和其他再生方法[2]。

针对这种情况，生产中往往根据主要吸附质的性质，吸附剂的吸附行为及工艺上是否方便操作来选择适当的再生方法。

6.1　再生原理

生物质活性炭的吸附过程就是生物质活性炭、污染物和溶剂三者之间由于相互作用力而形成一定的吸附平衡关系。生物质活性炭的再生就是采取各种办法来改变平衡条件，打破原来的平衡过程，使生物质活性炭再次恢复吸附性能，使吸附质从生物质活性炭中去除，其途径有：

① 改变吸附质或污染物的化学性质，降低吸附质与生物质活性炭表面的亲和力；

② 用对吸附质亲和力强的溶剂萃取或用对污染物溶解度更大的溶剂分离出污染物；

③ 用生物质对活性炭亲和力比吸附质大的物质把吸附质置换出来，然后再使置换物质脱附，活性炭得到再生；

④ 用外部加热、升高温度等办法通过调节温度改变平衡条件，从而脱附生物质活性炭吸附的污染物；

⑤ 用降低溶剂中溶质浓度（或溶液平衡条件下的压力）的方法使吸附质脱附；

⑥ 用化学药剂的化学反应特性方法，采用有机物分解或氧化方法而除去生物质活性炭上的各种污染物。

在可逆吸附中，通常采用的再生方法是通入120℃以上的加热蒸气使吸附质脱除而让生物质活性炭恢复吸附力。在不可逆吸附中，实际操作中多采用高温加热再生，被吸附物分解成CO_2、H_2O后被去除，生物质活性炭被再生。生物质活性炭在液相吸附中用量最大，且吸附能力最多只利用了其质量的$30\%\sim40\%$，根据中国目前的水价，以生物质活性炭作为处理药剂，成本是比较高的。所以，必须使生物质活性炭再生，重复使用。

生物质活性炭再生方法常用的有物理再生（包括超声波再生法、热再生法、微波辐射再生法）、化学再生（包括电化学再生法、湿式氧化再生法、化学药剂再生法）和生物再生法等。水处理生物质活性炭的再生方法以热再生法为最适宜。

然而，吸附饱和后的生物质活性炭难以进行分离和循环使用，生物质活性炭在水处理方面的应用受到了严重的限定，传统的过滤分离方法容易造成筛网的堵塞以及活性炭的流失。活性炭再生效率常用的表示方法有活性炭质量损耗率（S）和活性炭性能恢复率（H）。

6.2 物理再生法

6.2.1 加热再生法

加热再生法是目前工业上应用最广泛也是最成熟的一种再生法，适用于吸附有机污染物的生物质活性炭再生，利用高温下有机物的炭化分解，最终化为气体逸出的再生法。加热再生是在一定设备中加热至 750～950℃，使生物质活性炭中吸附的物质发生解吸或热分解从而达到再生的目的。根据有机物在加热过程中分解脱附的温度不同，加热再生法分为低温加热再生法和高温加热再生法两种。

(1) 低温加热再生法

对于吸附沸点较低的低分子烃类化合物和芳香族有机化合物的饱和炭，一般用 100～200℃ 蒸汽吹脱使炭再生，再生可在吸附塔内进行，脱附后的有机物蒸气经冷凝后可回收利用；此法常用于气体吸附的活性炭再生。蒸汽吹脱法也用于啤酒、饮料行业工艺用水前级处理的饱和活性炭再生。

(2) 高温加热再生法

在水处理中，生物质活性炭的吸附多为热分解型和难脱附型有机物，且吸附周期长。高温加热再生法通常经过 850℃ 高温加热，使吸附在生物质活性炭上的有机化合物经碳化、活化后达到再生的目的；此法具有吸附恢复率高且再生效果稳定的优点。因此，对用于水处理生物质活性炭的再生普遍采用高温加热法。

热再生法大多是把吸附饱和的生物质活性炭放入再生炉中加热，通入蒸汽活化再生。加热再生过程分为干燥、炭化和活化三个阶段：干燥阶段主要去除生物质活性炭上的可挥发成分；高温炭化阶段是惰性气氛下加热到 800～900℃，使吸附的一部分有机物沸腾、汽化脱附，一部分有机物发生分解反应，生成小分子烃而脱附，残余成分在生物质活性炭孔隙内成为"固定炭"；活化阶段需要通入 CO_2 和水蒸气等气体，以清理生物质活性炭微孔，使其恢复吸附性能，同生物质活性炭的制备类似，活化阶段也是整个再生工艺的关键。

热再生法能够分解有机吸附质，再生彻底，重复使用效果好，一直是生物质活性炭主流的再生法，在实际生产中得到广泛应用。加热再生法的优点有适用性强、加热再生后吸附能力可以恢复90%左右，再生效率高、耗时短、污染小等。但热再生法存在不能现场再生（往往需运输到活性炭生产厂家）、再生成本高、耗能大等问题，特别是由于磨损和高温再生时的烧失，对活性炭结构的损害大，生物质活性炭会损失近10%，使其应用受到一定的局限性。加热再生的生物质活性炭的吸附性能的恢复往往比较低，再生增加后甚至使得吸附性能丧失。近年来，人们又发展了一些热源不同的生物质活性炭新热再生技术，包括超声波再生和微波辐射再生。

加热再生法是目前工艺最成熟，工业应用最多的活性炭再生方法。加热再生法再生效率高，再生时间短，应用范围广，但过热有可能引起活性炭发生自燃，孔隙构造遭到明显的破坏[3]，使得再生过程中活性炭损失较大（一般在5％～10％），再生炭的机械强度下降、再生耗时耗能、经济不可行等现象。

近些年来，在对热再生充分认识的基础之上，人们又发展了一些生物质活性炭新的加热再生技术。这些技术与传统的再生技术的区别在于热源不同，其中包括高频脉冲再生技术、红外加热再生技术、直流电加热再生技术、弧放电加热再生技术、微波再生技术等。由于设备以及防护问题的存在，生物质活性炭加热再生新方法还处于试验阶段。

6.2.2 超声波再生法

超声波再生法是利用超声波在生物质活性炭的吸附表面上产生能使被吸附物得到足以脱离吸附表面，重新回到溶液中去的能量的生物质活性炭再生法。

超声波再生法是20世纪90年代发展起来的一项新技术。超声波是指频率在16kHz以上的声波，在溶液中以一种球面波的形式传递。在水溶液中，由于超声波的作用产生了高能的"空化泡"，"空化泡"在溶液中不断长大，爆裂成小气泡，并在这些小气泡内部和界面产生局部高温高压，导致了H_2O分裂成—OH形式存在，同时产生高压冲击波作用于吸附剂表面，使有机污染物质通过热分解和氧化作用得到有效的分离。

超声波再生法的再生效率受作用时间、炭粒粒径、吸附类型等因素的影响。超声波再生的最大特点是只在局部施加能量即可达到再生的目的。超声波再生具有能耗小、工艺设备简单、损耗小、自耗水量少，且可回收有用物质等优点。但是其对于不同被吸附物，超声波对其解析率不同，如果用于吸附多种物质的活性炭的再生，则会造成某些物质的累积，所以此法适用于与吸附质是单一物质的活性炭的再生，且生物质活性炭孔径大小也会很大程度上影响再生效率。此外，超声波再生不会改变被吸附物质的结构与形态，因而用于活性炭浓缩、富集、回收有用物质的再生是十分有利的。

研究表明经超声波再生后，再生排出液的温度仅增加2～3℃。每处理1L活性炭，采用功率为50W的超声发生器120min，相当于每立方米生物质活性炭再生时耗电100kW·h，每再生一次的生物质活性炭损耗仅为干燥质量的60％～80％，耗水为活性炭体积的10倍。兰州铁道学院王三反进行了超声波再生法的试验，结果表明，超声波再生具有能耗小、工艺及设备简单、活性炭损失小、可回收有用物质等特点。宁平等采用微波辐照法对载硫活性炭进行再生实验，考察微波功率、载气量、活性炭量、再生时间以及再生次数等因素的影响。实验结果表明：在微波功率700W、载气流量0.3L/min、饱和活性炭质量8g以上、再生时间3min的条件下，SO_2产品的浓度可达90％以上。

6.2.3 微波辐射再生法

微波是指电磁波谱中位于远红外和无线电波之间的电磁辐射，其波长在 1mm～1m 范围内，频率为 300MHz～300GHz。微波辐射再生法是指生物质活性炭在高温条件下，将微波频率固定在 2450MHz 或 900MHz，使有机物脱附、炭化、活化，进而恢复其吸附性能；微波对被照物有很强的穿透力，对反应物起深层加热作用。微波辐射再生活性炭法是用微波产生高温，使活性炭上的有机污染物炭化、活化，恢复其吸附能力。微波作用使得有机污染物克服范德华力吸引开始脱附，随着能量的聚集，在致热和非致热效应共同作用下，有机污染物一部分燃烧分解放出二氧化碳，另一部分炭化。

微波辐射对活性炭进行再生因具有高效、对活性炭本身的孔隙结构没有太大的破坏、时间短、能耗低等优点而成为一种经济且环保的再生方法。微波辐射再生活性炭的再生效率，主要取决于微波功率、微波辐照时间、活性炭吸附量等因素。微波辐照过程使在活性炭孔隙中吸附的有机污染物急剧分解、挥发，产生较大的蒸气压，爆炸压出而造成多孔结构，使再生的活性炭具有极好的吸附能力。与传统的活性炭再生法相比，其优越性主要表现在：

① 加热均匀，不需经过中间介质，微波场中无温度梯度存在，故热效率高；
② 加热速度快，节能高效，只需常规方法的 1/100～1/10 的时间就可以完成；
③ 选择性加热；
④ 再生效率高，能生成微孔发达的活性炭；
⑤ 设备简单。

虽然该法具有以上多种优点，但工艺条件控制不当，生物质活性炭烧损比较严重。东南大学傅大放等以新炭碘值变化为评价标准，研究吸附了十二烷基苯磺酸钠的活性炭微波再生条件。通过正交试验，探讨了活性炭再生效率与微波功率、微波辐照时间、活性炭的吸附量等因素的关系，试验中的最佳再生效率出现在功率为 HI(W)、辐照时间约为 80s 时。对再生后碘值恢复影响最大的是微波的功率，其次是辐照时间，最后是活性炭的吸附量。

6.3 化学再生法

目前生物质活性炭常见的化学再生法有化学药剂再生法、湿式氧化再生法和电化学再生法等。

6.3.1 化学药剂再生法

化学药剂再生法可分为使用无机物调节溶液平衡进行污染物脱附的无机药剂再

生和使用溶解性更强的溶剂萃取出污染物的有机溶剂萃取再生。化学药剂再生涉及用萃取剂解吸或化学氧化剂在亚临界/超临界条件下分解被吸附的污染物[4]。化学药剂再生方法工艺都比较简单，且投资小，但该再生法的主要缺点是再生效率主要取决于被吸附物质的溶解度，且不能完全恢复生物质活性炭的吸附性能。

（1）无机化学药剂再生

生物质活性炭的吸附主要包括物理吸附和化学吸附。化学吸附是指吸附质分子与生物质活性炭表面的官能团生成特异的化学键。使用酸、碱和盐等无机再生剂就是要降低吸质与生物质活性炭的亲和力，增加吸附质的溶解度，从而达到良好的再生效果。酸、碱和盐等无机化学药剂再生法相对于加热再生法有许多优点：

① 可在现场进行，无需装卸、运输、再包装的操作；

② 不会因为加热再生而导致活性炭损失；

③ 可回收有价值的吸附质；

④ 回收方法适当，化学再生药剂可重复使用。

酸、碱无机再生法是有针对性地选用酸、碱浸洗活性炭（同时辅以加温、搅拌），使之与生物质活性炭所吸附的物质反应生成可溶性盐类，从活性炭表面脱附再生。一方面，酸、碱改变了溶液的酸、碱度，目的是增大生物质活性炭中被脱除物质的溶解度，从而使吸附的物质从炭中脱出；另一方面，酸、碱可直接与吸附的物质起化学反应，生成易溶于水的盐类。该法特别适用于吸附量受 pH 值影响很大的场合。化学法再生后用水洗净生物质活性炭，重新投入吸附应用。此法可直接在生物质活性炭吸附装置中进行再生，设备和运行管理均较方便，再生效率高，炭损失小。但由于生物质活性炭的物理吸附和化学吸附同时存在，随着再生次数增加，再生炭的吸附率渐次降低。

同时，需要注意的是，再生过程的温度也是关键因素。选择不同的再生温度需结合实际操作，一方面生物质活性炭中有机物的脱附是一个吸热过程，温度升高，脱附量加大；另一方面温度升高会增强再生剂向生物质活性炭孔隙内部的扩散能力，使接触面积大大增加，脱附量加大。

用无机的酸、碱和盐溶液都可以用来再生生物质活性炭，通过改变吸附平衡，将吸附质从生物质活性炭上脱附下来，一般通过改变污染物和生物质活性炭的化学性质，或使用对生物质活性炭亲和力比污染物更强的物质进行置换来实现。无机酸（硫酸、盐酸等）或碱（氢氧化钠等）溶液经常用来再生吸附剂，一方面酸碱改变了溶液的 pH 值，可以增大吸附质的溶解度，从而使吸附的物质很容易从生物质活性炭表面洗脱出来；另一方面，溶液 pH 值的变化也能改变生物质活性炭表面官能团的极性和质子化状态，发生静电作用力的改变或发生竞争吸附，从而降低了吸附质和生物质活性炭之间的吸引力，破坏吸附平衡，有利于吸附质的解吸而达到脱附目的。同时，需要注意的是，再生过程的温度也是关键因素。选择不同的再生温度需结合实际操作，一方面，生物质活性炭中有机物的脱附是一个吸热过程，温度升高，脱附量加大；另一方面，温度升高会增强再生剂向生物质活性炭孔隙内部的扩散能力，使接触面积大大增加，脱附量加大。

采用体积分数 3％的 HCl 为洗脱液，对负载 Cr(Ⅵ) 的废菌渣生物质活性炭进行 5 次循环再生，再生结果如图 6-1 所示。废菌渣生物质活性炭经 HCl 解吸再生5 次后对水中 Cr(Ⅵ) 的去除率高于 88 ％。说明再生后废菌渣生物质活性炭仍具有较好去除 Cr(Ⅵ) 的性能。

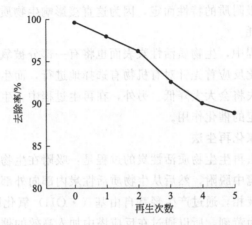

图 6-1　再生次数对 MRBAC 去除 Cr(Ⅵ) 性能的影响

(2) 有机溶剂再生

针对吸附有机污染物的吸附剂，可以利用苯、丙酮、甲醇、乙醇、丙醇等有机溶剂同吸附在活性炭上的物质进行化学反应、萃取或替换，从而使活性炭恢复活性的方法进行再生。这些有机溶剂对污染物有很强的溶解能力，可以萃取出被吸附的污染物。溶剂萃取再生中，脂肪族化合物的再生率高，而芳香族化合物的再生效果受极性官能团的影响大。例如，硝基苯、苯甲酸等芳香族化合物具有吸电子基团（—NO₂、—COOH、—CHO 等），用乙醇萃取再生率高；带有给电子基团（—NH₂、—OH、—CONH₂等）的芳香族化合物，乙醇萃取再生率低。因此，根据有机物质的表面基团的电子效应，大体上能够判断溶剂再生性能。用有机溶剂再生的方法可用来回收有用吸附质，使用比较方便，但污染物进入再生液后难以分离，容易造成二次污染，成本也较高，使其应用受到限制。近年来，超临界萃取技术受到关注，具有无毒、不可燃、不污染环境等优点。二氧化碳是超临界流体萃取技术应用中常用的萃取剂。

6.3.2　湿式氧化再生法

湿式氧化再生法包括湿式空气氧化再生法和催化湿式氧化再生法两种。

(1) 湿式空气氧化再生法

湿式氧化再生法是指在高温高压下，用氧化剂（氧气或者空气）将生物质活性炭上吸附的液相有机物氧化分解成小分子而除去的一种再生方法。该法是 20 世纪 70 年代发展起来的一种新工艺,主要在美国和日本研究较多。

湿式空气氧化再生法要在高温高压的条件下进行,温度为 200～250℃,压力为 3MPa,再生时间大多在 60min 以内。该法具有投资较少、能耗较低、工艺简单、再生效率高、活性炭损失率低、无二次污染、对吸附性能影响小等特点,通常适用于粉末生物质活性炭的再生,毒性高、生物难降解的吸附质处理效果较好。温度和压力必须根据吸附质的特性而定,因为这直接影响生物质活性炭的吸附性能恢复率和活性炭的损耗。

在湿式氧化过程中,生物质活性炭表面也将有一部分被氧化;但对于饱和生物质活性炭而言,氧化反应首先针对有机物有选择地进行,而生物质活性炭由于本身被氧化而产生的损失将会大大降低。另外,在再生过程中,生物质活性炭对吸附有机物质的氧化有一定的催化作用。

(2) 催化湿式氧化再生法

湿式空气氧化法再生生物质活性炭的过程是:吸附在生物质活性炭表面上的有机污染物在水热环境中脱附,然后从生物质活性炭内部向外部扩散,进入溶液;而氧从气相传输进入液相,通过产生羟基自由基(·OH)氧化脱附出有机物。由于湿式氧化法条件较为苛刻,所以通过在反应塔中加入高效的催化剂,以提高氧化反应的效率,这便是催化湿式氧化再生法。

针对吸附了有机污染物的吸附剂,可以采用降解的方法彻底去除污染物,以恢复生物质活性炭的吸附活性。湿式氧化再生法就是利用氧化剂氧化污染物,可用于处理毒性高、生物难降解的吸附质。后来又引入了催化剂,也就是湿式催化氧化法,以提高氧化反应的效率。湿式氧化再生法是指在高温高压的水热条件下,脱附吸附在活性炭表面上的有机污染物,并使这些污染物从内部向外部扩散,直至进入溶液,通入溶液中的氧气或空气将脱附出来的有机物氧化分解成小分子的羟基自由基(·OH)的处理方法。湿式氧化再生法处理对象广泛,反应时间短,再生效率稳定,再生开始后无需另外加热。另外,光催化氧化和试剂氧化也被用来降解吸附剂上的有机物,但再生效果普遍不高。开展生物质活性炭降解再生可以实现吸附的污染物完全矿化,但也要注意生物质活性炭被氧化的问题。

同其他生物质活性炭再生方法比较,湿式氧化再生法的优点是其具有催化快速、应用范围广、能耗相对较低、二次污染小、适应性强等特点,尤其是再生处理过含有难降解有机物废水如焦化废水的活性炭。但是,此法用于粉末生物质活性炭的再生时,时间的延长加强了生物质活性炭表面的氧化程度,使其孔隙被氧化物堵塞而出现再生效率下降的现象。

6.3.3 电化学再生法

近年来,化学降解再生法受到较多关注。电化学再生法是目前正在研究的一种方法，电化学再生法的工作原理如同电解池的电解，在电解质存在的条件下将吸附质脱附并氧化，使活性炭得以再生。在外加电场的作用下，填充生物质活性炭在两个电极之间，生物质活性炭在电流作用下发生极化，形成一端阳极，另一端阴极，可以发生还原反应和氧化反应阴极的微电解槽，在活性炭的阴极部位和阳极部位可分别发生还原反应和氧化反应，吸附质通过扩散、电迁移、对流及电化学氧化还原而被去除。该法具有条件更温和、再生效率较高、可在线操作等优点，但其在实际运行中存在金属电极腐蚀、钝化、絮凝物堵塞等问题，还有待研究探讨。这些反应可以分解污染物，小部分受到电泳力的影响发生脱附。

电化学再生效率较高，又能避免二次污染。与传统再生法相比，该法再生均匀，耗能少，炭损失少，所需电解质价格较低，操作简单。

6.4　生物再生法

生物再生法是利用在生物质活性炭上繁殖的微生物或其新陈代谢将吸附在生物质活性炭上的污染物质氧化降解从而实现活性炭再生的方法。一般是用经过驯化培养的菌种处理失活的活性炭，使吸附在活性炭上的有机吸附质分解最终成为 CO_2 和 H_2O，从而达到活性炭再生的目的。这一方法综合了物理吸附的高效性能和生物处理的经济性，充分利用了生物质活性炭的物理吸附作用和生长在生物质活性炭表面的微生物的生物降解作用，该法主要用于污水处理中粉状炭的好氧再生和粒状炭的厌氧再生。

生物再生法通常操作简单，投资和运行的费用相对来说较低，能耗少等特点，但有机物氧化速度缓慢、再生时间较长，而且只能适用于可被生物降解的物质，吸附容量的恢复程度有限，受水质和温度的影响较大。生物质活性炭生物再生法适用于吸附质是菌种易生物降解的有机物，但存在条件苛刻、周期长等问题；并且要求分解尽量彻底，如果不彻底会造成活性炭的再吸附，影响再生效果。

6.5　其他再生法

6.5.1　臭氧氧化再生法

臭氧氧化再生法是用臭氧氧化剂将吸附在生物质活性炭上的有机物进行氧化分解，从而实现生物质活性炭再生的方法。对于臭氧再生的装置，文献报道将放电反应器中间做成生物质活性炭的吸附床，废水通过生物质活性炭吸附床，有机物就被吸附，当生物质活性炭吸附饱和需要再生时炭床外面的放电反应器就以空气流制造臭氧，随冲洗水将臭氧带入生物质活性炭床实现再生。

在生物质活性炭的再生研究中，需要选择合适的再生方法，研究污染物脱附动力学和脱附效果，并通过再吸附评价吸附效果，经过多次吸附-再生循环可以明确生物质活性炭的长期有效性。采用溶剂法再生生物质活性炭，要注意尽量用少量再生液达到所需再生效果，并设法解决含有高浓度污染物再生液的处理问题。生物质活性炭的再生是难点问题，决定了生物质活性炭能否重复使用，特别是对于价格昂贵的生物质活性炭尤为重要。

6.5.2　光催化再生法

光催化再生法是指生物质活性炭上的有机物被光催化剂在一定波长范围光的作用下产生具有强氧化能力的活性物质氧化分解为无毒无害的小分子物质，从而使生物质活性炭的吸附性能得以恢复的方法。

借助光催化剂表面受光子激发产生的高活性强氧化剂·OH，将某些有机物及部分无机污染物氧化降解，最终生成 CO_2、H_2O 等无害或低毒物。目前用于研究的催化剂主要是 TiO_2，使用太阳光即可实现再生。此法主要是在颗粒活性炭上负载 TiO_2 光催化剂，使 TiO_2 的光催化性能和生物质活性炭的吸附性能结合起来。一方面，增强生物质活性炭的净化能力；另一方面，生物质活性炭的吸附为光催化剂提高较高的浓度，有利于光催化反应的进行，而且将反应的副产物吸附，使污染物完全净化。

但是在使用过程中，由于存在杂原子、高温以及某些基团的积累，会造成光催化剂的失活，所以研究人员开展了很多关于光催化失活的研究。目前，光催化再生法主要有水洗、醇洗、高温氧化处理、氢气还原处理等。光催化再生型活性炭在其吸附达到饱和后不需要其他步骤，直接在紫外光照射下即可实现原位再生。该法再生工艺简单，设备操作容易，生产规模可以随意控制，且可以使用日光辐射，能耗低。因此，光催化再生的研究具有重要意义。但该法不足之处是：耗时长；处理效果尚不十分令人满意。

6.5.3　超临界流体再生法

利用超临界流体萃取（SFE）法再生活性炭是 20 世纪 70 年代末开始发展的一项新技术。许多在常温常压下溶解力极小的物质，在亚临界或超临界状态下具有极强的溶解力，并且在超临界状态下，压力的微小改变会造成溶解度数量级的改变。利用这种性质，可以把超临界流体作为萃取剂，通过调节操作压力来实现溶质的分离，即超临界流体萃取技术。

超临界流体（SF）是指温度和压力都处于临界点以上的液体。利用 SF 作为溶剂将吸附在活性炭上的有机污染物溶解于 SF 之中，根据流体性质对于温度和压力的依赖，将有机物与 SF 有效分离，达到再生的目的。再生过程可间歇操作也可连续操作。

通过理论分析与实验结果，已证明 SPE 再生方法优于传统的生物质活性炭再生方法：

① 温度低，不改变污染物的化学性质和生物质活性炭的原有结构；

② 生物质活性炭无损耗；

③ 方便收集污染物，杜绝二次污染；

④ 操作连续化；

⑤ SPE 再生设备占地小、操作周期短和节约能源。

但是同样存在一些问题：

① SPE 再生的有机物十分有限，难以使该技术应用更为广泛；

② 由于其仅限于 CO_2，使得活性炭再生过程受到限制；

③ SPE 再生研究理论基础方面，包括热力学和动力学研究不够深入，缺乏基础数据；

④ SPE 再生仅限于实验研究，中试和工业规模研究急待进行，以推进该技术实际应用的进程。

同济大学的陈皓等对工业废水中的典型污染物苯进行了超临界二氧化碳萃取再生活性炭研究，考查了温度、压力、二氧化碳流速、活性炭粒度、循环再生次数对再生效率和再生速率的影响。结果表明，超临界二氧化碳对于活性炭中的苯的再生效果良好。

6.6 再生经济分析及评价

6.6.1 再生经济分析

活性炭的再生费用跟再生生产中的设备规模有着极其密切的关系，生规模越大，单位再生费用就越便宜。据说，委托再生费用通常为新活性炭的 1/2，我国某厂污水处理活性炭再生时，处理量越大，每吨活性炭再生成本就越低。据报道，日本鼓励用炭量超过 700kg/d 的水处理厂增设再生炉，以节约成本。

作为吸附、再生系统，需要计算设备费用与再生成本。对活性炭再生成本影响最大的一个因素是再生损失，当用泥浆泵输送活性炭时，其数值非常大。吸附剂的再生在很大程度上决定了吸附系统的经济性能。再生操作与吸附操作一样重要，在某些场合下比吸附操作还要重要，例如药品等有价值的吸附值的回收。高温热再生法已成为国内再生工厂的主要方法，酸、碱再生法和溶剂再生法已比较成功地应用于活性炭工业的再生技术；而生物再生法和超临界萃取再生法、电化学再生法、催化和湿式氧化再生法、光催化再生法具有很好的应用前景，但这些方法尚处于研究阶段，由于其工艺条件苛刻、操作费用高等原因使应用受到一定限制。

6.6.2 再生经济评价

在生物质活性炭再生时，对再生生物质活性炭的评价主要看再生条件是否恰当。另外，从液相吸附的整个系统来看使用生物质活性炭是否适合来确定。

评价再生活性炭有5点：a. 装填密度；b. 表观密度；c. 孔隙的体积（孔径孔容）；d. 碘吸附能力（碘值）；e. 亚甲基蓝吸附值。在再生现场装填密度的测定是经常进行的，而其余4项是在实验室里进行的再生条件和再生活性炭评定的一般操作。

生物质活性炭的再生效果还可以用再生炭的吸附效率和新炭再生效率的比值来表示。再生效率用 X 来表示，以 C 表示溶液浓度，计算式如下：

$$X = \frac{V(C_原 - C_1)}{V(C_原 - C_0)} \tag{6-4}$$

式中　　$C_原$——溶液原始浓度；

C_0——新活性炭处理溶液后的剩余浓度；

C_1——再生活性炭处理后的溶液剩余浓度；

V——溶液体积；

$V(C_原 - C_0)$——新活性炭的吸附量；

$V(C_原 - C_1)$——再生活性炭的吸附量。

一直把生物质活性炭的吸附能力作为对再生活性炭评定的主要方面。但是，由于反复再生，每当再一次使用时，都要对其机械强度、被氧化性进行试验，所以不能仅仅只考虑吸附能力的恢复，还应该考虑包括以上各项在内的总效果来评定再生活性炭的再生效果。

参 考 文 献

[1] 司崇殿，郭庆杰. 活性炭活化机理与再生研究进展 [J]. 中国粉体技术，2008，14（5）：48-52.

[2] 孙康，蒋剑春. 国内外活性炭的研究进展及发展趋势 [J]. 林产化学与工业，2009，29（6）：98-104.

[3] Jeon J K, Kim H, Park Y K, et al. Regeneration of field-spent activated carbon catalysts for low-temperature selective catalytic reduction of NO_x with NH_3 [J]. Chem Eng J, 2011, 174：242-248.

[4] Guo D S, Shi Q T, He B B, et al. Different solvents for the regeneration of the exhausted activated carbon used in the treatment of coking wastewater [J]. J Hazard Mater., 2011, 186：1788-1793.

第 **7** 章

生物质活性炭的检测

7.1 生物质活性炭的主要检测指标

生物质活性炭作为一种碳质吸附材料，广泛应用于气相和液相的吸附净化，因此对其物理性能、化学性能和吸附性能进行准确的检测，对指导生物质活性炭的生产和应用是非常重要的。为了控制生物质活性炭产品的质量和指导生物质活性炭的应用，根据生物质活性炭的品种和用途，建立了许多种生物质活性炭的性能检测方法，一般可分为生物质活性炭的性能检验、微观结构检验和应用模拟评价检验等。其中，一般生物质活性炭的性能检验应用得最广泛，主要包括物理性能检验、化学性能检验和吸附性能检验等；主要检测指标有碘值、亚甲基蓝、四氯化碳、比表面、孔径分布、苯吸附、强度、装填密度、灰分和挥发分等。

目前在我国活性炭生产和销售中主要采用的活性炭检测方法有中国方法（GB）、美国方法（ASTM）和日本方法（JIS）等。按生物质活性炭原材料种类不同，虽然检测方法和检测结果有差异，但其基本原理相同。

7.2 生物质活性炭的性能检验

一般活性炭的性能检验分为生物质活性炭的物理性能检验、化学性能检验和吸附性能检验等。

7.2.1 物理性能检验

一般将生物质活性炭的水分含量、灰分含量、强度（有时指机械耐磨强度，有时指抗碎裂强度）、粒度分布、表观密度（或称装填密度）、漂浮率、着火点、挥发物含量等项目归于物理性能检验范畴。当将生物质活性炭的"化学性质"认为是"化学纯度"时（这种倾向多存在于生物质活性炭的应用行业中），有时将其中的灰分含量和挥发物含量归属于生物质活性炭的化学性质检验范畴。

生物质活性炭的应用目的不同，对物理性能的要求会有所不同（这种不同不仅指性能指标，还包括项目的数量），例如用于水处理的颗粒生物质活性炭一般要求测试漂浮率、水分、强度、灰分、装填密度、粒度分布等项目，当用户指定采用粉末状生物质活性炭时，一般不测试强度和漂浮率；当生物质活性炭用于溶剂回收用途时，一般需检测着火点、水分、强度、装填密度和漂浮率。

(1) 强度

强度是生物质活性炭重要的物理性能测试指标，其测试原理是将生物质活性炭样放在一个装有一定数量不锈钢球的专用盘中，进行定时旋转和击打组合运动，运动中生物质活性炭骨架和表层同时受到破坏，测定被破坏活性炭粒度变化情况，用保留在强度试验筛上的颗粒部分所占生物质活性炭样品的百分数作为生物质活性炭的强度。一般生物质活性炭强度测试有专用设备，各种标准中都有专门的规定。

生物质活性炭强度指标是生物质活性炭经常测试的物理指标，是衡量生物质活性炭质量的重要指标，在生物质活性炭生产、贸易和科研中广泛应用，是各种颗粒生物质活性炭产品必测的指标。

(2) 装填密度

生物质活性炭装填密度测试方法是生物质活性炭经振动落入量筒中，称100mL生物质活性炭的质量，计算装填密度。

装填密度测试方法比较简单，但装填密度高低与生物质活性炭吸附性能、强度等指标有密切关系，一般对用同一种原材料和工艺生产的生物质活性炭产品，其装填密度越高，其吸附性能越差，强度越高。装填密度指标在生物质活性炭生产、贸易和科研中广泛应用，是最常用的检测指标之一。

(3) 漂浮率

漂浮率主要测定生物质活性炭在液相或水中的漂浮性能。其测试方法是将烘干的生物质活性炭样品放在盛有一定量水的容器内浸渍，经搅拌静置后，将漂浮在水面上的生物质活性炭取出烘干，称重，计算出漂浮率。

一般液相净化用和水净化处理用生物质活性炭均检测此指标，漂浮率越低表示生物质活性炭质量越好。为了降低漂浮率，需对生物质活性炭进行风选或水洗处理，以满足用户对生物质活性炭漂浮率指标的要求。

7.2.2 化学性能检验

生物质活性炭的化学性质包括元素组成（含工业分析、元素分析和有害杂质分析3个范畴）、表面氧化物（官能团）性质、泽塔电位（等电点、pH值等）等。

在现行生物质活性炭国际检测方法中，仅有灰分和pH值的测定能勉强归入化学性质分析范畴。美国活性炭标准中，有pH值、总灰分、水溶物、挥发物含量共四项为化学性质分析项目。在活性炭化学性质方面规定最严密的当属日本的活性炭检测标准，不仅规定了灼烧残分（相当于总灰分）、pH值等项目，还规定了氯化物、铁、锌、镉、铅、砷含量等检测项目。

除灰分、pH值、水溶物3项外，目前国内部分生物质活性炭企业进行的生物质活性炭化学性质分析检验项目包括水溶物含量、水溶灰含量、酸溶铁、水溶铁、重金属溶出量、微量元素含量、微量元素溶出量、半脱氯值、ABS值、糖蜜值等，以满足我国活性炭产品出口的需要。

7.2.3 吸附性能检验

生物质活性炭的吸附性能检验一般包括水容量、亚甲基蓝吸附值、碘吸附值、苯酚吸附值、四氯化碳吸附率、饱和硫容量、穿透硫容量、四氯化碳脱附率、防护时间（对苯蒸气、氯乙烷的防护时间）的测定等项目；后两者用于对化学防护用生物质活性炭或其催化剂、吸附剂的有效防护性能的评价。

(1) 碘吸附值

碘吸附值是表征生物质活性炭吸附性能的一个指标，一般认为其数值高低与生物质活性炭中微孔的多少有很好的关联性。其测试原理是称取一定量的生物质活性炭样与配制好已知浓度的碘溶液充分振荡混合吸附后，用滴定法测定溶液中残留碘量，计算出每克生物质活性炭样吸附碘的毫克数。

碘吸附值（Q_t）的测定参照国家标准 GB/T 12496.8—2015[1]。计算公式如下：

$$Q_t = \frac{5 \times (10C_1 - 1.2C_2V_2) \times 127}{m}D \tag{7-1}$$

式中　Q_t——试样的碘吸附值，mg/g；

　　　C_1——碘标准溶液的浓度，mol/L；

　　　C_2——硫代硫酸钠标液的浓度，mol/L；

　　　m——实验所用活性炭的质量，g；

　　　V_2——硫代硫酸钠溶液消耗的量，mL；

　　　D——校正系数。

碘吸附值指标是测定生物质活性炭吸附性能最常用的指标，具有测试仪器简单、快速、易操作等特点，是应用最广的生物质活性炭吸附性能测试方法，在活性炭生产、科研中广泛应用。我国各种生物质活性炭一般均用此指标表征生物质活性炭的吸附性能，但碘值的测试结果和采用的测试方法有关，中国方法、美国方法和日本方法的碘值测试方法略有不同，测试结果也有差异，因此在报告碘值测试结果时应标注采用的检测方法。

生物质活性炭碘吸附值是衡量生物质活性炭吸附性能的一个重要依据，其数值越大表明该生物质活性炭的吸附性能越好，比表面积越大。因此碘吸附值可以作为生物活性质炭吸附性能的一个重要参考依据。

（2）亚甲基蓝吸附值

亚甲基蓝也是表征生物质活性炭吸附性能的一个指标，由于其分子直径较大，一般认为其主要吸附在孔径较大的孔内，其数值的高低主要表征生物质活性炭中孔数量的多少。其测试原理是称取一定量的生物质活性炭样与配制好已知浓度的亚甲基蓝溶液充分混合吸收，利用分光光度计测试亚甲基蓝溶液浓度变化，计算出每克生物质活性炭样吸附亚甲基蓝的毫克数。

亚甲基蓝吸附值的测定参照国家标准 GB/T 12496.10—1999[2]。其吸附值的计算的公式为：

$$Q_{MB} = \frac{(1500-C) \times 0.05}{0.1} \tag{7-2}$$

式中　Q_{MB}——生物质活性炭的亚甲基蓝吸附值，mg/g；

　　　C——吸附后滤液中亚甲基蓝的浓度，mg/L。

亚甲基蓝吸附指标是测定生物质活性炭吸附性能的常用指标，主要表示生物质活性炭液相吸附的能力，具有测试仪器简单、快速、易操作等特点，是应用最广的生物质活性炭吸附性能测试方法，在生物质活性炭生产、科研中广泛应用。我国液相吸附用生物质活性炭一般均用此指标表征生物质活性炭的吸附性能，而在美国活性炭检测方法中没有亚甲基蓝检测指标；在日本活性炭检测方法中有亚甲基蓝检测指标，但与中国的检测方法略有不同，使用此检测指标时应注意。

（3）四氯化碳吸附率

在一定的温度条件下将含有一定四氯化碳蒸气浓度的混合空气流连续不断地通过生物质活性炭床层，通气 60min 后对生物质活性炭进行称量，以后每隔 15min 称量一次，直至生物质活性炭吸附饱和，生物质活性炭吸附饱和时吸附的四氯化碳质量与生物质活性炭样质量的百分比作为四氯化碳吸附率。

四氯化碳吸附指标是测定生物质活性炭吸附性能的常用指标，主要表示生物质活性炭气相吸附的能力，具有测试仪器简单、快速、易操作等特点，是应用最广的生物质活性炭吸附性能测试方法之一，在生物质活性炭生产、科研中广泛应用。我国气相用活性炭一般均用此指标表征活性炭的吸附性能。

综上所述，在我国的活性炭检验国家标准中，物理性能检测较为完备；吸附性能检验项目数量虽多于美国和日本标准，但在与应用结合程度方面远逊于美国，化学性质检验项目较少。

(4) 滴定及零电荷点 (PZC)

生物质活性炭表面含有许多含氧官能团，有酸性官能团，如羧基、内脂、酚羟基和羧酸酐，其中酚羟基酸性最弱，羧酸根酸性最强；中性官能团，如醚基和苯醌基；碱性官能团，如吡喃酮基、醌式羰基和苯并吡喃基。其中对生物质活性炭表面酸碱性起决定作用的主要有羧基、羰基、酚羟基和内酯基。Boehm 滴定法是根据不同碱性强弱的碱与不同含氧官能团产生化学反应，从而进行定量和定性分析。一般认为 $NaHCO_3(pK = 6.37)$ 仅中和炭表面的羧基，$Na_2CO_3(pK = 10.25)$ 可中和炭表面的羧基和内酯基，而 $NaOH(pK = 15.74)$ 可中和炭表面的羧基、内酯基和酚羟基。根据滴定实验碱消耗量的不同，可计算出相应的官能团的量。

生物质活性炭的电性是判断静电作用力是否参与吸附过程的直接依据。根据特定官能团的 pK_a 可以从理论上计算出生物质活性炭表面电性，但生物质活性炭含有多种基团时难以判断。常用酸碱 Boehm 滴定或 ζ 电位分析来判断表面电性和电荷密度。水溶液中固体表面净电荷为零时的溶液 pH 值，称为零电荷点 PZC (point of zero charge)；PZC 为表征生物质活性炭表面酸碱性的一个最为关键的重要参数。而 IEP 为水溶液中固体表面电势 ζ 为零时的 pH 值，称为等电点 (isoelectric point)。酸碱滴定法能够测定生物质活性炭的零电点 (PZC)，而 ζ 电位分析仪能测得生物质活性炭的等电点 (IEP)。如果不存在除 H^+、OH^- 之外的吸附离子，则 $pH_{PZC} = pH_{IEP}$；如果发生非电势决定离子的特殊吸附，则二者向相反的方向偏移。PZC 与活性炭酸性表面氧化物特别是羧基有着密切关系，它与 Boehm 滴定存在着很好的相关关系。IEP 一般通过电泳法测定。有研究认为通过电泳法测得的 IEP 为活性炭的外表面特征，由于 H^+、OH^- 比活性炭的微孔要小。因此，通过滴定法测定出的 PZC，对应的是生物质活性炭的全部表面或绝大部分表面特征。

多孔材料通常采用滴定法测定，而无孔的粉末材料采 ζ 电位分析仪测定。无孔材料的 IEP 接近 PZC，而多孔材料的 IEP 要小于 PZC。

7.3 生物质活性炭微观结构的检测

生物质活性炭的微观结构表征包括比表面积和孔容积，孔容积分为微孔容积、中孔容积、大孔容积等，有时更会细分为细微孔、次微孔、细中孔、粗中孔、平均孔隙直径、最可能概率直径等。

我国的国家标准中规定了孔容积和比表面积的测定方法，美国和日本标准中则没有对应的规定。迄今为止，世界各国都未能拿出一套可用于表征活性炭微观结构的、能令大多数人信服的标准试验方法。

目前大多采用全自动吸附仪，采用液氮静态吸附方法来表征活性炭的微观结构，但由于所选用的仪器及数据处理方法的差异，检测结果差距较大，一般误差在10％左右。

7.3.1　比表面及孔结构的检测

在比表面开始测试前对生物质活性炭进行加热真空脱附处理，在−196℃液氮温度下吸附 N_2，测试 N_2 吸附等温线，利用 FV 方程，根据单分子层吸附量和吸附质分子截面积，计算生物质活性炭样的比表面积；由相对压力为 0.98 时的氮吸附值换算成液氮体积得到总孔体积，由 Dubimin-Astakhov 计算微孔表面积和微孔体积，由总孔体积减去微孔体积得到中孔体积，由 H-K（Horvath-Kawazoe）模型及密度函数理论（density functional theory）计算平均孔径及其分布。

比表面积是表征生物质活性炭吸附性能的主要指标，这一指标解释了生物质活性炭产生吸附的原因，使人们加深了对吸附现象本质的认识。在生物质活性炭及吸附材料的研究中，这种检测指标应用得较多，但由于检测仪器设备比较复杂，而且价格昂贵，因此在生物质活性炭生产中应用的比较少。

7.3.2　孔容积的检测

通过测定颗粒生物质活性炭的真密度、颗粒密度来计算孔容积。具体测定方法有真密度法、汞置换法和氮吸附法等，各种方法测定的孔容略有不同，在报出测试结果时应标注检测方法。

孔容积也是表征生物质活性炭吸附性能的重要指标，经常使用的孔容积测试方法有氮吸附法，一般在测试比表面时可同时计算出孔容积，孔容积与生物质活性炭装填密度密切相关，与装填密度指标成反比。

7.4　生物质活性炭应用模拟评价检验

世界上主要国家的活性炭标准检验方法中，只有美国及其他国家和地区的一些活性炭大公司的企业标准中规定了活性炭气相和液相应用的原则性、指导性测定方法。这些检测标准虽然大大扩展了可检测的吸附质数量，也对应用领域选用活性炭品种有帮助，但由于其仅对单组分吸附质适用，而在活性炭应用实践中吸附质几乎没有单独存在的可能性，活性炭总是会面对多种物质组成的混合物，这些物质在活性炭上不可避免地发生竞争吸附；竞争吸附的发生必然导致目标吸附质吸附量的改变，从而导致实际应用效果偏离实验室检验结果，有时这种偏离会非常严重。

为了准确评价活性炭在实际应用中的使用效果，需进行实验室模拟吸附试验，这种模拟大多采用动态试验方法来进行。对于液相模拟吸附试验，一般采用吸附柱方法，使用待处理工作态原液，有时根据液相中已知的主要成分进行配液，选择不同的工艺条件进行试验，然后经数据处理得到最佳工艺条件，用于指导活性炭的实际应用。

　　一般生物质活性炭的应用单位为了准确地选用生物质活性炭产品或设计生物质活性炭应用装置，均根据自己的需要建立生物质活性炭应用评价装置，对生物质活性炭的应用性能进行评价实验，以获取准确的工艺参数指导生物质活性炭的，以及生物质活性炭材料的制备与应用或装置的设计。

参 考 文 献

[1]　GB/T 12496.8—2015.
[2]　GB/T 12496.10—1999.

第**8**章 ➡➡➡➡

生物质活性炭的应用

8.1　生物质活性炭在气相吸附中的应用

在工业排气中对有机溶剂的回收利用经常用到活性炭，这些有机溶剂大多数是在涂布、蒸发及干燥等工序中挥发到空气中的。活性炭一般是非极性物质，对有机质具有很强的亲和性，即使存在水分，其吸附性能下降得也不多；另外其价格比较低廉。鉴于以上原因，活性炭在吸附有机溶剂方面应用较多。越来越多的人利用活性炭强大的吸附性能来去除臭气、回收工厂尾气，以达到净化空气的目的。通常颗粒状、微孔结构发达的活性炭多用于气体吸附，如对 NH_3、H_2S 等气体的吸附。有研究人员用咖啡渣制备生物质活性炭并研究其对甲醛的吸附[1]。研究发现用化学药剂 $ZnCl_2$ 浸渍后用氮气活化比浸渍后再用 CO_2 活化制得的活性炭对甲醛的吸附值更高。刘娟等对水热炭化物炭分布进行了分析，结果表明生物质原料中的碳大部分都保留在了炭化物中，占 $71\%\sim75\%$。转移至液相和气相的炭分别是 $13\%\sim26\%$ 和 $1\%\sim14\%$，固相炭化物炭占有率随温度升高而有所降低，炭化物的高固炭率对于固定生物质中的 C 从而减少 CO_2 等温室气体的排放具有重要意义[2]。

在选择使用何种活性炭时，对要回收溶剂的平衡吸附特性是需要重要考虑的因素；另外，要考察活性炭具有的粒径、孔径、pH 值及比表面积等性质，这些性质对其在实际使用条件下有效地发挥吸附能力相当重要。关于吸附性能，最重要的是孔径的大小及其分布，要选择适合待吸附物质的活性炭。但实际生产中要回收的溶剂一般是多种混合溶剂，涵盖了沸点从低到高的多种有机物，很少是单一组分的。这种情况下，既可以在吸附槽中使用具有一定孔隙比例的单一活性炭，也可以放入多种不同孔径的活性炭。

除了有机溶剂，许多产业部门还会排出臭氧和油烟等有害的化学物质以及恶臭物质，并排放至大气中。将活性炭作为吸附剂的空气净化器经常用于这些物质的发生源地，并且为了保证周围环境的湿度、温度，可将活性炭与硅胶或一些化学药品一同使用。市售的活性炭一般是粉末状或者颗粒状，通过把它成型为蜂巢状结构能获得诸多优点，例如增加其表面积，提高吸附效率；减小空气阻力；方便开发出新型空气净化器。在半导体产业中，活性炭被用于排气处理装置中已经有许多年，并因为其廉价且高效一直被认为是一种非常优秀的材料。另外，活性炭的防毒面具中的应用尤为重要，活性炭等物质被放置于防毒面具的吸收罐中，在人吸气时有毒物质即被活性炭吸附。

8.1.1 在烟气脱硫脱氮方面的应用

(1) 烟气中硫氮的来源及危害

烟气是气体和烟尘的混合物，是污染居民区大气的主要原因。烟气的成分很复杂，气体中包括水蒸气、二氧化硫、氮气、氧气、一氧化碳、二氧化碳、烃类化合物以及氮氧化合物等，烟尘包括燃料的灰分、煤粒、油滴以及高温裂解产物等。因此烟气对环境的污染是多种毒物的复合污染。烟尘对人体的危害性与颗粒的大小有关，对人体产生危害的多是粒径小于 $10\mu m$ 的飘尘，尤其以粒径为 $1\sim2.5\mu m$ 的飘尘危害性最大。

燃料中有机硫燃烧产生 SO_2 和少量的 SO_3；当空气不足、过剩空气系数小于 1 时还会分解生成 S、SO 及 H_2S 气体等。火焰温度越高，氧原子浓度越大，SO_3 的生成量也越大。受热面积灰和生成氧化膜的催化作用，也会使 SO_3 的生成量增加。由于 SO_3 有强腐蚀性和毒性，因此应控制 SO_3 的生成量，使其越少越好。硫的氧化物对人体的危害很严重，SO_2 浓度达到一定浓度时对人体健康的影响比较明显。当 SO_2 单独存在时，主要刺激黏膜引起呼吸道疾病，如支气管炎、肺气肿、肺癌等，甚至因而死亡。SO_2 与空气中的水蒸气形成硫酸蒸气，若再与烟尘结合在一起，就形成硫酸烟雾，则其毒性比 SO_2 大 10 倍以上。大气中的 SO_2 以酸雨的形式落回地面，酸雨对植物的影响很大，其对乔木、灌木、谷物等各种植物的毁坏比对人或动物更为严重。

(2) 脱除烟气中硫氮的方法

生物质活性炭作为吸附剂在环境治理，特别是在烟气脱硫方面有较好的应用，满足吸附脱硫对脱硫剂的要求，主要原因是生物质活性炭具有如下性质：

① 巨大的比表面积，丰富的孔隙和孔结构，有利于吸附进行的表面结构；

② 不与吸附质等发生反应，在吸附过程中不发生物理和化学性质的变化，如不分解和汽化等；

③ 有良好的物理性能（机械性能和热稳定性），易于去除。

Shirahama N 等[3]以沥青为原料，在 1100℃高温条件下煅烧制得活性碳纤维，在 NO₂的吸附和还原方面的应用进行了机理研究。实验结果表明：沥青基活性碳纤维表面有两种类型 NO₂吸附位点，其中一种是对 NO₂有很强的吸收，一个氧原子被转移到另外一个类似位点上面的 NO₂分子上面，形成三氧化氮（NO₃）停留在活性碳纤维的表面；另一种位点吸附 NO₂的能力比较弱。这两种位点的吸附量达到饱和 NO₂的吸附就不会再进行，达到最大吸附量。Mochidaa 等[4]对活性碳纤维在硫氧化物（SOₓ）和氮氧化物（NOₓ）的去除方面进行了研究，包括活性碳纤维的制备和表征、活性碳纤维在室温条件下对硫氧化物（SOₓ）和氮氧化物（NOₓ）的去除活性和机理、活性碳纤维去除硫氧化物（SOₓ）和氮氧化物（NOₓ）的工艺以及活性碳纤维在以后工程实践中的应用前景等。

8.1.2 吸附二氧化碳气体的应用

8.1.2.1 二氧化碳气体的来源及危害

二氧化碳排放主要来自化石燃料的燃烧、交通运输和各种工业生产过程。根据国际环境组织的统计预测，随着世界能源消耗的日益增多，二氧化碳排放量预计在 2007~2020 年将由 297 亿吨增加到 338 亿吨，2035 年将达 424 亿吨[5]。在 2009 年 12 月召开的哥本哈根联合国气候变化大会上，我国承诺将在 2020 年前将单位 GDP 二氧化碳排放量在 2005 年的基础上削减 40%~45%[6]，意味着我国在二氧化碳减排方面存在巨大压力。

近年来随着二氧化碳和其他温室气体含量的不断增加，导致最引人关注的全球变暖的"温室效应"。其中，二氧化碳被认为是最重要、影响最大的温室气体。目前全球平均温度的变化几乎和二氧化碳含量的变化是同步上升的，从工业革命开始，人类频繁、密集的生产活动导致二氧化碳的含量急剧增加，大气层内二氧化碳浓度由工业化前约 280×10^{-6} 上升至 2007 年的 384×10^{-6}[7]，近十年来增幅更快，增加近 30%，预计到 2035 年将会达到 550×10^{-6}[8]。温室效应造成的全球变暖对全球生态系统造成不良影响，大面积的冰雪消融，海平面上升，以及干旱、强降水、热浪和高温等各种极端气候的产生都在威胁农林牧业的生产以及人类和各种生物的生存。因此，通过减少人为二氧化碳排放来缓解温室效应造成的全球变暖就变得至关重要。

8.1.2.2 脱除二氧化碳气体的方法

针对二氧化碳减排的主要技术路线有：增加可再生能源以及核能的使用；增强森林、土地的生物吸收能力；提高能源利用效率和转化效率；使用碳密集程度较低的能源形式；通过化学或者物理的方法捕集和储存二氧化碳。其中，采用二氧化碳捕集和储存的方法有许多优势，它能为降低可再生能源的使用成本提供必要的过渡时间，同时也能为化石能源的清洁利用铺平道路。

尾部烟气捕集二氧化碳的方法主要有液体吸收、固体吸附和膜分离等。目前，采用比较多的商业化二氧化碳捕集技术主要是使用氨净化的湿式脱除法。然而，该技术由于需要大量的水资源以及处理溶液的更新再生使得运行成本增加，因碱溶液循环造成的设备腐蚀和环境污染等问题严重。固体吸附由于较低的能源需要、低廉的成本、不会造成腐蚀问题以及在相对广的温度压力范围内具有适用性，被认为是最有吸引力的方法之一。分子筛、沸石以及活性炭等多孔结构材料是作为二氧化碳吸附的适合固体吸附剂。活性炭具有很高的比表面积和丰富发达的孔隙结构，已经成为一种主要的气体吸附剂，同时还具有炭材料的耐酸碱、耐高温、导电和传热性好、化学稳定性高等一系列优点，因此被广泛应用于气相吸附。

成功使用活性炭进行二氧化碳吸附的关键在于如何开发一种低成本、可再生、在环境温度压力下有高二氧化碳选择性和高吸附能力的吸附剂。采用生物质原材料制备的生物质活性炭具有制备材料来源广泛、价格相对便宜、可获得较高的脱气效率、机械强度高、耐磨损、易再生等优点而受到关注。目前，商业化生产的活性炭的主要原料是木材、椰子壳等果壳和煤，然而这些原料的来源存在地域局限性且原料成本较高。我国有着大量的农业废弃物，如玉米秆、玉米芯、麦壳、稻壳、花生壳、甘蔗渣和各种生物质秸秆等，许多地区的农作物废弃秸秆量已占总秸秆量的60％以上，肆意燃烧农作物秸秆则既危害环境又浪费资源。因此，采用生物质废弃物为原料制备生物质活性炭，用于获得经济高效的二氧化碳吸附剂，可以为农业废弃物的利用以及二氧化碳减排探讨新的途径。刘超[9]以黄豆渣为生物质原料，氢氧化钾为活化剂，制备出多孔生物质活性炭对二氧化碳进行了吸附研究；实验结果表明：生物质活性炭表面的化学官能团影响着 CO_2 的吸附性能；二氧化碳吸附能力对多孔炭材料中小于 8nm 的微孔孔容非常的敏感，而且多孔炭表面的含氧量也会很大程度上影响二氧化碳的吸附能力。Siriwardane 等[10]研究了分子筛和活性炭对二氧化碳的吸附性能；实验结果表明：高温条件下活性炭对二氧化碳的吸附能力远远高于分子筛，也就是说活性炭可以应用于从混合气体中竞争吸附二氧化碳。

(1) 活性炭吸附二氧化碳的研究进展

使用无烟煤制备活性炭作为二氧化碳吸附剂时，Maroto-Valer 等在水蒸气活化后获得表面积为 540m²/g，最高吸附量达到 65.7mg CO_2/g，并发现该活性炭的吸附能力随吸附温度的上升而迅速降低[11]；张双全等探讨了无烟煤制活性炭孔径区间的孔容和 CO_2 吸附量的线性关系[12]；张丽丹等研究了无烟煤制活性炭对二氧化碳的吸附性能以及活性炭比表面积、孔径分布、表面官能团对二氧化碳吸附性能的影响[13]。Maroto-Valer 等[14]使用粉煤灰为原料，通过活化浸渍等方法制备活性炭，获得 68.6mg CO_2/g 的吸附量。余兰兰等[15]以城市及石化污水生化活性污泥为原料，使用不同活化方法制备活性炭，最高收率可达 67.5％。

(2) 生物质活性炭吸附二氧化碳的研究进展

Plaza 等[16]利用杏仁壳，橄榄核等生物质为原材料，采用二氧化碳活化以及氨气热处理两种方法制备二氧化碳吸附剂，发现含氮官能团能增强二氧化碳的选择性和吸附性能，在25℃纯二氧化碳气流中能获得9.6%（质量分数）的二氧化碳捕集能力，而在二氧化碳含量为15%的氮气流中能获得4.8%（质量分数）的二氧化碳捕集能力。Suzuki等[17]使用米糠为原材料，采用酸预处理的方法制备活性炭，获得的比表面积为652m²/g，孔容为0.137cm³/g。Thote等使用大豆为原材料，采用物理活化和化学活化联用的方法合成富氮活性炭，制得表面积为811m²/g，在120℃时能获得吸附能力为23mg/g的二氧化碳吸附剂。

8.1.3 吸附有机气体的应用

李立清等[18]研究了活性炭对3种VOCs（甲苯、丙酮、二甲苯）的吸附行为，结果表明这3种物质的吸附量从大到小依次为二甲苯、甲苯、丙酮，活性炭对有机气体的吸附量与吸附质的分子量、沸点、密度、分子动力学直径成正比，与吸附质的极性指数、蒸气量成反比。

8.2 生物质活性炭在液相吸附中的应用

生物质活性炭的微孔发达，以致某些大分子化合物无法进入微孔时特劳贝法则就无法适用，这在实际应用时经常碰到，也说明在实际应用时对生物质活性炭品种的选择是非常重要的。生物质活性炭在液相中的应用应考虑的因素很多，主要有生物质活性炭的种类（即制备条件和改性条件的影响）、添加量、温度、时间、酸碱度、作业方式等。由于生物质活性炭是一种具有非极性表面的多孔吸附剂，而水分子虽存在缔合性，但属于极性溶剂，因此生物质活性炭自水溶液中吸附有机物是最理想的状态。

在液相吸附中，溶质的性质对活性炭吸附有两大影响，即溶质的溶解度是决定吸附平衡的主要因素；而决定吸附动力学的主要因素则是溶质的分子大小等几何学性质。溶解度对活性炭吸附也会有影响，在活性炭开始吸附前，必须先破坏溶质与溶剂的结合；之后，溶解度大的时候，一般情况下溶质与溶剂之间的结合会变强，吸附的程度随之变小。此外，吸附物质分子量、液体的温度、溶液的黏度、搅拌条件和pH值等条件对吸附也有影响。活性炭的吸附一般属于物理吸附，温度越低吸附能力越大。但当大分子量吸附物质成分较多时，处理液体的黏度变大，其对吸附物质在活性炭中的扩散会产生较大的影响。由于活性炭表面一般带有负电荷，所以大多数时候弱酸性的溶液对吸附有促进作用。活性炭对有机物质的吸附能力一般较大，特别是在被吸附物质的浓度极低，用其他处理剂无效的场合，用活性炭往往能取得意想不到的效果。不过，在考虑活性炭吸附装置的位置时，一般会将其放在最后一道工序以减轻活性炭的吸附负荷。

在液相吸附方面，一般生物质活性炭（特例除外）对溶质的吸附是遵循特劳贝法则（Traube's Rule）的，即在同一溶液中优先吸附表面张力小的成分。在多元系统中，溶解度小的成分易被吸附，极性较小的成分易被吸附；而同一物质在溶解度小的溶剂中易被吸附；同一族化合物中分子量大的成分易被吸附。它涉及液相多元系统中溶质的分离、提取和纯化。虽然特劳贝法则的理论表述并不令人信服，但就大多数实用场合还是很适应的。特劳贝法则亦适用于生物质活性炭的气相吸附规律。

用于净水的活性炭主要有粉末活性炭与颗粒活性炭两种。使用活性炭的目的是除去水中存在的异臭、异味以及残氯化学物质残留。对于水中产生的臭气，一般采用慢速过滤的方法。在臭气较强时，一般直接把粉末活性炭加到水中，再通过凝聚沉淀、砂滤等方法进行分离。在净水器内部所用活性炭的比表面积大小一般在 $1000\sim2000\mathrm{m}^2/\mathrm{g}$ 范围内。针对原料来说，颗粒活性炭主要以椰壳炭为主，粉末活性炭常为木质炭。此外，特别小型的净水器中也会使用比表面积为 $2000\mathrm{m}^2/\mathrm{g}$ 以上的纤维状活性炭。在生物膜过滤装置中，活性炭还被用作生物载体，将生物膜置于活性炭上让其自由生长，通过微生物自身的吸附、分解作用，净化有机物质及浮游物质。活性炭不仅微孔发达，大孔也很发达，微生物容易生息，其作为生物载体的利用价值很高。

当研究生物质活性炭吸附水中的污染物时，溶液 pH 值、溶液温度、矿化度以及共存物质等条件对吸附都可能产生影响。溶液 pH 值不仅影响生物质活性炭表面基团的电离（生物质活性炭表面含有不同电荷），而且影响吸附质在水中的存在形态（分子、阴离子和阳离子），从而影响生物质活性炭和吸附质之间的作用力，产生不同的吸附效果。在吸附过程中，有时会导致溶液 pH 值变化大（如含有氨基的生物质活性炭），可以采用吸附过程中控制和不控制 pH 值两种形式进行。控制 pH 值，由于添加酸碱溶液，会引起溶液体积的变化；不控制 pH 值，需要监测吸附过程中 pH 值的变化，特别是需要指明吸附后溶液 pH 值。温度对吸附也有影响，在研究吸附热力学时需要考察。温度升高有时会增加吸附量，表明吸附过程是吸热反应；当升温能导致吸附量下降，意味着吸附是放热过程。在研究地下水和海水时，其中存在盐（矿化度）对吸附往往会产生影响，盐不仅会压缩生物质活性炭表面的双电层，而且会影响有机污染物的溶解度，产生"盐析"效应。水中存在的污染物干扰目标污染物的吸附，目标污染物可能吸附在共存物上（腐殖酸等），也有可能和共存物发生竞争吸附；有时共存物也会促进吸附，如金属离子能在吸附质和生物质活性炭之间起到架桥作用。

8.2.1 城市给水处理方面的应用

活性炭由于具有较高的吸附性能和优良的脱色能力而广泛地应用在食品、医学、环保水处理中。木质活性炭在食品工业尤其是糖液脱色领域应用最成熟。在医药方面，通过活性炭对药物的吸附可控制药物浓度、提高药效并降低副作用。人们还利用活性炭改善水质，通过应用粒状活性炭改善管道供水的口感。一般来说，净水中的余氯浓度、TOC 与 VOCs 的含量影响饮用水的口感。研究发现活性炭吸附处理后，自来水中的 TOC 和 VOCs 含量明显降低，余氯浓度维持在 $0.03 \sim 0.05mg/L$，水质口感得到改善。

在城市给水处理工艺中，生物质活性炭可以去除水中存在的天然有机物以及消毒过程中产生的消毒副产物。一般，在投加生物质活性炭前，需要先去除部分溶解性有机物和悬浮物，以发挥生物质活性炭的最大吸附性能，特别是在应急供水中生物质活性炭是最常用的有效吸附剂。

8.2.2 城市污水处理方面的应用

在进行污水浓度处理过程中，生物质活性炭多用于除去二级生物处理中无法去除的难降解溶解性有机污染物，如木质素、丹宁、黑腐素等。除了溶解性有机物外，表面活性剂、重金属、余氯以及色度均能在一定程度上得以去除。国内外研究人员在用生物质活性炭进行水处理的研究中，发现其在水质净化方面有显著优势。Bansode 等[19]研究了山核桃壳基活性炭处理城市污水。Tanthapanichakoon 等[20]研究了废轮胎制各的活性炭对溶液中苯酚的吸附与脱附。孙敏等[21]以长岭炼油化工总厂生产的石油焦为原料，以 KOH 为活化剂制得比表面积为 $3230m^2/g$ 的活性炭。当活性炭在水中达 $0.2g/L$ 时，其对水中苯酚的去除率达 94% 以上。

8.2.3 工业废水处理方面的应用

生物质活性炭对工业废水的处理主要包括有机废水和无机废水的处理。废水的净化主要是吸附去除水中的颜色、无机物、除味除臭以及有机物等。无机工业废水处理主要是利用生物质活性炭炭对重金属离子具有选择性吸附的能力，能够去除 As^{3+}、Pd^{2+}、Cd^{2+} 和 Cr^{6+} 等；有机工业废水处理中主要去除水中的 COD、BOD 以及一些难降解的有机污染物。

对工业废水处理的过程中，生物质活性炭的吸附不仅处理程度高、应用范围广，而且适应性强，对于特殊废水还能回收有用物质。例如，在含酚废水处理中，达到吸附饱和的生物质活性炭用碱再生后可回收酚钠盐。

8.2.3.1 印染废水处理

(1) 印染废水的来源及危害

染料工业作为我国的传统支柱产业，发展历史悠久，其产品主要应用于食品、纺织品、涂料、皮革、油墨及橡胶等领域，染料工业为我国经济增长做出巨大贡献的发展过程中，带来了很大的环境问题，是工业污水排放的源头之一。据国家环保部（现生态环境部）统计，我国 2012 年纺织业废水排放量为 23.7 亿吨，占总工业废水排放量的 10.69％，位居统计中 41 个工业行业的第 3 位。根据《印染废水防治技术指南》规定，印染废水必须经过处理达标排放[22,23]。染料作为印染废水中最主要的污染物，是能使纤维等物质获得鲜明稳定色彩的一种有机物。其中合成染料由于其种类多、成本低、性质稳定、使用方便等而越来越多地被人们接受和使用[24]。目前，染料主要分为阳离子染料（或称为碱性染料）、非离子染料（即分散染料）和阴离子染料三大类。

1) 染料　染料具有色度高，成分复杂，浓度大且毒性高等特点，是目前较难处理的工业废水之一。约 12％的合成染料在工业生产过程中损失，其中损失染料中约 20％被排入工业废水中；在纺织过程中，经过染色环节约 50％的染料流失，其中 10％～20％排入工业废水中。仅纺织业每年会排放至少 1.46 万吨染料到废水中，对环境造成严重污染。由于染料色度高，排入水体后导致水体透光率下降，水体中植物光合作用减慢，从而阻碍水体中生物的生长；同时由于染料为有机物，大量排入水中会直接导致水体富营养化，且染料与重金属离子发生螯合作用在鱼虾体内富集，被食用后对人体健康造成威胁。随着合成染料的使用，目前超过 10000 种化学染料已经被合成和使用，染料污染迅速增加。2016 年我国生产染料总产量达到 83.3 万吨，同比增长了 7.85％，占世界总产量的 70％以上[25]。这些染料主要消耗在纺织、制革、医药、食品行业包装、纸浆和造纸、塑料、皮革、化妆品、油漆和电镀行业。活性染料因其在纺织物上固色率较高、不易被光降解、水溶性高和抗微生物攻击等优点广泛用于纺织印染行业。

2) 亚甲基蓝　亚甲基蓝为 3,7-双（二甲氨基）吩噻嗪-5-鎓氯化物，化学式是 $Cl_6H_{18}ClNaS$，是一种吩噻嗪盐。其外观为深绿色青铜光泽结晶（三水合物），可溶于水显碱性，有毒。

亚甲基蓝主要用作染料、生物染色剂、化学指示剂和制药原料等方面，生活中亚甲基蓝废水主要来自染料制造过程中排放的污水。亚甲基蓝进入水体会降低水体透光率，影响水生生物的正常生长，其高浓度溶液会对血红蛋白起氧化作用，会引起呼吸困难、恶心和多汗等症状；同时对人体和动物的眼睛造成伤害，严重导致失明，如果摄入过量，会引起心率增加和组织坏疽等[26]。故亚甲基蓝高浓度排放不仅会造成环境污染，还会对人体健康产生危害。近年来，国内外大量研究者研究如何有效从废水中去除亚甲基蓝的方法，尝试了传统的化学氧化法、光催化降解法等，但由于这些技术效率低、成本高，或使用后需再生等原因而难以广泛应用[27]。探寻来源丰富、价格低廉的生物质材料来处理亚甲基蓝废水是国内外研究者的关注焦点。他们利用城市污泥、稻壳、玉米芯、黄麻、花生壳、壳聚糖对亚甲基蓝废水进行处理，均取得较好的处理效果[28]。

3) 活性蓝 19（C. I. 61200，RB-19）是一种蒽醌类染料，是最常用的活性染料之一，常被用于高分子染料合成的原料。活性蓝 19 分子中含有化学性质活泼的基团，能和纤维类物质发生反应，染色时与棉、毛等纤维进行反应，二者间形成共价键，成为整体[29]，这些官能团同样也和水能结合因此造成水解。RB-19 染料的利用率一般在 60%～70% 之间，因此使用过后会产生大量有色废水[30]，COD 值一般在 8000～30000mg/L，浓废水的 COD 值要超过 50000mg/L。RB-19 及其分解产物对生命体有毒，致癌或致突变主要是因为它们含有致癌物质，如联苯胺、萘等其他芳香族化合物。这些废水被排放到河流、湖泊水体环境中引起的环境污染问题日益严重，被 RB-19 污染的水体也经历了化学和生物的变化，消耗溶解氧，杀死水生生物。RB-19 在人体生物、自然水体和土壤中具有生物蓄积作用，对不同生态系统造成伤害。

4) 孔雀石绿（malachite green，MG） 又称碱性孔雀石绿、中国绿和品绿等，属于碱性染料。其化学名称为四甲基代二氨基三苯甲烷，化学式为 $C_{23}H_{25}ClN_2$，是一种人工合成的有毒的三苯甲烷类化合物。孔雀石绿不仅是染料，而且可作为杀菌和杀寄生虫的化学试剂。有金属光泽的绿色晶体，易溶于水，溶于乙醇、甲醇和戊醇，水溶液呈蓝绿色。孔雀石绿常用于制陶业、纺织业、皮革业以及食品作为颜色剂和细胞化学染色剂。自 1933 年起，水产中孔雀石绿草酸盐作为驱虫剂、杀菌剂、防腐剂被广泛使用，后被用于预防与治疗各类水产动物的水霉病、鳃霉病和小瓜虫病等，特别在治疗水霉病上具有较好的效果[31]。孔雀石绿及其代谢产物无色孔雀石绿在环境中易富集，其化学官能团-三苯甲烷已经被确定具有高毒、高残留、"三致"等毒副作用，对人体危害作用较大。欧盟、日本等国家和地区先后将孔雀石绿列为禁用物品，2002 年我国农业部在《食品动物禁用的兽药及其他化合物清单》中加入孔雀石绿。但由于其价格低廉、用药方便且缺少代替药品，目前孔雀石绿仍旧屡禁不止[31]。目前，去除废水中孔雀石绿的方法包括有吸附、氧化或臭氧化、光催化降解和凝聚等。其中，吸附法操作简便，设备要求低的方法，木屑、竹材和花生壳等都可以做吸附剂，但是大部分成本较高或者来源不丰富，所以无法投入大规模使用。近几年来研究者致力研究新的吸附效果良好、价格低廉且来源广泛的吸附剂，已有学者利用水枝锦、竹材、废弃茶梗等生物废弃材料制备活性炭，处理废水中的孔雀石绿效果良好[28]。

5) 枣红 是酸性染料，其毒性比孔雀石绿和亚甲基蓝弱，但大量排放仍会带来水体着色等污染。

(2) 印染废水的处理方法

近几年来，随着工业的快速发展，水中染料污染日益严重，目前国内外已经采取了许多针对印染废水中染料污染的治理措施，并进行了广泛研究。印染废水中染料污染治理的物理化学方法[32]主要包括吸附、混凝和絮凝、化学沉淀、光催化、电化学、离子交换、氧化、吸附等。

化学沉淀法是向污水中加入一些化学药剂，原来废水中的污染物和化学药剂结合转化为难溶物，经过沉淀、分离达到去除的目的。程德红等研究了离子液体金属配合物吸附废水中的活性蓝，当活性蓝染料的浓度为 0.05g/L，体积为 3.0mL，吸附时间为 15s 时，离子液体铁配合物对活性蓝染料的吸附率为 98%[33]。但化学药剂的过量加入更容易造成水体的二次污染，达不到预期的处理效果。电化学法针对含有重金属离子废水的处理效果更好，不会产生二次污染。徐天佐等研究了电化学联用技术降解活性蓝染料，最佳条件下对活性蓝染料的降解率为 87.95%[34]。但电化学的处理成本高，不适合处理大范围的工业废水。陈小英等使用紫外-臭氧联合矿化水溶液中的活性蓝染料，反应 30min 后溶液中活性蓝染料的去除率达 90% 以上，表明紫外-臭氧联用技术对降解活性蓝模拟废水效果显著，但是活性蓝在矿化过程中会产生含苯环、萘环、蒽环的中间产物[35]，因此造成了二次污染。相比之下，对于难以降解的有机污染物的去除，吸附法的利用是最为广泛的，因为它具有经济效益性、易操作、毒性环境对其净化作用影响不大等优点[36]。一系列的吸附剂已经被用来吸附水体中的染料，例如，活性炭、黏土矿物质（即膨润土和天然沸石的混合物）。另外，对于吸附水体中的活性蓝染料，黄贵祥等报道了使用壳聚糖纤维对活性蓝染料的选择吸附性能，结果表明该吸附剂对活性蓝染料的最大吸附量仅为 76.14mg/g，吸附效果并不显著[37]。因此，研制有效脱除染料的吸附剂是非常重要的。

活性炭，因其化学性质稳定，孔结构发达，比表面积高和吸附性能好等优点而用于去除水中的染料污染物，通常被认为是最有效的材料之一，市场对活性炭的需求量也在增加。传统工业活性炭常以煤为原料制备，由于煤基活性炭的制备成本高，因此采用生物质资源作为制备活性炭的原料。该法具备来源广、廉价、农业废弃物再利用等优点，是制备活性炭的优良材料；并且对回收再生活性炭进行研究，增加活性炭循环使用次数，提高其经济效率显得尤为重要，值得进行深入研究。

姚超等[38]利用脱硅稻壳活性炭吸附耐酸性枣红，处理效果良好。胡巧开[39]以花生壳为原料，硫酸为活化剂，制备生物质活性炭用于印染废水的脱色实验，实验表明最佳状态下的脱色率可达 96.7%。传统生物处理法包括好氧法、厌氧法，单一运用生物处理法处理染料废水很难达到排放标准，需要依据染料废水性质先进行生化预处理[40]。因此，一些优化组合工艺和生物强化技术能够有效地进行污水处理。优化组合工艺是将单一生物法进行组合，通过延长水力停留时间和增加泥龄，以提高微生物有效浓度，增加污染物与微生物的接触时间来增加降解效果。生物强化技术主要是通过改善系统的外部环境因素，确定最佳处理条件以提高生物难降解的有机物效率。化学法是通过使用化学试剂或是化学方法，对废水进行处理的方法。处理染料废水的化学方法主要包括化学混凝法、化学氧化法、湿式催化氧化法、光催化氧化法、内电解法等[41]。

梁琼用磷酸活化法制备出核桃壳生物质活性炭可较好地吸附作为碱性染料孔雀石绿（MG）和亚甲基蓝（MB），因此磷酸活化法制备的核桃壳生物质活性炭可作为廉价的吸附剂广泛投入到处理工业碱性染料废水中[28]。

梁琼用核桃壳生物质活性炭吸附碱性染料孔雀石绿（MG）和亚甲基蓝（MB）

的研究表明：核桃壳炭吸附 MG 最佳投加量为 1g/L，最佳 pH 值范围为 5～9；升温有利于核桃壳炭对 MG 的吸附能力；核桃壳炭可作为价格低廉高效的 MB 吸附剂，核桃壳炭吸附 MB 最佳投加量为 1g/L，最佳 pH 值范围为 6～9；温度越低核桃壳炭吸附 MB 吸附量越大[28]。

8.2.3.2 重金属废水处理

(1) 重金属的来源及危害

重金属一般是指密度大于 $4.5g/cm^3$、原子序数在 24 以上的金属，主要包括铜、铅、锌、铁、钴、镍、锰、汞、钨、金、银等。随着我国工业迅速发展，有毒重金属持续排入环境中，其造成的污染日益严重。水体、土壤甚至农田重金属含量不断超标。重金属废水主要来源于工业污染、农业污染和城市污染，其中工业污染主要包括矿业、纺织、印染、冶金工业、汽车生产、原油、金属电镀、皮革和电化学等工业[42]；农业污染主要包括化肥和农药集中使用的农业活动；城市污水主要来自公路沥青、汽车排放的尾气等。另外，我国近年来对废旧电池危害的认识逐渐加深，但回收掩埋的处理法会造成二次污染，例如电池腐烂后其中 Hg、Pb、Cd、Mn 等重金属进入土壤，通过水渗漏进入地下水，严重危害人体健康。

沈敏等[43]对通过全量和醋酸提取态分析了长江下游沉积物中的铜，结果表明铜的质量分数近年来明显增大。Li 等[44]研究了滇池表面沉积物，发现其中铜的含量高于背景值。Chen 等[45]对北京市 30 家公园内土壤中所含重金属铜的分析表明，综合污染指数范围为 0.97～9.21。Cu^{2+} 广泛存在于冶金、印刷、制造等工业废水中，对人体和环境有很大的危害性。高浓度铜化合物接触时可能会导致皮肤坏死，眼睛接触可引起眼浑浊和溃疡。Cr(Ⅵ) 是工业废水中毒性较大的重金属污染物之一。水中 Cr(Ⅵ) 的主要来源包括电镀、钢铁制造、涂料、采矿、皮革鞣制、纺织印染、铝转化膜操作、植物无机工业化学品生产和木材处理设备。铬是法国化学家 L. N. Vauquelin 在 1798 年从赤铅矿中提炼出来的一种银白色金属[46]。铬是一种过渡元素，存在于土壤、岩石、植物、灰尘以及大气中，自然界中不存在单质铬，主要以 Cr(Ⅲ) 和 Cr(Ⅵ) 稳定的形式存在，Cr(Ⅲ) 和 Cr(Ⅵ) 分别以 Cr^{3+}、$Cr(OH)^{2+}$ 和 $HCrO_4^-$、$Cr_2O_7^{2-}$ 的形式存在。其中 Cr(Ⅵ) 毒性最大，Cr(Ⅵ) 被吞入、吸入时，会致人中毒，甚至致癌，皮肤接触还会导致过敏，人类接触到含 Cr(Ⅵ) 的水体与土壤时，极有可能造成遗传性基因缺陷，对环境产生不同程度的、有极其持久的污染与危害。Cr(Ⅵ) 主要来自铬盐应用工业，例如电镀、绘画、皮革、木材防腐、金属加工、纺织品皮革鞣制、染料制造、电池制造过程、核电站、航空航天工业等。在铬盐工业应用过程中，通常会有 Cr(Ⅵ) 残留，Cr(Ⅲ) 具有稳定、毒性低等特性，可以满足身体的正常代谢，但 Cr(Ⅲ) 是否会有致癌性和诱发基因突变的作用，也一直是人们关注的热点问题。目前认为 Cr(Ⅲ) 高毒性仅仅在浓度很高的情况下才会显现；Cr(Ⅵ) 的毒性不同于 Cr(Ⅲ) 极易显现且毒性超强。我国是世界铬盐的生产大国，据不完全统计，每年都有高达 60 万吨的铬渣被排放，常年累积，对环境水体及土壤等都造成了极大的污染。

我国水溶肥料中也含有超标的重金属离子，如 As、Pb、Cd、Cr、Hg 等，而金属离子可以通过灌溉和深入饮用水等方式积累在食物链中，并且不会被土壤中的微生物降解，土壤中铬积累最明显，其毒性不随着时间的增长而减弱，因此会威胁到人类的健康。废水中的重金属离子会经过食物链及生态循环，对人类健康及生态系统产生严重的威胁。大多数重金属离子是我国环境优先控制污染物，又具有相对较高的溶解性和流动性，且对植物、动物和人类具有强烈的"三致"（致畸、致癌、致突变）效应。如果这些含重金属离子的废水不能得到有效的处理，将会对生态环境造成严重危害。因此，对废水中重金属离子的处理已成为目前环保领域的一个研究热点和重点。

Cr(Ⅲ) 是一种生命必需的微量元素，它与脂类代谢有着密切联系，能增加人体内胆固醇的分解和排泄，是机体内葡萄糖能量因子中一个很重要的有效成分；并且能辅助胰岛素利用葡萄糖，对糖尿病有一定的影响。在糖与脂代谢过程中起到了重要的作用。在自然环境中，Cr(Ⅵ) 会对小麦、玉米等农作物的生长发育有一定的影响。Cr(Ⅵ) 很容易被人体通过消化、呼吸道、皮肤及黏膜进入人体吸收。据报道，含有不同浓度的铬酸酐的空气被吸入时会对人体导致不同程度的沙哑、鼻黏膜损伤，还会导致鼻穿孔和支气管扩张等。经消化道进入人体时会造成呕吐、腹疼，经皮肤侵入人体时会导致皮炎和湿疹；严重时 Cr(Ⅵ) 会有致癌危险。Cr(Ⅵ) 由于具有很强的水溶性和迁移能力，对人类有极强的致癌作用。Cr(Ⅵ) 由于较高的氧化能力和能够穿透生物膜的特性，因此被认为 Cr(Ⅵ) 的生物毒性比 Cr(Ⅲ) 高 1000 倍以上。当 Cr(Ⅵ) 排放到水体中时，对水中生物也会有危害，当浓度过大时甚至会造成水中生物死亡。Cr(Ⅵ) 是毒性很大的致癌物，易被人体吸收，而且长期与人体接触，会通过皮肤接触、呼吸等进入人体，在体内积累对人体的皮肤、神经系统和内分泌系统造成严重伤害。Cr(Ⅵ) 对植物、动物和人体具有很大的影响与危害，且由于其具有潜在性、隐蔽性和长期性的特点，一旦水体与土壤等被污染，再治理就会成为一个很大的问题，甚至可能出现投入再多的人力物力也难以恢复的境地。

呼吸道是铬中毒的主要通道之一，短期接触可能造成呼吸不畅、咳嗽和哮喘症状；长期接触导致溃疡、鼻中隔穿孔、慢性支气管炎、减少肺活量、肺炎及其他的呼吸道疾病，在实验和流行病学的基础上，国际癌症研究机构（IARC）认为 Cr(Ⅵ)是一种致癌物质[47]。有观点认为，通过口摄入的 Cr(Ⅵ) 可以在胃里转化成 Cr(Ⅲ)，直到 18 世纪 20 年代，定量分析方法发现，胃还原 Cr(Ⅵ) 的能力与其浓度有关。Paustenbach 等[48]通过计算红血细胞的吸收和隔离自愿者体内铬的含量，采用 7 个不同剂量和模拟研究实验，结果发现，饮用水 Cr(Ⅵ) 浓度在 10mg/L 以上时，胃不能将其还原，有患癌症，对皮肤造成恶性肿瘤的危险；接触 Cr(Ⅵ) 的浓度在 22mg/L 以上时，可对人体皮肤造成损伤，形成铬性皮肤溃疡，并且引起血功能障碍。另外，研究发现长期接触 Cr(Ⅵ) 作业的父母，对其子女的智力发育可能存有不良影响。

重金属污水对环境和人类都有极大的危害：首先金属毒性强，低浓度重金属会给人类或动物带来严重伤害；其次重金属具有持续性，废水中重金属只会改变存在形式而不会被降解；最后是重金属的富集性，会通过食物链不断富集并且最终进入人体，给人类健康带来危害，如铜的富集倍数可达数以千万倍。由于重金属等有害离子经人体吸收后在体内富集，达到一定含量会引发一系列疾病，因此我国对于工业中最终排放污水具有严格限制，污水需经严格处理后达到规定排放标准方可排放。我国规定饮用水、地表水和工业用水中的 Cr(Ⅵ) 最大允许浓度分别为 0.05mg/L、0.1mg/L 和 0.25mg/L。重金属废水的监测以及有效处理方法成为人们研究的重要课题[49]。因此，开展重金属废水处理技术研究十分重要。

Cr(Ⅵ) 毒性机理还不是很清楚，一些研究认为铬化合物可能诱导氧化作用，导致 DNA 损伤、细胞凋亡、改变基因表达[49,50]。铬对人体的毒害作用类似于砷，其毒性随价态、含量、温度和被作用者不同而变化。主要有两种观点：一种观点认为，进入细胞的 Cr(Ⅵ) 在氧化还原酶和一些小分子作用下，形成不稳定物质如 Cr(Ⅴ) 和 Cr(Ⅳ)，同时产生自由羟基、抗坏血酸、羰基自由基等破坏大分子(DNA)；另一种观点认为，进入细胞的六价铬还原为 Cr(Ⅲ) 与细胞内大分子蛋白质和 DNA 相结合，引起遗传密码的改变，致使细胞的突变和癌变[51]。

世界卫生组织称 Cr(Ⅵ) 是一种致癌物质，国际组织与机构必须控制其排放标准。美国环境保护局 EPA 将 Cr(Ⅵ) 确定为 17 种高度危险的毒性物质之一，并规定饮用水中 Cr(Ⅵ) 的最高剂量是 0.05mg/L；2003 年，西班牙根据 WHO 的指导方针，规定饮用水排放 Cr(Ⅵ) 控制在 0.05mg/L。我国规定生活饮用水中 Cr(Ⅵ) 的浓度应低于 0.05mg/L；地面水中铬的最高容许浓度为 0.5mg/L[Cr(Ⅲ)]和 0.05mg/L[Cr(Ⅵ)]；工业废水中 Cr(Ⅵ) 及其化合物最高容许排放标准为 0.5mg/L [以 Cr(Ⅵ) 计]；渔业用水中铬最高容许浓度为 0.5mg/L[Cr(Ⅲ)]和 0.05mg/L[Cr(Ⅵ)]。

(2) 水中重金属的去除方法

水中重金属的处理方法主要有三大类，即生物法、化学法及物理法。废水中 Cu^{2+} 的去除方法主要包括有离子交换、化学沉淀、化学还原、植物提取、超滤、吸附、电解法和电渗析法等[52]。

1) 生物法　生物法是利用生物有机代谢产物与重金属相互作用从而去除水中重金属的方法。生物法主要分为生物絮凝法、生物吸附法、生物化学法等。其中，生物絮凝法是以微生物或其代谢物为絮凝剂，通过絮凝、沉淀对水中污染物进行去除的一种方法；生物吸附法指利用细菌在生长过程中释放的蛋白质，使溶液中可溶性的重金属和这些蛋白质发生聚合、沉淀；生物化学法是通过微生物处理含重金属废水，将可溶性重金属转化为不溶性化合物而去除。

生物吸附法作为一种新的重金属处理技术，是利用生物质吸附环境中的重金属，减轻环境危害的一种处理方法。这种处理技术具有生物材料来源丰富、成本低廉、容易操作、吸附去除效率高等优点。尤其在低浓度条件下，重金属能够被选择性地去除，且能适用较广的 pH 值和温度范围，用于有效去除一些重金属。

生物法对溶液中重金属的去除量会在运行过程中随着微生物不断增殖而增加。目前实验室研究的微生物去除重金属方法分为失活微生物体吸附法和活体微生物法。生物法在应用上具有处理能力较强，去除有效，简便实用，过程控制简单，污泥量少等优点；但同时也存在着功能菌群繁殖速度和反应速率慢，难以回用的缺点。生物法除重金属因为其废水毒性强、生物降解性差等缺点难于满足日益提高的废水处理要求。

2）化学法　化学法是将重金属如 Cr(Ⅵ) 还原、沉淀去除从而净化废水的方法。化学法分为氧化还原法、钡盐法、亚硫酸钠还原法、离子交换法、高级氧化法、化学沉淀法、光催化法、电化学法等。

① 氧化还原法是指投加还原剂（目前常用的还原剂主要有气态的 SO_2、液态的水合肼以及固态的亚硫酸钠、硫酸亚铁等）如将 Cr(Ⅵ) 还原为 Cr(Ⅲ)，最后适当提高 pH 值，生成 $Cr(OH)_3$ 沉淀，再做沉淀分离的方法。

② 钡盐法处理含 Cr(Ⅵ) 废水时，Ba^{2+} 与 Cr(Ⅵ) 可通过沉淀达标。优点：a. 还原 Cr(Ⅵ) 不用投酸，操作相对简单，特别对混合废水有利；b. 不生成 $Cr(OH)_3$ 的两性问题；c. 处理成本较低，可直接投加干粉后搅溶。

③ 亚硫酸钠还原法是在酸性条件下，向含铬废水投加还原剂 Na_2SO_3，使水中 Cr(Ⅵ) 还原为 Cr(Ⅲ)，调整废水 pH 至碱性，使 Cr(Ⅲ) 生成难溶的氢氧化铬而去除。

④ 离子交换法是通过离子交换树脂上的特定离子与废水中的金属离子进行离子交换反应从而去除废水中有害的金属离子。处理含铬废水后铬酸可回收利用。离子交换法适用于处理污水量少，污染物浓度低且对出水有较高要求的废水。缺点是用于处理废水的树脂成本较高，而且树脂易发生氧化而影响吸附效率，对于处理水量很大的工业废水，此方法考虑到经济因素也不适用[53]。

⑤ 光催化法是基于光催化剂在紫外光或自然光照射下具有的氧化还原能力而净化水中污染物。其中可见光催化技术具有能量来源经济广泛、反应条件温和、无二次污染等特点。

⑥ 电化学法利用电化学原理处理废水，通常利用钢板或铁板作为电极，在酸性电解槽中通入直流电，铁作为阳极溶解，给出电子成为 Fe^{2+}，电子转移到阴极将 Cr(Ⅵ) 还原为 Cr(Ⅲ)，使废水中重金属离子通过电解过程在阳极析出的亚铁离子，同时阴极附近产生的 OH^- 与 Cr(Ⅲ) 形成 $Cr(OH)_3$ 沉淀。用电解法处理含铬废水，优点是用药少、易结合、去除效果好、运行简单；同时还可以去除废水中含

有的其他有害重金属离子。缺点是耗电量较大，消耗钢板，运行费用较高，产生的污泥多，容易对环境造成二次污染等。

⑦ 高级氧化法作为一种处理难降解有机物的有效方法，逐渐受到大家的关注。然而，单一的臭氧、光催化或者超声波氧化等技术并不适用于处理部分难降解有机物，因此需要将一些氧化技术有效联用，以产生更多·OH，提高这些方法对有机物氧化降解的能力。

上述方法均具有一定的局限性。例如：氧化还原法、钡盐法、亚硫酸钠还原法具有生成大量有毒污泥对环境造成二次污染、耗能高、运行维护费用高、时间长、去除效率低等缺点；光催化法和电化学法具有运营成本高、不稳定性等缺点；经化学法处理后剩余上清液容易出现浓度超标的铬。

3）物理法　物理方法是通过各种孔径大小不同的滤材，利用吸附或阻隔方式，将水中的杂质排除在外达到净化废水的目的。物理法作为一种预处理方法，处理后的废水难以达到国家排放标准。常用的物理法包括溶剂液相萃取、膜分离法、离子吸附法和吸附法。膜分离法是将选择性透过膜作为分离介质，在某种推动力（如浓度差等）的作用下使得溶液中特定组分通过选择性透过膜，以达到分离去除有害组分的目的。目前主要存在有电渗析法、反渗透、微滤、液膜等。其中，电渗析法可在电流存在时，通过阴阳离子，将废水分成浓、稀两种，并进行回用；反渗透法是溶剂在外加压力下扩散，达到分离目的。膜分离法具有无二次污染、可回收，耗能低，易自动化的优点。但是该方法目前不太适用于处理高浓度的含铬废水。离子吸附法主要是通过某些离子与含铬废水中铬离子进行吸附结合、解吸，从而浓缩 $Cr(Ⅵ)$ 的方法。

虽然利用膜进行分离具有装置组装简单，控制和操作比较容易，且分离效率也较高等优点，但是目前所用的膜成本较高，分离运行时费用较大，其寿命也存在较短的问题，因而通过膜进行分离成本相对较高。吸附剂吸附是一种简单的、相对低成本和有效的方法。常用的吸附剂包括沸石、羟基磷灰石、官能化二氧化硅、花生壳、活性炭、甘蔗、树脂、纳米多孔阳极氧化铝、秸秆等。近年来，污水处理工艺中逐渐开始使用吸附法处理某些难以去除的污染物，其具有较高的去除效率、化学污泥量减少、操作简便、低温适应能力强、可实现重金属回收等优点，对污水中有机污染物及重金属元素具有较高的去除率。其中活性炭（AC）作为一种有效和经济的吸附剂，已被广泛用于废水处理中。大多数除铬方法存在去除不完全、产生铬污泥以及成本昂贵、消耗能量大的特点，而吸附法因操作简单，投资省，处理效果好而颇受重视[54]。近年来，国内外学者发现利用各种农业废弃物、果壳、果皮及工业废料等其他废弃物作为吸附剂来处理 $Cr(Ⅵ)$，并取得了很好的效果。

活性炭多是以煤炭为原材料制备、生物质活性炭多以木材和椰壳等农业废弃物为原材料制备，而椰壳在北方并不常见，煤炭活性炭选择性较差。普通的活性炭处理水体中的 $Cr(Ⅵ)$ 时，吸附速率慢，单位吸附量小，并且成本较高，限制了其应用价值。因此，急需开发新的活性炭材料。

目前人们开始着手研究丰富的天然矿产资源、可再生的生物质资源等对废水中有害离子的去除。用作吸附剂的矿产资源有膨润土、河中污泥等，可再生的生物质吸附剂有植物壳、甘蔗渣、花生壳等进行改性制备活性炭，利用其孔隙结构对金属离子、有机物等进行去除。活性炭作为一种新型、清洁的能源，现正被研究能够选择性地对污染物进行去除，用于实际研究中。研究人员将根据各种活性炭的特点与不足进行修饰改性，进而获得高效的吸附剂。

吸附法具有高去除、易操作和可再生等优点，广泛用于处理含重金属废水。活性炭是一种多孔材料，其内部空隙结构发达，具有比表面积大，吸附能力强的特点，因而其是使用最早，应用最广泛的一种吸附剂，然而常见的活性炭以传统煤或石油为原价格昂贵。近年来，很多学者开始利用一些廉价的农业废弃物（如花生壳、核桃壳、芒果壳、巴旦木壳、稻壳、荔枝壳、杏核、松果、玉米芯）制备成生物质活性炭对含重金属废水进行吸附处理。生物质活性炭的吸附能力强，吸附容量大，可以同时吸附多种重金属离子，处理重金属废水的效果较好。同时减少了农民自行焚烧农业废弃物对环境产生的危害，大大提高了这些农业废弃物的利用率。生物质活性炭法具有处理效果好，可回收，便于实现自动化等优点。但有一些生物质活性炭易被氧化和污染，只适用于低浓度含重金属废水的处理。

Wang 等[55]以竹子为原料，制得碳纳米管/活性炭；通过表征得知比表面积为 $1120m^2/g$ 且总体积为 $0.538cm^3/g$；实验结果表明：吸附刚开始时非常的迅速，在 5min 内有 40% Cd(Ⅱ) 被吸附在活性炭表面结构中，之后吸附变得很缓慢，吸附平衡时间为 6h，最佳吸附效果的 pH 值为 8，其中准二级动力学模型和 Langmuir 吸附等温线能更好地描述该吸附过程。Park 等[56]利用干燥的香蕉碎皮在 pH=1.5 条件下吸附 Cr(Ⅵ)，单位吸附量达到 249.6mg/g，还原 Cr(Ⅵ) 的能力是 $FeSO_4 \cdot 7H_2O$ 的 4 倍。March 等[57]采用 H_2SO_4 处理榛子树制备活性炭，在室温下去除高浓度 Cr(Ⅵ)（1000mg/g），在 pH=1~2 条件下符合准一级动力学模型，同时符合 Langmuir 等温方程，活性炭除铬能力达到 170mg/g。Nameni 等[58]用麦糠处理低浓度 Cr(Ⅵ)（5mg/L），在 pH=2、25℃条件下，60min 达到吸附平衡，去除率达到 87.8%。拟合 Langmuir 等温线相关系数达到 0.997，并符合准二级动力学方程，速率常数为 0.131g/(mg·min)，表明麦糠也可以作为一种很好的吸附材料在含铬废水中应用。国内在去除铬方面也做了大量的研究，余美琼等[59]采用柚子皮作为吸附剂，考察对 Cr(Ⅵ) 的吸附能力，结果发现柚子皮对铬有很好的吸附效果，在 pH=4、400℃、吸附剂用量为 10g/L 条件下吸附 10h，能把初始浓度为 100mg/L 的 Cr(Ⅵ) 去除 98%。柚子皮对 Cr(Ⅵ) 的吸附符合二级吸附动力学模型，并可用 Langmuir 等温线来描述。Guo 等[60]用氢氧化钾处理米糠制备活性炭，在 pH=1~2、吸附剂用量为 0.8g/L 时，200℃条件下，单位吸附量 32.0mg/g；结果发现，pH 值是一个重要考察参数，温度对除铬性能影响显著，随着温度升高降解效果提高，提出可能由于温度升高增强活性炭和 Cr(Ⅵ) 表面的相互作用力。Gao 等[61] 利用稻秆去除六价铬，结果表明在最佳 pH 值为 2 的情况下，Cr(Ⅵ) 去除率随着温度和 Cr(Ⅵ) 浓度的升高而升高；稻秆粒径越小越有利于 Cr(Ⅵ) 的去除；并且提出溶液中有 Cr(Ⅵ) 的存在，NO_3^- 抑制 Cr(Ⅵ) 还原为 Cr(Ⅲ)，而 SO_4^{2-} 起促进作用。通过大量研究资料表明，农业废弃物、工业废料都能作为很好的处理含铬废水的材料，代替商业炭具有很大的潜力和发展空间。

活性炭的吸附性能由其物理性质（比表面积和孔结构）和化学性质（表面化学性质）共同决定。比表面积和孔结构影响活性炭的吸附容量，而表面化学性质影响活性炭与不同极性吸附质之间的相互作用力。活性炭的表面化学性质很大程度上由表面官能团的类别和数量决定，活性炭表面最常见的官能团是含氧官能团，如羧基、内酯基、酚羟基、羰基等。这些含氧官能团对活性炭的表面反应、表面行为、亲（疏）水性、催化性质、Zeta 电位和表面电荷等具有很大影响，从而影响活性炭的吸附行为。对吸附金属离子的吸附机理解释也各不相同，主要有静电作用力机理和离子交换机理[62]。

国内外研究表明，活性炭去除重金属时溶液的 pH 值影响最为显著。如 Cr(Ⅵ) 的吸附靠活性炭吸附位点的相互作用[63]。对 Cr(Ⅲ) 的吸附最高点 pH 值在 5～6 之间，而对 Cr(Ⅵ) 的吸附发生在 pH＝1.5～2.0。研究发现稻壳吸附金属离子和稻壳活性位点以及金属离子本身的性质有关；在高的 pH 值（4.0～6.0）条件下，稻壳表面存在大量的负电荷基团，这些基团很好地与阳离子形成静电吸引作用，而排斥阴离子。尤其是羧基基团，还有羰基或者羟基基团，这些含氧基团能够很好地与金属离子结合。因此，此时三价铬吸附效果比较好。在低的 pH 值条件下，H^+ 不仅使活性位点质子化，还促进金属离子水解，从而促进吸附剂表面的活性位点和金属离子结合。

温度也是一个重要参数。随着温度的升高，对 Cr(Ⅵ) 的吸附量增加，其原因主要是由于表面化学反应作用。吸附作用很大程度依靠活性炭表面基团和吸附离子之间的化学反应，温度升高加速了基团和吸附离子之间的化学反应，也可能加快了分子之间的扩散作用。

(3) 制备条件对生物质活性炭去除水中 Cr(Ⅵ) 的影响

1) 以 H_3PO_4 活化法制备的玉米芯生物质活性炭（CCAC）处理重金属 Cr(Ⅵ) 废水为例，分析制备条件的影响[64]。

① H_3PO_4 对 CCAC 去除 Cr(Ⅵ) 的影响。图 8-1 为不同 H_3PO_4 质量对 CCAC 去除 Cr(Ⅵ) 的影响。玉米芯与 H_3PO_4 质量比分别为 (1∶0.5)、(1∶1)、(1∶1.5)、(1∶2)、(1∶3)，10mL 5％ 的 H_3PO_4 溶液，焙烧温度为 400℃，焙烧时间为 60min，玉米芯粒径为＜0.154mm，浸渍时间为 30min。

由图 8-1 知，H_3PO_4 质量对 CCAC 吸附去除 Cr(Ⅵ) 有较明显的作用，玉米芯与 H_3PO_4 质量比在 (1∶0.5)～(1∶2) 的范围内，随着 H_3PO_4 质量的增加，较明显，CCAC对Cr(Ⅵ)的吸附前后……增加，……H$_3$BO$_3$溶液浓度固定为2%，随着CCAC对Cr(Ⅵ)的去除率达58%以上，而且H$_3$BO$_3$质量在0.25～1.0g范围内时，随着H$_3$BO$_3$质量的增加，CCAC对Cr(Ⅵ)……增长趋势减缓……，这可能是由于H$_3$BO$_3$会附着在CCAC……使得内部孔隙堵塞……增加了H$_3$PO$_4$的用量，有助于形成……丰富，增强了CCAC孔隙表面……生长……点位，使其与Cr(Ⅵ)的结合能力……，但过多的H$_3$BO$_3$堵塞了孔隙，……部分孔……起到……H$_3$PO$_4$与玉米芯反应生成的孔隙，……活面积减少，降低……CCAC对Cr(Ⅵ)的吸附……。

经过比较发现CCAC去除Cr(Ⅵ)的影响……因此选择……溶液添加体积设置为CCAC……去除Cr(Ⅵ)的影响因素。

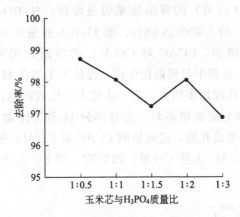

图 8-1 不同 H$_3$PO$_4$ 质量对 CCAC 去除 Cr(Ⅵ) 的影响

CCAC 对水中 Cr(Ⅵ) 的吸附呈现先降低后升高的趋势，当两者的比值为 1∶2 时 CCAC 对 Cr(Ⅵ) 的去除率达到 90% 以上；当比值超过 1∶2 时，CCAC 对水中 Cr(Ⅵ) 的去除率随 H$_3$PO$_4$ 质量的增多又下降。这可能是由于 H$_3$PO$_4$ 为中强酸，具有较强脱水性，是热分解过程和抑制焦油生成的脱水剂，焙烧时 H$_3$PO$_4$ 会先附着在玉米芯表面，然后使其脱水致纤维素分子断裂成链状，在加热过程中再重新生成环，形成孔隙。在制备 CCAC 过程中磷酸起到了增加孔容积的作用。但当 H$_3$PO$_4$ 质量过多时，破坏了 CCAC 的内部结构，使得原本微孔扩大为中孔，CCAC 对 Cr(Ⅵ) 的去除率减少。

② H$_3$BO$_3$ 质量对 CCAC 去除 Cr(Ⅵ) 的影响。图 8-2 为不同 H$_3$BO$_3$ 质量对 CCAC 去除 Cr(Ⅵ) 的影响。

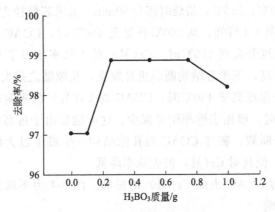

图 8-2 不同 H$_3$BO$_3$ 质量对 CCAC 去除 Cr(Ⅵ) 的影响

玉米芯与 H$_3$PO$_4$ 质量比为 1∶2，0mL、2mL、5mL、10mL、15mL、20mL 5% 的 H$_3$BO$_3$ 溶液，焙烧温度为 400℃，焙烧时间为 60min，玉米芯粒径 <0.154mm，浸渍时间为 30min。当 H$_3$BO$_3$ 质量在 0～1g 范围内时，随着 H$_3$BO$_3$ 质

量的增加，CCAC 对 Cr(Ⅵ) 的吸附效果明显增强；H_3BO_3 质量增加到 0.25mg 时，CCAC 对 Cr(Ⅵ) 的去除率达 98%；而 H_3BO_3 质量在 0.25～1mg 范围内时，随着 H_3BO_3 质量的增加，CCAC 对 Cr(Ⅵ) 的吸附效果逐渐降低。这可能是 H_3BO_3 在制备 CCAC 过程中起到催化作用，促使玉米芯在 H_3PO_4 作用下更好地生成孔隙，使得 CCAC 孔隙增多增大，进一步增大其比表面积，提高对 Cr(Ⅵ) 的吸附能力。但是在 H_3BO_3 质量增多时，会有部分 H_3BO_3 附着在玉米芯表面，阻碍 H_3PO_4 与玉米芯反应生成孔隙，进而影响 CCAC 对 Cr(Ⅵ) 的吸附。

③ 焙烧温度对 CCAC 去除 Cr(Ⅵ) 的影响。图 8-3 为不同焙烧温度对 CCAC 去除 Cr(Ⅵ) 的影响。

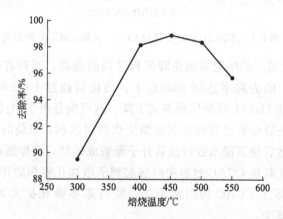

图 8-3　不同焙烧温度对 CCAC 去除 Cr(Ⅵ) 的影响

玉米芯与 H_3PO_4 质量比为 1∶2，10mL 5% 的 H_3BO_3 溶液，焙烧温度为 300℃、400℃、450℃、500℃、550℃，焙烧时间为 60min，玉米芯粒径为 <0.154mm，浸渍时间为 30min。由图 8-3 可知，从 300℃升温至 450℃时，CCAC 对 Cr(Ⅵ) 的去除率随之增加；当温度升高到 450℃时，Cr(Ⅵ) 的去除率超过了 99%。玉米芯被焙烧时，随着温度升高，玉米芯结构断裂更易发生，孔隙随之扩大，能够吸附更多的 Cr(Ⅵ)。但当焙烧温度高于 450℃时，CCAC 对 Cr(Ⅵ) 的吸附效果反而下降；当焙烧温度为 550℃时，吸附去除率明显减少。这可能是由于过高的焙烧温度会使孔隙之间的链接部分断裂，破坏 CCAC 的孔隙结构，生成了过大的孔，反而不利于吸附去除 Cr(Ⅵ)，使其对 Cr(Ⅵ) 的去除率降低。

④ 焙烧时间对 CCAC 去除 Cr(Ⅵ) 的影响。图 8-4 为不同焙烧时间对 CCAC 吸附 Cr(Ⅵ) 的影响。

玉米芯与 H_3PO_4 质量比为 1∶2，10mL 5% 的 H_3BO_3 溶液，焙烧温度为 400℃，焙烧时间为 30min、60min、90min、120min、150min、180min，玉米芯粒径为 <0.154mm，浸渍时间为 30min。由图 8-4 可知，焙烧时间越久，CCAC 对 Cr(Ⅵ) 去除率越高；但当达到 60min 之后，去除率不再变化。玉米芯在 H_3PO_4

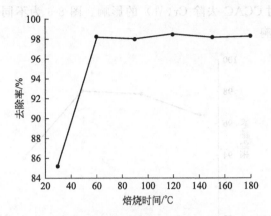

图 8-4　不同焙烧时间对 CCAC 去除 Cr(VI) 的影响

和 H_3BO_3 混合溶液中，经过高温焙烧，玉米芯的纤维结构连接部分断裂，H_3PO_4 在高温条件下释放出气体，组合形成新的纤维结构，生成新的孔隙结构。随着时间的增长，更多的纤维结构重组；当时间达到 60min 以上时，纤维结构不再发生变化，CCAC 对 Cr(VI) 的去除率不再变化。

⑤ 玉米芯粒径对 CCAC 去除 Cr(VI) 的影响。图 8-5 为不同玉米芯粒径对 CCAC 去除 Cr(VI) 的影响。

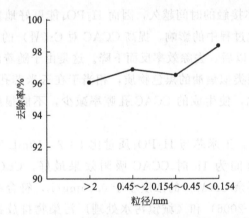

图 8-5　不同玉米芯粒径对 CCAC 去除 Cr(VI) 的影响

玉米芯与 H_3PO_4 质量比为 1:2，10mL 5% 的 H_3BO_3 溶液，焙烧温度为 400℃，焙烧时间为 60min，玉米芯粒径＞2mm、0.45～2mm、0.154～0.54mm、＜0.154mm，浸渍时间为 30min。由图 8-5 可知，粒径越小，CCAC 对 Cr(VI) 的去除率越高，从成本角度考虑，最小粒径选择 0.154mm。玉米芯粒径越小，越利于其与 H_3PO_4 及 H_3BO_3 接触，H_3PO_4 能够渗透进玉米芯内部。在高温焙烧时，玉米芯内部的 H_3PO_4 释放出气体，使得 CCAC 表面生成更多均匀细小的微孔，增加 CCAC 对 Cr(VI) 的去除。

⑥ 浸渍时间对 CCAC 去除 Cr(Ⅵ) 的影响。图 8-6 为不同浸渍时间对 CCAC 去除 Cr(Ⅵ) 的影响。

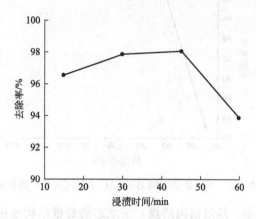

图 8-6　不同浸渍时间对 CCAC 去除 Cr(Ⅵ) 的影响

玉米芯与 H_3PO_4 质量比为 1:2，10mL 5% 的 H_3BO_3 溶液，焙烧温度为 400℃，焙烧时间为 60min，玉米芯粒径<0.154mm，浸渍时间为 15min、30min、45min、60min。由图 8-6 可知，在 15~45min 内，随着玉米芯被浸渍的时间增加，CCAC 对 Cr(Ⅵ) 的吸附效果越来越好，能达到 98% 以上。这是由于浸渍的时间越久，H_3PO_4 与玉米芯接触的时间越久，因而 H_3PO_4 能更好地发挥脱水作用，减少了水分在玉米芯炭化过程中的影响，提高 CCAC 对 Cr(Ⅵ) 的吸附率。而随着浸渍时间的增长，45min 以后，去除效率反而下降。这是由于随着浸渍时间的增长，玉米芯表面会生成一层类似焦油的黑色物质，相当于在玉米芯孔隙上覆盖了一层膜，阻碍了玉米芯被炭化，使生成的 CCAC 孔隙率减少，不能很好地对 Cr(Ⅵ) 进行吸附。

玉米芯质量 10g，玉米芯与 H_3PO_4 质量比 1:2，10mL 5% H_3BO_3，炭化温度为 500℃，炭化时间为 1h 时 CCAC 吸附效果最好，Cr(Ⅵ) 的去除率达到 98.5% 以上，水中剩余 Cr(Ⅵ) 的浓度小于 0.05mg/L，符合中国《生活饮用水卫生标准》(GB 5749—2006) 和《城镇污水处理厂污染物排放标准》(GB 18918—2002) 中对 Cr(Ⅵ) 的要求。H_3PO_4 对 CCAC 吸附 Cr(Ⅵ) 有较好的作用，它是热分解过程和抑制焦油生成的脱水剂，H_3PO_4 含量会影响到 CCAC 的比表面积及其吸附 Cr(Ⅵ) 的能力。H_3BO_3 是催化剂，使得 CCAC 孔增多增大，对 Cr(Ⅵ) 的吸附率更高。浸渍时间越久，CCAC 吸附效果越好。H_3PO_4 能很好地发挥脱水作用，并且在 H_3BO_3 催化下，CCAC 能够生成更多的孔，增大其比表面积，提高了吸附能力。

2) 以 $ZnCl_2$ 活化法制备的废菌棒生物质活性炭 (MRAC) 处理重金属 Cr(Ⅵ) 废水为例，分析制备条件的影响[64]。

① 浸渍时间对 MRAC 去除 Cr(Ⅵ) 的影响。不同浸渍时间对 MRAC 去除 Cr(Ⅵ) 的影响：取 10g 废菌渣，炭化结束后的 MRAC 经盐洗、酸洗至 Na_2CO_3 滴定无白色沉淀，烘干，研磨，过 100 目筛。取 0.2g MRAC 加入 50mL 50mg/L Cr(Ⅵ) 溶液中，pH 值为 7，反应温度 25℃，转速 150r/min，反应时间 120min；测定反应后溶液中 Cr(Ⅵ) 浓度，计算出 Cr(Ⅵ) 去除率，确定 MRAC 对 Cr(Ⅵ) 的去除性能。

图 8-7 为浸渍时间对 MRAC 去除水中 Cr(Ⅵ) 的影响。

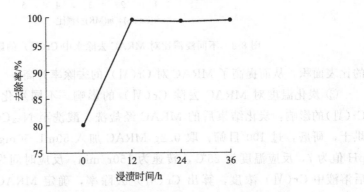

图 8-7　不同浸渍时间对 MRAC 去除水中 Cr(Ⅵ) 的影响

由图 8-7 可知，在一定浸渍时间范围内（0~12h），MRAC 对水中 Cr(Ⅵ) 的去除率随浸渍时间增加而增加；当浸渍时间达到 12h 后，Cr(Ⅵ) 的去除率稳定。这是因为随着浸渍时间的增加，$ZnCl_2$ 渗透到 MR 细胞腔中的量增多；12h 后 $ZnCl_2$ 已充分渗透到 MR 细胞腔中，MRAC 中空隙及比表面积不再增加，导致 MRAC 对水中 Cr(Ⅵ) 的去除率稳定。因此，从经济角度分析，MRAC 的浸渍时间取 12h 较为合理。

② $m(ZnCl_2)$：$m(MR)$ 对 MRAC 去除 Cr(Ⅵ) 的影响。不同 $m(ZnCl_2)$：$m(MR)$ 对 MRAC 吸附 Cr(Ⅵ) 的影响：取 10g 废菌渣，炭化结束后的 MRAC 经盐洗、酸洗至 Na_2CO_3 滴定无白色沉淀，烘干，研磨，过 100 目筛。取 0.2g MRAC 加入 50mL 50mg/L Cr(Ⅵ) 溶液中，pH 值为 7，反应温度为 25℃，转速 150r/min，反应时间 120min；测定反应后溶液中 Cr(Ⅵ) 浓度，算出 Cr(Ⅵ) 去除率，确定 MRAC 对 Cr(Ⅵ) 的去除性能。

图 8-8 为 $m(ZnCl_2)$：$m(MR)$ 浸渍比对 MRAC 去除水中 Cr(Ⅵ) 的影响。

由图 8-8 可知，随浸渍比的增加，MRAC 对 50mg/L 的 Cr(Ⅵ) 去除率呈波动变化（均≥98%），这可能是因为具有芳香缩合作用的 Zn^{2+} 在浸渍 MR 的过程中进入纤维孔隙中间，从而在炭化、活化过程中使纤维发生润胀水解、氧化降解、催化脱水等反应，形成具有乱层、微晶结构的炭。当 $m(ZnCl_2)$：$m(MR)$ 浸渍比为 3:1 时，MRAC 对水中 Cr(Ⅵ) 的去除率较高，可能由于在该浸渍比下 $ZnCl_2$ 使在热解过程中由 MR 的纤维素及半纤维素产生的焦油炭化成活性炭，增加了 MRAC

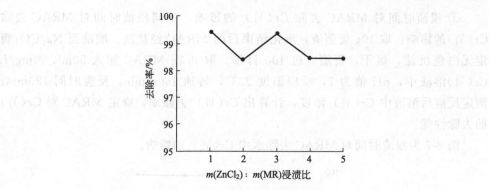

图 8-8 不同浸渍比对 MRAC 去除水中 Cr(Ⅵ) 的影响

的比表面积，从而提高了 MRAC 对 Cr(Ⅵ) 的去除率升高。

③ 炭化温度对 MRAC 去除 Cr(Ⅵ) 的影响。不同炭化温度对 MRAC 吸附 Cr(Ⅵ)的影响：炭化结束后的 MRAC 经盐洗、酸洗至 Na_2CO_3 滴定无白色沉淀，烘干，研磨，过 100 目筛；取 0.2g MRAC 加入 50mL 50mg/L Cr(Ⅵ) 溶液中，pH 值为 7，反应温度为 25℃，转速为 150r/min，反应时间为 120min；测定反应后溶液中 Cr(Ⅵ) 浓度，算出 Cr(Ⅵ) 去除率，确定 MRAC 对 Cr(Ⅵ) 的去除性能。

图 8-9 为不同炭化温度对 MRAC 去除水中 Cr(Ⅵ) 的影响。

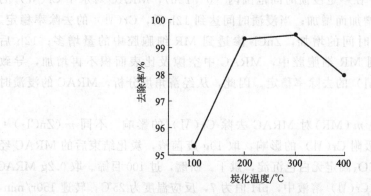

图 8-9 不同炭化温度对 MRAC 去除水中 Cr(Ⅵ) 的影响

由图 8-9 可知，在炭化温度 200～400℃范围内，随炭化温度升高，MRAC 对 Cr(Ⅵ) 的去除率先缓慢上升后下降；在炭化温度达到 200℃时，MR 发生纤维素和木质素的热解、分子缩聚、环化等一系列反应，形成交联的多环芳香体系。在炭化温度低于 300℃时，MR 炭化物活性炭原子较多，与 $ZnCl_2$ 反应活性较高，孔容较大，MRAC 对水中 Cr(Ⅵ) 的去除率较高。继续升高温度，MR 中的挥发分排出的增多，导致活性炭原子数减少，与 $ZnCl_2$ 反应活性降低，孔容减小，MRAC 对水中 Cr(Ⅵ) 的去除率较低。从节能角度综合考虑，MRAC 的炭化温度采用 200℃较为合理。

④ 活化温度对 MRAC 去除 Cr(Ⅵ) 的影响。不同活化温度对 MRAC 吸附 Cr(Ⅵ)的影响：取 10g 废菌渣，炭化结束后的 MRAC 经盐洗、酸洗至 Na₂CO₃ 滴定无白色沉淀，烘干，研磨，过 100 目筛；取 0.2g MRAC 加入 50mL 50mg/L Cr(Ⅵ)溶液中，pH 值为 7，反应温度为 25℃，转速为 150r/min，反应时间为 120min，测定反应后溶液中 Cr(Ⅵ) 浓度，算出 Cr(Ⅵ) 去除率，确定 MRAC 对 Cr(Ⅵ) 的去除性能。

图 8-10 为不同活化温度对 MRAC 去除水中 Cr(Ⅵ) 的影响。

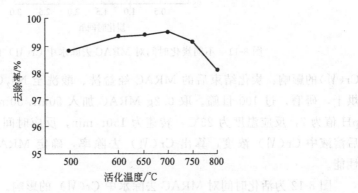

图 8-10　不同活化温度对 MRAC 去除水中 Cr(Ⅵ) 的影响

由图 8-10 可知，在活化温度 500～700℃范围内，随活化温度的增加，MRAC 对水中 Cr(Ⅵ) 的去除率上升。这是因为原料在活化温度较低时不能够得到充分分解，抑制了 MRAC 的比表面积的增加；随着温度的升高，ZnCl₂ 不断与表面碳物种剧烈反应，使活化反应程度加深，ZnCl₂ 的脱水作用逐步增强，MR 中的挥发分不断析出，使得 MRAC 孔隙更加发达，对水中 Cr(Ⅵ) 的去除率上升。

⑤ 炭化时间对 MRAC 去除 Cr(Ⅵ) 的影响。不同炭化时间对 MRAC 吸附 Cr(Ⅵ)的影响：炭化结束后的 MRAC 经盐洗、酸洗至 Na₂CO₃ 滴定无白色沉淀，烘干，研磨，过 100 目筛。取 0.2g MRAC 加入 50mL 50mg/L Cr(Ⅵ) 溶液中，pH 值为 7，反应温度为 25℃，转速为 150r/min，反应时间为 120min，测定反应后溶液中 Cr(Ⅵ) 浓度，算出 Cr(Ⅵ) 去除率，确定 MRAC 对 Cr(Ⅵ) 的去除性能。

图 8-11 为炭化时间对 MRAC 去除水中 Cr(Ⅵ) 的影响。

由图 8-11 可知，随炭化时间的增加，MRAC 对 Cr(Ⅵ) 的去除率先上升后降低，并在炭化时间为 1h 时对水中 Cr(Ⅵ) 的去除率最佳，这是因为在炭化初期，炭表面随着 MR 原料内杂质的减少，水蒸气的蒸发，不断形成孔洞，增加细孔量，增大比表面积，MRAC 对水中 Cr(Ⅵ) 的去除率上升。但随炭化时间继续增加，活性炭结构有一定的损失，开始有部分炭骨架的塌陷，之前产生的部分微孔由于受到破坏，开始向过渡孔或大孔转化，导致 MRAC 对水中 Cr(Ⅵ) 的去除率下降。

⑥ 活化时间 MRAC 去除 Cr(Ⅵ) 的影响。不同活化时间对 MRAC 吸附

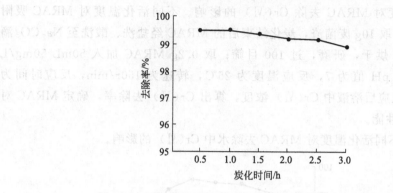

图 8-11 不同炭化时间对 MRAC 去除水中 Cr(Ⅵ) 的影响

Cr(Ⅵ)的影响：炭化结束后的 MRAC 经盐洗、酸洗至 Na_2CO_3 滴定无白色沉淀，烘干，研磨，过 100 目筛。取 0.2g MRAC 加入 50mL 50mg/L Cr(Ⅵ) 溶液中，pH 值为 7，反应温度为 25℃，转速为 150r/min，反应时间为 120min，测定反应后溶液中 Cr(Ⅵ) 浓度，算出 Cr(Ⅵ) 去除率，确定 MRAC 对 Cr(Ⅵ) 的去除性能。

图 8-12 为活化时间对 MRAC 去除水中 Cr(Ⅵ) 的影响。

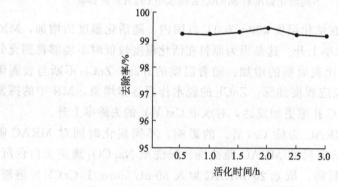

图 8-12 不同活化时间对 MRAC 去除水中 Cr(Ⅵ) 的影响

由图 8-12 可知，随着活化时间的增加，MRAC 对 Cr(Ⅵ) 的去除率先上升后降低，活化时间为 2h 时，Cr(Ⅵ) 的去除率最高。这主要是因为 MRAC 同时发生微孔的生成和破坏过程，未达到二者最佳平衡时未充分活化；继续活化，可提高 MRAC 的比表面积。当破坏过程大于微孔的生成过程时长，MRAC 的比表面积由于微孔的破坏而减少，导致 MRAC 对水中 Cr(Ⅵ) 的去除率降低。

(4) 反应条件对生物质活性炭去除水中 Cr(Ⅵ) 的影响

以 H_3PO_4 活化法制备的玉米芯生物质活性炭 (CCAC) 处理重金属 Cr(Ⅵ) 废水为例，分析反应条件的影响[64]。

① 溶液初始 pH 值的影响。溶液的 pH 值对生物质活性炭吸附有机污染物的影

响较大。来自农副产品的天然色素大多为酸性色素，也存在少量的碱性色素。生物质活性炭对一些物质的吸附均随介质 pH 值的变化而变化，包括水溶液和非水溶液。

温度为 298K，转速为 150r/min，反应时间为 60min，CCAC 为 1g/L，Cr(Ⅵ)初始浓度为 1mg/L，调 pH 值分别为 1、3、5、7、9、11、13，测定溶液中剩余 Cr(Ⅵ) 的浓度，计算 CCAC 对 Cr(Ⅵ) 的去除率。结果如图 8-13 所示，随着 pH 值的增大，去除率缓慢降低；当 pH 值为 9 时，CCAC 吸附 Cr(Ⅵ) 的去除率下降到 95％左右；当 pH 值更大时，去除率迅速降低。所以 CCAC 对 Cr(Ⅵ) 吸附时反应所需的 pH 值范围较广。pH 值主要影响 CCAC 和金属物质的表面电荷密度。在碱性条件下，CCAC 对 Cr(Ⅵ) 几乎没有去处效果，在较高的 pH 值下，吸附能力的降低可能是由于铬酸盐和羟基离子的竞争吸附。在低 pH 值下，Cr(Ⅵ) 主要以 $HCrO_4^-$ 的形态存在，更易结合到 CCAC 表面上，从而促进吸附的进行。在 pH 值为 1~6 时，铬离子的主要存在形式有 Cr_2O_7、$HCrO_4^-$、$Cr_3O_{10}^{2-}$、$Cr_4O_{13}^{2-}$，其中 $HCrO_4^-$ 是最主要的存在形式；随着 pH 值的升高，$HCrO_4^-$ 向 CrO_4^{2-} 和 $Cr_2O_7^{2-}$ 形式转化。不同铬离子之间的平衡关系如下：

$$H_2CrO_4 \rightleftharpoons H^+ + HCrO_4^- \tag{8-1}$$

$$HCrO_4^{2-} \rightleftharpoons H^+ + CrO_4^{2-} \tag{8-2}$$

$$2HCrO_4^- \rightleftharpoons Cr_2O_7^{2-} + H_2O \tag{8-3}$$

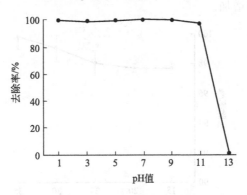

图 8-13　初始 pH 值的影响

CCAC 在水中有如下反应：

$$CCAC-OH_2^+ \rightleftharpoons CCAC(OH)^0 + H^+ \tag{8-4}$$

$$CCAC(OH)^0 \rightleftharpoons CCAC-O^- + H^+ \tag{8-5}$$

这可能是由于随着 pH 值的增加，CCAC 对 Cr(Ⅵ) 的吸附效果越来越差，也是在强碱性条件下几乎没有去处效果的主要原因。酸性条件下，吸附剂表面存在各种含氧官能团使高质子化，更易吸附阴离子形式的铬离子化合物。当 pH 值较大时，CCAC 表现为负电性，导致 CCAC 与 $HCrO_4^-$ 之间静电引力减弱，表面斥力增强；加上与水中的 OH^- 的竞争吸附，使得 CCAC 对 $Cr(VI)$ 的吸附作用越来越弱。

② 反应温度的影响。生物质活性炭的吸附过程是放热反应，一般温度越低越好。但温度增高可增大溶液中分子的活度并向生物质活性炭表面扩散，同样在活性炭内部的孔隙和通道的游动也加快。有时规定某一吸附温度是被迫的，例如黏度大的液体不得不靠提高温度来增加流动性和便于过滤；有些熔点较高的物质不得不将温度提到高于熔点。有些热敏性物质，又要考虑防止有效成分的破坏。总之，无法借温度的变化来提高生物质活性炭对色素有机物的吸附量，生物质活性炭的脱色作业无法统一规定操作温度，亦应由实验室和车间生产经验确定。

转速为 150r/min，pH 值为 7，CCAC 加量为 1g/L，$Cr(VI)$ 初始浓度为 1mg/L，调节温度分别为 288K、293K、298K、303K、308K，反应 60min，测定溶液中剩余 $Cr(VI)$ 的浓度，计算 CCAC 对 $Cr(VI)$ 的去除率。结果如图 8-14 所示，随着温度升高 $Cr(VI)$ 去除率增加，温度升高对 CCAC 吸附 $Cr(VI)$ 有促进作用，是一个吸热过程。该结论可从图 8-14 得到进一步证实。温度升高促使各粒子运动速率加快，加快 $Cr(VI)$ 的运动速率，从而增加了 $Cr(VI)$ 和 CCAC 表面活性位点碰撞的机会，使得更多的 $Cr(VI)$ 与 CCAC 表面接触，被快速吸附到活性炭上。温度越高，$Cr(VI)$ 运动的速率越快，达到吸附平衡所需的时间越短。且随着温度的升高，反应更易达到所需的活化能，反应向着吸附的方向进行，使得 CCAC 对 $Cr(VI)$ 的去除率增加。

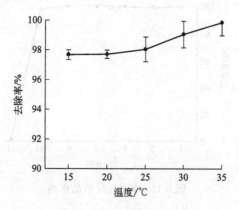

图 8-14　反应温度的影响

③ 生物质活性炭的投加量的影响。生物质活性炭的投加量可通过实验研究确定，但实践证明，生产车间的实际需要量往往比实验室所确定的量要少，其原因至今尚未获得满意的解释。因此，为了取得较好的去除效果和投入最少量的生物质活性炭，往往根据生产者成熟的实践经验。因为每批溶液和每批生物质活性炭的状况不甚相同，这就需要找出实验室和生产车间用量之间的相互关系或比例，但更重要的还要依赖有经验的操作者的判断，最好是在投炭后 5～10min 取样观察效果，以

此检验判断是否正确，以积累更多的经验。随着研究的深入，学者们发现，生物质活性炭的添加量并不是越高越好，高添加量对环境中疏水性有机污染物降解的促进作用比低添加量更弱[65]。

生物质活性炭的投加量会对有机污染物的矿化造成影响。Sopena 等[66]研究除草剂异丙隆（IPU）的生物可利用性时发现：添加量为 0.1％、1％和 2％时，^{14}C-IPU的矿化率分别减少了 13.6％、40.1％和 49.8％。一般地，修复过程中疏水性有机污染物的矿化受添加量影响显著，研究者们发现如下两种不同的现象。第一种，疏水性有机污染物生物降解率随生物质活性炭投加量的增加而提高；例如，H. Tong 等研究由油菜秸秆制备的生物质活性炭投加到五氯苯酚（PCP）污染的土壤中，15d 培养实验后，对照组中 PCP 的降解只有 12.5％，1％炭质材料添加 60.7％的 PCP 降解，2％、5％、10％炭质材料添加下完全降解[67]；Jablonowski 等研究表明有相似的结果[68]，这可能是因生物质活性炭投加量的增加能够为微生物提供更多的营养物质和更好的生存环境，也可能是由于生物质活性炭与疏水性有机污染物之间发生共代谢作用，从而促进疏水性有机污染物的矿化。

第二种，疏水性有机污染物的降解可能随生物质活性炭投加量的升高而降低。Ren 等发现在 350℃下制备的炭质材料在 5％投加量下对甲萘威的生物降解促进效果比 0.5％投加弱[69]，这可能是由于生物质活性炭对疏水性有机污染物超强的吸附性能，投加量越高，疏水性有机污染物的生物有效性越低，从而使疏水性有机污染物的矿化率随着添加量的升高而降低。

总之，同种生物质活性炭加，在不同投加量下疏水性有机污染物的矿化效果也会存在差异。

温度为 298K，转速为 150r/min，pH 值为 7，反应时间为 60min，Cr(Ⅵ) 初始浓度为 1mg/L，CCAC 投加量为 0.2g/L、0.6g/L、1.0g/L、2.0g/L、3.0g/L 与 4.0g/L，测定溶液中剩余 Cr(Ⅵ) 的浓度，不同 CCAC 投加量对 50mL 含 Cr(Ⅵ) 为 1mg/L 的去除率，结果如图 8-15 所示。

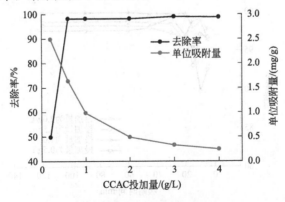

图 8-15　CCAC 投加量的影响

CCAC 投加量为 1g/L 时，CCAC 对 Cr(Ⅵ) 的去除 20min 后达到平衡。当投加量为 0.5g/L，由于 CCAC 较少，与 Cr(Ⅵ) 碰撞的机会减少，所以去除率降低；投加量大于 1g/L 时，随着 CCAC 投加量的增加，Cr(Ⅵ) 的去除率增加，但是 CCAC 的单位吸附量减少。CCAC 投加量一定时，随着反应时间的进行，Cr(Ⅵ) 的去除率增加。这是由于 CCAC 剂量增加，吸附剂的活性位点随之增加，吸附表面积增大，对 Cr(Ⅵ) 的吸附能力加强；当 CCAC 投加量继续加大时，其对 Cr(Ⅵ) 的吸附趋于饱和，去除率变化缓慢。

④ 反应时间的影响。生物质活性炭去除有机污染物所需的时间，受许多因素的影响，如活性炭的粒度和用量、溶液的温度和黏度等，一般需要 10～60min。活性炭越细或用炭量越多，则时间越短，当液体黏度大或用炭量很少时，则时间就长些。对给定的如色素有机污染物和给定的活性炭种类，在同一条件下，随着反应时间的延长，单位质量的生物质活性炭对色素有机物的吸附变化并不大。

温度为 298K，转速为 150r/min，pH 值为 7，取 Cr(Ⅵ) 浓度为 1mg/L，CCAC 投加量为 0.5g/L、1.0g/L、1.5g/L、2.0g/L，分别反应 10min、20min、30min、45min、60min、90min、120min 后，测定溶液中剩余 Cr(Ⅵ) 的浓度，计算 CCAC 对 Cr(Ⅵ) 的去除率。结果如图 8-16 所示，CCAC 随着时间对 Cr(Ⅵ) 去除率增加，开始反应 10～20min 时 Cr(Ⅵ) 的去除率波动较大；其后随着反应时间的延长，去除率逐渐升高且波动范围逐渐减小，Cr(Ⅵ) 去除率增加；反应 45min 后，去除率趋于稳定。因此在 CCAC 投加量为 1.0g/L 时，Cr(Ⅵ) 去除率最高。由于反应初期 CCAC 表面的孔隙较多，与 Cr(Ⅵ) 的接触面很大，两者有效碰撞较多，所以吸附较快。30min 后 CCAC 表面的孔隙被占据，能够吸附 Cr(Ⅵ) 的位置很少，所以效率降低，Cr(Ⅵ) 的吸附速率降低。当水中的 Cr(Ⅵ) 不再被吸附到 CCAC 上，吸附达到平衡。这是由于吸附初始阶段，离子浓度较高，液相与固相间的浓度差大，扩散速度快；随着吸附反应接近平衡，该差异越来越小，吸附也越来越困难，直到吸附达到平衡。

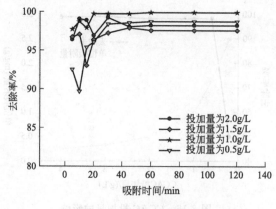

图 8-16　吸附时间的影响

⑤ 初始溶液污染物浓度的影响。温度为 298K，转速为 150r/min，pH 值为 7，CCAC 投加量为 1g/L，取 Cr(Ⅵ) 浓度为 0.5mg/L、0.75mg/L、1mg/L、2.5mg/L、4mg/L、6mg/L、8mg/L、10mg/L，分别反应 10min、20min、30min、45min、60min、90min、120min、180min 后，测定溶液中剩余 Cr(Ⅵ) 的浓度，计算 CCAC 对 Cr(Ⅵ) 的去除率。结果如图 8-17 所示，随着反应时间的增长，CCAC 对 Cr(Ⅵ)吸附率越来越高。[Cr(Ⅵ)]<2.5mg/L 时，30min 以内就达到吸附平衡，并且吸附发生很快；2.5mg/L≤[Cr(Ⅵ)]<4mg/L 时，45min 就可以达到吸附平衡，浓度越小，达到吸附平衡的时间越短；4mg/L≤[Cr(Ⅵ)]<6mg/L 时，60min 达到吸附平衡，且刚开始吸附速率很快，随着吸附的进行，速率越来越慢，直到吸附平衡；6mg/L≤[Cr(Ⅵ)]<10mg/L 时反应 120min 才达到吸附平衡。CCAC 的投加量一定时，CCAC 表面的孔隙量一定，且 CCAC 表面的含氧官能团和活性位点也固定。当 [Cr(Ⅵ)] 较小时，大部分 Cr(Ⅵ) 都能被 CCAC 表面的含氧官能团催化，与 CCAC 的活性位点碰撞，被吸附到 CCAC 的孔隙中。而随着 [Cr(Ⅵ)] 的增加，与 CCAC 能够有效碰撞的 Cr(Ⅵ) 的颗粒数量固定，所以高浓度的 Cr(Ⅵ) 与 CCAC 反应所需的时间更多。当 CCAC 表面的孔隙被吸附饱和之后反应停止。

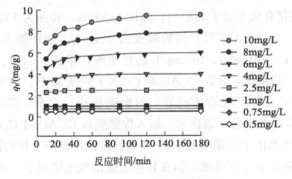

图 8-17　初始 Cr(Ⅵ) 浓度的影响

⑥ 溶液中共存无机阴离子的影响。温度为 298K，转速为 150r/min，pH 值为 7，CCAC 加量为 1g/L，Cr(Ⅵ) 初始浓度为 1mg/L，分别加入浓度为 20mg/L、40mg/L、60mg/L、100mg/L、150mg/L、200mg/L 的 SO_4^{2-}、NO_3^-、CO_3^{2-}、Cl^-，反应 60min，测定溶液中剩余 Cr(Ⅵ) 的浓度，计算 CCAC 对 Cr(Ⅵ) 的去除率。结果如图 8-18 所示，加入 SO_4^{2-}、NO_3^-、Cl^- 后不影响 CCAC 对 Cr(Ⅵ) 的去除；而加入 20mg/L 的 CO_3^{2-} 后，对 CCAC 去除 Cr(Ⅵ) 的影响不大，但当 CO_3^{2-} 浓度高于 40mg/L 时 CCAC 对 Cr(Ⅵ) 去除率骤减。这是由于加入 SO_4^{2-}、NO_3^-、Cl^- 后，溶液 pH 值由 6 降低为 3.5，溶液中的 Cr(Ⅵ) 多数以 $HCrO_4^-$ 形式存在，对 CCAC 去除 Cr(Ⅵ) 没有影响。加入 CO_3^{2-} 后，CO_3^{2-} 会发生水解反应，生成 HCO_3^-，浓度为 20mg/L 时，pH 值由 9.5 降低为 3.6，但当 CO_3^{2-} 浓度

① 初始解水中共存物质的影响。温度为298K，转速为150r/min，pH 值为

7，CCAC 投加量为1g/L，Cr(Ⅵ) 初始浓度为1mg/L，分别加入0.75mg/L、1mg/L、2.5mg/L、4mg/L、6mg/L、8mg/L、10mg/L 的硫酸钠、氯化钠，20min、30min、60min、80min、150min、180min后，测定溶液中剩余的Cr(Ⅵ) 浓度，计算出CCAC 对Cr(Ⅵ) 的去除率。结果如图 8-18所示，随着初始浓度增大，CCAC 对Cr(Ⅵ) 硫酸钠等无共存离子影响较小，且随着时间的增加，CCAC 对Cr 的去除率各不相同，当Cr(Ⅵ)<2.5mg/L 时，随着时间增加其去除率越来越高；当 (Cr(Ⅵ)≥10g/L) 5min前60min 浓度较小，表现下降后来越高，自然说明时间增大，CCAC 对共存的影响……

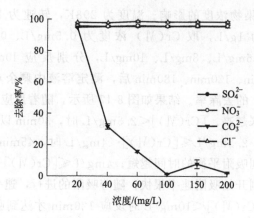

图 8-18　共存无机阴离子的影响

逐渐增大时，水解反应朝着 HCO_3^- 方向进行，使溶液的 pH 为碱性，而溶液中的 OH^- 又会和 $HCrO_4^-$ 解离出的 H^+ 反应，使溶液的 pH 值又下降。因此，溶液 pH 值由 10 左右降低至 7~9，致使溶液中的 Cr(Ⅵ) 由 $HCrO_4^-$ 向 CrO_4^{2-} 和 $Cr_2O_7^{2-}$ 形式转化，致使去除率降低。

$$CO_3^{2-} \rightleftharpoons HCO_3^- + OH^- \qquad (8\text{-}6)$$

⑦ 溶液中共存有机小分子的影响。温度为 298K，转速为 150r/min，pH 值为 7，CCAC 加量为 1g/L，Cr(Ⅵ) 初始浓度为 1mg/L，分别加入浓度为 20mg/L、40mg/L、60mg/L、80mg/L、100mg/L 的柠檬酸、草酸、乙酸、EDTA，测定溶液中剩余 Cr(Ⅵ) 的浓度，计算 CCAC 对 Cr(Ⅵ) 的去除率。结果如图 8-19 所示，各小分子有机酸对 CCAC 去除 Cr(Ⅵ) 的影响很小，草酸，乙酸及 EDTA 等对 CCAC 去除 Cr(Ⅵ) 并没有抑制作用。加入柠檬酸后 CCAC 对 Cr(Ⅵ) 的去除率略有所下降，这主要是由于柠檬酸的 pK_{a1} 较大，因此柠檬酸会使溶液向碱性方移动。乙酸的解离常数虽然小于柠檬酸，但在相同质量浓度的情况下，乙酸的物质的量浓度要大于柠檬酸，所以加入乙酸后的溶液 pH 值要大于加入柠檬酸的溶液，导致加

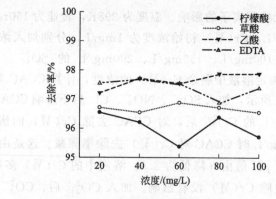

图 8-19　共存有机小分子的影响

入乙酸后 Cr(Ⅵ) 的去除率并无下降。

（5）反应条件对 MRAC 处理重金属 Cr(Ⅵ) 废水的影响

以 ZnCl₂ 活化法制备的废菌棒生物质活性炭（MRAC）处理重金属 Cr(Ⅵ) 废水为例分析反应条件的影响[70]。

① 溶液初始 pH 值的影响。通常在反应温度、转速、生物质活性炭投加量、反应时间、溶液初始污染物浓度等均相同时，分析不同初始溶液 pH 值，投加生物质活性炭后测定溶液中重金属 Cr(Ⅵ) 和有机污染物苯胺的浓度，分别计算出重金属 Cr(Ⅵ) 和有机污染物苯胺的去除率，确定初始溶液 pH 值对重金属 Cr(Ⅵ) 和有机污染物苯胺的去除性能。

图 8-20 为初始 pH 值对 MRAC 去除水中 Cr(Ⅵ) 的影响。反应温度为 25℃，转速为 150r/min，反应时间为 120min，Cr(Ⅵ) 溶液 50mL，初始浓度 50mg/L，MRAC 的投加量为 0.20g，在初始 pH 值分别为 1、3、5、7、9、11、13 的反应条件下，测定出反应后溶液中 Cr(Ⅵ) 的剩余浓度，计算 MRAC 对水中 Cr(Ⅵ) 的去除率，确定 MRAC 对 Cr(Ⅵ) 的去除性能。由图 8-20 可知，Cr(Ⅵ) 的去除率在初始 pH<11（最终 pH≤2.70）高于 99% 并在初始 pH 值为 13（最终 pH=12.69）时下降到 69.58%。结果表明 MRAC 对水中 Cr(Ⅵ) 的去除效果与 Cr(Ⅵ) 溶液 pH 值有关，对 Cr(Ⅵ) 去除率和溶液初始 pH 值及最终 pH 值进行拟合，拟合结果表明，Cr(Ⅵ) 去除率和最终 pH 值的相关性（$R^2=0.95$）要高于溶液初始 pH 值（$R^2=0.38$），说明 Cr(Ⅵ) 去除率主要与最终 pH 值有关。溶液 pH 值控制 Cr(Ⅵ) 的存在形态和 MRAC 表面化学性质。通常，溶液中 Cr(Ⅵ) 以 $HCrO_4^-$、CrO_4^{2-}、$Cr_2O_7^{2-}$ 三种形态存在，它们的存在比例由溶液的 pH 值决定：当 pH<2 时，Cr(Ⅵ) 主要以 $Cr_2O_7^{2-}$ 形态存在；当 pH=3~4 时，Cr(Ⅵ) 主要以 $HCrO_4^-$ 和 $Cr_2O_7^{2-}$ 形态存在；当 pH=5~6 时，Cr(Ⅵ) 主要以 $HCrO_4^-$ 和 CrO_4^{2-} 形态存在；当 pH>7 时，Cr(Ⅵ) 主要以 CrO_4^{2-} 形态存在。在低 pH 值条件下，MRAC 表面基团，如羟基等，受 H^+ 后形成 MRAC 吸附点，且在酸性条件下，由于静电引力的作用，以 $HCrO_4^-$、CrO_4^{2-}、$Cr_2O_7^{2-}$ 形式存在的 Cr(Ⅵ) 被带正电的活性

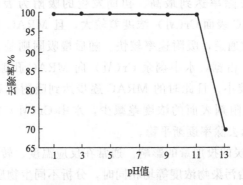

图 8-20　初始 pH 值对 MRAC 去除水中 Cr(Ⅵ) 的影响

吸附点吸附，部分 Cr(Ⅵ) 被 MRAC 表面的还原性基团还原为 Cr(Ⅲ)，在溶液中以 Cr(Ⅲ) 的形式存在，在 MRAC 表面以 Cr_2O_3 的形式存在。在 pH＞11 时，$Cr_2O_7^{2-}$ 所带负离子较少，加之溶液中大量 OH^- 的竞争作用，导致 Cr(Ⅵ) 与 MRAC 表面基团的静电引力减弱，从而降低了 Cr(Ⅵ) 的去除率。

② 反应温度的影响。通常在初始溶液 pH 值、转速、生物质活性炭投加量、反应时间、溶液初始污染物浓度等均相同时，分析在不同反应温度投加生物质活性炭后溶液中重金属 Cr(Ⅵ) 和有机污染物苯胺的浓度，分别计算出重金属 Cr(Ⅵ) 和有机污染物苯胺的去除率，确定反应温度对重金属 Cr(Ⅵ) 和有机污染物苯胺的去除性能。

图 8-21 为反应温度对 MRAC 去除水中 Cr(Ⅵ) 的影响。初始 pH 值为 7，转速为 150r/min，Cr(Ⅵ) 溶液 50mL 初始浓度 50mg/L，MRAC 投加量为 0.20g，反应时间为 120min，反应温度分别为 15℃、20℃、25℃、30℃、35℃，测定反应后溶液中 Cr(Ⅵ) 浓度，计算水中 Cr(Ⅵ) 去除率，确定 MRAC 对水中 Cr(Ⅵ) 的吸附去除性能。

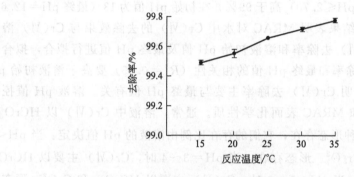

图 8-21 反应温度对 MRAC 去除水中 Cr(Ⅵ) 的影响

由图 8-21 可知，当反应时间低于 60min 时，随着反应时间延长，MRAC 对水中 Cr(Ⅵ) 的去除率明显增加；当反应时间超过 60min 时，去除率增加较缓慢，直至反应 120min 时去除率达到最高。初期发生的吸附为表面吸附，同时溶液中 Cr(Ⅵ) 浓度与 MRAC 表面 Cr(Ⅵ) 浓度差较大，且 MRAC 具有发达的孔隙结构，为 Cr(Ⅵ) 提供扩散通道，吸附速率较快。随后慢吸附则是 MRAC 表面的活性位点已被大量 Cr(Ⅵ) 占据，水中剩余 Cr(Ⅵ) 向 MRAC 孔隙内部迁移、扩散的过程。该过程的速率较小，且此时的 MRAC 逐步达到吸附饱和状态，Cr(Ⅵ) 浓度在溶液与 MRAC 吸附剂表面的浓度差减少，水中 Cr(Ⅵ) 很难再吸附到 MRAC 上，因此 Cr(Ⅵ) 的去除率逐渐平稳。

③ 生物质活性炭的投加量的影响。通常在反应温度、转速、初始溶液 pH 值、反应时间、溶液初始污染物浓度等均相同时，分析不同生物质活性炭投加量、投加后测定溶液中重金属 Cr(Ⅵ) 和有机污染物苯胺的浓度，分别计算出重金属 Cr(Ⅵ)

和有机污染物苯胺的去除率，确定生物质活性炭投加量对水中重金属 Cr(Ⅵ) 和有机污染物苯胺的去除性能。

图 8-22 为 MRAC 投加量对 MRAC 去除水中 Cr(Ⅵ) 的影响。反应温度为 25℃，转速为 150r/min，初始 pH 值为 7，反应时间为 120min，Cr(Ⅵ) 溶液 50mL 初始浓度 50mg/L，MRAC 的投加量分别为 0.1g、0.2g、0.3g、0.4g、0.5g、0.6g、0.7g，测定出反应后溶液中 Cr(Ⅵ) 的剩余浓度，计算 MRAC 对水中 Cr(Ⅵ) 的去除率，确定 MRAC 对 Cr(Ⅵ) 的去除性能。

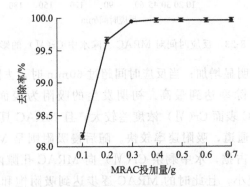

图 8-22　MRAC 投加量对 MRAC 去除水中 Cr(Ⅵ) 的影响

由图 8-22 可知，当 MRAC 投加量由 0.1g 增加到 0.2g 时，Cr(Ⅵ) 的去除率显著增加；而投加量由 0.2g 增加到 0.5g 时，Cr(Ⅵ) 的去除率趋于平缓。这可能由于当水中 Cr(Ⅵ) 浓度一定，MRAC 投加量由 0.1g 增加到 0.2g 时，吸附表面积以及参与吸附的官能团的数目增加，使得吸附活性位点增多，去除率显著增加；而投加量由 0.2g 增加到 0.3g 时，MRAC 提供的结合位点已满足溶液中的 Cr(Ⅵ) 与之结合吸附，继续增加 MRAC 投加量对 Cr(Ⅵ) 的去除效果影响较小，且 MRAC 颗粒之间的碰撞和聚合概率增大，这样减少了单位质量 MRAC 的有效吸附面积及活性位点的数量。

④ 反应时间的影响。通常在反应温度、转速、初始溶液 pH 值、生物质活性炭投加量、溶液初始污染物浓度等均相同时，分析不同反应时间、投加生物质活性炭后测定溶液中重金属 Cr(Ⅵ) 和有机污染物苯胺的浓度，分别计算出重金属 Cr(Ⅵ) 和有机污染物苯胺的去除率，确定反应时间对水中重金属 Cr(Ⅵ) 和有机污染物苯胺的去除性能。

图 8-23 为反应时间对 MRAC 去除水中 Cr(Ⅵ) 的影响。反应温度为 25℃，转速为 150r/min，pH 值为 7，Cr(Ⅵ) 溶液 50mL 初始浓度 50mg/L，MRAC 的投加量为 0.20g，反应时间分别为 10min、20min、30min、45min、60min、90min、120min、150min、180min，测定反应后溶液中 Cr(Ⅵ) 浓度，计算 Cr(Ⅵ) 去除率，确定 MRAC 对水中 Cr(Ⅵ) 的吸附去除性能。

由图 8-23 可知，当反应时间低于 60min 时，随着反应时间延长，MRAC 对水

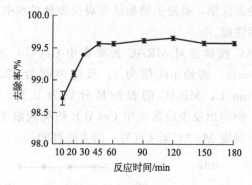

图 8-23 反应时间对 MRAC 去除水中 Cr(Ⅵ) 的影响

中 Cr(Ⅵ) 的去除率明显增加；当反应时间超过 60min 时，去除率增加较缓慢，直至反应 120min 时去除率达到最高。初期发生的吸附为表面吸附，同时溶液中 Cr(Ⅵ)浓度与 MRAC 表面 Cr(Ⅵ) 浓度差较大，且 MRAC 具有发达的孔隙结构，为 Cr(Ⅵ) 提供扩散通道，吸附速率较快。随后慢吸附则是 MRAC 表面的活性位点已被大量 Cr(Ⅵ) 占据，水中剩余 Cr(Ⅵ) 向 MRAC 孔隙内部迁移、扩散的过程，该过程的速率较小，且此时的 MRAC 逐步达到吸附饱和状态，Cr(Ⅵ) 浓度在溶液与 MRAC 吸附剂表面的浓度差减少，水中 Cr(Ⅵ) 很难再吸附到 MRAC上，因此 Cr(Ⅵ) 的去除率逐渐平稳。

⑤ 初始溶液污染物浓度的影响。通常在反应温度、转速、初始溶液 pH 值、生物质活性炭投加量、反应时间等均相同时，分析不同溶液初始污染物浓度、投加生物质活性炭后测定溶液中重金属 Cr(Ⅵ) 和有机污染物苯胺的浓度，分别计算出重金属 Cr(Ⅵ) 和有机污染物苯胺的去除率，确定反应时间对水中重金属 Cr(Ⅵ) 和有机污染物苯胺的去除性能。

图 8-24 为初始 Cr(Ⅵ) 浓度对 MRAC 去除水中 Cr(Ⅵ) 的影响。反应温度为 25℃，转速为 150r/min，初始 pH 值为 7，MRAC 的投加量为 0.20g，反应时间为 120min，Cr（Ⅵ）溶液 50mL 初始浓度分别为 5mg/L、7.5mg/L、10mg/L、

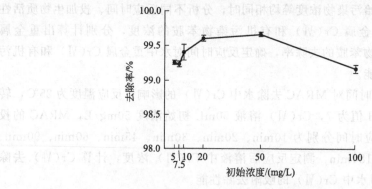

图 8-24 初始 Cr(Ⅵ) 浓度对 MRAC 去除水中 Cr(Ⅵ) 的影响

20mg/L、50mg/L、100mg/L 测定反应后溶液中 Cr(Ⅵ) 浓度，计算水中 Cr(Ⅵ)去除率，确定 MRAC 对水中 Cr(Ⅵ) 的吸附去除性能。

由图 8-24 可知，随着 Cr(Ⅵ) 初始浓度由 5mg/L 增加到 100mg/L，Cr(Ⅵ)的去除率呈先平缓再增大后减小的趋势。这可能是因为低浓度条件下，虽然 MRAC 提供的活性位点高于 Cr(Ⅵ) 的数量，但溶液中 Cr(Ⅵ) 与 MRAC 表面浓度差小使得 Cr(Ⅵ) 与 MRAC 表面基团的碰撞率较小；随着 Cr(Ⅵ) 浓度的继续增加，溶液中 Cr(Ⅵ) 与 MRAC 表面浓度差增大，Cr(Ⅵ) 与 MRAC 表面基团的碰撞率增大，导致去除率明显增加；但继续增加 Cr(Ⅵ) 浓度，MRAC 表面逐渐达到饱和吸附量，当溶液中剩余 Cr(Ⅵ) 的量大大超过 MRAC 的饱和吸附量时，去除率开始降低。

⑥ 溶液中共存无机阴离子的影响。由于实际的环境介质中存在多种化合物，它们在吸附过程中会抑制或促进目标污染物在生物活性炭上的吸附。目前研究竞争吸附的多是两种吸附质共存，很少有同时含有三种或三种以上组分的竞争吸附研究，主要原因是分析方法困难。如果吸附质都是重金属，容易进行竞争吸附研究（电感耦合等离子体发射光谱仪可同时测多种金属），但与有机物共存时，重金属或有机物的分析变得困难，甚至是不可能。研究竞争吸附时，共存物的浓度要根据实际情况确定范围，如果从理论上研究竞争吸附，可考虑不同吸附质都具有相同的摩尔浓度，研究其吸附动力学和等温线，可以发现吸附过程中不同吸附质的吸附速率和吸附量，甚至可能发现不同吸附质存在先吸附后脱附的现象（吸附过程中吸附量下降）。

通常在反应温度、转速、初始溶液 pH 值、溶液初始污染物浓度、生物质活性炭的投加量均相同时，分别加入不同浓度的无机阴离子 SO_4^{2-}、NO_3^-、CO_3^{2-}、Cl^-，反应一定时间后测定反应后溶液中污染物浓度，计算出水中污染物去除率，确定生物质活性炭对污染物的去除性能。

图 8-25 为无机阴离子对 MRAC 去除水中 Cr(Ⅵ) 的影响。反应温度为 25℃，转速为 150r/min，初始 pH 值为 7，Cr(Ⅵ) 溶液 50mL 初始浓度 50mg/L，MRAC 投加量为 0.20g，分别加入 20mg/L、40mg/L、60mg/L、100mg/L、150mg/L、200mg/L 无机阴离子 SO_4^{2-}、NO_3^-、CO_3^{2-}、Cl^-，反应时间为 120min，测定反应后溶液中 Cr(Ⅵ) 的剩余浓度，计算水中 Cr(Ⅵ) 去除率，确定 MRAC 对水中 Cr(Ⅵ) 的吸附去除性能。

由图 8-25 可知，当溶液含有 SO_4^{2-}、NO_3^-、Cl^- 和 CO_3^{2-} 无机阴离子时，MRAC 对 Cr(Ⅵ) 的去除率均较未含这些无机阴离子时的去除率低，但 SO_4^{2-}、NO_3^-、Cl^- 的浓度几乎不影响 MRAC 对 Cr(Ⅵ) 的去除；而当 CO_3^{2-} 浓度大于 100mg/L 时，MRAC 对 Cr(Ⅵ) 的去除率快速下降；这可能是因为 MRAC 对水中 Cr(Ⅵ) 的吸附包含静电吸附，而 SO_4^{2-}、NO_3^-、Cl^- 和 CO_3^{2-} 与水中 Cr(Ⅵ) 有着相同的负电结构，导致其与 Cr(Ⅵ) 竞争 MRAC 表面的活性位点。而当 CO_3^{2-}

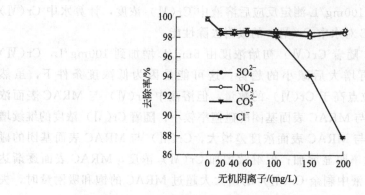

图 8-25　无机阴离子对 MRAC 去除水中 Cr(Ⅵ) 的影响

浓度大于 100mg/L 时，CO_3^{2-} 在水溶液中水解生成 OH^-，增大了溶液的 pH 值，$Cr_2O_7^{2-}$ 所带负离子较少，加之溶液中 OH^- 的竞争作用，导致 Cr(Ⅵ) 与 MRAC 表面基团的静电引力减弱，从而降低了 Cr(Ⅵ) 的去除率。

⑦ 溶液中共存有机小分子的影响。通常在反应温度、转速、初始溶液 pH 值、溶液初始污染物浓度、生物质活性炭的投加量均相同时，分别加入不同浓度的有机小分子酸柠檬酸、草酸、乙酸、EDTA，反应一定时间后测定反应后溶液中污染物的剩余浓度，计算出污染物去除率，确定生物质活性炭对污染物的去除性能。

图 8-26 为有机小分子对 MRAC 去除水中 Cr(Ⅵ) 的影响。反应温度为 25℃，转速为 150r/min，初始 pH 值为 7，Cr(Ⅵ) 溶液 50mL 初始浓度 50mg/L，MRAC 的投加量为 0.20g，分别加入 20mg/L、40mg/L、60mg/L、80mg/L、100mg/L 的有机小分子柠檬酸、草酸、乙酸、EDTA，反应时间为 120min，测定反应后溶液中 Cr(Ⅵ) 浓度，计算水中 Cr(Ⅵ) 去除率，确定 MRAC 对水中 Cr(Ⅵ) 的吸附去除性能。

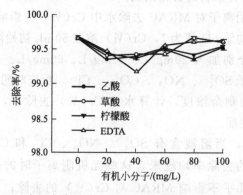

图 8-26　有机小分子对 MRAC 去除水中 Cr(Ⅵ) 的影响

由图 8-26 可知，当溶液含有乙酸、草酸、柠檬酸和 EDTA 有机小分子时，对 MRAC 去除水中 Cr(Ⅵ) 的影响较小；随着溶液中乙酸和柠檬酸浓度的增加，

MRAC 对 Cr(Ⅵ) 的去除率先下降后呈波动状态；而随着溶液中草酸和 EDTA 浓度的增加，MRAC 对 Cr(Ⅵ) 的去除率先下降后上升。这可能是由于乙酸的存在干扰了溶液中 Cr(Ⅵ) 与 MRAC 表面的接触，从而使 MRAC 对 Cr(Ⅵ) 的去除率降低，随着溶液中乙酸浓度的增加，部分乙酸分离出 H^+，使得 MRAC 对 Cr(Ⅵ) 的去除率呈波动趋势。溶液中柠檬酸的存在，干扰了溶液中 Cr(Ⅵ) 与 MRAC 表面的接触，从而导致溶液中 Cr(Ⅵ) 的去除率降低。较低浓度草酸的存在干扰了溶液中 Cr(Ⅵ) 与 MRAC 表面的接触，从而使 MRAC 对 Cr(Ⅵ) 的去除率降低，由于草酸有很强的配合作用和还原性，随着溶液中草酸浓度的增加，溶液中部分 Cr(Ⅵ) 与草酸发生配合反应和还原反应，导致溶液中 Cr(Ⅵ) 的去除率上升。EDTA 是螯合剂的代表性物质，能与水中 Cr(Ⅵ) 形成稳定的水溶性络合物；随着溶液中 EDTA 浓度的增加，溶液中部分 Cr(Ⅵ) 与 EDTA 形成高度稳定的水溶性络合物，导致溶液中 Cr(Ⅵ) 的去除率上升。

8.2.3.3 苯胺有机废水处理

由于人类活动的影响，水生态系统受到有机和无机污染物的严重破坏，尤其是疏水性有机污染物（疏水性有机污染物），例如杀虫剂、除草剂、多环芳烃、染料和抗生素等。疏水性有机污染物具有脂溶性强，难以降解、易富集等特点，因此亟须修复，减少污染物的生物可利用性。生物质活性炭具有较大的比表面积、丰富的孔隙结构和表面官能团，可以作为吸附剂对污染物进行固定。Qiu 等以稻草为基质制备的生物质活性炭可有效去除水中的孔雀蓝等染料[71]；某些炭质材料还可以同时吸附邻苯二酚和腐殖酸。Chen 等发现松树枝生成的生物质活性炭可以有效去除萘、硝基苯以及间二硝基苯等环境污染物[72]。

大量的实验研究表明：生物质活性炭在修复过程中会通过其吸附作用显著降低有机污染物的生物有效性，延长在水体/沉积物以及土壤中的停留时间[73]。但是，近期的研究说明：生物质活性炭的添加虽然显著降低了自由态疏水性有机污染物的浓度，但是对污染物的降解并没有抑制作用，甚至会起到促进作用[74]。

苯胺类化合物是环境中主要的有机污染物之一。苯胺是芳香胺类最有代表性的物质，也是重要的化工原料，在国防、印染等众多行业都有应用，但这些生产活动会产生的大量苯胺污染。此外，选矿废水也会产生部分苯胺类污染物。这些含有大量苯胺的废水处理已逐渐成为水环境保护的一大难题。

(1) 水中有机污染物苯胺的来源及危害

苯胺是芳香胺类最有代表性的物质，是一种具有芳香气味的无色油状液体，可燃、有毒，属燃爆危险品。苯胺类化合物用途众多，其是重要的有机化工原料和精细化工中间体，广泛应用于染料制作、医药制造、橡胶生产、国防和化工生产等行业中。苯胺作为主要用于染料制造、橡胶硫化促进剂等生产中最重要的胺类物质之一，随着化工工业的发展，苯胺的需求明显增加，并且苯胺类化合物在生产、使用过程中容易发生泄漏，因此进入环境的苯胺量随之增多，对环境的危害也更大。在农药工业中苯胺用于制造杀虫剂、杀菌剂、除草醚等，也可作为医药的原料；同时也是香料、塑料、胶片等生产过程中的中间体，还可作为炸药中的稳定剂、汽油中的防爆剂等被使用。

苯胺本身呈无色油状液体，稍溶于水，易溶于乙醇、乙醚等有机溶剂。苯胺具有碱性，能与盐酸及硫酸化合生成对应的盐，并且能发生卤化、乙酰化、重氮化等作用。遇明火、高热可燃，燃烧时火焰会生烟，还能与酸类、卤素、醇类、胺类发生强烈反应，甚至可能会引起燃烧，属于危险药品。

苯胺具有一定的毒性，苯胺被排放到自然环境里易通过呼吸道被人体吸入引起各个系统及脏器的损伤。苯胺接触皮肤时，会被皮肤吸收而导致引起皮炎，或者经口鼻等吸入大量苯胺时，会导致中毒，进而引起头晕、头痛、乏力、胸闷、心悸、气急、食欲不振、恶心、呕吐等不良反应，严重时甚至会发生意识障碍。苯胺经消化道等进入人的身体时会引起肝、肾及皮肤损害，对人体造成更严重的伤害。苯胺属于致癌、致畸、致突变的"三致"物质，严重污染环境和损害人类身体健康严重可致死。含苯胺废水来源广泛，其毒性危害农业生产的同时干扰动植物的正常生长繁殖，其对生态环境的污染危害，已经引起了人们的高度重视。由于苯胺有易在生物体内积累、残留时间久、致癌性等危害，现已被美国 EPA 列为优先控制的 129 种污染物之一，也被列入"中国环境优先控制污染物黑名单"中，其排放也受到严格控制。目前，苯胺类化合物是环境中主要的有机污染物之一，不同程度的苯胺废水已经污染了我国大约 90％的水体。而目前对水中苯胺的处理技术相对存在投资高等缺点，所以亟待高效环保的处理方法的产生。

（2）水中有机污染物苯胺的去除方法

1）生物法　生物法是一种去除废水中有机污染物的常用方法。这种方法主要可以通过微生物的新陈代谢作用，将苯胺转化为其他无害物质来净化有机废水。微生物在去除苯胺时主要如下步骤，即微生物活细胞与污染物的相互作用，并进行新陈代谢，将有机物分解成各种无害易去除的小分子物质。生物法包括厌氧水解-生物接触氧化法、微生物修复法、优势菌-活性污泥法等。

① 厌氧水解-生物接触氧化法的特性之一是要对生物类群进行特别的研究，尤其是其中的降解机理，也就是有机物被分解的步骤及途径。

② 微生物修复法菌群多样，针对性强，造价低，但由于微生物易受苯胺强毒性的危害，因此该法在实际运用中受到约束。

③ 苯胺由于其较强的毒性，当达到一定浓度就会对活性污泥中的优势菌群产生抑制作用，极大地降低了优势菌-活性污泥法处理效果。为了减少苯胺对生化法的抑制作用，有必要培育出高效的降解菌株。优势菌-活性污泥法的优点是：经长期的应用筛选，可形成稳定的带有优势菌群的污泥体系，且造价低廉。然而，该法对废水中苯胺浓度有一定局限性。

生物法虽然具有高效、经济、无害的特点，但由于苯胺类废水的生物降解性差，对微生物毒性大，高浓度盐对微生物生长有很强的抑制作用，当废水中苯胺类物质的浓度过高（如＞1000mg/L）时，生物处理法的效果会受到严重影响，微生物失去活性或死亡。因此需要将高浓度苯胺废水稀释后在低盐含量下进行处理，浓度变化不宜太大，不仅会造成水资源的浪费，并使得处理设施庞大、占地多、投资建设周期长及运行费用提高等问题。鉴于苯胺的高毒性，传统生物法对其处理效果较差，很难保证达标排放。目前，还未有完全采用生物处理法处理中等浓度苯胺水的研究报道。

总之，生物法适合处理低浓度苯胺废水，并对苯胺水的 pH 值、浓度、温度等都有比较严格的要求。并且在实际生产中的含苯胺废水中大量的无机盐会影响微生物正常的新陈代谢，甚至产生质壁分离，从而抑制微生物及酶的活性来降低生物处理的效果；同时微生物对溶液的 pH 值、营养物质、温度等的要求也都有比较苛刻。传统的生化处理法由于受到苯胺的毒性作用，很难高效去除废水中的苯胺污染。

2）化学法　化学处理方法是同时利用传质和化学反应，分离或去除水中有机污染物或将其转换为无害且易降解的小分子物质，达到去除水中有机污染物的目的。化学法包括光催化氧化法、化学氧化法、超临界水氧化法及电化学降解法和电催化氧化法等。

① 光催化氧化法是通过将大多数有机物分解成各种易降解、无害的小分子物质，同时存在光、催化剂和空气三者即可，具有成本低、能耗低、易操作、再次污染小等优点，但该技术在处理高浓度工业废水中存在一定问题，限制了光催化氧化技术在工业化应用方面的发展，且处理费用高。

② 化学氧化法是一种易操作、设备价优、效果好的一种方法，但氧化剂存在成本高，运输难的问题。

③ 超临界水氧化法是在反应介质-超临界水、氧化剂-空气等，高温高压的条件同时存在时发生自由基反应，氧化苯胺等有机物为 CO_2 等无毒且易降解的小分子化合物。该法具有反应速率快，且无二次污染等优点；缺点是反应条件及设备要求都很高。

④ 电化学降解法是通过阳极反应直接降解有机物或通过产生的氧化性物质降解有机物；这种方法分解彻底，无毒害产物；缺点是设备复杂，造价高。

⑤ 电催化氧化法可依直接靠阳极反应降解有机物或通过产生的具有高氧化活性的羟基自由基（·OH）来矿化部分有机物，将它们分解为小分子有机或无机化合物。

⑥ 生物膜电极法是将生物膜法和电化学法有机结合，通过将固定在电极表面的微生物形成一层生物膜，然后在一定的电流作用下，利用生物及电化学两种作用达到降解有机物的目的。该法具有良好的适应性、较高的去除效果、简单的设备装

置、低廉的处理成本等优点，但由于昂贵的电极材料，超高的技术含量，也存在或多或少的缺点。

⑦ 超声波降解法是利用水在波的压缩和扩张的作用下形成微小的气泡中可以瞬时产生高压和高温，从而使得蒸气中生成氧化性极强的·OH，降解有机物分子的方法。可见这种方法具有高效率、耗时短、无二次污染、设施简单、占地小等优点，但也存在耗能大、噪声大、投资多等缺点。

3）物理法　物理法主要利用一些物理技术将溶液中的苯胺分离出来。

物理法主要包括蒸馏法、萃取法、膜分离法、吸附法等，目前主要被应用于苯胺废水的预处理阶段，现开始有部分研究用吸附法用于苯胺去除。

① 蒸馏法是利用苯胺和水可以形成共沸物的原理，通过共沸精馏装置回收苯胺的方法。

② 萃取法是利用污染物与水互不相溶或在水中溶解度小于萃取剂，即污染物在水和萃取剂中不同的分配比来分离和提取污染物的一种不改变污染物性质的方法。萃取法对处理设备要求简单，工艺简易；然而该法存在再生难、二次污染等缺点，且非真正意义上的降解。

③ 膜分离法利用某些溶质可以渗透过特殊半透明膜的原理达到分离的目的；采用膜分离法处理苯胺废水的优点是效果较好，但该法存在费用高，清理难，不易处理浓缩废水等缺点，有待进一步的提高。

④ 吸附法是一种处理工业废水的常用方法。这种方法是将吸附剂与废水混合，吸附时利用吸附剂的孔隙吸附废水中的污染物质到多孔物质表面上。吸附法操作简易，运营简单，处理效果良好，可回收利用苯胺。再生时选择加入适宜溶剂萃取、吹气或加热等方式将被吸附物质解析出来，进而达到分离和富集的目的，因而吸附剂还可再生利用。吸附法吸附去除苯胺时，经过吸附处理后水中苯胺含量降低，甚至达到国家排放标准。因为吸附法具有可回收利用苯胺、吸附剂回收再利用、不产生有毒副产物的优点，所以被认为是最有效处理有机污染物废水的处理方法之一，该法已成为目前研究的热点。

目前，生物质吸附法对处理和回收废水中苯胺比较有效，它是利用纤维素及壳聚糖等富含孔隙结构的天然高分子及其改性材料处理苯胺废水的方法，其中含有物理吸附、官能团反应和酸碱中和等。

虽然处理苯胺类废水的方法较多，但大部分还存在着一些缺陷。其中，吸附法是最为简单高效办法，是利用多孔性固相物质吸着分离水中污染物的水处理过程。常用的吸附剂有活性炭、生物质活性炭、木屑等多孔性物质。其中，生物质吸附法处理效果好，并且可对有用吸附质以及吸附材料进行回收和重复利用，同时具有原料来源广、易降解，成本低等优点。目前已有同时使用活性炭及 $KMnO_4$ 应急突发性苯胺水污染，电极和活性炭联用去除水中苯胺，或者直接使用活性炭去除水中苯胺的相关研究。因此本书以 MR 为原材料，初步采用 $ZnCl_2$ 活化法制备 MR 生物质活性炭去除水中苯胺，或者在此基础上进行改性再进行应用，以期对去除水中苯胺取得良好的效果。

而目前对水中苯胺的处理技术相对存在投资高等缺点，所以亟待高效环保的处理方法的产生。

虽然处理苯胺废水的方法很多，如膜分离法、化学氧化法、吸附法、生物法、萃取法等，但大都存在很多不足，其中，吸附法对苯胺、吸附剂进行可回收利用，且简单高效，常常被优先使用的一种处理方式，而且受到了广泛关注；但在使用活性炭时，仍具有材料昂贵、再生困难等问题。目前，利用农业废弃物制备出成本低、效果好的吸附剂已成为研究重点。

(3) 改性前生物质活性炭去除水中苯胺的性能

① 用前述以 H_3PO_4 活化法制备的玉米芯生物质活性炭（CCAC）处理苯胺有机废水，结果见表 8-1[64]。

表 8-1 CCAC 处理苯胺有机废水结果

编号	因素				评价指标 苯胺去除率/%
	玉米芯 /H_3PO_4/(g/g)	H_3BO_3 质量 /g	碳化温度 /℃	浸渍时间 /min	
ZJ-Cr-1	1∶0.5	2	400	15	24.65
ZJ-Cr-2	1∶0.5	5	450	30	74.58
ZJ-Cr-3	1∶0.5	10	500	45	79.81
ZJ-Cr-4	1∶1	2	450	45	75.04
ZJ-Cr-5	1∶1	5	500	15	75.09
ZJ-Cr-6	1∶1	10	400	30	56.38
ZJ-Cr-7	1∶2	2	500	30	38.59
ZJ-Cr-8	1∶2	5	400	45	40.59
ZJ-Cr-9	1∶2	10	450	15	52.28
K_1	179.034	138.280	121.620	152.019	
K_2	206.511	190.261	201.898	169.551	
K_3	131.462	188.467	193.491	195.439	
$\overline{K}_1$	59.678	46.093	40.540	50.673	
$\overline{K}_2$	68.837	63.420	67.299	56.517	
$\overline{K}_3$	43.821	62.822	64.497	65.146	
R	25.016	16.729	23.957	14.473	

② 以 $ZnCl_2$ 活化法制备的废菌棒生物质活性炭（MRAC）处理苯胺有机废水，结果见表 8-2[70]。

表 8-2　MRAC 处理苯胺有机废水结果

实验号	因素 A	因素 B	因素 C	苯胺去除率/%
1	1	1	1	77.97
2	1	2	2	86.86
3	1	3	3	90.65
4	2	1	2	83.54
5	2	2	3	84.84
6	2	3	1	79.99
7	3	1	1	86.98
8	3	2	1	76.43
9	3	3	2	78.56
K_1	255.486	248.495	234.396	
K_2	248.377	248.140	248.969	
K_3	241.979	249.206	262.476	
$\overline{K_1}$	85.162	82.832	78.132	
$\overline{K_2}$	82.792	82.713	82.990	
$\overline{K_3}$	80.660	83.069	87.492	
R	4.502	0.356	9.360	

由表 8-1 和表 8-2 可知，用 H_3PO_4 活化法制备的玉米芯生物质活性炭 (CCAC) 和用 $ZnCl_2$ 活化法制备的废菌棒生物质活性炭（MRAC）处理苯胺有机废水时，处理效果不理想，需对 CCAC 和 MRAC 进行改性研究，下面分析改性条件对苯胺去除效果的影响[64,70]。

(4) 改性条件对生物质活性炭去除水中苯胺的影响

1）对用 H_3PO_4 活化法制备的玉米芯生物质活性炭（CCAC）进行改性处理，分析改性条件对苯胺有机废水处理的效果[64]。

① 改性剂 $KMnO_4$ 浓度的影响。将 4g CCAC 浸泡于 50mL 0.01mol/L、0.02mol/L、0.03mol/L、0.04mol/L、0.05mol/L、0.06mol/L $KMnO_4$ 溶液中，置于摇床中 24h，然后将 CCAC 过滤，烘干，在马弗炉中置于 400℃下焙烧 2h，测定溶液中剩余苯胺的浓度，计算 Mn-CCAC 对苯胺的去除率，结果如图 8-27 所示。

随着 $KMnO_4$ 溶液浓度的增加，Mn-CCAC 对苯胺的去除率越高，在 $KMnO_4$ 溶液浓度为 0.04mol/L 时去除率达到最大；随后 Mn-CCAC 对苯胺的去除率随着 $KMnO_4$ 溶液浓度的增大反而降低。$KMnO_4$ 改变了活性炭表面孔隙结构，微孔体积与改性之前相比略微增大，但孔表面积增大了 1 倍，孔由原来的中孔变为微孔，使其更加均匀，因此增大了 Mn-CCAC 对苯胺的去除率。

$KMnO_4$ 会发生如下反应：

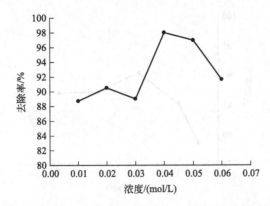

图 8-27 KMnO₄ 浓度对 Mn-CCAC 去除苯胺的影响

$$2KMnO_4 \Longrightarrow K_2MnO_4 + MnO_2 + O_2 \uparrow \tag{8-7}$$

② 焙烧温度的影响。将 4g CCAC 浸泡于 50mL 0.02mol/L KMnO₄ 溶液中，置于摇床中 24h，然后将 CCAC 过滤，烘干，在马弗炉中置于 350℃、400℃、450℃、500℃、550、600℃下焙烧 2h，测定溶液中剩余苯胺的浓度，计算 Mn-CCAC 对苯胺的去除率，结果如图 8-28 所示。

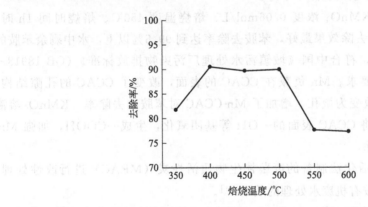

图 8-28 焙烧温度对 Mn-CCAC 去除苯胺的影响

随着焙烧温度升高，去除率随之增加，当温度增加到 550℃ 以上时去除率反而开始下降。随着温度的上升，孔中充满 KMnO₄，在高温条件下生成的气体会重新生成微孔，改变了原孔隙的结构，致使 Mn-CCAC 对苯胺的去除率上升。而继续上升的高温使 KMnO₄ 更快地被分解完全，生成 MnO₂ 持续的高温使得孔隙之间的连接部分被破坏，导致微孔结构又变为中孔，使 Mn-CCAC 对苯胺的去除率下降。

③ 焙烧时间的影响。将 4g CCAC 浸泡于 50mL 0.02mol/L KMnO₄ 溶液中，置于摇床中 24h，然后将 CCAC 过滤，烘干，在马弗炉中置于 400℃ 下焙烧 0.5h、1h、2h、3h、4h，测定溶液中剩余苯胺的浓度，计算 CCAC 对苯胺的去除率，结果如图 8-29 所示。

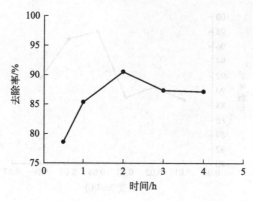

图 8-29　焙烧时间对 Mn-CCAC 去除苯胺的影响

刚开始随着焙烧时间的增长，Mn-CCAC 对苯胺的去除率随之增大。开始时，$KMnO_4$ 在高温条件下生成气体，促使活性炭表面生成更多的孔隙，使 Mn-CCAC 对苯胺的去除率增大。随着焙烧时间继续增长，$KMnO_4$ 分解完全，不再有更多的气体产生，而长时间的煅烧导致孔隙之间的连接结构断裂，使形成的微孔被破坏，导致 Mn-CCAC 对苯胺的去除率下降。

CCAC 为 4g，$KMnO_4$ 浓度 0.06mol/L、焙烧温度 450℃、焙烧时间 1h 时，Mn-CCAC 对苯胺的去除效果最好，苯胺去除率达到 99.5% 以上，水中剩余苯胺的浓度小于 0.5mg/L，符合中国《城镇污水处理厂污染物排放标准》（GB 18918—2002）中对苯胺的要求。Mn 负载在 CCAC 的表面，改变了 CCAC 的孔隙结构，CCAC 原本的中孔改变为微孔，增加了 Mn-CCAC 对苯胺的去除率。$KMnO_4$ 溶液有极强的氧化性，将 CCAC 表面的—OH 等基团氧化，生成—COOH，加强 Mn-CCAC 对苯胺的去除。

2）对用 $ZnCl_2$ 活化法制备的废菌棒生物质活性炭（MRAC）进行改性处理，分析改性条件对苯胺有机废水处理的效果[64]。

① Mn 浓度的影响。图 8-30 为 Mn 浓度对 Mn-MRAC 去除水中苯胺的影响。

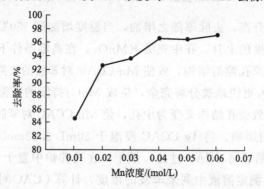

图 8-30　Mn 浓度对 Mn-MRAC 去除水中苯胺的影响

将 4g MRAC 浸泡于 50mL 浓度为 0.01mol/L、0.02mol/L、0.03mol/L、0.04mol/L、0.05mol/L、0.06mol/L KMnO₄ 溶液中，置于摇床中 24h；然后将 MRAC 经滤纸过滤，于烘箱中烘干，在 400℃ 的马弗炉中焙烧 2h，测定溶液中苯胺的剩余浓度，计算出 Mn-MRAC 对水中苯胺的去除率。

由图 8-30 可知，随着 KMnO₄ 溶液浓度为 0.04mol/L 时水中苯胺去除率达到最高；此后随着 KMnO₄ 溶液浓度增加，Mn-MRAC 对水中苯胺的去除率反而降低。这可能是因为在达到最佳浓度之前，增加 KMnO₄ 的浓度，可以充分氧化 Mn-MRAC 表面，形成更为发达的孔隙结构和丰富的官能团，从而促进吸附反应的发生；但是 KMnO₄ 溶液浓度过大时，一方面 KMnO₄ 的强氧化性会破坏活性炭的孔道结构；另一方面当负载量进一步增加，活性组分可能由于发生聚集而减少数目，从而降低了 Mn-MRAC 的吸附能力。

② 焙烧温度的影响。图 8-31 为焙烧温度对 Mn-MRAC 去除水中苯胺的影响。将 4g MRAC 浸泡于 50mL 0.04mol/L KMnO₄ 溶液中，置于摇床中 24h，置于摇床中 24h，然后将 MRAC 经滤纸过滤，于烘箱中烘干，分别在 300℃、350℃、400℃、450℃、500℃、550℃、600℃温度下的马弗炉中焙烧 2h，测定溶液中苯胺的剩余浓度，计算出 Mn-MRAC 对水中苯胺的去除率。

由图 8-31 可知，随着焙烧温度高达 450℃ 时去除率达到最高；此后随着焙烧温度增加，Mn-MRAC 对苯胺的去除率反而降低。原因可能是在温度为 300~450℃ 时，随着温度的升高，KMnO₄ 的迁移和分散度分别得到了加快和提高，从而提高了 MRAC 的性能。当焙烧温度超过 450℃ 时，该温度使活性炭发生热解，MRAC 表面和孔道遭到破坏，微孔组织受到破坏，逐渐失去了载体的功能；另外，焙烧温度过高，可能使 KMnO₄ 进一步分解为其他非活性组分，从而降低了 Mn-MRAC 去除水中苯胺的能力。

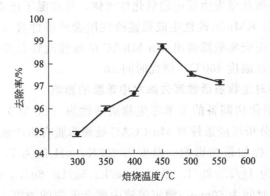

图 8-31　焙烧温度对 Mn-MRAC 去除水中苯胺的影响

③ 焙烧时间的影响。图 8-32 为焙烧时间对 Mn-MRAC 去除水中苯胺的影响。将 4g MRAC 浸泡于 50mL 0.04mol/L KMnO₄ 溶液中，置于摇床中 24h，然后将

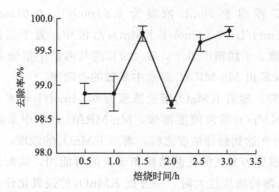

图 8-32 焙烧时间对 Mn-MRAC 去除水中苯胺的影响

MRAC 经滤纸过滤,于烘箱中烘干,在 400℃ 的马弗炉中焙烧 0.5h、1.0h、1.5h、2.0h、2.5h、3.0h,测定溶液中苯胺的剩余浓度,计算出 Mn-MRAC 对水中苯胺的去除率。

由图 8-32 可知,随着焙烧时间为 2.0h 时,去除率达到最高,此后随着焙烧时间增加 Mn-MRAC 对水中苯胺的去除率基本不变。原因可能是当焙烧时间< 2h 时,活性组分的前驱体可能没有完全分解,所以去除率相对较低;焙烧时间为 1h 时,$KMnO_4$ 完全分解,但当焙烧时间>1.5h 时,在热处理作用下,活性炭的粒度增大,分散度减小,炭的损失增加,导致 Mn-MRAC 内的微孔结构遭到破坏,从而降低了 Mn-MRAC 的吸附性能。

负载在活性炭上的 $KMnO_4$ 的金属离子在高温焙烧时被还原,同时活性炭上的各种物质被氧化刻蚀,形成更多的含氧官能团和丰富的孔道结构以及巨大的比表面积,这些改变都增强了活性炭对部分污染物的吸附性能。此外,改性活性炭的总孔容也会扩大,这可能是由于:在进入到活性炭微孔内的金属焙烧活化过程中通过盐的分析释放出能与微孔壁发生反应的氧化性气体,炭高温下还原金属离子等。

将 MRAC 经过 $KMnO_4$ 改性生成载锰改性废菌渣活性炭(Mn-MRAC),用于去除水中的苯胺。正交实验筛选出 Mn-MRAC 的最佳改性条件为:$KMnO_4$ 溶液浓度 0.04mol/L,焙烧温度 450℃,焙烧时间 1h。

(5) 反应条件对生物质活性炭去除水中苯胺的影响

对用 H_3PO_4 活化法制备的玉米芯生物质活性炭(CCAC)进行载锰改性处理制备 Mn-CCAC,分析反应条件对 Mn-CCAC 处理苯胺有机废水的效果[64]。

① Mn-CCAC 投加量的影响。温度为 298K,pH 值为 7,转速为 150r/min,Mn-CCAC 投加量为 1g/L、2g/L、3g/L、4g/L、5g/L、6g/L,投入 50mL 10mg/L 苯胺溶液中,反应时间为 60min,测定溶液中剩余苯胺的浓度,计算 Mn-CCAC 对苯胺的去除率,结果如图 8-33 所示。

由图 8-33 可知,Mn-CCAC 投加量为 1~3g/L 时,苯胺去除率随着 Mn-CCAC 投加量的增加而增大;在 Mn-CCAC 投加量为 3g/L 以后,苯胺去除率不再变化。

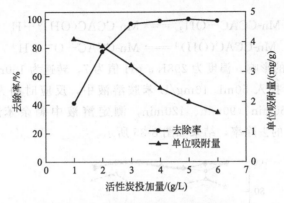

图 8-33　Mn-CCAC 投加量的影响

Mn-CCAC 量较少时，苯胺还未被去除完全，Mn-CCAC 已吸附饱和，即已达反应平衡。随着 Mn-CCAC 投加量越来越多，平衡终点越来越晚，Mn-CCAC 可以吸附的苯胺也越来越多。而在 Mn-CCAC 投加量为 3g/L 之后，投加量的增多并不能影响苯胺去除率，是由于此时溶液中的苯胺被去除完全，Mn-CCAC 的增多并不能改变平衡终点，因此苯胺去除率不再随着 Mn-CCAC 投加量的变化而变化。

② 初始 pH 值的影响。温度为 298K，转速为 150r/min，Mn-CCAC 投加量为 4g/L，投入 50mL 10mg/L 苯胺溶液中，调节 pH 值为 1、3、5、7、9、11、13，反应时间为 60min，测定溶液中剩余苯胺的浓度，计算 Mn-CCAC 对苯胺的去除率，结果如图 8-34 所示。

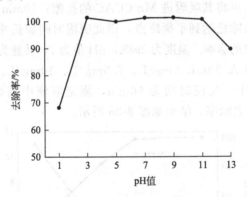

图 8-34　初始 pH 值的影响

由图 8-34 可知，pH 在极酸极碱的情况下，Mn-CCAC 对苯胺的去除率降低，甚至低至 70%；在 pH 值为 3～11 时去除率达 99% 之高。苯胺具有碱性，能与酸反应生成盐，因此在强酸强碱下会降低其去除率。在强酸强碱下，苯胺生成盐，改变了苯胺分子的大小，并且强酸强碱改变了 Mn-CCAC 的表面基团，使 Mn-CCAC 表面活性位点减少，减少了 Mn-CCAC 对苯胺的去除。Mn-CCAC 在水中有如下反应：

$$Mn\text{-}CCAC-OH_2^+ \rightleftharpoons Mn\text{-}CCAC(OH)^0 + H^+ \tag{8-8}$$

$$Mn\text{-}CCAC(OH)^0 \rightleftharpoons Mn\text{-}CCAC-O^- + H^+ \tag{8-9}$$

③ 吸附时间的影响。温度为298K，pH值为7，转速为150r/min，Mn-CCAC投加量为4g/L，投入50mL 10mg/L苯胺溶液中，反应时间为10min、20min、30min、45min、60min、90min、120min，测定溶液中剩余苯胺的浓度，计算Mn-CCAC对苯胺的去除率，结果如图8-35所示。

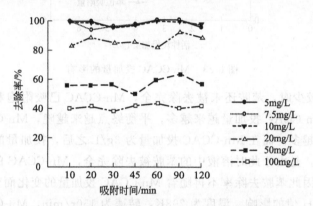

图8-35　吸附时间对Mn-CCAC去除苯胺的影响

由图8-35可知，苯胺极易被Mn-CCAC去除，在10min时反应即达到终点；随着时间的增长，去除率会有很小的波动。反应初始苯胺与Mn-CCAC表面的活性位点迅速结合，然后再将其吸附进Mn-CCAC的孔隙；10min后Mn-CCAC表面的孔隙已占满，吸附去除已达到平衡终点，因此吸附时间加长并没有影响去除率。

④ 初始苯胺浓度的影响。温度为298K，pH值为7，转速为150r/min，Mn-CCAC投加量为4g/L，投入50mL 5mg/L、7.5mg/L、10mg/L、20mg/L、50mg/L、100mg/L苯胺溶液中，反应时间为60min，测定溶液中剩余苯胺的浓度，计算Mn-CCAC对苯胺的去除率，结果如图8-36所示。

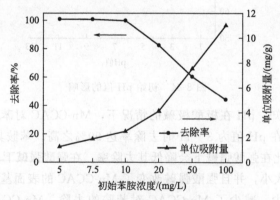

图8-36　初始苯胺浓度的影响

由图 8-36 可知，浓度越低，Mn-CCAC 对苯胺的去除率越高。Mn-CCAC 表面的活性位点数量固定，苯胺分子与 Mn-CCAC 表面的活性位点结合，接着被吸附进 Mn-CCAC 内部孔隙。苯胺浓度低时，溶液中的苯胺分子小于 Mn-CCAC 表面的活性位点数量，苯胺分子极易被吸附进 Mn-CCAC 内部；而当溶液浓度增加时，Mn-CCAC 表面的活性位点小于苯胺分子数量，Mn-CCAC 表面的孔隙很快就被苯胺分子填满，因而苯胺浓度增大会导致 Mn-CCAC 对苯胺的去除率降低。

⑤ 反应温度的影响。pH 值为 7，转速为 150r/min，Mn-CCAC 投加量为 4g/L，投入 50mL 10mg/L 苯胺溶液中，温度分为 288K、293K、298K、303K、308K，反应时间为 60min，测定溶液中剩余苯胺的浓度，计算 Mn-CCAC 对苯胺的去除率。结果如图 8-37 所示。

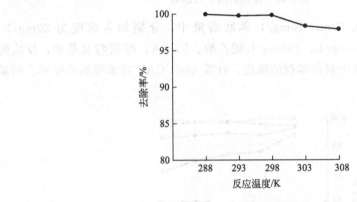

图 8-37　反应温度的影响

由图 8-37 可知，随着反应温度的升高，Mn-CCAC 苯胺的去除率反而下降，Mn-CCAC 去除苯胺是一个放热过程。温度升高时，反应向吸热方向进行，即反应向脱附方向进行，因此温度的升高会导致苯胺去除率的下降。

⑥ 无机阴离子的影响。温度为 298K，pH 值为 7，转速为 150r/min，Mn-CCAC 投加量为 4g/L，投入 50mL 10mg/L 苯胺溶液中，分别加入浓度为 20mg/L、40mg/L、60mg/L、100mg/L、150mg/L、200mg/L 的 SO_4^{2-}、NO_3^-、CO_3^{2-} 及 Cl^-，反应时间为 60min，测定溶液中剩余苯胺的浓度，计算 Mn-CCAC 对苯胺的去除率。结果如图 8-38 所示。

由图 8-38 可知，加入无机阴离子后，苯胺的去除率无明显变化。CO_3^{2-} 虽然在水中会发生水解，有弱碱性，但苯胺本身具有碱性，会抑制 CO_3^{2-} 的水解，因此并不会影响苯胺在水中的存在状态，对 Mn-CCAC 去除苯胺无明显影响。加入 SO_4^{2-}、NO_3^- 及 Cl^- 等无机阴离子后，在水中无明显水解反应，且与苯胺也无反应现象，因此并没有改变苯胺的性质，且对溶液本身的 pH 值影响很微弱并不能达到强酸强碱的程度，因此无机阴离子并没有影响 Mn-CCAC 对苯胺的去除。

⑦ 有机小分子的影响。温度为 298K，pH 值为 7，转速为 150r/min，Mn-CCAC

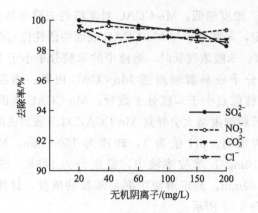

图 8-38　无机阴离子的影响

投加量为 4g/L，投入 50mL 10mg/L 苯胺溶液中，分别加入浓度为 20mg/L、40mg/L、60mg/L、80mg/L、100mg/L 的乙酸、EDTA、柠檬酸及草酸，反应时间为 60min，测定溶液中剩余苯胺的浓度，计算 Mn-CCAC 对苯胺的去除率。结果如图 8-39 所示。

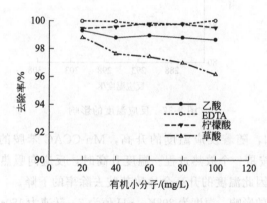

图 8-39　有机小分子的影响

由图 8-39 可知，加入有机小分子后，苯胺的去除率无明显变化；加入草酸后 Mn-CCAC 对苯胺的去除率下降了 2%～3%。苯胺本身具有碱性，加入的乙酸、EDTA 及柠檬酸并没有改变苯胺的性质，且对溶液本身的 pH 值影响很微弱并不能达到强酸强碱的程度，因此乙酸、EDTA 及柠檬酸并没有改变 Mn-CCAC 对苯胺的去除。而一份草酸具有两份羧酸基，具有酸性，可与苯胺生成更大的物质，会影响 Mn-CCAC 对苯胺的去除率。但由于该反应很微弱，所以去除率只有 3% 左右的下降。

8.2.3.4　反应条件对 Mn-MRAC 处理苯胺有机废水的影响

对用 $ZnCl_2$ 活化法制备的废菌棒生物质活性炭（MRAC）进行载锰改性处理制备 Mn-MRAC，分析反应条件对 Mn-MRAC 处理苯胺有机废水的效果[70]。

(1) Mn-MRAC 投加量的影响

图 8-40 为 Mn-MRAC 投加量对 Mn-MRAC 去除水中苯胺的影响。反应温度为 25℃，转速为 150r/min，初始 pH 值为 7，反应时间为 120min，苯胺溶液 50mL 初始浓度 10mg/L，MRAC 的投加量分别为 0.05g、0.10g、0.15g、0.20g、0.25g、0.30g，测定反应后水中苯胺浓度，计算苯胺去除率，确定 Mn-MRAC 对水中苯胺的吸附去除性能。

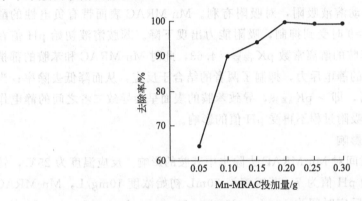

图 8-40　Mn-MRAC 投加量对 Mn-MRAC 去除水中苯胺的影响

由图 8-40 可知，随着 Mn-MRAC 投加量的增加苯胺的去除率也在增加，当 Mn-MRAC 投加量为 0.20g 时去除率达到 99.42%；投加量继续增大，Mn-MRAC 对苯胺的去除趋于平缓。这是由于溶液中可吸附的苯胺含量是固定的，伴随 Mn-MRAC逐步对苯胺的吸附，苯胺含量逐步减少，Mn-MRAC 表面存在大量未饱和的活性位点，导致 Mn-MRAC 对浓度较低的苯胺吸附性能减弱。

(2) 初始 pH 值的影响

图 8-41 为初始 pH 值对 Mn-MRAC 去除水中苯胺的影响。温度为 25℃，转速为 150r/min，反应为 120min，苯胺溶液 50mL 浓度为 10mg/L，Mn-MRAC 的投加量为 0.20g，初始 pH 值分别调节为 1、3、5、7、9、11、13，测定反应后水中

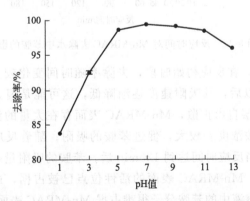

图 8-41　初始 pH 值对 Mn-MRAC 去除水中苯胺的影响

苯胺浓度，计算苯胺去除率，确定 MRAC 对水中苯胺的吸附去除性能。

由图 8-41 可知，对于苯胺溶液初始 pH 值在 1～7 之间时，去除率随初始 pH 值的增加逐渐增大；在初始 pH＝7 时最高可达 99.42%；之后随初始 pH 值的增大，去除率不断下降，且在偏碱性条件下苯胺去除率总体偏高。其原因主要与苯胺不同 pH 值条件下的存在形式不同。初步认为初始 pH＜6 时苯胺主要以阳离子形式存在，随着初始 pH 值增大，苯胺的阳离子形式逐渐减小，有较高的疏水性的分子形式的增加可以推动溶液吸附，对吸附有利。Mn-MRAC 表面带有负电性的酸性官能团在初始 pH＞9 时受到抑制，吸附能力出现下降。苯胺溶液初始 pH 值在 3.0～4.0 时，小于苯胺的解离常数 $pK_{a苯胺}=4.63$，此时 Mn-MRAC 和苯胺的都携带正电荷，产生强烈的静电斥力，抑制了两者的结合于反应，从而降低去除率；当溶液初始 pH＞5.0 后，即＞$pK_{a苯胺}$，导致苯胺的表面呈会导致二者之间的静电作用减弱甚至消失的，吸附过程不再受 pH 值的影响。

(3) 反应时间的影响

图 8-42 为反应时间对 Mn-MRAC 去除水中苯胺的影响。反应温度为 25℃，转速为 150r/min，初始 pH 值为 7，苯胺溶液 50mL 初始浓度 10mg/L，Mn-MRAC 的投加量为 0.20g，反应时间为 10min、20min、30min、45min、60min、90min、120min、150min、180min，测定反应后水中苯胺浓度，计算苯胺去除率，确定 Mn-MRAC 对水中苯胺的吸附去除性能。

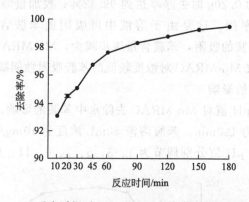

图 8-42　反应时间对 Mn-MRAC 去除水中苯胺的影响

由图 8-42 可知，在反应初始时段，去除率随时间变化较大，吸附速度相对较快；当反应 60min 以后，其吸附速度逐渐降低，这可能是因为在反应初始阶段苯胺向 Mn-MRAC 表层自由扩散，Mn-MRAC 表面存在大量的活性位点，且溶液于 Mn-MRAC 表面苯胺浓度差较大，促进苯胺的吸附；随着反应时间的延长，去除率变化逐渐缓慢；当反应时间达到 120min 后，苯胺的吸附量基本不变这是因为随着吸附反应的进行，Mn-MRAC 表面的活性位点已被占据，达到了饱和状态，浓度差也明显减小，溶液中的苯胺分子很难占据 Mn-MRAC 表面剩余的活性位点。

（4）初始苯胺浓度的影响

图 8-43 为初始苯胺浓度对 Mn-MRAC 去除水中苯胺的影响。反应温度为 25℃，转速为 150r/min，初始 pH 值为 7，Mn-MRAC 的投加量为 0.20g，反应时间为 120min，苯胺溶液 50mL 浓度分别为 2.5mg/L、5mg/L、10mg/L、20mg/L、50mg/L、100mg/L，测定反应后水中苯胺浓度，计算苯胺去除率，确定 Mn-MRAC 对水中苯胺的去除性能。

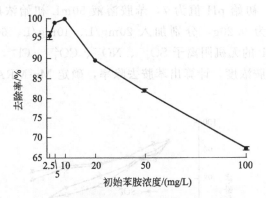

图 8-43　初始苯胺浓度对 Mn-MRAC 去除水中苯胺的影响

由图 8-43 可知，初始浓度对去除率有很明显的影响，随着初始浓度的增加，Mn-MRAC 对苯胺的去除率先增加后减小，这是因为浓度的增加，增加了浓度差，提高了溶液中的苯胺分子易扩散到 Mn-MRAC 表面的驱动力，从而提高了去除率；但当初始浓度继续增加，由于 Mn-MRAC 表面的活性位点有限，去除的苯胺的数量不再增多，从而使得去除率降低。

（5）反应温度的影响

图 8-44 为反应温度对 Mn-MRAC 去除水中苯胺的影响。转速为 150r/min，pH 值为 7，苯胺溶液 50mL 初始浓度为 10mg/L，Mn-MRAC 的投加量为 0.20g，反应时间为 120min，温度分别为 15℃、20℃、25℃、30℃、35℃，测定反应后水

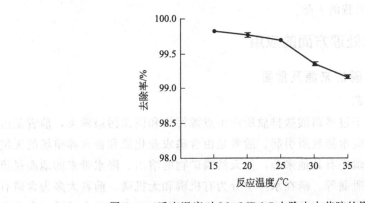

图 8-44　反应温度对 Mn-MRAC 去除水中苯胺的影响

中苯胺浓度，计算苯胺去除率，确定 Mn-MRAC 对水中苯胺的吸附去除性能。

由图 8-44 可知，随着温度的升高，Mn-MRAC 对水中苯胺的去除率逐渐降低。这可能是因为温度的升高加快溶液中各分子运动的速率，降低分子或者基团的结合，从而减少了 Mn-MRAC 表面含氧基团与水中苯胺的接触与反应。

(6) 无机阴离子的影响

图 8-45 为无机阴离子对 Mn-MRAC 去除水中苯胺的影响。反应温度为 25℃，转速为 150r/min，初始 pH 值为 7，苯胺溶液 50mL 初始浓度为 50mg/L，Mn-MRAC 的投加量为 0.20g，分别加入 20mg/L、40mg/L、60mg/L、100mg/L、150mg/L、200mg/L 的无机阴离子 SO_4^{2-}、NO_3^-、CO_3^{2-}、Cl^-，反应时间 120min，测定反应后水中苯胺浓度，计算出苯胺去除率，确定 Mn-MRAC 对水中苯胺的去除性能。

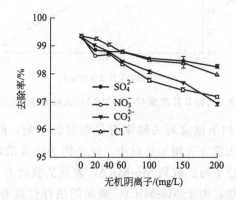

图 8-45　无机阴离子对 Mn-MRAC 去除水中苯胺的影响

由图 8-45 可知，当溶液含有 SO_4^{2-}、NO_3^-、Cl^- 和 CO_3^{2-} 无机阴离子时，Mn-MRAC对苯胺的去除率均较未含这些无机阴离子时的去除率低，较低浓度 SO_4^{2-} 和 NO_3^- 几乎不影响 Mn-MRAC 对苯胺的去除；当 SO_4^{2-} 和 NO_3^- 浓度逐渐增高时 Mn-MRAC 对苯胺的去除减小，这是因为 SO_4^{2-} 和 NO_3^- 与苯胺竞争活性炭上的 SO_4^{2-}，抑制了苯胺的去除。

8.2.4　含磷废水处理方面的应用

8.2.4.1　水中磷的来源及危害

(1) 水中磷的来源

水中磷主要来源于过多磷酸盐排放所产生点源污染和面源污染两类，前者是由城镇生活污水和工业废水排放所引起，后者是由含磷农业化肥和畜禽养殖场的无组织排放所引起。水中磷还有其他来源，如天然磷矿物的溶出、降水带来的地面径流冲刷和垃圾渗滤液的泄漏等。磷在水体中分为有机磷和无机磷，前者大多为含磷有机农药，包括有机磷酸酯类或硫代有机磷酸酯类；后者则主要为聚合磷酸盐和磷酸盐，而磷酸盐根据水体 pH 值的不同，在水体中分别以 PO_4^{3-}、HPO_4^{2-}、$H_2PO_4^-$、H_3PO_4 四种不同形式存在着。而水体中微生物能利用的磷只能是磷酸盐形式，又由于聚合磷酸盐大部分会被水体中微生物逐渐分解为正磷酸盐，因此水体中的磷污染主要是指磷酸盐过多地排放入受纳水体所引起的。

（2）水中磷的危害

水体富营养化，是指由人类活动使过量氮、磷等营养物质进入到更新迟缓的地表水体，使藻类迅速甚至爆发性生长，水生动植物生活环境恶劣大量死亡，水生生态平衡破坏的过程[75]。近年来随着我国经济的迅速发展，城市水库、内河和湖泊的水体富营养化现象日趋严重，三湖（太湖、巢湖、滇池）是遭受富营养化的典型城市湖泊，治理后其总体水质仍为 Ⅳ～Ⅴ 类、TP 是主要污染指标之一。淡水和海岸生态系统的富营养化也已成为全世界范围内的水污染难题之一，有报道称全球有超过 40% 的水体正遭受富营养化的侵扰[76]。

水体富营养化的原因十分复杂，目前没有一致的看法，但当水体中磷浓度（以 P 计）超过 0.02mg/L 时便易引起富营养化这种观点已经成为公论。为防止水体富营养化，世界卫生组织建议磷排放极值为 0.5～1.0mg/L，各国都制定了各自的水体中磷污染浓度标准，爱尔兰和美国 EPA 均为 0.02mg/L，我国《地面水环境质量标准》（GB 3838—83）中规定Ⅲ类水体湖库中磷含量不得超过 0.05mg/L[77,78]。

过量的磷酸盐未经处理排入水体，含量超过一定程度就容易引起水体中微型藻类的大量繁殖生长，藻类的大量繁殖不仅抢占水体中大量营养物质，伴随大量有机物质被微生物分解会大量消耗溶解氧，从而造成其他水生动物如鱼类的缺氧死亡；而且藻类在生长死亡过程中会释放一种藻毒素，这种藻毒素不仅会危害水生生物健康，而且人畜饮用含这种藻毒素水后也会生病[79]。

8.2.4.2 水中磷的去除方法

目前磷去除方法主要有电化学法、A^2O、SBR、BCFS 等生物处理工艺、人工湿地法、化学沉淀法、结晶法和吸附法等。

（1）电化学法和膜分离法

电化学除磷法是指依靠电极材料电解产生出铁、铝等阳离子，进而与溶液中磷酸根离子反应生成沉淀的方法。Gorni-Pinkesfeld 等[80]研究了电化学离子交换膜系统对溶液中磷酸根和硬度镁的去除效果，结果表明电化学离子交换膜系统是一种电化学除磷的实用技术。李亮[81]采用"铁内电解技术"进行水体除磷和固磷的研究，结果表明加入铁刨花可减少水中磷含量，且能进一步减弱底泥中的磷向水中逸出。

膜分离磷酸盐的方法主要包括纳滤、反渗透和电渗析等技术，一般膜分离法价格昂贵且膜材料需要定期更换，难以大范围推广。

（2）生物法

生物法除磷主要依赖污泥中的噬磷菌作用，噬磷菌在厌氧环境下释放出磷，再于好氧条件下过度吸取磷。生物法除磷虽然经济高效，但是需要大型构筑物、占地面极广，且微生物生长条件需要好养、厌氧、缺氧三个阶段，而且通常也只能将总磷浓度降至 1～2mg/L，难以满足新的城镇污水综合排放标准。

(3) 人工湿地法和离子交换法

人工湿地除磷法对磷的去除作用主要有基质填料的吸附及过滤、植物作为营养物质吸收以及微生物除磷等作用。

离子交换法是利用阴离子交换树脂，与废水中的磷酸根阴离子进行离子交换反应，将磷酸根阴离子置换到离子交换树脂上去除磷的方法。但离子交换树脂对磷的选择性较差，除磷效果一般。

(4) 化学沉淀法和结晶法

化学沉淀法是指向含磷废水内投加石灰、明矾等富含钙、铁、镁、铝等金属元素的化学药品，依靠金属离子与磷酸根发生化学反应，生成难溶于水的沉淀，从而达到去除水中磷的效果。化学沉淀法除磷较为稳定、高效，但产生大量化学污泥，易造成二次污染。

结晶法是指利用含磷废水中，Ca^{2+} 与 PO_4^{3-} 在碱性环境中生成难溶盐沉淀的反应，向溶液中投入结构及表面性质与该种磷酸盐相近的颗粒物，摧毁溶液离子的亚稳态，难溶盐在此颗粒物表面上析出，磷酸盐由此被去除。常见的有生成羟基磷灰石 $Ca_5(OH)(PO_4)_3$ 和鸟粪石（$MgNH_4PO_4$）两种结晶盐。结晶法容易受溶液 pH 值的影响，因使用条件苛刻导致其大范围推广受到极大限制。

(5) 吸附法

吸附法除磷是指利用某些具有多孔及比表面积大的特性固体吸附剂来吸附水体中的 PO_4^{3-} 达到除磷效果。吸附法除磷主要包括物理吸附除磷和化学吸附除磷，物理吸附除磷是指通过吸附剂的大比表面积产生足够强的范德华作用力来吸附 PO_4^{3-}，化学吸附除磷主要为形成氢键、配位基团交换和表面沉淀等作用。吸附法除磷相对其他方法具有操作简单、经济高效、无二次污染等优点，且吸附剂来源广泛并可重复使用，因而在废水除磷方面具有较好的研究和应用前景。

目前常用的吸附剂主要有天然材料吸附剂和废弃物吸附剂，前者如沸石、膨润土、凹凸棒石和活性炭等，天然材料吸附剂便宜、无二次污染，但去除效果一般不佳，吸附剂消耗量较大；后者如污泥、粉煤灰和钢渣等，废弃物吸附剂需要考虑吸附后的再处理问题。

肖举强[82]研究了沸石去除废水中磷酸盐的效果，结果表明在沸石吸附剂量达到 5g/L 时，其对水中初始磷浓度为 5mg/L 的磷酸盐的吸附去除率达 90％以上，因此，沸石天然吸附剂可作为一种优良的除磷吸附剂。Barca 等[83]研究了两种钢渣对废水中磷的去除效果，实验证明钢渣除磷主要是钢渣中的 Ca^{2+} 与 PO_4^{3-} 生成难溶物而使磷得到有效去除。

Nguyen 等[84]综述了农业废弃物改性后对磷的去除效果，改性方法包括活化、负载金属离子、负载硫酸根离子等，且改性后可以大幅提升农业废弃物的除磷吸附容量。

8.2.4.3　生物质活性炭处理含磷废水的应用

活性炭具有丰富的微孔结构，其表面通常含有不同种类的官能团，具有催化和吸附等性能，利用农业废弃物稻壳制备生物质活性炭应用于吸附去除废水中有害物质，不仅可实现农业废弃物的资源化利用，而且廉价易得，还可免去大量被焚烧从而产生大气污染的危害。稻壳生物质活性炭生产的技术已较为成熟，对稻壳生物质活性炭的应用研究也进一步深入，从而作为一种优质吸附剂被大量应用于环保、化工、食品加工以及军事防护等各领域。

Yadav 等[85]以稻壳与果皮为原料制备了生物质活性炭除磷吸附剂，实验表明在吸附剂量为 3g/L、pH 值为 6、水中初始磷浓度为 10mg/L 时，水中磷的吸附去除率可达 95% 左右。李楠等[86]对稻壳通过炭化、活化、酸洗、水洗和干燥等工艺制备了稻壳生物质活性炭，BET 表征结果表明该生物质活性炭的比表面积（约886m²/g）远高于处理工业用水活性炭比表面积的一级标准（500m²/g）。通过其对含磷酸盐浓度为 1000mg/L 的水进行吸附去除，结果表明吸附 12h 后，其饱和吸附量可达到 6mg/g 左右。

为提高稻壳生物质活性炭吸附除磷的吸附容量和选择专一性，蔡琳[87]将氧化镁普鲁兰负载到稻壳生物质活性炭上制备复合吸附剂，增加其比表面积、产生与PO_4^{3-}发生物理化学反应的有效官能团。实验结果表明该复合吸附剂量为 1.5g/L、初始磷浓度为 10mg/L、温度为 25℃、pH 值为 5.0 时，反应 100min，磷的去除率可达 98% 以上，其饱和吸附量可达 6.5mg/g 以上。氧化镁稻壳生物质活性炭除磷性能稳定，去除率高，对环境变化有一定的适应能力，且活性炭的原材料为稻壳基，大大降低了生产成本，是一种比较理想的除磷材料[87]。

8.3　生物质活性炭在土壤修复中的应用

8.3.1　生物质活性炭作为土壤改良剂

生物质活性炭含有铵、硝酸和磷酸等化合物，具有较高的 pH 值和离子交换能力，可用来提高酸性土壤的 pH 值，防止土壤有机质矿化，也可以作为土壤缓释肥，是一种优良土壤改良剂。Cao 等研究发现利用奶牛场粪便制备的生物质活性添加到土壤之后不仅可以提高土壤肥力，而且可以吸附 Pb 等重金属以及阿特拉津等有机污染物。生物质活性炭加到土壤中进行修复，能够影响土壤的物理化学性质，例如阳离子交换能力（CEC）、水保持能力（WHC）、土壤密度、pH 值以及 C 的存储，这些又会影响微生物的量和群落结构。但不同研究中导致微生物量以及活性增加的原因不同。生物质活性炭对土壤中微生物的影响主要表现在以下几方面。

(1) 生物质活性炭增加功能微生物的丰度

生物质活性炭的添加可以作为电子传递体或电子供体，减少微生物之间的竞争，增加功能微生物的丰度。Tong 等研究表明由油菜秸秆制备的生物质活性炭添加到五氯苯酚（PCP）污染的土壤中，显著促进了微生物对 PCP 的降解；主要是由于生物质活性炭作为电子传递体促进了 $Fe(II)$ 的产生，从而使转移电子增加，降低了还原能力，促进了微生物对 PCP 的还原脱氯过程[88]。Oh 和 Chiu 等研究发现石墨炭和活性炭能够作为电子传递体，提高微生物对有机污染物的还原转化率[89]。

(2) 生物质活性炭为微生物提供营养物质

生物质活性炭在疏水性有机污染物生物修复过程中能够为微生物提供营养物质（C/N 源、微量元素等），提高微生物活性，促进表面活性剂和诱导酶的产生。Gregory 等研究中制备的炭质材料添加后对土壤中六氯环己烷和林丹的降解分别提高了 10 倍和 6 倍，土壤中微生物活性显著增加，16s 测序结果表明生物质活性炭修复后烃类化合物降解菌的数量明显增加[90]。生物质活性炭添加过程中，诱导酶和表面活性剂的产生也能够显著提高污染物的生物可利用性，促进污染物的降解。例如 Chen 和 Aitken 等研究中发现生长基质的添加能够促进诱导酶的产生，促进复杂的烃类化合物的转化。Cao 等研究发现表面活性剂的添加有利于提高微生物的活性[91]。

(3) 生物质活性炭可改变微生物群落结构

生物质活性炭能够为微生物提供栖息地，促进微生物在其表面形成生物膜，避免其他生物的捕食，提高微生物量和改变微生物群落结构。Quilliam 等研究发现细颗粒炭比表面积较大和孔隙结构较丰富，能够更好地为细菌和真菌提供保护，避免线虫捕食[92]。Chen 等研究表明生物质活性炭-生物膜的形成能够更加有效地去除环烷酸[93]。但 Quilliam 等研究表明在短期内（<3 年）生物质活性炭难以被微生物利用，故不会为微生物提供栖息地[92]。

但也有研究发现生物质活性炭添加后微生物量并没有增加，原因主要有：

① 生物质活性炭能够吸附有机碳、养分和信号物质，减少了它们的生物可利用性。DeLuca 等研究猜测是由于活性炭吸附豆类的信号物质（黄酮类化合物）[94]，抑制了诱导根瘤的形成。另外，Spokas 等研究发现炭质材料能够吸附土壤中不稳定的有机碳，减少微生物对营养物质的生物可利用性，抑制微生物的生长[95]。

② 生物质活性炭添加后引起土壤性质的改变（pH 值和水分等）。真菌和细菌量对 pH 值的改变产生不同的变化，pH<7 时细菌的生物量随着 pH 值的增加而增加，但真菌的生物量没有发生改变，甚至有研究发现真菌的量随着 pH 值的升高而降低。

③ 生物质活性炭中高含量的矿物质元素或有机物不利于微生物的生长。Chen

等研究表明生物质活性炭对邻苯二酚的吸附，会抑制微生物的生长，减少微生物量[96]。

生物质活性炭添加后，土壤中群落组成和微生物的多样性如细菌、真菌和古菌的生物量都会发生改变。Quilliam等研究表明修复后土壤理化性质的改变及引进容易代谢的不稳定组分能显著改变微生物的群落结构，最终会影响土壤-植物-微生物之间的相互作用[92]。但也有研究发现尽管高添加量能够显著改变土壤结构，但是不一定会引起微生物量和群落结构的改变，这与Lu等[97]和Chen等[98,99]研究一致。这主要是由于土壤中微生物群落比较稳定，能够抵御外界环境的改变，或由于实验周期较短导致微生物的群落结构没有发生显著变化。

8.3.2　生物质活性炭作为气候变化的减缓剂

Lehmann等认为将生物质活性炭添加到土壤中捕获C是减缓气候变化的最好方法[100]。大量研究表明生物质活性炭在土壤中的长期稳定性是减少CO_2重新释放到大气中的一个关键因素[101]。蒋晨在水稻土壤中添加稻秆炭、麦秆炭、竹炭后水稻产量显著性增加，CH_4排放量明显低于对照组，CH_4排放通量与炭添加量呈负相关性[102]。

8.3.3　生物质活性炭提高土壤的保水性能

土壤的保水性能随着有机碳含量增加而增大，Glaser等研究发现在土壤中添加生物质活性炭后，保水能力提高18%，种子发芽率、植物生长和作物产量都显著增加[103]。Awad发现生物质活性炭添加还可以提高微生物量和酶活性[104]，例如Weyers等发现由木材制备的生物质活性炭添加后，土壤中蚯蚓数量增加[105]。但是污水污泥和市政固体废物制备的炭质材料通常含有毒重金属，在土壤中的长期利用必须慎重考虑。

总之，生物质活性炭的添加对土壤的影响主要包括改变土壤的理化性质、通过吸附作用提高C的存储、促进电子转移能力、作为一种不稳定的C源与土壤有机质发生共代谢和增加了土壤的毒性（针对毒性较大的炭质材料）。生物质活性炭修复后土壤的改变会对微生物产生影响，生物质活性炭中不稳定的炭能够为微生物提供C/N源，微量元素，提高微生物的量及其活性，改变微生物的群落结构，也可以通过生物质活性炭的多孔性为微生物提供栖息地，避免其他微生物的捕食，并促进生物膜的形成。

8.4　生物质活性炭在催化领域的应用

受原料种类及制造条件不同的影响，活性炭表面化合物的种类与数量也随之不同，以及因其石墨状微晶的结晶化程度、大小及微晶相互之间集合状态的不同，活性炭呈现出催化多样性。由于不饱和键及缺陷位的存在，活性炭的微观结构具有类似于晶体缺陷位，是理想的催化剂。同时活性炭由于具有较高的比表面积和发达的孔隙结构，为反应物和产物的扩散提供了条件，有利于提高催化剂的寿命。因此，活性炭非常适合用作催化剂的载体。在传统工业中，煤质活性炭负载 $HgCl_2$，可用作制取氯乙烯的催化剂，其产率可达 98％以上。傅武俊等[106]选择 5 种活性炭为载体制备负载型钌催化剂。研究表明，活性炭的原料和制备工艺影响着活性炭的表面结构及化学组成。以高纯度、高比表面积的活性炭为载体制备的钌催化剂有较高的催化活性。

考虑到来自原料及制造过程中的微量金属成分，活性炭的催化性质便会产生很大的差异。利用这种特性，活性炭在许多化学反应中可以作为催化剂使用。例如：从一氧化碳制造光气的反应，乙醇的氯化反应，由乙烯制造二氯乙烷的反应，芳香族羧酸的还原反应，醇类的脱水反应，乙烯的聚合反应等。在活性炭的性状中，比表面积、孔容及孔径分布等都对催化剂活性有影响。厉嘉云等[107]先用碱或酸对活性炭进行处理，发现预处理能促进活性炭表面化学基团的形成，有利于钯负载在活性炭表面提高催化性能。Tusi 等[108]利用炭化和热处理两步法制备甲醇燃料电池材料的结构支架，首先以木质素为原料，$NiCl_2$ 为催化加，在 200℃的密闭反应器中进行水热炭化实验；再通过进一步热处理将 Ni 很好地与水热炭进行镶嵌，形成具有稳定结构的 Ni/C 纳米结构材料；最后利用含 Ni/C 的材料合成 PtRu/C 纳米粒子，结构表征表明，通过炭化法制备的新型的电催化材料性能和成本都优于以炭黑 XC-72 为原料的商业化电催化材料。Qian 等[109]通过炭化技术制备了一种嵌入贵金属的碳纳米材料催化剂，能够在低温条件下将 CO 百分之百地转化为 CO_2。椰壳活性炭在催化载体方面取得了很好的应用效果，其表面丰富的含氧基团能增强其与催化剂之间的相互作用与结合[110]。另外，由于活性炭内部有着丰富的孔隙结构，且孔径可大可小，其也很适合作为催化剂的载体，可通过浸渍法等方式将 Fe、Ni 等金属负载到活性炭上。

8.5　生物质活性炭在其他方面的应用

传统化石燃料能源已经对世界经济和生态带来了严重影响，而电化学能由于其持久发展性和环境友好性而成为替代能源之一，其中典型的代表就是电池和电容器，但两者在应用中有各自的优势。以锂二次电池为例，具有适度的或较优良的能量密度，而相对较小的功率密度。锂离子电池在高温和高循环条件下使用时，将会缩短其寿命；而在短期、高功率密度条件下使用时，又略显笨重和昂贵。电化学电容器较锂二次电池能量密度有限，工作电压低，但周期寿命长（＞10 万周，某些系统高达 100 万周），功率密度高，材料价廉，工作温度宽（—25～85℃），充放电特性良好[111,112]。电池和电容器在能量储存领域的创新将会是能源领域的焦点所在。

8.5.1 生物质活性炭在超级电容器方面的应用

在电器领域，炭材料很早就广泛用作电动机的滑动刷与电阻器。这是由于炭材料具有导电性能好，对温度、湿度、化学物质性能稳定，机械强度大，廉价，粒径容易控制等优点。活性炭作为炭材料其中的一种，它的电化学性质与石墨及玻璃状碳等不同，随着活性炭的物理性质及表面状态、杂质含量等的不同，变化幅度较大。目前，将活性炭作为极化性电极的"超级电容器"因其具有充放电性能稳定及适用温度范围大等特征受到越来越多的关注。活性炭的物理性质、化学性质及电学性质对其表面的电偶层的形成有很大的影响，是决定以活性炭为极化性电极的电容器的静电容量、阻抗、自动放电、可靠性、漏电流等各种性质的重要因素；其中比较重要的是比表面积、充填密度、表面官能团、电偶层容量。另外，可将粉末活性炭与酚醛树脂混合成型后，经过煅烧制成固体活性炭。这种活性炭内部，粉末活性炭与酚醛树脂的炭化产物粘接在一起，导电率大。酚醛树脂的炭化产物也具有静电容量，这种活性炭单位体积的静电容量能比粉末活性炭的大。因此，电容器能够形成大容量、低阻抗。再则，由于能像塑料那样成型，因而在形状及加工方法方面的自由度较大。

除了电容器，活性炭还可作为锂离子电池的负极材料。目前，锂离子电池的负极材料多为石墨系材料。活性炭的优势在于可以通过有效利用其较大的比表面积对锂离子进行表面吸附而呈现出高容量。由于碳材料天然的导电性，使它在储能材料方面占有一席之地。电池市场竞争日益激烈，人们对锂离子电池的性能提出了更高的要求，不但要提高电池的容量、循环性能和大电流充放电性能，还要降低成本。因此，在电池原料的选择上人们着眼于天然或廉价的农业产品或其副产品，如糖、棉、咖啡壳等，将其热解得到一系列用于锂离子电池的负极材料，这类材料的首次充电容量均在 600mA·h/g 左右，要高于石墨的理论容量（372mA·h/g）[113]。

(1) 生物质活性炭作为超级电容器的电极材料

为了应对全球性石油资源日益紧张的现状，世界各国积极探索以液化天然气为汽车工业燃料。在这个过程中如何降低天然气储存过程中的危险系数是一个关键点。研究人员发现在众多吸附剂中，用活性炭填充钢瓶可以有效降低填充钢瓶的危险性，由此引发了人们致力于适用燃气储蓄高比表面积活性炭的研究工作。目前美国和日本已经将该种高比表面积的活性炭用于商业化生产，我国也正在积极开展这方面的研究，需进一步加大科研攻关的力度。电极是超级电容器的重要组成部分，电极材料很大程度上影响着电容器的电容性能和成本。在诸多电极材料中，活性炭材料具有比表面积高、导电性好、理化性能稳定、价格低廉等优势，被认为是最具商业化潜力的电极材料。其中，活性炭已被广泛用作超级电容器电极材料。制备原材料与活化方法的选择是影响活性炭性能的两个主要因素，利用含碳量高的原材料通过不同活化法可制备出不同孔结构参数的活性炭，以生物质为原材料制备活性炭是目前的一个研究热点[114]。

从生物质活性炭的应用方面分析，目前生物质活性炭不仅广泛应用于环保水处理、分离提纯和催化剂制备等传统领域，而且科研工作者正积极探索和拓展活性炭的应用新领域。根据吸附特征的不同有针对性地研制具有特殊吸附分离性能或气体存储的功能化生物质活性炭材料。例如，使用活性炭回收湿法冶金过程中的黄金，回收在橡胶、塑料、纺织等工业生产中的大量有机挥发溶剂等。一方面降低了生产成本，另一方面减少大气污染，保护了工人的身体健康，对推广清洁生产有重大意义。椰壳炭富含的羧基、内酯和酚羟基官能团对金属离子具有很强的亲和力，因而适用于对金属离子譬如重金属铅的吸附分离，在炼油、提取黄金等贵重金属的工业中，椰壳活性炭也有着广泛的应用。椰壳活性炭因其发达的孔而具有很大的比表面积，已被用于电化学超级电容器的电极材料[115]。

商业活性炭多数是以矿物资源为原材料制备的，不仅成本较高，也不符合环境友好性要求。近年来，以生物质制备活性炭电极材料被广泛研究，所制备的高比表面积的炭材料表现出较好的电容性能[116]，如铁力木种皮、废弃的茶叶、大叶相思树树皮、丝瓜络、香蒲绒毛和玉米穗轴等。研究表明，利用生物质材料自身存在的氮、氧原子或通过掺加杂原子的方式，可以有效地提高所制备的炭电极材料的赝电容和可润湿性，如柚皮、甘蔗渣、废弃棉布、马尾藻、鱿鱼几丁质和柳絮等。为进一步提高炭电极材料的赝电容，研究者以生物质炭材料与金属氧化物或导电聚合物组成复合材料，用作超级电容器的电极材料，如板栗壳活性炭/聚苯胺复合物[117]、核桃壳活性炭/MnS、还原型氧化石墨烯复合物[118]、咖啡渣活性炭/还原型氧化石墨烯复合物[119]、油棕核壳活性炭/NiO 复合物[120]、松塔活性炭/膨胀石墨复合物[124]和银杏树落叶炭/Ni(OH)$_2$·MnO$_2$·RGO 复合物[121]。

人们针对活性炭孔隙发达、比表面积高、化学稳定性好等特点，将其广泛地应用于双电层电容器。Wu 等[122]以水蒸气为活化剂制备木质活性炭，发现所制得的活性炭在液相电解质中表现出良好的充放电性能；当活化时间为 7h，通过循环伏安曲线计算出该活性炭的电容容量达 120F/g。

(2) 生物质活性炭提高超级电容器的比电容

超级电容器作为一种介于传统电容器与二次电池之间的新型储能装置，弥补了二者的不足，但超级电容器的能量密度仍远低于二次电池，这严重限制了其推广应用。提高超级电容器的比电容可有效地提高其能量密度，赝电容电极材料具有较大的比电容，但存在循环稳定性差、成本高的缺点。具备比表面积高、成本低及导电性良好等特点的活性炭是应用最广的超级电容器电极材料，但基于炭电极材料的双电层储能机理，其在具有快速响应能力的同时也存在能量密度低的问题。为提高炭电极材料的能量密度，人们采取提高炭材料的比表面积和在炭材料上引入杂原子或官能团的方式进行改进[123]。用药剂（如 KOH、$ZnCl_2$、H_3PO_4 等为活化剂）化学活化法制备出的活性炭比表面积，明显比用气体物理活化法制备出的活性炭比表面积要高。因此，气体物理活化法不适合用来制备超级电容器的生物质活性炭电极材料。

代俊秀以落叶松树皮提多酚后的残渣和黄檗落叶为原材料、KOH 活化后，制备出一系列活性炭，结果表明控制活化反应的程度可有效提高活性炭的多孔性，通过 X 射线衍射、氮气吸/脱附测试，推测树皮残渣的活化过程是一个孔结构生长、骨架坍塌（孔结构被破坏）、孔再生、骨架坍塌（孔结构被破坏）交替演变的过程；实验结果表明，在制备高比表面积的落叶松树皮活性炭和黄檗落叶活性炭方面，KOH 活化效果明显优于 K_2CO_3 和 H_3PO_4 活化的效果。

通常采用具有分级孔结构的多孔炭（hierarchical porous carbon，HPC）来提高炭电极材料比电容[123]。HPC 通常用模板法制备[124]，但模板法存在制备过程复杂且成本较高的问题。近年来，为满足可持续发展的需要，越来越多的研究者利用可再生的生物质废弃物为原料来制备活性炭，农林废弃物由 C、H、O、N 等元素组成，并且这些生物质资源天然存在的组织结构可起到模板的作用，因此在不添加模板剂的情况下可制备出具有分级多孔结构的活性炭[125]。同时，用生物质资源制备的活性炭上可形成含氮、含氧官能团，这些官能团既能提高超级电容器的赝电容，又能够提高炭材料在水溶液中的可润湿性。因此，以农林废弃物为原料制备的生物质活性炭电极，可有效提高超级电容器的比电容，在超级电容器电极方面有广阔的应用前景。

8.5.2 生物质活性炭代替燃料

Bolan 等研究表明用生物质转化成生物质活性炭的另一个重要作用是在快/慢速炭化过程中产生生物能源，这个生物能源可以用来代替燃料，减少 CO_2 排放[126]。但是生物能源取决于炭化过程。慢速炭化时，通常液体燃料产量低，生物质活性炭产量高；而在快速炭化时，液体燃料产量高，但是生物质活性炭产量低。关于生物质活性炭和生物能源的产量目前仍有争议。

活性炭在其他领域的应用是指活性炭的一些特殊应用，它的开发可能给人们的生活带来意想不到的效果。例如：活性炭可制成土壤改良剂，促进植物幼苗的生长，用于花卉保鲜剂，杂草抑制剂，家禽饲料添加剂等；活性炭可用于医疗，可治疗胃肠道疾病、用于吸附有毒物质、血液过滤、血液渗析，如人工肾中净化毒素；活性炭还可用于温度控制，可制吸附恒温器和获取超低温。

参 考 文 献

[1] 王思宇. 白酒糟活性炭的制备及其吸附性能研究 [D]. 沈阳：东北大学，2010.

[2] 刘娟. 生物质废弃物的水热碳化试验研究 [D]. 杭州：浙江大学，2016.

[3] Shirahama N, Moon S H, Choi K H, et al. Mechanistic study on adsorption and reduction of NO_2 over activated carbon fibers [J]. Carbon, 2002, 40 (14): 2605-2611.

[4] Mochidaa I, Koraia Y, Shirahamaa M, et al. Removal of SO_x and NO_x over activated carbon fibers [J]. Carbon, 2000, 38 (2): 227-239.

[5] Ganaafi J, Gonzadlez J F, Gonz Cflez-Garcia C M, et al. Carbon dioxide activated carbons from almond tree pruning: Preparation and characterization [J]. Applied Surface Science, 2006, 252 (17): 5993-5998.

[6] Yang Kunbin, Peng Jinhui, Xia Hongying, et al. Textural characteristics of activated carbon by single step CO_2 activation from coconut shells [J]. Journal of the Taiwan Institute of Chemical Engineers, 2010, 41 (3): 367- 372.

[7] U. S. Energy Information Administration (EIA). International energy outlook [EB/OL], 2010.

[8] 陈永. 多孔材料制备与表征 [M] 合肥：中国科学技术大学出版社，2010.

[9] 刘超. 多孔炭材料的制备及其二氧化碳吸附性能的研究 [D]. 淄博：山东理工大学，2012.

[10] Siriwardane R V, Shen M S, Fisher E P, et al. Adsorption of CO_2 on Molecular Sieves and Activated Carbon [J]. Energy & Fuels, 2001, 15 (2): 279-284.

[11] Maroto-Valer M, Tang Zhong, Zhang Yinzhi. CO_2 capture by activated and impregnated anthracites [J]. Fuel Processing Technology, 2005, 86: 1487-1502.

[12] 张双全，罗雪岭，郭哲，等. CO_2吸附量与活性炭孔隙结构线性关系的研究 [J]. 中国矿业大学学报，2008, 37: 674-675.

[13] 张丽丹，王晓宁，韩春英，等. 活性炭吸附二氧化碳性能的研究 [J]. 北京化工大学学报，2007, 34: 76-80.

[14] Maroto-Valer M M, Lu Zhe, Zhang Yinzhi, et al. Sorbents for CO_2 capture from high carbon fly ashes [J]. Waste Management, 2008, 28: 2320-2328.

[15] 余兰兰，钟秦. 由活性污泥制备的活性炭吸附剂的性质及应用 [J]. 大庆石油学院学报，2005, 29 (5): 64-66.

[16] Plaza M G, Pevida C, Mart C F, et al. Developing almond shell-derived activated carbons as CO_2 adsorbents [J]. Separation and Purification Technology, 2010, 71: 102-106.

[17] Suzuki R M, Andrade A D, Sousa J C, et al. Preparation and characterizaion of activated carbon from rice bran [J]. Bioresource Technology, 2007, 98: 1985-1991.

[18] 李立清，宋剑飞，孙政. 三种VOCs物性对其在活性炭上吸附行为的影响 [J]. 化工学报，2011, 62 (10): 2784-2790.

[19] Bansode R R, Losso J N, Marshall W E, et al. Pecan shell-based granular activated carbon for treatment of chemical oxygen demand (COD) in municipal wastewater [J]. Bioresource Technology, 2004, 94 (2): 129-135.

[20] Tanthapanichakoon W, Ariyadej Wanich P, Japthong P, et al. Adsorption-desorption characteristics of phenol and reactive dyes from aqueous solution on mesoporous activated carbon prepared from waste tires [J]. Water Research, 2005, 39 (7): 1347-1353.

[21] 孙敏，邓益群，彭凤仙．石油焦基高比表面积活性炭处理废水中苯酚的研究 [J]．精细化工中间体，2005，35（3）：49-51.

[22] 张小璇，叶李艺，沙勇，等．活性炭吸附法处理染料废水 [J]．厦门大学学报（自然科学版），2005，44（4）：542-545.

[23] 樊二齐．改性竹粉对水中染料的吸附特性 [D]．杭州：浙江农林大学，2012：1-4.

[24] 李伊光．改性山核桃外果皮对水中染料及六价铬的吸附研究 [D]．杭州：浙江农林大学，2014：2-5.

[25] Gulnaz A, Kaya F, Matyar B, et al. Sorption of basic dyes from aqueous solution by activated sludge [J]. J Hazard Mater., 2004, 108: 183-188.

[26] A R DISANTO, J G WAGNER. Pharmacokinetics of highly ionized drugs I：methylene blue -whole blood, urine, and tissue assays [J]. Journal of Pharmaceutical Sciences, 2006, 61 (4): 561-598.

[27] Kumar K V, Ramamurthi V, Sivanesan S. Modeling the mechanism involved during the sorption of methylene blue onto fly ash [J]. Journal of Colloid and Interface Science, 2005, 284 (1): 14-21.

[28] 梁琼．山核桃外果皮活性炭的制备及其吸附性能的研究 [D]．杭州：浙江农林大学，2015.

[29] AiDegs Y, Khraisheh M A M, Allen S J, et al. Effect of carbon surface chemistry on the removal of reactive dyes from textiles effluent [J]. Water Res, 2000, 34: 927-935.

[30] Asfaram A, Ghaedi M, Hajati S, et al. Simultaneous ultrasound-assisted ternary adsorption of dyes onto copper-doped zinc sulfide nanoparticles loaded on activated carbon：Optimization by response surface methodology [J]. Spectrochim Acta A., 2015, 145: 203-212.

[31] 张毅．浅析水产养殖禁用药物-孔雀石绿 [J]．黑龙江水产，2014，4：28-30.

[32] 杜春凤．微波辐助制备木质活性炭及对活性蓝吸附性能研究 [D]．石河子：石河子大学，2017.

[33] 程德红，王佳齐，林杰，等．离子液体金属配合物吸附废水中活性蓝染料 [J]．化工学报，2015，(S1)：242-246.

[34] 徐天佐，喻泽斌．电化学联用技术降解活性蓝 19 染料的研究 [J]．科学技术与工程，2016，(31)：296-300.

[35] 陈小英，刘智武，裘建平，等．紫外-臭氧联合矿化水溶液中的活性蓝 19 染料 [J]．浙江工业大学学报，2010，(05)：486-490.

[36] Kurniawan T A, Chan G Y S, Lo W H, et al. Physicochemical treatment techniques for wastewater laden with heavy metals [J]. Chem Eng J., 2006, 118: 83-98.

[37] 黄贵祥，林硕，刘彦鹏，等．壳聚糖纤维对活性染料选择吸附性能评价研究 [J]．环境科学与技术，2015，(S1)：147-152.

[38] 姚超，秦泽勇，吴凤芹，等．直接耐酸枣红在脱硅稻壳活性炭上的吸附热力学与动力学特性 [J]．化工学报，2011，62（4）：977-985.

[39] 胡巧开．花生壳活性炭的制备及其对印染废水的脱色处理研究 [J]．印染助剂，2009（7）：20-23.

[40] 鲁秀国，刘艳，刘雪梅．改性聚氯化铝铁的制备及其处理印染废水研究 [J]．华东交通大学学报，2008，25（1）：4-6.

[41] 陆朝阳，沈莉莉，张全兴．吸附法处理染料废水的工艺及其机理的研究进展 [J]．工业水处理，2004（3）：12-16.

[42] 李创举．基于 MCM-41 功能化材料对废水中铜离子的吸附研究 [D]．重庆：重庆大学，2010.

[43] 沈敏，于红霞，邓西海，等．长江下游沉积物中重金属污染现状与特征 [J]．环境监测管理与技术，2006，18（5）：15-18.

[44] Li R Y, Yang H, Zhou Z G, et al. Fractionation of Heavy Metals in Sediments from Dian Chi Lake, China [J]. PedisoHere, 2007, 17 (2): 265-272.

[45] Chen T B, Zheng Y M, Lei M, et al. Assessment of heavy metal pollution in surface of urban parks in

Beijing, China [J]. ChemospHere, 2005, 60 (4): 542-551.

[46] Shanker A K Cervantes C, Loza-Tavera H, et al. Chromium toxicity in plants [J]. Environment International, 2005, 31 (5): 739-753.

[47] Luippold R S, Mundt K A, Dell L D, et al. Low-level hexavalent chromium exposure and rate of mortality among US chromate production employees [J]. Journal of occupational and environmental medicine, 2005, 47 (4): 381.

[48] Paustenbach D, Finley B, Mowat F, et al. Human Health Risk and Exposure Assessment of Chromium (Ⅵ) in Tap Water [J]. Journal of Toxicology and Environmental Health, Part A, 2003, 66 (1-7): 1295-1339.

[49] 卢会霞, 王建友, 傅学起. EDI 过程处理低浓度重金属离子废水的研究 [J]. 天津工业大学学报, 2008, 27 (3): 15-18.

[50] Zhitkovich A. Importance of chromium DNA adducm in mutagenicity and toxicity of chromium (Ⅵ) [J]. Chemical research in toxicology, 2005, 18 (1): 3-11.

[51] 夏世钧, 蔡宏道. 中国大百科全书（环境科学）[M]. 北京: 中国大百科全书出版社, 1983.

[52] 吴昱, 张骥, 张立波, 等. 废弃纤维板制备的活性炭对含铜离子废水的吸附 [J]. 东北林业大学学报, 2012, 40 (10): 120-123.

[53] 陈晓晓, 改性玉米秸秆的表征及吸附性能研究 [D]. 长春: 长春工业大学, 2016.

[54] 刘翠霞, 邓昌亮. 龙口褐煤对废水中 Cr(Ⅵ) 的吸附与还原 [J]. 化工环保, 1996, 16 (6): 337-341.

[55] Wang F Y, Wang H, Ma J W. Adsorption of cadmium (Ⅱ) ions from aqueous solution by a new low-cost adsorbent-Bamboo charcoal [J]. Journal of Hazardous Materials, 2010, 177 (1-3): 300-306.

[56] Park D, Lim S R, Yun Y S, et al. Development of a new Cr(Ⅵ) -biosorbent from agricultural biowaste [J]. Bioresource technology, 2008, 99 (18): 8810-8818.

[57] March K. Removal of Cr(Ⅵ) from aqueous solutions by adsorption onto hazelnut shell activated carbon: kinetic and equilibrium studies [J]. Bioresource Technology, 2004, 91 (3): 317-321.

[58] Nameni M, Moghadam M R A, Arami M. Adsorption of hexavalent chromium from aqueous solutions by wheat bran [J]. International Journal of Environmental Science and Technology, 2008, 5 (2): 161-168.

[59] 余美琼, 杨金杯, 郑旭. 柚子皮吸附剂对 Cr(Ⅵ) 的吸附性能 [J]. 福建师范大学福清分校学报, 2011 (5): 51-56.

[60] Guo Y, Qi J, Yang S, et al. Adsorption of Cr(Ⅵ) on micro-and mesoporous rice husk-based active carbon [J]. Materials chemistry and physics, 2003, 78 (1): 132-137.

[61] Gao H, Liu Z, Zeng G, et al. Characterization of Cr(Ⅵ) removal from aqueous solutions by a surplus agricultural waste-Rice straw [J]. Journal of hazardous materials, 2008, 150 (2): 446-452.

[62] 孟冠华, 李爱民, 张全兴. 活性炭的表面含氧官能团及其对吸附影响的研究进展 [J]. 离子交换与吸附, 2007, 23 (1): 88-94.

[63] Oliveira E A, Montanher S F, Andrade A D, et al. Equilibrium studies for the sorption of chromium and nickel from aqueous solutions using raw rice bran [J]. Process Biochemistry, 2005, 40 (11): 3485-3490.

[64] 高佩. 改性玉米秸秆的表征及吸附性能研究 [D]. 太原: 太原理工大学, 2018.

[65] Chen T, Zhang Y, Wang H, et al. Influence of pyrolysis temperature on characteristics and heavy metal adsorptive performance of biochar derived from municipal sewage sludge [J]. Bioresource Technology, 2014, 164: 47-54.

[66] Sopena F, Semple K, Sohi S, et al. Assessing the chemical and biological accessibility of the herbicide

isoproturon in soil amended with biochar [J]. Chemosphere, 2012, 88: 77-83.

[67] Tong H, Hu M, Li F B, et al. Biochar enhances the microbial and chemical transformation of penta-chlorophenol in paddy soil [J]. Soil Biology & Biochemistry, 2014, 70: 142-150.

[68] Jablonowski N D, Borchard N, Zajkoska P, et al. Blochar-Mediated Atrazme Mineralization in Atrazine Adapted Soils from Belgium and Brazil [J]. Journal of Agricultural and Food Chemistry, 2013, 61: 512-516.

[69] Ren X, Zhang P, Zhao L, et al. Sorption and degradation of carbaryl in soils amended with biochars: influence of biochar type and content [J]. Envlronmental Science and Pollution Research, 2016, 23: 2724-2734.

[70] 程济慈. 废菌渣活性炭的制备及对水 Cr(Ⅵ) 与苯胺的去除研究 [D]. 太原: 太原理工大学, 2019.

[71] Qiu Y, Zheng Z, Zhou Z, et al. Effectiveness and mechanisms of dye adsorption on a straw based bio-char [J]. Bioresource Technology, 2009, 100: 5348-5351.

[72] Chen B, Chen Z. Sorption of naphthalene and 1-naphthol by biochars of orange peels with different pyro-lytic temperatures [J]. Chemosphere, 2009, 76: 127-133.

[73] Muter O, Berzins A, Strikauska S, et al. The effects of woodchip on the persistence of the herbicide 4-chloro-2-methylphenoxyacetic acid (MCPA) in soils [J]. Ecotoxicology and Environmental Safety, 2014, 109: 93-100.

[74] Sharma A, Singh S B, Sharma R, et al. Enhanced biodegradation of Pails by microbial consortium with different amendment and their fate in-situcondition [J]. Journal of Environmental Management, 2016, 181: 728-736.

[75] 付春平, 钟成华, 邓春光. 水体富营养化成因分析 [J]. 重庆建筑大学学报, 2005 (01): 128-131.

[76] Zamparas M, Gianni A, Stathi P, et al. Removal of phosphate from natural waters using innovative modified bentonites [J]. Applied Clay Science, 2012, 62-63: 101-106.

[77] Su Y, Yang W, Sun W, et al. Synthesis of mesoporous cerium – zirconium binary oxide nanoadsorbents by a solvothermal process and their effective adsorption of phosphate from water [J]. Chemical Engineering Journal, 2015, 268: 270-279.

[78] Chouyyok W, Wiacek R J, Pattamakomsan K, et al. Phosphate Removal by Anion Binding on Func-tionalized Nanoporous Sorbents [J]. Environmental Science & Technolog, 2010, 44 (8): 3073-3078.

[79] Choi J, Lee S, et al. Comparison of Surface-Modified Adsorbents for Phosphate Removal in Water [J]. Water, Air, & Soil Pollution, 2012, 223 (6): 2881-2890.

[80] Gorni-Pinkesfeld O, Shemer H, Hasson D, et al. Electrochemical Removal of Phosphate Ions from Treated Wastewater [J]. Industrial & Engineering Chemistry Research, 2013, 52 (38): 13795-13800.

[81] 李亮. 铁内电解法应用于富营养化水体除磷研究 [D]. 上海: 同济大学, 2008.

[82] 肖举强. 沸石除磷性能研究 [J]. 甘肃环境研究与监测, 2003, 16 (3): 252-254.

[83] Barca C, Gérente C, Meyer D, et al. Phosphate removal from synthetic and real wastewater using steel slags produced in Europe [J]. Water Research, 2012, 46 (7): 2376-2384.

[84] Nguyen T A H, Ngo H H, Guo W S, et al. Modification of agricultural waste/by-products for en-hanced phosphate removal and recovery: Potential and obstacles [J]. Bioresource Technology, 2014, 169: 750-762.

[85] Yadav D, Kapur M, Kumar P, et al. Adsorptive removal of phosphate from aqueous solution using rice husk and fruit juice residue [J]. Process Safety and Environmental Protection, 2015, 94: 402-409.

[86] 李楠, 单保庆. 稻壳活性炭制备及其对磷的吸附 [J]. 环境工程学报, 2013, 7 (3): 1024-1028.

[87] 蔡琳. 稻壳基活性炭复合吸附剂的除磷性能研究 [D]. 武汉: 华中科技大学, 2016.

[88]　Tong H, Hu M, Li F B, et al. Biochar enhances the microbial and chemical transformation of pentachlorophenol in paddy soil [J]. Soil Biology & Biochemistry, 2014, 70: 142-150.

[89]　Oh S, Chiu P C. Graphite and Soot Mediated Reduction of 2,4-Dinitrotoluene and Hexahydro-1,3,5-trinltro-1,3,5-triazine [J]. Environmental Science & Technology, 2009, 43: 6983-6988.

[90]　Gregory S J, Anderson C W N, Camps-Arbestam M. Biochar in Co-Contaminated Soil Manipulates Arsenic Solubility and Microbiological Community Structure, and Promotes Organochlorine Degradation [R]. 2015, 1-10.

[91]　Cao X, Ma L, Gao B, et al. Dairy-Manure Derived Biochar Effectively Sorbs Lead and Atrazine [J]. Environmental Science & Technology, 2009, 43: 3285-3291.

[92]　Quilliam R S, Glanville H C, Wade S C, et al. Life in the "charosphere" Does biochar in agricultural soil provide a significant habitat for microorganisms? [J]. Soil Biology & Biochemistry, 2013, 65: 287-293.

[93]　Chen Y Yu, B Lin J, et al. Simultaneous adsorption and biodegradation (SAB) of diesel oil using immobilized Acinetobacter venetianus on porous material [J]. Chemical Engineering Journal, 2016, 289: 463-470.

[94]　DeLuca T H, MacKenzie M D, Gundale M J, et al. Wildfire-produced charcoal directly influences nitrogen cycling in ponderosa pine forests [J]. Soil Science Society of America Journal, 2006, 70: 448-453.

[95]　Spokas K A, Koskinen W C, Baker J M, et al. Impacts of woodchip biochar additions on greenhouse gas production and sorption/degradation of two herbicides in a Minnesota sml [J]. Chemosphere, 2009, 77: 574-581.

[96]　Chen H, Yao J, Wang F, et al. Study on the toxic effects of diphenol compounds on soil microbial activity by a combination of methods [J]. Journal of Hazardous Materials, 2009, 167: 846-851.

[97]　Lu W, Ding W, Zhang J, et al. Biochar suppressed the decomposition of organic carbon in a cultivated sandy loam soil A negative printing effect [J]. Soil Biology & Biochemistry, 2014, 76: 12-21.

[98]　Chen J, Liu X, Zheng J, et al. Biochar soil amendment increased bacterial but decreased fungal gene abundance with shifts in community structure in a slightly acid rice paddy from Southwest China [J]. Applied Soil Ecology, 2013, 71: 33-44.

[99]　Chen J, Liu X, Li L, et al. Consistent increase in abundance and diversity but variable change in community composition of bacteria in topsoil of rice paddy under short term biochar treatment across three sites from South China [J]. Applied Soil Ecology, 2015, 91: 68-79.

[100]　Lehmann J, Skjemstad J, Sohi S, et al. Australian climate-carbon cycle feedback reduced by soil black carbon [J]. Nature Geoscience, 2008, 1: 832-835.

[101]　Singh B P, Cowie A L, Smernik R J. Blochar Carbon Stability in a Clayey Soil As a Function of Feedstock and Pyrolysis Temperature [J]. Environmental Science & Technology, 2012, 46 (1): 1770-1778.

[102]　蒋晨. 生物质炭施用对稻田温室气体排放的影响及环境效益分析 [D]. 杭州：浙江农林大学, 2013.

[103]　Glaser B, Lehmann J, Zech W. Amehorating physical and chemical properties of highly weathered soils in the tropics with charcoal-a review [J]. Biology and Fertility of Soils, 2002, 35: 219-230.

[104]　Awad Y M, Blagodatskaya E, Ok Y S, et al. Effects ofpolyacrylamide, biopolymer, and biochar on decomposition of soil organic matter and plant residues as determined by C-14 and enzyme activities [J]. European Journal of Soil Biology, 2012, 48: 1-10.

[105]　Weyers S L, Spokas K A. Impact of Biochar on Earthworm Populations: A Review [J]. Applied and Environmental Soil Science, 2011: 1-12.

[106] 傅武俊，郑晓玲，刘广臻，等．活性炭载体对钌催化剂制备及其活性的影响 [J]．工业催化，2003，11（7）：45-48．

[107] 厉嘉云，马磊，卢春山，等．碱处理对活性炭载体及负载钯催化剂性能的影响 [J]．石油化工，2004，33：1168-1169．

[108] Tusi M M，Brandalise M，Polance N S，et al. Ni/Carbon Hybrid Prepared by Hydrothermal Carbonization and Thermal Treatment as Support for PtRu Nanoparticles for Direct Methanol Fuel Cell [J]. Journal of Material Science and Technology，2013，29（8）：747-751．

[109] Qian H S，Antonietti M，Yu S H. Hybrid golden fleece：synthesis and catalytic performance of uniform carbon nanofibers and silica nanotubes embedded with a high population of noble-metal nanoparticles [J]. Advanced Functional Materials，2007，17（4）：637-643．

[110] Pan Y X，Cong H P，Men Y L，et al. Peptide self-assembled biofilm with unique electron transfer flexibility for highly efficient visible-light-driven photocatalysis [J]. Acs Nano，2015，9（11）：11258-11265．

[111] ［加］B. E. 康维（B. E. Conway）．电化学超级电容器-科学原理及技术应用 [M]．北京：化学工业出版社，2005：9-28．

[112] Cdin A. Vincent，Bruno Scrosati. Modern batteries：an introduction to electrochemical power sources [J]. Electrochimica Acta，2001，47（9）：3561-3572．

[113] 郝婕，周德凤，马越，等．稻壳制备锂离子电池炭材料的研究 [J]．分子科学学报，2004，20（2）：12-17．

[114] Pan Y X，Cong H P，Men Y L，et al. Peptide self-assembled biofilm with unique electron transfer flexibility for highly efficient visible-light-driven photocatalysis [J]. Acs Nano，2015，9（11）：11258-11265．

[115] Dandckar M S，Arabale G，Vijayamohanan K. Preparation and characterization of composite electrodes of coconut-shell-based activated carbon and hydrous ruthenium oxide for supercapacitors [J]. Journal of Power Sources，2005，141（1）：198-203．

[116] 代俊秀．碱法活性炭材料的制备及其电容性能的研究 [D]．哈尔滨：东北林业大学，2016．

[117] Wang H，Ma G，Tong Y，et al. Biomass Carbon/Polyaniline Composite and WO_3 Nanowire-Based Asymmetric Supercapacitor with Superior Performance [J]. Ionics，2018：1-9．

[118] Xu X，Zhang X，Zhao Y，et al. An Efficient Hybrid Supercapacitor Based on Battery-type MnS/Reduced Graphene Oxide and Capacitor-type Biomass Derived Activated Carbon [J]. Journal of Materials Science：Materials in Electronics，2018，29（10）：8410-8420．

[119] Choi J H，Lee C，Cho S，et al. High Capacitance and Energy Density Supercapacitor Based on Biomass-derived Activated Carbons with Reduced Graphene Oxide Binder [J]. Carbon，2018，132：16-24．

[120] Abioye A M，Noorden Z A，Ani F N. Synthesis and Characterizations of Electroless Oil Palm Shell Based-activated Carbon/Nickel Oxide Nanocomposite Electrodes for Supercapacitor Applications [J]. Electrochimica Acta，2017，225：493-502．

[121] Barzegar F，Bello A，Dangbegnon J K，et al. Asymmetric Supercapacitor Based on Activated Expanded Graphite and Pinecone Tree Activated Carbon with Excellent Stability [J]. Applied Energy，2017，207：417-426．

[122] Wu F C，Tseng R L，Hu C C. Comparisons of pore properties and adsorptionperformance of KOH-activated and steam-activated carbons [J]. Mieroporous and Mesoporous Materials，2005，80（1）：95-106．

[123] Li H, Yuan D, Tang C, et al. Lignin-derived Interconnected Hierarchical Porous Carbon Monolith with Large Areal/Volumetric Capacitances for Supercapacitor [J]. Carbon, 2016, 100: 151-157.

[124] 王自强. 多孔炭材料在能量储存以及 CO₂吸附的研究 [D]. 大连: 大连理工大学, 2016.

[125] Chen W J, Zhang H, Huang Y, et al. A Fish Scale Based Hierarchical Lamellar Porous Carbon Material Obtained Using a Natural Template for High Performance Electrochemical Capacitors [J]. Journal of Materials Chemistry, 2010, 20 (23): 4773-4775.

[126] Bolan N S, Thangarajan R, Seshadri B, et al. Landfills as a biorefinery to produce biomass and capture biogas [J]. Bioresource Technology, 2013, 135: 578-587.

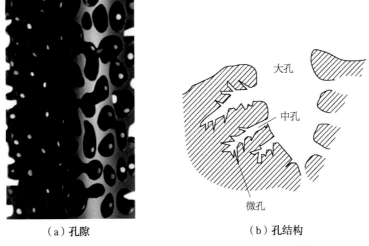

（a）孔隙　　　　　　　　　　（b）孔结构

彩图 1　生物质活性炭的孔隙结构图

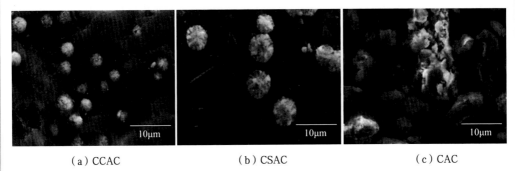

（a）CCAC　　　　　　　（b）CSAC　　　　　　　（c）CAC

彩图 2　CCAC、CSAC及CAC的微观结构形态

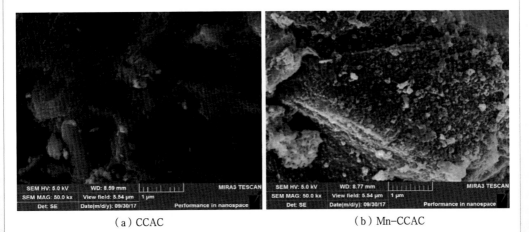

（a）CCAC　　　　　　　　　　（b）Mn-CCAC

彩图 3、CCAC与Mn-CCAC的微观结构形态

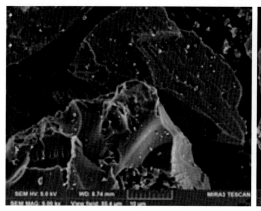
（a）MRAC

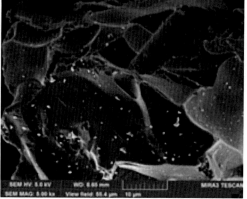
（b）AMRAC

彩图 4　MRAC和AMRAC的扫描电镜图

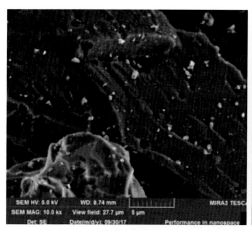
（a）MRAC

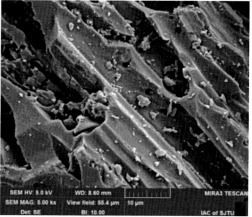
（b）Mn-MRAC

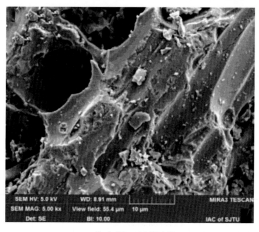
（c）Mn-AMRAC

彩图 5　MRAC、Mn-MRAC及Mn-AMRAC的SEM表征结果